笔潜茶集句

求此求实求善美

品茶品味品人生

辛丑初夏半栋轩

陈启元先生题（时年86岁）

茶史求真　貴乎嚴謹

童晏方於奕慶齋

西泠印社副社长、海派大家童衍方先生题词：
茶史求真　贵乎严谨

茶道泛善

鉴史求真

癸卯春月

陈永昊书

中国国际茶文化研究会学术委员会常务副主任、
浙江省社科联原党组书记陈永昊先生题词：
茶道从善　茶史求真

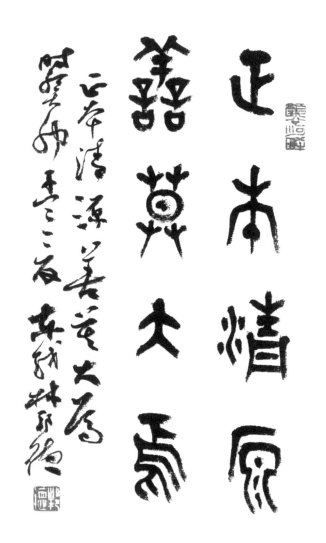

中国书法家协会会员、宁波书法家协会副主席林邦德先生题词：

正本清源　善莫大焉

茶史求真

竺济法 著

光明日报出版社

图书在版编目（CIP）数据

茶史求真 / 竺济法著. ‐‐北京：光明日报出版社，
2023.8

ISBN 978‐7‐5194‐7359‐4

Ⅰ.①茶… Ⅱ.①竺… Ⅲ.①茶文化—文化史—中国
Ⅳ.①TS971.21

中国国家版本馆CIP数据核字（2023）第127433号

茶史求真

CHASHI QIUZHEN

著　者：竺济法

责任编辑：谢　香　孙　展　　　　责任校对：徐　蔚
封面设计：李尘工作室　　　　　　责任印制：曹　净

出版发行：光明日报出版社
地　　址：北京市西城区永安路106号，100050
电　　话：010‐63169890（咨询），010‐63131930（邮购）
传　　真：010‐63131930
网　　址：http://book.gmw.cn
E – mail：gmrbcbs@gmw.cn
法律顾问：北京兰台律师事务所龚柳方律师

印　　刷：北京圣美印刷有限公司
装　　订：北京圣美印刷有限公司
本书如有破损、缺页、装订错误，请与本社联系调换，电话：010‐63131930

开　　本：170mm×240mm
字　　数：541千字　　　　　　　印　　张：26.5
版　　次：2023年8月第1版　　　印　　次：2023年8月第1次印刷
书　　号：ISBN 978‐7‐5194‐7359‐4

定　　价：98.00元

去伪求真广开拓

施由明

竺济法先生是我们《农业考古·中国茶文化专号》的重要作者之一，曾在我刊发表 30 多篇学术论文，在我刊众多的作者中，是少有的高产作者。他的勤奋和睿智，不仅让作为主编的我，同样让茶文化学界和茶界的朋友们赞叹！

《农业考古》为双月刊，自 1991 年以来，每年出版两期刊发茶文化学术论文的专刊，30 年来深受国际国内茶文化学者的喜爱。2012 年我担任《农业考古》主编以来，与竺先生有了越来越多的交往，其文章不仅文字洗练，文笔流畅，史料丰富，考证有据，既有很强的学术性，又有畅快的可读性，更为难得的是其文章常常锋芒闪烁，穿透那些很勉强的所谓已有定论，去其伪装，探求历史的真实。

去伪求真，这是一个历史学者所应该有的学术追求和学术品格。然而，在当下茶文化界，一些学者或茶文化爱好者以迎合地域现实利益需要，而不探求历史真实，甚至不顾历史真实的风气下，竺先生这种学术追求和学术品格尤其难能可贵！然而，这是得罪人乃至于得罪地域利益既得群体的事，在当下盛行你好我好大家都好的风气下，对于茶史和茶文化去伪求真、求真务实，确是一件不容易做的事，不仅要有勇气，更需要有深厚的文史知识功底，才能以史料服人、以建立在考辨基础上的逻辑服人，否则，就会落入被群起而攻之的结局。

竺先生正是以真学者的品格去做中国茶史和茶文化的研究，加之他非常勤奋，因而取得了许多有独立创见，且又令人信服的研究成果，拨开了历史迷雾，去掉了伪装的历史，显示出茶史的真实。如关于颇具争议的茶祖吴理真的研究，竺先生反复梳理了史料，撰写了多篇论文，指出其乃南宋时人的伪造，也许还有许多人出于地域利益的考虑而不愿意接受这样的事实，但竺先生的研究已成为茶史研

究者们的共识。同样，关于余姚田螺山考古遗址出土的山茶科古树根，并非人工栽种茶树根之研究，竺先生根据考古现场及出土物等多角度研究，反复阐述其非人工栽培树根，而由于非基因检测，甚至于是否茶树根缺乏科学定论，仍需等待更多的考古发现及其研究。尽管一些人认为想把中国种茶历史前推到史前6000年，而不愿接受这样的事实，但其研究结论已为许多茶史学者认同与接受，显示出其研究的学术价值。此外，其对茶史的真知灼见，还有《神农本草经》无茶事记载、"茶为万病之药"语出荣西《吃茶养生记》《历代三地"茶都"之形成与兴衰》《试论茶禅文化三大发源地》《当代陆羽研究伪命题三例》《周代茶事尚无确证》《"茶"字有四种读音含义丰富》《〈诗经〉七"荼"皆非茶》《南朝前巴蜀茶史溯源》《南朝之前古茶史 江浙地区最丰富》《东晋谢宗〈谢茶启〉探析》《傅巽与傅咸记述茶事探微》等，显现出求真务实、去伪存真的魅力！

竺先生对中国茶文化的研究，不仅局限于是对茶史问题的求真，还显现出其广泛的学术兴趣，如对陆羽生平与《茶经》的多角度研究，对茶与禅的多维研究，对中国茶东传日本的研究，对宁波茶史与茶文化的研究，对习近平总书记关于茶文化论述的研究等，视野广阔，多角度与全方位开拓，并且每项开拓都多有创见，成果丰富，既研究历史，又关怀现实，令茶文化界和茶界学者或茶文化爱好者们为之点赞！

在当代中国茶文化研究似乎颇为热闹的背景下，各路人马、各个群体、各种论坛、各种表演、各种利益诱惑等纷繁复杂，要保持一个真学者的品位是需要定力的。竺先生的学术追求和个人性格，奠定了他的学术定力，期待他更多求真务实、具有创见的学术研究成果发表！

（作者系江西省社会科学院历史研究所所长、《农业考古》主编）

茶文化界最说真话之学者

张西廷

在当代茶文化学界，竺济法先生以敢说真话遐迩闻名。2021年5月29日，在宁波举办的"茶与人类美好生活研讨会"上，浙江大学农学院副院长、浙江大学茶叶研究所所长、著名茶文化专家王岳飞教授，在列举宁波茶文化之最时，赞誉竺先生为"茶文化界最说真话之学者"，赢得全场热烈掌声。这崇高评价恰如其分，当之无愧。

我与竺先生由相识到相知，只因在茶文化圈子里趣味相投。其为人耿直，著文亦如斯。先是十几年前在宁波的一次茶文化研讨会上，其列举当下一些地方对茶文化研究好大喜功，毫无史实依据，随意编造茶史，遍地出茶祖，而某些官方名义的权威专家、学者，不问真伪，投地方所好，按地方要求，发布宣言、共识云云，使得地方上的虚假茶史，得以冠冕堂皇地传播海内外，为当代和后世留下重重迷雾。如某地硬把南宋虚构人物吴理真，糅合多种人物元素，尊为中国植茶始祖等。听后深有感触，回去后即写了《该向陆羽学什么》一文，表达了对当时茶文化界不良风气的批评，对竺先生正直勇敢行为的支持，在茶文化日趋庸俗化、江湖化之当下，尤其需要竺先生这样正直严谨的学者发出声音，激浊扬清，以正视听。一来二去，我们就成了好朋友，有什么满意的文字，就相互传递着看；茶文化界有什么会议，若知道对方参加，必定先赶去拜访问候。

近年来，由于茶文化带来的社会影响、经济利益驱使，一些地方对学术研究娱乐化倾向有加重苗头。有些好事者，为了私利，胡编乱造，不仅写文，还编了剧本，如虚构编造出陆羽与李季兰谈恋爱；某地从古书里断章取义找几个词，连标点都没看懂，就敢说陆羽是在那里写《茶经》；还有一处，甚至无中生有，居

然说陆羽老年回家乡，并卒于故土，不仅新堆坟茔，还被当地评为社科成果一等奖。正在纳闷之际，2021年年初，忽然读到竺先生大作《当代陆羽研究之伪命题三例》，其观点鲜明，论据充分，理直气壮，读之拍手称快，在学术界引起较大反响。

如果说竺先生仅仅是正直，那是远远不够的。其值得钦佩之处，还有敏锐和勤奋。其早年从事过新闻报道，政治敏锐性强，写文章有独特视角，这无疑是大有影响的。近年来，党和国家领导人对茶文化非常重视，在国际交往中多次以茶会友，以茶喻和。竺先生马上将此汇编成《品茶品味品人生》，成为茶文化界目前最早最全面的参考文献。在茶文化界，竺先生常以笔头快、文章多而著称。仅在《湖州陆羽茶文化研究》刊用的各类文章，每年两期不下三四篇，且内容丰富，史料翔实，喜闻乐见。如此严谨而且高产的作者，尤其是茶史学术类文章，在海内外茶文化界都是少见的。

竺先生还是一位难得的谱牒学者，已主编出版《浙江宁海储氏宗谱—兼中国储氏文化史》《余姚柿林沈氏宗谱》《宁海樟树高氏宗谱》三种宗谱，既按照传统体例，最大限度保留谱籍精华，又适应时代特色，与时俱进，创新编排，对古文标点断句，简体横排，便于阅读和传承，受到上述族人和国家图书馆、天一阁博物馆等收藏单位的好评。主编宗谱需要认真严谨，这与其从事茶文化、文史写作是一致的。

此次竺先生将近20年陆续发表的茶文化文章精选出版，嘱余作序。自忖虽混迹茶文化界三十余年，各类文章也写了不少，但与竺先生相比，则差距甚远；与茶学界诸大腕相处，更只能是垂眉受教的分儿。左推右挡，盛情难却，聊写几句实话，小序祝贺之。

（作者系湖州市文史研究馆副馆长、湖州陆羽茶文化研究会副会长、湖州市社会科学界联合会原主席）

穷原竟委善求真

黄 飞

竺济法老师专著《茶史求真》出版，嘱我为序，我深感压力甚大，后学者为前辈序，实不敢当，因而迟迟不敢动笔。我认识竺老师，算是神交已久。记得参加工作后常去书店，觅得上海文化出版社出版的《名人茶事》，深感喜爱，作者竺济法的名字便铭记在心，算是读者对作者的崇拜。因为在茶叶期刊工作，收到各地出版的茶叶期刊，更见其是活跃作者，其茶文化文章我都每文必看。在我的印象里，他是我尊敬的，一位严谨、勤奋、多产的茶文化学者。

多年以后，有日我正坐在办公桌前，忽见一人径直走到前面说"我是竺济法"。我至今记得那个瞬间我是惊呆的，因为一位崇拜的偶像忽然出现在你前面。因为共同爱好茶文化，从此面交之后，我同竺老师有了更多的交流。专著中多数文章我都读过，不少也是我编发过。因为茶文化热，各地研讨会，各种出版物泛滥，专著中他对流传的大家习以为常的定论，往往有发人所未发，言人所未言之新见，作为茶文化爱好者或研究者，有缘读到这些佳作无疑是难得的。总之，竺老师为文穷原竟委的钻研精神是我佩服的；他为史实不媚俗不惜得罪人的耿直品德也是我佩服的；针砭时弊，明知难为而为之不妥协的"傻劲"更是我尊敬的。我作为后学者，长期从其文章中受启迪而得益，我是深表感谢的。故不揣浅陋而为之序。

（作者系茶文化学者，供职中国农业科学院茶叶研究所，《中国茶叶》杂志原主编）

目录

辑一　溯源辨正

茶史求真

辑三　茶史探微

辑四　茶禅辑要

辑五　茶史撷英

辑六 宁波茶史采华

辑一 溯源辨正

"神农得茶解毒"由来考述

"神农尝百草，日遇七十二毒，得茶以解之。"这是茶文化界广为流传的一句话，很多专家、学者认为出自成书于汉代、甚至战国的《神农本草经》，但未见出处，多是人云亦云。2011年笔者对此做了研究，查到了最早引录该语的，是清代的著名类书——校刊于乾隆三十四年（1769）的文渊阁影印本《钦定四库全书·格致镜原》，引文来源可能是宋、元、明时代的笔记类稀缺版本，与流行的"神农得茶解毒"引语有所差别：

《本草》：神农尝百草，一日而遇七十毒，得茶以解之。今人服药不饮茶，恐解药也。

笔者结合相关文献，考述如下。

学术不能"莫须有"

将此说归为战国、汉代《神农本草经》的代表性著作有：

安徽农业大学教授陈椽编著的《茶业通史》（中国农业出版社1984年初版、2008年再版）第一章《茶的起源》："我国战国时代第一部药物学专著《神农本草》就把口传的茶的起源记载下来。原文是这样说的'神农尝百草，日遇七十二毒，得茶以解之'。"虽然该书配有三幅《神农本草经三卷》古本书影，但看不出有该语的出处。

湖南师范大学文学院教授蔡镇楚等3人编著的《茶祖神农》，该书2007年由中南大学出版社出版，被誉为"中国第一部以茶祖神农氏为研究对象的学术专著"，"神农尝百草，日遇七十二毒，得茶以解之"，被作为《神农本草经》引语，与《茶经》引语"茶之为饮，发乎神农氏"并列，醒目地印在该书封面上。但这本近25万字的专著，并未说明该语的出处。笔者曾致电请教蔡镇楚教授，含糊地回答说《四库全书》上可能有类似记载，但说不出是何种古籍。

中国茶叶博物馆编著、中国农业出版社2011年1月出版的《话说中国茶文化》，在插图《神农本草》古本书影的同时，也引用了该语："据考证，距今五千年前，成书于汉代的《神农本草经》，有'神农尝百草，日遇七十二毒，得荼以解之'的记述，是茶叶作为药用的最早记载。但由于《神农本草经》中的许多内容是后人根据传说的补记，其可靠性值得商榷。"虽然说可能是后人根据传说补记的，值得商榷，但前提还是《神农本草经》有此记载。

2011年4月，笔者主编《科学饮茶益身心——2011中国宁波'茶与健康'研讨会》文集时，40篇来稿中，粗读就有7位专家、学者引用此说，可见影响之大。

其实，此说在任何版本的《神农本草经》，都是找不到出处的，因为该书根本就没有记载。笔者查阅哈尔滨出版社2007年出版的清代顾观光等著、现存较早的《神农本草经》，该书记载的365种中草药中，茶是作为"苦菜"记载的："苦菜：主五脏邪气，厌谷，胃痹。久服，安心益气，聪察少卧，轻身耐老。一名荼草，一名选。生川谷。味苦寒。名医曰：一名游冬，生益州山陵道旁，凌冬不死，三月三日采，阴干。"

如此看来，引用"神农得荼解毒"的专家、学者多是认为，此说在古本《神农本草经》上应该有的，可能有的，只是现在没发现，也许散佚了。众所周知，言之有据是学术研究的基本点，学术不能搞"莫须有"。

清代陈元龙《格致镜原》有引录

2011年笔者在宁波图书馆分别查到了两种清代陈元龙编撰的著名类书《格致镜原》，分别是上海古籍出版社1987年版、校刊于乾隆三十四年（1769）三月的文渊阁影印本《钦定四库全书·格致镜原》，和光绪十四年（1888）印刷的单行本《格致镜原》，两书《饮食类·茶》均有如下引录：

《本草》：神农尝百草，一日而遇七十毒，得荼以解之。今人服药不饮茶，恐解药也。

陈元龙（1652—1736），浙江海宁人。字广陵，号乾斋。康熙二十四年（1685）一甲二名进士，授编修。累擢广西巡抚，在桂七年，吏畏民怀。所建陡河石堤及三十六陡门，尽复汉马援、唐李渤故迹。官至文渊阁大学士，兼礼部尚书。卒谥文简。工诗，有《爱日堂》诗二十七卷，又辑有类书《格致镜原》，《四库总目》并传于世。

历十年而成的《格致镜原》，被誉为清代中国传统博物学官方类书的代表，最早校刊于雍正十三年（1735），即作者逝世前一年。该书广记一般博物之属，分一百卷三十大类，子目多至一千七百余条。内容涉天文、地理、身体、冠服、宫

茶史求真

云五十年前多患頮黄近代悉無而病腰脚者多多飲
茶所致也

溫嶠表遣取供御之調絛列真上茶十片茗
弘君舉食檄寒溫既畢應下霜華之茗

金鑾密記故例翰林學士春晚人困則日賜成象殿
茶之二十

茶疏茶不移本植必子生古人結婚必以茶為禮

取其不移植子之意也今人猶名其禮曰下茶
七修

聘婦種茶下子不可移植移植則不復生也故女子受
顧渚謂之喫茶 茶經茶者南方之嘉木也一尺二尺迺

欽定四庫全書

煩欝頓釋多飲則微傷脾腎或泄或寒
許次紓茶疏茶宜常飲不宜多飲常飲則心肺清凉
而遇七十毒得茶以解 今人服藥不飲茶恐解藥也
國史補故老
本草神農嘗百草一日
與韮同食令人體重
壺居士食忌茶久食羽化不可
論苦菜久食益意思
雜苦茶久食輕身换骨昔丹丘子黄山君服之
華陀食論
睡 神農食經茶茗宜久服令人有力悦志
陶弘景
作渟茗名有餘飲之宜人
博物志飲真茶令人少眠

上海古籍出版社 1987 年版、校刊于乾隆三十四年（1769）
三月的文渊阁影印本《钦定四库全书·格致镜原》书影

室、饮食、布帛、欣赏器物等，几乎无不具备。所谓博物之学，故名"格致"。又"格致"寓致知，即研究事物之意；"镜原"为探求本原，犹事物纪原之意。《四库全书总目提要》赞其"采撷极博，而编次且有条理……体例秩然，首尾贯串，无诸家丛冗猥杂之病，亦庶几乎可称精核矣"，是研究我国古代科学技术和文化史的重要参考书。

《格致镜原·饮食类·茶》引录了大量茶事文献，此前，茶文化界未曾关注，除"神农得茶解毒"以外，可能还有其他独家引录的内容，有待详细研究。

两点细微差别，引于何种《本草》有待考证

仔细阅读《格致镜原》"神农得茶解毒"引文，可以发现与常见的《神农本草经》引文，除了结尾多了"今人服药不饮茶，恐解药也"以外，另有两点细微差别：

一是"七十毒"非"七十二毒"。

"一日而遇七十毒"之说《淮南子·修务训》有记载："神农尝百草之滋味，水泉之甘苦，令民知所避就，一日而遇七十毒。"《格致镜原》引文原文作者是否由此而来，有待考证。有人说，《淮南子·修务训》所记神农尝百草，其中即包含茶叶。似乎有理，其实这是想当然"莫须有"。如 53 万字《史记》、74 万字《汉书》、近 90 万字《后汉书》；晋代大医家、高道葛洪，其《肘后备急方》《抱朴子内篇·仙药》诸多方、药，均未见茶事或茶方。这说明早期认识、利用茶的名家、名医都少而又少，岂能笼统随意地说神农这等传说人物已经发现和利用茶了？

二是"茶"字非"荼"字。上述两种版本均为"茶"字，而非"荼"字。

虽然仅是一字之差，但其中透露出一个重要信息，一般说来，隋代之前多为"荼"字；隋、唐时代"荼""茶"并用，如成书于隋末的著名类书虞世南《北堂书钞》，已经列出"茶篇"；宋代以后则多用"茶"字。

《格致镜原》引录该语时，只注明是《本草》，未说明年代与作者，由于目前尚未发现其他文献引录该语，给后世留下了疑问。

中国历代《本草》类著作繁多，据北京大学博士、茶文化专家滕军女士转引日本冈西为人《本草概说》统计，中国隋代之前，已有《本草》类著作百种左右，唐代以后更多。

有人认为《格致镜原》所引《本草》即为《神农本草经》，非也！如此理解，《本草》之名就混乱了！如《茶经·七之事》所引《本草》，指的就是《唐本草》，或称《新修本草》，焉能说就是《神农本草经》？当然也有人没有仔细阅读，没有注意标明的年代而理解为《神农本草经》，这是误读呀。

虽然《格致镜原》引文出于什么年代仍需考证，但有两点可以确定：

一是此引文肯定出自《本草》原著，因为身为高官的陈元龙是一位饱读诗书、治学严谨的学者，从他凡事究其原委的治学态度来看，他是看到该《本草》原著的。

二是可以排除引文出自《神农本草经》。除了最早的茶事文献《北堂书钞》《茶经》未见《神农本草经》引文，今存《神农本草经》没有"茶"之词条外，从《格致镜原》引文使用"茶"字的信息，又附有"今人服药不饮茶，恐解药也"句，说明该《本草》不会是唐以前的版本，而可能是宋代以后刊印的笔记类稀缺版本，很可能是明代版本，因印刷甚少而散佚了，或尚有存世而未被发现，如清代稍晚于陈元龙的陆廷灿所著的茶书《续茶经》，也未见引录。

《新义录》记载可能源于《格致镜原》

关于"神农得茶解毒"的话题，《农业考古·中国茶文化专号》早在1991年、1994年就做过探讨，分别发表过周树斌《"神农得茶解毒"考评》、陈椽《〈"神农得茶解毒"考评〉读后反思》、赵天相《"神农得茶解毒"补考》三篇文章，可惜都没有说清楚，三文都把《格致镜原》书名错为《格致镜源》，把另一种记载"神农得茶解毒"的清代文献《新义录》作者孙璧文错为孙璧文，周树斌还颠倒了陈元龙与孙璧文的前后年代，说明他们均未查阅原著。陈椽所持观点也是"莫须有"的。

孙璧文在《新义录》中记载：

《本草》则曰：神农尝百草，一日而遇七十毒，得茶以解之。

孙璧文（？—1895），字玉塘，安徽太平仙源（今黄山市黄山区，原治所为仙源）人。同治六年（1867）举人。一生淡荣利，爱读书，尤善经史，博闻强记，善鉴别，重考证，对人文地理，校勘目录，素有专长，尤对萧统《文选》颇有研究。光绪元年（1875），太平知县邹仲俊、教谕马鹿初，提倡文化，重振仙源书院，璧文募集资金，四出搜集图书，主要从苏、浙、沪、湘、鄂、赣、闽、粤等江南诸省市及日本等地购书2150种，计2.74万卷，藏于仙源书院，连同先期邑人捐书，藏书达3.3万余卷。除《新义录》外，另有《仙源书院》续编四卷等。

孙璧文晚陈元龙100多年，一个是清末举人爱书者，一个是清初高官、大学者，《新义录》引文与《格致镜原》完全一样，亦未记载详细出处，《新义录》引文或源于《格致镜原》。

《茶经》佐证《神农本草经》没有神农茶事记载，排除《神农本草经》之说并不影响神农的茶祖地位

《茶经》在"六之饮""七之事"中三次提到神农氏，并引录了汉代《神农食经》的记载，这也从侧面佐证了西汉《神农本草经》没有神农茶事记载，否则，非常严谨、博览群书的茶圣陆羽，焉有不引之理？

"茶之为饮，发乎神农氏"，确立神农氏茶祖地位的，是国人世世代代的传说，尤其是茶圣陆羽在《茶经》中的点睛之笔，"神农得茶解毒"之说是否出于《神农本草经》并不重要，排除该书"神农得茶解毒"之说，丝毫不影响神农的茶祖地位，而将找不到出处的说法，硬是"莫须有"地加于其上，无异于"皇帝的新装"。

附带一笔，因为《神农本草经》"神农得茶解毒"之说查无出处，有心人不妨反证一下，此说究竟源于何时何处，这对当前茶文化界不重文史考证，人云亦云的现状，也是一件很有意义的事。

附：《本草》不是《神农本草经》代称，而是本草类著作统称

本文初稿在相关报刊发表之后，有网友在网上发文称，陈元龙引录的《本草》即为《神农本草经》。这是没有根据的。上文写到引语后面有"今人"等文字，说明非引自古本。"本草"其实是本草类著作的统称，不能作为《神农本草经》的代称，如陆羽《茶经·七之事》所引《本草》，为唐代苏敬主纂的《新修本草》或称《唐本草》，很多茶文化著述将其误为《神农本草经》。

（原载《茶博览》2011年第6期，《中华合作时报·茶周刊》2011年7月19日。）

陆羽《茶经》确立了神农的茶祖地位
——再论神农茶事之源流

导语：本文认为陆羽《茶经》是确立神农茶祖地位的权威文献。所谓《神农本草经》"神农得茶解毒"之说，纯属虚构莫须有，以讹传讹。并对《淮南子》《搜神记》《三皇本纪》及鲁迅关于"神农尝百草"之说做了简述。

2011 年，笔者曾发表《"神农得茶解毒"由来考述》，对"神农得茶解毒"做了详细考证。时隔 4 年，笔者又有诸多认识，再论神农茶事之源流。

《茶经》最早记载和引录神农茶事

据笔者查考，《茶经》是最早论述和引录神农茶事的文献，是确立神农作为茶祖的权威文献。

《茶经》先后有三处说到神农茶事。其中《茶经·六之饮》的论述尤为重要："茶之为饮，发乎神农氏。"一句话确立了神农的茶祖地位。

《茶经·七之事》索引部分记载："三皇：炎帝神农氏。"其中"三皇"说的是年代，指三皇五帝时代；"炎帝神农氏"说的是茶事人物。与之对应的茶事是引录《神农食经》的记载："茶茗久服，令人有力，悦志。"

以上三处神农茶事，实际为两处。

实际上《神农食经》记载的是茶之功能，与神农并无直接关系。因此作为对应神农茶事来说，未免牵强附会。神农时代没有或少有各类原始文字记载，更没有书籍，因此后世各种冠名神农的书籍，均为后人伪托。

当代多位作者著述的所谓神农茶事，均为杜撰

明代《三才图会》
所载神农尝百草画像

或演义，没有学术依据。

《神农食经》已散佚。由于《茶经》未注明其年代，如今已无法考证。据《茶经述评》考证，《汉书·艺文志》有《神农黄帝食禁》七卷书名，与《神农食经》是否有关，尚待研究。

作为后人伪托类著述，《神农食经》的著作年代，至多与汉代《神农本草经》相同，或稍后一些。在汉代之前，关于茶事的记载凤毛麟角，如 50 多万字的巨著《史记》，目前尚未发现茶事记载。

因此，无论是论述还是引录，《茶经》均为神农茶事之最，可以说是陆羽《茶经》确立了神农的茶祖地位。

神农时代是否发现并利用茶尚待探讨，
陆羽将神农奉为茶祖国人乐于接受

一般认为，神农是发现和利用茶的代表人物。神农时代究竟有没有发现和利用茶，尚待探讨。理由有三：

一是没有各类原始文字记载；

二是没有出土文物佐证；

三是神农是距今 5000 年左右的传说人物。《茶经》云："茶之为饮，发乎神农氏，闻于鲁周公。"一句话，时间跨越了 2000 年左右。其实，《茶经》之前，尚未发现神农与茶事相关记载，包括周代尚无确证茶事，春秋晏子茶事尚有争论，汉代才出现大量茶事记载和出土茶叶实物。

可见，从神农到出现确切茶事记载，断代时间较长，至少相差 2000 多年历史。

瑞士日内瓦大学汉学家朱费瑞（Nocoals Zufferey），2012 年在《法国世界报外交论衡月刊》6/7 月的 "中国专刊" 发表的《不爱喝茶的中国人能算中国人吗？》，对 5000 年前的神农茶事质疑，笔者认为不无道理。

美国女作家萨拉·罗斯在《茶叶大盗》中，如此解读神农茶事说："将发现茶叶的功劳归功于一位受人崇敬的古代领袖人物是典型的儒家思想做派。"

扬善贬恶是中国传统文化的主流，如各类代表人物，包括各种仙、道人物均为正面人物，少有反面人物。陆羽选择的茶事人物，多为正面人物，如神农、周公、晏子等。陆羽追根溯源写成茶经，需要代表人物，当代时髦用语为形象代言人，将国人广泛尊崇的遍尝百草、教民稼穑的农耕文明始祖神农奉为茶祖，顺理成章，而国人也乐于接受，是否确有茶事并不重要。

《淮南子》《搜神记》《三皇本纪》记载神农尝百草，并无"得茶解毒"之说

唐代之前，至少有三种文献记载神农尝百草日遇七十毒之说，但并无得茶解毒之语。

一由西汉王族淮南王刘安和门客集体编写的《淮南子·修务训》，是较早记载神农尝百草一日遇七十毒的文献：

古者民茹草饮水，采树本之实，食蠃蛖之肉，时多疾病毒伤之害。于是神农乃始教民播种五谷，相土地宜燥湿肥垆高下，尝百草之滋味，水泉之甘苦，令民知所避就。当此之时，一日而遇七十毒。

二是晋代干宝编撰的《搜神记·卷一·神农》，则有赭鞭鞭百草测草之性味的传说：

神农以赭鞭鞭百草，尽知其平毒寒温之性，臭味所主，以播百谷，故天下号神农也。

"赭鞭"即赭红色鞭子，意为神农只要将赭红色鞭子鞭打百草，即可知道其平、毒、寒、温之性味了，足见其超人神通。

三是初唐著名史学家司马贞《三皇本纪》有记载：

神农氏作蜡祭，以赭鞭鞭草木，尝百草，始有医药。

"神农遇七十二毒"之说见于鲁迅《南腔北调集》

与神农相关的"七十毒"是如何演变为"七十二毒"的呢？笔者从现代文豪鲁迅《南腔北调集·经验》开篇，看到了"七十二毒"的说法：

偶然翻翻《本草纲目》，不禁想起了这一点。这一部书，是很普通的书，但里面却含有丰富的宝藏。自然，捕风捉影的记载，也是在所不免的，然而大部分的药品的功用，却由历久的经验，这才能够知道到这程度，而尤其惊人的是关于毒药的叙述。我们一向喜欢恭维古圣人，以为药物是由一个神农皇帝独自尝出来的，他曾经一天遇到过七十二毒，但都有解法，没有毒死。这种传说，现在不能主宰人心了。

可以看到，虽然鲁迅写到神农遇到"七十二毒"，并没有"得茶而解之"之说。

从"七十毒"演变为"七十二毒"，可能与国人以"九"及其倍数为大的观念有关，最为耳熟能详的是《水浒传》中的一百零八将，其中三十六位天罡星、七十二位地煞星均为九之倍数。《西游记》塑造的孙悟空神通广大，会作七十二变。

当代《茶业通史》误记《神农本草》"得茶解毒"说影响大

笔者曾经写到，《神农本草经》"神农得茶解毒"之说查无出处，有心人不妨反证一下，此说究竟源于何时何处，这对当前茶文化界不重文史考证，人云亦云的现状，也是一件很有意义的事。

笔者看到当代记载此事较早的有著名茶学家庄晚芳、唐庆忠、唐力新、陈文怀、王家斌 5 人合著的茶文化通俗读物《中国名茶》，该书 1979 年 9 月由浙江人民出版社出版，初版 1.5 万册，翌年 2 月二次印刷 3 万册，共 4.5 万册。该书第一部分 "茶的功用·消炎收敛" 篇云："神农《本草》里说：'神农尝百草，日遇七十二毒，得茶而解。'"

庄晚芳 1988 年由科学出版社出版的《中国茶史散论》是这样记述的："在汉朝托名神农而作的药书《神农本草经》中有这样的记载：'神农尝百草之滋味，水泉之甘苦，令民知所避就。当此之时，一日而遇七十毒，得茶而解。'"其实此语除最后 "得茶而解" 外，其余均引自《淮南子·修务训》，并非《神农本草经》。

而影响较大的是由著名茶学家陈椽编著、中国农业出版社 1984 年出版的《茶业通史》，该书在开篇第一章《茶的起源》中这样写道："我国战国时代第一部药物专著《神农本草》就把口传的茶的起源记载下来。原文是这样说的：'神农尝百草，一日遇七十二毒，得茶而解之。'"尽管该书附有未标年代的古本《神农本草经》和两页模糊的书影，但并无相应内容的清晰书影，因为这是虚构之说，所以根本无法找到相应书影。

庄晚芳、陈椽是 20 世纪 90 年代之前最有影响力的茶学家，上述两书影响大，尤其是作为学术著作的《茶业通史》被广泛转引，《神农本草经》"神农得茶解毒"之说被广泛传播到海内外。2012 年，瑞士日内瓦大学汉学家朱费瑞（Nocoals Zufferey）在《法国世界报外交论衡月刊》当年 6/7 月的 "中国专刊"，发表了写于 2004 年的关于中国茶事的文章《不爱喝茶的中国人能算中国人吗？》，他对五千年神农茶事质疑，其中写道："中国所有与茶叶有关的文章都令人厌烦地写着中国有五千年的饮茶历史，咱们来验证一下，这五千年的饮茶历史的说法到底出自何处。……中国传统往往还说神农将如何饮茶的方式记录在《神农本草经》上。"笔者认为他对神农茶事真实性的质疑不无道理，同时看到他已采信所谓的《神农本草经》"神农得茶解毒"之说。可见以讹传讹会损害和贬低中国茶文化的形象，值得我们反思。遗憾的是，当代在误传 "神农得茶解毒" 之后，又编造、虚构吴理真等更多虚假、不实茶史，传播海内外，混淆茶史。期待认真、严谨的专家、学者正本清源。

（原载《农业考古·中国茶文化专号》2015 年第 5 期）

"茶为万病之药"语出荣西《吃茶养生记》

"茶为万病之药"，是当下很多茶书与网络广泛引用、广泛流传的一句话。多数说法认为此语出自初唐宁波籍大医家陈藏器《本草拾遗》。其实并非如此，该语出自日本高僧荣西《吃茶养生记》。早在 2011 年，笔者已就此语之来龙去脉做了详细考证发表专文，并指出造成讹误主要是对《吃茶养生记》断句有误，但至今仍有大批学者、专家沿用出自陈藏器之语，普通作者、读者则信以为真了。足见某些说法或观念，一旦广为流传，正本清源则非常之难。

在日本，《吃茶养生记》有多种版本，据较早以汉语印刷的日本江户时代（1603—1867）平安竹苞楼藏《吃茶养生记》相关内容原句如下：

《本草拾遗》云，上汤（为"止渴"之误）、除疫。

贵哉茶乎，上通诸天境界，下资人伦。诸药各治一病，唯茶能治万病而已。

文中从"贵哉茶乎"开始的文字，是荣西之语，准确断句应从此处换行，古文很少换行，原文此处未换行，传到中国后，就被顺句引申为陈藏器之语了，并简化为"诸药各为一病之药，唯茶为万病之药"广为流传，而陈藏器《本草拾遗》原著并无此语。这就是此语和上句"贵哉茶乎，上通诸天境界，下资人伦"之语由来。

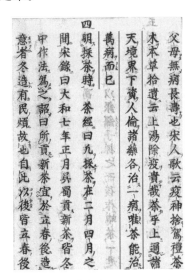

日本江户时代（1603—1867）
平安竹苞楼藏《吃茶养生记》书影

纠错缘起

在 2011 年之前，笔者已看到此说，当时很是高兴，如果属实，当为宁波茶文化之最。2011 年 4 月 21 日，宁波茶文化促进会、宁波东亚茶文化研究中心举办

"科学饮茶益身心——2011 中国宁波'茶与健康'研讨会",由笔者主编大会文集。在收到的 40 多篇来稿中,有近十位专家、学者在文章中引用"诸药为各病之药,茶为万病之药",说该语出自唐代宁波籍大医家陈藏器(约 687—757)的《本草拾遗》。

笔者为大会提供的《古今医药、营养学名家论茶三则》,其中一则是《陈藏器〈本草拾遗〉载茶功》。笔者详读《本草拾遗》,发现书中并无此语。为了搞清本源,为此对"茶为万病之药"之语做了详细考证。

笔者曾询问参加宁波"茶与健康"研讨会引用该语的浙江中医药大学教授林乾良先生等专家、学者,他们均明确表示非引自原著。笔者为此在会上及同年 10 月由中国文化出版社出版的研讨会文集中,敬请各地专家、学者查找出处。

《茶经述评》曾引用,《本草拾遗》未记载

近年来,比较权威的《茶经述评》等多种茶书,尤其是介绍茶与健康的书籍、文章,多引用该语,特别是 2008 年,解放军总医院营养科研究员、博士生导师、中央保健委员会预防保健会诊专家赵霖教授,以《茶为万病之药,勿忘饮茶健身》为题,在中央电视台《健康之路·健康大讲堂》宣讲后,被多家报刊、网站转载,影响极大。笔者曾通过电子邮件请教赵霖教授,询问出处,未见回音,他为大会提供的文章也删了此语。

另说"贵在茶也,上通天境,下资人伦"之语也出自《本草拾遗》。

笔者查阅安徽科学技术出版社 2003 年出版、由中医史学专家、本草文献学专家和本草文献整理研究奠基者尚志钧先生辑释的《〈本草拾遗〉辑释》,这本 46 万字的力作,对《本草拾遗》做了全面解读、注释,并未发现上述文字。

虽然茶之功效甚多,当代研究有 20 多种功效,有利提高人体免疫功能,但准确地说,茶不是药,只是保健饮品,中药也很少用它处方的,说它是"万病之药"实在是夸张之语,何况世界上根本不存在"万病之药"。包括陈藏器、李时珍在内的很多古代医药大家,记述本草的功能都很客观、具体,少有夸张之语。《本草拾遗》记载茶功、茶效,也不过"破热气,除瘴气,利大小肠,食宜热……久食令人瘦,去人脂,使不睡"六种而已,怎能说它是"万病之药"。此语或出于文人雅士的形象思维,而伪托于陈藏器。文人雅士常作夸张之语,如李白的"白发三千丈""飞流直下三千尺"、卢仝"惟有文字五千卷"等。

2011 年 7 月中旬,笔者致信安徽科学技术出版社,想通过他们请教本草专家尚志钧先生,虽然他辑释的《本草拾遗》没有此语,也许他知道此语的来龙去脉。笔者接到该书责任编辑、宁波同乡胡世杰先生的回电,说尚老已在 2009 年 91 岁

时仙逝，据他了解，尚老对多种本草的辑释非常认真、严谨，重要资料、说法少有遗漏，如有存疑，也会做出说明。身为医师的胡世杰先生表示赞同笔者的观点，认为此语非出自医家之口。

在未找到出处之前，当以慎重为好。虽然不排除《本草拾遗》其他版本可能有此一说，但在未见到出处之前，无法消除怀疑。如流传更广的"神农尝百草，日遇七十二毒，得荼而解之"之语，很多专家、学者都说出处是《神农本草经》，事实是《神农本草经》根本没有此语，目前查到该语的最早出处是在清代。本次研讨会文集中，所有引用该说的论文，均被笔者改为"古语云"。笔者会后为此写了专文《"神农得荼解毒"由来考述》，已由《中华合作时报·茶周刊》《茶博览》等报刊刊出。

语出《吃茶养生记》

2011 年 11 月 11 日，未出席本次研讨会、对日本茶文化颇有研究的上海师范大学副教授、宁波东亚茶文化研究中心研究员曹建南先生，在收到笔者寄赠的《科学饮茶益身心——2011 中国宁波"茶与健康"研讨会文集》后，看到书中笔者关于"茶为万病之药"难找出处的信息，发来电子邮件说，此语出自日本荣西的《吃茶养生记》，而笔者手头贵州人民出版社 2003 年版《吃茶养生记——日本古茶书三种》封底就印着该语。笔者非常高兴，解开了心中一谜，可谓踏破铁鞋无觅处，得来全不费工夫。

荣西（1141—1215），日本高僧。宋乾道四年（1168）、淳熙十四年（1187）曾两次到中国学佛，热爱中国茶文化，回国时带去了中国的饮茶文化，著有《吃茶养生记》，尊为日本茶祖。

曹先生还送我一册比较古老的日本江户时代（1603—1867）平安竹苞楼藏的刻本《吃茶养生记》影印本。荣西在《吃茶养生记》中两次提到《本草拾遗》。其中卷之下写到本文开篇所记："诸药各治一病，唯茶能治万病而已"。

该藏本附有汉文训读符号。个别文字与贵州人民出版社 2003 年出版的《吃茶养生记——日本古茶书三种》中的《初治本吃茶养生记》不同，其中"上汤"两字明显为《本草拾遗》原文"止渴"之误。

荣西作为嗜爱茶饮高僧，不需要医家的科学严谨，作此夸张之语可以理解，也与该书开头之语"茶也，养生之仙药也，延龄之妙术也"相呼应：

茶也，养生之仙药也，延龄之妙术也。山谷生之，其地神灵也。人伦采之，其人长命也。天竺唐土同贵重之，我朝日本曾嗜爱矣。古今奇仙药也，不可不采乎。

虽然 7 世纪茶已传到日本，唐贞元廿一年（805）则有高僧最澄将浙东茶籽带到日本播种的准确记载，但茶在日本很长时间主要出现在寺院、皇宫，真正普及到民间是在荣西著作《吃茶养生记》之后。他在该书中，根据日本的各种流行病、常见病，提出了吃茶法、茶粥法等各种饮茶疗法。据日本《吾妻镜》记载，荣西推崇吃茶养生还有一则有趣的逸事，1214 年 2 月 4 日，荣西逝世前一年，当时日本的幕府将军赖实朝，因昨夜饮酒过量周身不适，众人奔走操劳仍无济于事，这天正值荣西到将军府做法事，得知此事后，立即派人到寺院取来茶，为将军点了一碗。将军饮后很快酒意驱散，精神爽快。将军问："此为何物？"荣西答曰："茶。"将军感到很神奇。荣西随后又献上《吃茶养生记》，向将军宣传吃茶的诸多好处。经将军和朝臣的推举，得以很快普及。

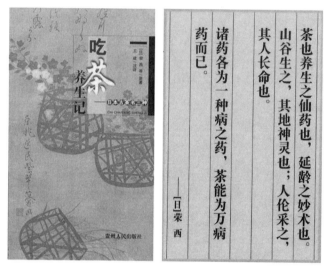

贵州人民出版社 2003 年版《吃茶养生记——日本古茶书三种》
封面及封底文字提要

荣西与宁波有缘，他两次到中国，均是从当时的明州（今宁波）港进出的，第一次在明州天童寺（一说阿育王寺）、天台山万年寺学佛，不久回国。第二次在宋 4 年多，拜天台山万年寺临济宗黄龙派八世法孙虚庵怀敞为师，并随师到天童寺服侍两年多回国，是日本临济宗创始人。他还以感恩之心，回国后运来大批木材助建天童寺千佛阁，今遗址尚存。

日本茶人语中肯

茶之利弊，明代杰出的医药家李时珍等人早已做出科学结论，认为要根据不同身体情况饮用。出席宁波"茶与健康"研讨会的日本中国茶艺师协会理事长、茶学学会会长小泊重洋先生，在会上做了《从两个实例来看饮茶的功效》，他在肯定茶对人体健康有一定特殊功效的前提下指出："近年来茶的各种功效不断得到科学试验的证明，作为健康饮料更是备受关注。实际上，茶在我们日常生活中对于它的功效实感不太明显，甚至有人对于它的功效到底有多大而产生疑惑。例如，反映对于高血压、糖尿病、胆固醇、中性脂肪肝、肥胖等生活中常见的症状，尽管每天都在饮茶，却没有得到改善的意见也很多。问题在哪里呢？首先要认识到茶不是医药品，当然对于它的食疗功效的效果当然也是缓慢的。因为茶是日常生活中不问男女老弱谁都可以入口的饮料，如果对每个人都有明显功效的话，对于比较敏感的人来说，就会有产生副作用的可能性。"他的话是比较中肯的，说明科学饮茶非常重要。

（原载《农业考古·中国茶文化专号》2014 年第 2 期）

吴理真
——糅合多种人物元素之南宋虚构神僧

导语：本文通过梳理宋代印度不动上师（甘露祖师）、孙渐即兴所咏孤证"汉道人"、普惠禅师、吴僧樊川、明代川籍大家杨慎著《杨慎记》等史料，提出"汉道人"为当地最早佛教伪话题；另一孤证《甘露祖师行状》所记吴理真之生卒、事迹均为神话，与"汉道人"没有任何关联，厘清吴理真系南宋以后出现的、糅合多种人物元素之虚构神僧。

关于吴理真，笔者曾发表《吴理真——南宋以后出现的虚构神僧》等多篇求真辨正考证文章，努力还原其本来面目。最近，笔者有幸读到《佛光大辞典》不动上师（甘露祖师）的介绍、《杨慎记》全文等文献，又有新发现，再作小文。

一、南宋《甘露祖师行状》为虚构神僧吴理真之孤证 "三无"《行状》不合规范，生死、事迹皆为神话

为便于对照，需要公布南宋《甘露祖师行状》（以下简称《行状》）。该《行状》由清代官员、大学者刘喜海（1793—1853），根据南宋绍熙三年（1193）的四川名山县蒙顶山房碑刻原文及字体摹写，具有较高的真实性。其他目录为《宋甘露祖师像并行状》，碑刻一面为吴理真画像（见后文），一面为《行状》。

《行状》原文如下：

师由西汉出，现吴氏之子，法名理真。自领表来，住锡蒙山，植茶七株，以济饥渴。元代京师旱，敕张、秦枢密二相，诏求雨济时。师入定救旱，少顷沛泽大通。一日峰顶持锡窠井，忽隐化井中，侍者觅之，得石像。遂负井右，建以石屋奉祀。时值旱魃，取井水，霖雨即应。以至功名、嗣续、疾疫、灾祥之事，神水无不灵感，是师功德有遗之也。故邑进士喻大中，奏师功行及民，宋孝宗敕赐灵应甘露普慧妙济菩萨像。（注：文中注有"淳熙戊申［1188］敕赐普慧妙济菩萨"）

时绍熙三年（1193）二月二十六日，勒石于名山县蒙顶山房

甘露祖師行狀
師由西漢出現吳氏之子法名理真
自領表來住錫蒙山植茶七株以濟凡
渴元代京師旱勑張秦樞密二相詔求
雨澤時師入定救旱必傾沛澤大迪一
日峯頂持錫窸窣并忽隱化井中侍者
覓之妄得石像遂貢并右建以后屋

淳熙□申
勑賜普慧妙濟菩薩

俸祀時值旱魃取井水蘇雨即應
以至功名嗣績疾疫災行之事神
水無不靈憑是師功德有以遺之也
故邑進士喻大中奏師功行及民
宗孝宗勑賜重應耳露普慧
妙濟菩薩遺像旹
紹熙三年二月十六日勒石于名山縣蒙頂山房

清代刘喜海根据南宋石碑摹写并收入《金石苑》的
《甘露祖师行状》复印件，原书存四川省图书馆

笔者试译白话文如下：

法师由西汉神灵转世，今为吴氏之子，法名理真。从岭南地区到蒙顶山房长驻修行。曾植茶七株，以供饮用和观赏。南宋始元时代（南宋第一位皇帝为宋高宗，1127—1162年在位），京师临安等地持续大旱，皇上命张俊、秦桧枢密二相，诏告天下求雨救旱。法师小有神通，遵诏入定救旱。少顷便大雨倾盆，解除了京师等地广大地区的旱情。一日，法师持锡杖到峰顶井里，忽然隐化于井中。侍者寻觅，未见衣物、尸身，仅得石像。众人无不称奇，遂在井右建石屋奉祀。此后凡干旱之时，只要汲取井水，即下甘霖。以至功名利禄、子孙繁衍、疾病疫情、灾难吉祥之事，皆可求助神水，无不灵感。这是师之功德造福后人也。本地进士喻大中有感于此，遂向朝廷上奏，为师请功。淳熙戊申（1188），宋孝宗敕赐灵应甘露普慧妙济菩萨像。（注：文中注有"淳熙戊申［1188］敕赐普慧妙济菩萨"）

时绍熙三年（1193）二月二十六日，勒石于名山县蒙顶山房

凡是能读通古文者，皆能了解该《行状》基本含义。

"行状"为古代文体之一种，类似于传记，主要记述死者籍贯、生卒、世系、生平事迹等资料，常由死者门生故吏或亲友撰述，多随讣告分送亲友，留作撰写墓志或立传之依据。以此对照，该《行状》文字半通不通，语焉不详；形式不伦不类，缺乏行状基本要素，家世、籍贯未详，祖辈无名，来无影，去无踪，事迹均为显灵神话。这么一篇神话小品，又是孤证，无法作为史实与学术依据。

仔细读来，其中还有自相矛盾之处，如一说"宋孝宗敕赐灵应甘露普慧妙济菩萨像"，一说"敕赐普慧妙济菩萨"，这"菩萨像"与"菩萨"含义明显不同，

名称也不一样。

此碑无撰文作者、无刻碑作者、无立碑单位或个人，系"三无"石碑。这也说明撰文、立碑者作为好事者，因为虚构神僧而故意隐名，使后人无法考证其真伪。

二、宋代印度不动上师（甘露大师）在蒙山辑成《蒙山施食法》 该高僧年代及"甘露祖师"之名，最接近虚构神僧吴理真

2004年，北京图书馆出版社引进的《佛光大辞典》，为佛教界权威文献之一。该书"大蒙山施食"词条有如下记载：

蒙山施食，旨在利济孤魂。蒙山，位于今四川名山县。宋时有不动上师，人称甘露大师，居于四川蒙山，曾为普济幽灵，集瑜伽焰口及密宗诸部，辑成蒙山施食，成为佛门必备课诵仪轨。及至近代，有兴慈大师力倡蒙山施食，并加入六番开示，称为大蒙山施食。

施放大蒙山施食时，中间置一法坛，上供佛像，中置香花时果、香炉烛台，备白米清水各一杯，并请大僧主坛说法；法坛对面设一孤魂台，供十方法界六道群灵之位，于起香后，以黄布或绳围至法坛前，令诸鬼神于此礼拜，闻法受食，使无所障碍，得大利益，施放大蒙山施食之时，以戊辰二时为宜，一般施放蒙山亦于晚殿时举行。

另有"不动"词条记载：

宋代僧。天竺（今印度）人，梵名阿闪撒干资罗。通显密、性相之学。初至西夏，止于护国寺，传译密部经典，人称金刚上师。后迁至四川蒙山（今名山县境）。依唐代金刚智瑜伽施食仪轨，重译之，称为瑜伽焰口。又演为小施食法，号甘露法，又称蒙山施食法。其弟子勒布，传于保安，三传至威德幢，今则风行域内。其后，不动师徒等均不知所终。

这两条资料大意为，宋代（具体年代未详）时，有名为阿闪撒干资罗的印度高僧来中国，汉语法名不动上师，先在西夏等地翻译佛经，人称金刚上师。后至四川名山县境内蒙山，依据唐代《金刚智瑜伽施食仪轨》，改编为《小施食法》，号《甘露法》。因该法在蒙山编成，又称《蒙山施食法》。蒙山施食，其要旨在于利济孤魂，不动上师悲天悯人，以水米果品食与法食广施于鬼神，以及六道众生，帮助他们早日脱离苦海。其美好德行犹如甘露妙药，普惠六道众生，时人感念之，故美其名为"甘露"，称为"甘露大师"或"甘露祖师"。不动上师及弟子均不知所终。

《蒙山施食法》今通称《蒙山施食仪轨》，为佛教重要典籍，各大寺院道场每晚课必备课诵仪轨。施食目的一为报恩，因六道众生常与我们互为六亲眷属，不忍心看到他们在恶道受苦，所以施食来救度他们；二为警惕，借此施食法会，令我们想到三途恶道的苦楚，告诫自己不造恶业，以免沉沦；三为行菩萨之道，以大慈大悲之心，借佛、法、僧之力，使六道众生皆可来闻法听经，反省忏悔，增长善根，共成佛道。

另有清代释书玉释佛教文献《大忏悔文略解·宋西夏护国仁王寺金刚法师不动集》记载不动上师事迹：

宋，朝代也；西夏，国名也，谓地在宁夏西边故。宋真宗封赵德明为夏王，仁宗又封其子赵元昊为夏国王。法师西来先至彼处，弘法利生也。护国等五字。寺名也。谓师以护国仁王般若经，普令缁素诵持。祝国祐民故。金刚等六字，人号也。上四字通称，下二字别名。法师者，谓通显密三藏，法中最上之称也；金刚者，谓瑜伽有五部，曰佛，曰金刚，曰宝生，曰莲华，曰羯磨也。师现传金刚一部，故名金刚法师，此乃灌顶时所授称也，梵语阿閦撒，此云不动，谓师最初依阿閦部法而行持故。集者，显德也，谓师欲令道俗修证。故以唐三藏不空法师，所译三十五佛名经礼忏文，前增五十三佛德号，后缀普贤十大愿偈，前后共成一百八礼，期断百八烦恼故。后迁四川蒙山，又集施食仪文，为出生轨范，因以甘露度孤，复称甘露法师，今时诸方丛林静室目为课诵，以山彰名，所谓蒙山施食也。此实法中二利行用之要，大有功于佛门者也，余诸神应备载别记。

该文记载不动上师宋代到西夏国，传金刚一部，故名金刚法师；名后迁四川蒙山，又集施食仪文，因以甘露度孤，复称甘露法师。

不动上师之年代及"甘露祖师"之美名，最接近上文《行状》中虚构神僧吴理真。其他蒙山僧人中，未见"甘露祖师"之称谓。

三、孙渐即兴所咏"汉道人"系蒙山最早佛教伪话题
不符史实之孤证，与吴理真并无关联

除了《行状》孤证，另一孤证为北宋孙渐所作五言诗《智矩寺留题》，全诗如下：

郊行半舍近，炎曦正欹午。涉浅水粼粼，陟高峰伍伍。
寺藏翠蔼深，门映苍松古。明暗双泯时，榜明标智矩。
入憩望远亭，好风声清暑。素曳瓦屋烟，虹挂峨眉雨。
千里豁入怀，万象纷指顾。步庑阅刊碑，开龛礼遗塑。

香火肃僧仪，堂皇凉客廙。继登凌云阁，倚栏眺茶圃。
昔有汉道人，薙草初为祖。分来建溪芽，寸寸培新土。
至今满蒙顶，品倍毛家谱。紫笋与旗枪，食之绿眉宇。
雷动转蜀车，云屯富秦庚。我贪事幽寻，更值忘形侣。
鼎抽竹叶烧，瓶汲龙泉煮。暂啜破积昏，飘飘腋生羽。
相对话夜阑，萤点流星度。金鸡鸣一声，回首关头路。
会约摘春山，十咏龟蒙具。

孙渐，生平未详，眉州（今四川眉山）人。熙宁（1068—1077）进士，曾任温江（今成都温江区）县令等职务。其中写到看到廊庑中有残碑，打开佛龛观礼塑像，登上凌云阁，远眺茶园，认为最早有"汉道人"引来建溪茶苗种于蒙山，生长繁茂，如今满山皆是。

古代僧人、道人均可称"道人"，而诗中明确为寺院僧人。该诗意如以汉代僧人来理解"汉道人"，明显就是佛教伪话题，说明孙渐缺乏佛教基本常识，不符合佛教史实，这也是南宋以后大量诗文以"汉道人""西汉僧"为据之通病。一般认为佛教东汉末年才传入中国，即使是最早之东汉末年，外来僧人不可能马上深入到蒙山，本土则尚无僧人，下文《杨慎记》提到，佛教初入中国还被禁不可学。

孙渐看到的是"刓碑"，意即残碑，"汉道人"无法名、俗姓、籍贯等基本资料，可能未记载或残缺不全，包括残碑年代均未说明，只是根据诗人主观所想即兴而咏，而诗人所处年代与西汉相距近千年，千年历史不能一笔带过。作为孤证，谁也不知此残碑记载了什么，诗人看错、记错文字亦有可能。

另一种解释为，为区别印度与藏族喇嘛等少数民族僧人，以汉族道人来理解，"汉道人"，这样可接上"分来建溪芽"，孙渐以其所在宋代看茶事，众所周知，建茶兴起于宋代。但这与蒙山茶史不相符，也缺乏僧人基本生平资料。

这么看来两种可能都不是，说明孙渐对茶史外行，所写诗句牵强附会，语焉不详，"汉道人"虚幻缥缈，不能作为史实采信。

孙渐所写"汉道人"，系蒙山最早佛教伪话题，与南宋以后出现的虚构神僧吴理真，均为孤证。由于两诗文没有前呼后应，看不出有任何关联，至多是《行状》开头所写"师由西汉出"能对上"汉道人"，但文中无交代，而这么理解还是佛教伪话题。上文已说明，"师由西汉出"意为"法师由西汉神灵转世"，明显是神话而已。一为虚幻缥缈"汉道人"，一为虚构神僧，两种无关联之孤证，风马牛不相及，以史学和学术规范来说，至多是两种传说和神话，岂能作为真人真事之依据？作为西汉植茶始祖吴理真之史实？

四、普惠禅师（甘露祖师）与吴僧樊川

虚构神僧吴理真身上，还有两位生平未详的普惠禅师（甘露祖师）与吴僧樊川之影子。

据程启坤主编、董存荣编著《蒙顶茶》记载："另外，蒙山还有过一位有名的普惠禅师，创建智矩寺。其'普惠'的法号和吴理真敕封中的'灵应甘露普慧'有相同之处，因此，也有人把此'普慧'与彼'普惠'混为一谈。"下文《杨慎记》亦将吴理真记为"普慧"，说明有多种版本，实际早就混淆了。

也有多种网文称，此普惠禅师亦称甘露祖师。

该书未说明普惠禅师创建智矩寺是何年代，网查其创建年代已失传。但今日雅安市名山区人民政府网站词条《蒙山智矩寺》，已将两者混为一谈："智矩寺又名智矩院，清始称大五顶。专管蒙山禅茶制作，位于蒙山腰际，汉甘露祖师始建。宋淳熙时重修，明万历时补修。自唐至清，每多于此制造皇茶。2000年，新塑吴理真像，刻茶文化图，设有禅茶表演。"

这显然是为了当代需要，依据佛教伪话题所作。

宋代陶谷（903—970）著《茗荈录·圣杨花》记载："吴僧梵川，誓愿燃顶供养双林傅大士，自往蒙顶结庵种茶，凡三年，味方全美，得绝佳者圣杨花、吉祥蕊，共不逾五斤，持归贡献。"

该吴僧生平未详，顾名思义为吴地僧人，虚构吴理真之姓氏是否由此而来？

五、明代川籍大家杨慎最先提出"西汉僧理真"为盲目求 古之神化，其质疑否定之语竟被当代作为肯定之语

笔者最近发现，最先对"西汉僧理真"提出考辨质疑并否定的，是明代官员、文学家、学者新都（今成都）人杨慎（1488—1559），他与解缙、徐渭并称明代"三大才子"。其《杨慎记》写道：

名山之普慧大师，本岭表来，流寓蒙山。按碑，西汉僧理真，俗姓吴氏，修活民之行，种茶蒙顶。殁，化为石像，其徒奉之，号甘露大师，水旱、疾疫，祷必应。宋淳熙十三年（1186），邑进士喻大中，奏师功德及民，孝宗封甘露普惠妙济大师，遂有智矩院。岁四月二十四日以隐化日，咸集寺献香。宋、元各有碑记，以茶利，由此兴焉。夫吃茶西汉前其名未见，民未始利之也。浮屠自东汉入中国，初犹禁，民不得学。《贺如晦记》称，西汉吴姓则华人也。时安得华人为僧乎？考

之张大用《本图经》称，后汉有高僧，携茶种蒙山，茶为天下利益，然后投井化石，其徒负以凿像，为堂奉之；又称，《梓童神君附鸾碑记》正其为后汉人，名理真。西汉之称，岂欲古其人？大用之记，岂欲神其迹耶？

按照文意，可以看出杨慎是见过宋、元时代《行状》等记载吴理真之石碑的。他知道佛教东汉才入中国，因此对"西汉僧理真"种茶蒙顶提出种种质疑：一是西汉僧不可信，佛教东汉进入中国之初还被禁止不能学；二是当地西汉前未见吃茶之记载，农民并未种茶获利。

作为著名大家，杨慎还分别对《贺如晦记》、张大用《本图经》及所引《梓童神君附鸾碑记》之三种说法，做了考辨质疑，提出《贺如晦记》所说西汉吴姓华人为僧不可信；提出据张大用《本图经》记载，蒙山茶祖早有梓潼神君之说，后来才正名为吴理真。

杨慎这些反复质疑并否定非常明确，令人惊讶的是，当代很多持"西汉茶祖说"者，竟屡屡把此也作为肯定吴理真之史料，岂不可笑？

古代四川尚有杨慎这样的大家求真辨误，可惜未见今日川籍专家、学者准确解读《行状》与《杨慎记》，未见公正之说。这究竟是读不懂，还是不想懂，或另有隐情呢？

南宋绍熙三年（1193）虚构《行状》中的神僧吴理真碑刻形象。同时附于1905年英国詹姆斯·哈奇森著考察报告《供应西藏的印度砖茶：四川任务报告》第31—32之间插页，该报告称当时雅安当地称其为汉代印度僧人。

另被广泛引为"西汉茶祖说"依据的，为南宋王象之（1163—1230），其《舆地纪胜》记载："西汉时，有僧从岭表来，以茶实植蒙山，急隐池中，乃一石像。今蒙顶茶擅名，师所植也，至今呼其石像为甘露大师。"

这显然是"西汉僧"伪话题之翻版，毫无文献价值。2005年，四川大学出版社再版《舆地纪胜》，其内容提要中明确指出该书"错误尤多"："《纪胜》一书出现错误的原因非常复杂，归纳起来主要有以下几种情况：一是王象之所依据的史籍本身就有错误，尤其是所依据当时编纂的地方志和图经错误尤多，王象之在引用时未尝厘正，照旧抄录。二是原本不误，王象之在编纂时节略失当而致误，或内容掺错误系。三是后人在影印或刊刻时出现了新的错误。"

由此来看，王象之《舆地纪胜》其人其书之学术品位可见一斑。

六、结语：糅合多种人物元素之南宋虚构神僧吴理真 当代刻意指鹿为马变身西汉茶农违背学术诚信

综上所述，北宋孙渐在《智矩寺留题》中记性所咏"昔有汉道人，薙草初为祖。分来建溪芽，寸寸培新土"，其中"汉道人"不知何许人，"分来建溪芽"之说牵强附会，违背佛教史与茶史。千年历史一笔带过，虚幻缥缈，是为蒙山最早佛教伪话题。而即使有早期种茶僧人，由于不知名号、年代，只能是莫须有人物，与南宋以后出现的虚构神僧吴理真也没有关联性，不能作为史实依据。

南宋无名氏所作《行状》，糅合了不动上师（甘露祖师）和"汉道人"、普惠禅师、吴僧樊川等人物元素，尤其是《行状》所附吴理真碑刻画像，并非中国传统僧人画像庄严风格，而有外来僧人风格。如笔者在本刊 2018 年第二期《再论茶祖吴理真之真假》，就引用了赵国栋新著《茶谱系学与文化构建：走进西藏茶叶消费空间的秘密》，其中有 1905 年詹姆斯·哈奇森（JAS.Hutchison），受英国与印度指派，到雅安雅州及周边考察茶叶贸易中心，回去后他在名为《供应西藏的印度砖茶：四川任务报告》（*Indian Brick Tibet: report on a mission to Ssu-chuan*）的考察报告中写到，当时当地关于吴理真即为汉代时印度来的外来和尚：

在一部公元前 2205 年的古书中记载，蒙山位于名山地区。在汉朝时（公元 25 年），一位叫作吴理真（Wo-li-Chien）的修行者从印度（Hsi-U）来到这座山修行以实现长生不朽。他随身带了 7 株茶树，并植于蒙山的荷花峰（Lotus-flower summit）。

所附画像，即为上文《行状》所附吴理真碑刻画像。可见当时当地关于吴理真究竟是印度僧还是本地僧，认知是混乱的。

也许是当时不动上师（甘露祖师）威望太高，影响太大，好事者或许出于羡慕妒忌恨，遂虚构出神通广大之吴理真，与其相抗衡，以假乱真，以降低不动上师之影响力。

关于"甘露祖师"之称谓，不动上师是因为利济孤魂之美好德行如甘露妙药，而称为甘露大师或甘露祖师；虚构吴理真是因为隔空呼风唤雨之神通，而被宋孝宗敕赐灵应甘露普慧妙济菩萨像，亦称甘露祖师；古今鼓吹"西汉茶祖"者，则根据虚构《行状》中，有宋帝敕赐之"甘露"和"甘露祖师"字样，传讹为西汉甘露（前 53—50）年间，岂非乱弹？

《行状》之后，当地各类方志、通志、诗文、碑刻等相关记载，则为大杂烩，皆源于《行状》，未脱离"西汉僧吴理真"之佛教伪话题，违背史学常识与规范，

误读虚构《行状》。

之所以说吴理真是虚构神僧，因为《行状》之前，查无此人。以后世，尤其是当代茶文化界吴理真之影响，民间影响力已远超真实人物印度不动上师，说明好事者已经如愿了，这实在是莫大讽刺！

当代始作俑者何以将南宋虚构神僧变身西汉茶农或药农？这是因为某些人毕竟比孙渐、王象之等古人明智了，自感"汉道人""西汉僧"是佛教伪话题，有悖于佛教史，于是罔顾史实，敢冒天下之大不韪，指鹿为马，将虚构神僧吴理真变身为西汉茶农或药农。难圆其说胡乱说，假戏真做高调唱，不断举办各种活动、雕塑金身，出版书籍，愚弄天下，足见神通之广大。更有个别著名专家、学者，先在不知情、未做考辨之前提下，在 2004 年以官方名义认可通过的《蒙顶山世界茶文化宣言》中，盲目确认吴理真为茶祖，尔后又在没有任何史料佐证、真相大白之时，依然无据咬定宣言准确，如此研究茶文化，令人唏嘘不已！这也在某种程度上反映出当代茶文化研究并非风清气正。

好在茶史毕竟不是任人打扮的小姑娘。笔者欣喜地看到，很多时贤、后学重视溯源考证，重视阅读原著，而非人云亦云，以讹传讹，鄙视这种指鹿为马、随心所欲篡改、编造虚假茶史之恶劣作风。

良知是文明人类内心具有的道德感和判断力，学术诚信是当下举世公认的普世价值。笔者心地光明，坚信所有认真、严谨之专家、学者，对吴理真之真伪，会以文献为依据，认真考证辨别；坚信某些刻意将佛教伪话题"汉道人""西汉僧"，指鹿为马为西汉茶农或药农之当代始作俑者，其内心亦是知道真伪的，只是其良知已被种种利欲之心扭曲，刻意违背学术诚信而已。王阳明云："知善知恶是良知，为善去恶是格物。"真与假即善与恶，知假作假，将错就错，以假作真，混淆真假，是善是恶？读者自明。由此看来，这已超越茶文化之范畴了。

（原载《农业考古·中国茶文化专号》2019 年第 5 期）

蒙山茶祖另有晋代梓潼神君张亚子之说

导语：新近发现清嘉庆《四川通志》，记载蒙山茶祖又称梓潼神君，南宋淳熙间重修的智炬寺《碑记》，才正名为吴理真。这说明蒙山茶祖又多了一位相关人物。本文就此做一梳理考析。

2019年10月，《农业考古·中国茶文化专号》曾发表笔者《吴理真——糅合多种人物元素之南宋虚构神僧》，对史料中与吴理真之相关人物，做了梳理考析。最近发现清嘉庆二十一年（1816）成书的《四川通志》，转引明《杨慎记》（清光绪《名山县志》亦有转引），记载早期蒙山茶祖另有晋代神化人物梓潼神君、著名道家张亚子，至南宋淳熙（1174—1189）年间重修的智炬寺《碑记》，才正名为吴理真。未见《碑记》文字，说明古碑已毁，而淳熙年间系约数，或由当时僧人口述，未必准确，只能说是南宋以后之事。这说明当地民间早期祭拜的是梓潼神君，南宋以后出现虚构神僧吴理真之后，才去掉这位外来神，转而祭拜当地神僧吴理真。这在吴理真诸多相关人物中又多了一位。巧合的是，勒石于名山蒙顶山房的游戏笔墨《甘露祖师形状》并画像，落款时间为绍熙三年（1193）二月二十六日，与前面淳熙年号仅差十多年，说明该虚构文字与吴理真正名相呼应，或在为吴理真造势，但毕竟瑕疵太多，吴理真生死、事迹均为神话，只能归为虚构神僧。

笔者2019年发表上文时，尚未关注到梓潼神君这一细节，本文再做梳理考析。因为早期民间祭拜的是梓潼神君，这也许可解开南宋之前难觅吴理真蛛丝马迹之原因。

《杨慎记》转引张大用《本图经》，记载梓潼神君

雍正《四川通志》卷四十"舆地·寺观"有如下记载：

智炬寺即智矩院，在县西十五里蒙山（《方舆考略》），在县西，汉建（《县志》），在县西十五里蒙山五峰之下，汉甘露道人创始，宋淳熙时重修，明万历时补修，每年于此制造贡茶。

附：明《杨慎记》："名山之普慧大师，本岭表来，流寓蒙山。按碑，西汉僧理真，俗姓吴氏，修活民之行，种茶蒙顶，殁化石为像。其徒奉之，号甘露法师，水旱疾疫祷必应。宋淳熙十三年，邑进士喻大中，奏师功德及民，孝宗封甘露普慧妙济大师。遂有智矩院岁四月二十四日以隐化日，咸集寺荐香，宋、元各有《碑记》，以茶利由之兴焉。夫啜茶，西汉前其名未见，民未始利之也。浮屠自东汉入中国，初犹禁，民不得学。《贺如晦记》称，西汉吴姓则华人也，时安得华人为僧乎？考之张大用《本图经》称，后汉有高僧携茶种蒙山，茶为天下利益，然复为投茶化石。其徒负以凿像，为堂奉之，又称梓潼神君附鸾。《碑记》正其为后汉人，名理真。西汉之称，岂欲古其人；大用之记，岂欲神其迹耶。"（引文见下图书影）

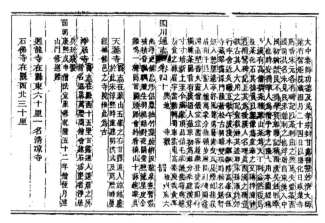

清嘉庆二十一年（1816）成书的《四川通志》相关书影、
下图标示处有"又称梓潼神君"字样

《四川通志》记载分为两部分，第一部分是说智矩寺前身即智矩院（《名山县志》作智矩寺，今通用智矩寺），甘露道人汉代始建，宋淳熙时重修，明万历

（1573—1620）时补修，每年于此制造贡茶。说智矩院建于汉代即为伪说，跨越三国、两晋、南北朝、隋代、唐朝、北宋近千年历史，一句话转到了南宋"淳熙时重修"，这近千年历史如何演变没交代；说汉甘露道人创始智矩寺亦为伪说，作为寺院，此道人是僧人无疑，而一般认为佛教东汉才传入中国，未见任何佛教典籍记载吴理真其人其事，岂非伪说？不要说汉代寺院，即使三国、晋代寺院，亦为早期寺院，佛教典籍会有记载。《四川通志》未载宋淳熙时重修、明万历时补修《碑记》文字，说明当时已损毁。20世纪90年代出土的二截残碑，仅存五分之一左右，没有落款部分，未见公开残碑图片，当地说是宋代的，至多是明万历以后的，今刻有孙渐《智矩寺留题》之碑系当代新建。这说明智矩寺实际创始时代已经失传。

第二部分均为转引《杨慎记》内容。《杨慎记》可分为四层内容：

一是引述《甘露祖师行状》内容，对吴理真做了概述并简评，记载民众每年四月廿四日集中到寺院烧香祭拜，智矩院宋、元各有《碑记》。以茶利由之兴焉。并对西汉僧吴理真质疑，指出东汉初年佛教刚入中国时，国家禁止民间学佛："夫啜茶，西汉前其名未见，民未始利之也。浮屠自东汉入中国，初犹禁，民不得学。"所以不管西汉僧、东汉僧均为伪说。

二是说《贺如晦记》记载西汉僧是吴姓华人为误记，当时没有华人为僧。贺如晦生平未详，该内容未见其他文献相关记载。

三是引述张大用《本图经》内容，说东汉有高僧携茶种蒙山，后化为石头。其门徒凿成石像，建堂室供奉之，又称梓潼神君附鸾。"附鸾"为道家和民间方士算命打卦等术语，又称扶鸾、扶乩、扶箕、挥鸾等，是古代流行的一种求神降示的占卜方式。并记载"《碑记》正其为后汉人，名理真。"说明当地民间早期祭拜的是梓潼神君，南宋以后出现虚构神僧吴理真之后，才去掉这位外来神，转而祭拜当地神僧。张大用其人生平未详，该内容未见其他文献相关记载，梓潼神君蒙山茶事，目前仅见于其记述。考其中《碑记》，当为淳熙年间重修的智炬寺《碑记》。

四是杨慎发出两句质疑感叹词："西汉之称，岂欲古其人；大用之记，岂欲神其迹耶。"认为称其为西汉僧，只是不顾史实盲目求古而已；张大用之记，只是将其神化而已。

杨慎是明代四川新都（今成都市新都区）籍著名文学家、学者、官员，居"明代三才子"之首（另为解缙、徐渭），治学严谨，著述宏富。他是对西汉僧人吴理最先提出考辨质疑并予以否定之学者，不可思议和颇为可笑的是，上述明显质疑、否定之文字，竟被一些人作为肯定西汉僧人吴理真的文献。

晋代梓潼神君张亚子为著名道家人物
唐宋诗文、元代《文献通考》《明史》等均有记载

据相关史料介绍，与虚构神僧吴理真不同的是，梓潼神君系真实人物追封为神君、帝君，又称文昌帝君、梓潼帝君、梓潼真君等，是道教尊奉的司禄主文运之神，主宰仕子的功名和利禄。晋代蜀地梓潼县人，生平未详，居于城北七曲山，生辰为二月初三，死于战场，唐、宋屡封至英显王，元加封为帝君。唐代孙樵作有《祭梓潼帝君文》，北宋宋祁作有五律《张亚子庙》，南宋马廷鸾作有《梓潼帝君祠》歌，元《文献通考》《明史》等均有其事迹记载。

如成书于元大德十一年（1307）的《文献通考·卷九十·郊社考·二十三》记载：

英显王庙在剑州，即梓潼神张亚子，仕晋战没，人为立庙。唐元宗西狩，追命左丞。僖宗入蜀，封济顺王。咸平中，王均为乱，官军进讨，忽有人登梯冲指贼大呼曰："梓潼神遣我来。九月二十日城陷，尔辈悉当夷灭。"贼射之，倏不见。及期果克城。招安使雷有终以闻，诏改王号，修饰祠宇，仍令少府造衣冠、法物、祭器。

《明史·卷五十·礼志四》记载：

梓潼帝君者，《记》云："神姓张名亚子，居蜀七曲山。仕晋战没，人为立庙。唐、宋屡封至英显王。道家谓帝，命梓潼，掌文昌府事及人间禄籍，故元加号为帝君。而天下学亦有祠祀者。景泰中，因京师旧庙辟而新之，岁以二月三日生辰，遣祭。"夫梓潼显灵于蜀，庙食其地为宜。文昌六星与之无涉，宜敕罢免。其祠在天下学校者，具令拆毁。

据《文献通考》《明史》记载，唐代至元代，梓潼神君帝皇封赐繁多，神化为神君、帝君，一度时间，作为司禄主文运之神，天下学府均塑像祭祀，直至明代明文规定，显灵于蜀，庙食祭祀以当地为宜，文昌六星与之无涉，其他各地学府塑像一律拆毁。

《明史》点校本二十四史精装版书影

其在各地学府塑像之事，南宋吴自牧《梦粱录·卷十四·外郡行祠》可以佐证，当时杭州吴山承天道观，建有梓潼帝君庙，四方士子均来祭拜：

> 梓潼帝君庙，在吴山承天观，此蜀中神，专掌注禄籍，凡四方士子求名赴选者悉祷之，封王爵曰"惠文忠武孝德仁圣王"，王之父母及妃，及弟、若子、若孙、若妇、若女，俱褒赐显爵美号，建嘉庆楼，奉香灯。

孙渐所见残碑未记年代及人名，"汉道人"或为梓潼神君

雅安当地目前将北宋孙渐《智矩寺留题》，作为佐证吴理真茶事的最早文献。阅读该诗，其中"步庑阅刓碑，开龛礼遗塑。……昔有汉道人，薙草初为祖；分来建溪芽，寸寸培新土。至今满蒙顶，品倍毛家谱"等句，"刓碑"二字说明孙渐当时看到的是磨损残缺的残碑，未记该碑何时所建。龛中遗塑未记名号，或许就是晋代梓潼神君张亚子，将晋道人误写为"汉道人"了。梓潼神君张亚子是见记于典籍、国史的著名道家人物，是名副其实、为当地百姓尊奉之著名道家神灵，只是当地南宋确立祭祀吴理真以后，已难见其相关事迹，包括茶事。

孙渐《智矩寺留题》有二处伪说：

一是寺院供奉的应为僧人，如果说"汉道人"是僧人，即为伪说。

二是说"汉道人"引来"建溪芽"，亦为伪说，说明作者是以宋人口吻记载汉代茶事，熟悉茶史者均清楚，建溪茶迟至宋代才著名，汉代何来建溪芽？而蒙顶茶唐代已经有名。

因为未写名号，该诗与吴理真并无关联。现有文献来看，当时南宋虚构神僧吴理真尚未出现。

总之，孙渐语焉不详、随意所写诗作，不能作为史实采信。

结语：梓潼神君系当地民间信仰之晋代神化人物，吴理真则为南宋之后出现的虚构神僧

就民间信仰来说，直至当代，一般民众多是见到寺庙即进，见到神佛就拜，祈求保佑人生幸福，并不注重神佛之别。

需要区别的是，梓潼神君张亚子，是晋代死于战场之勇士，系真实人物神化为神君、帝君之著名高道，宋元时曾被全国学府尊为主管仕子功名之文君，受到全国学子顶礼膜拜，至明代才被废止。其事迹记载于《文献通考》《明史》等重要典籍和国史。

　　吴理真则为南宋之后出现的虚构神僧，生死、事迹均为神话，相关记载均为当地及川内南宋之后穿凿附会之说。需要说明的是，神僧吴理真在 2004 年之前，相关文献都记载为"西汉僧"或"后汉僧"，画像均为僧人。直至 2004 年雅安吴理真广场建成后，当代始作俑者竟然冒天下之大不韪，将其身份指鹿为马，神僧始被篡改为药农，因为"西汉僧"或"后汉僧"均与佛教相悖，才有此操作。蒙顶茶唐代已著名，爱茶人都知道大诗人白居易为蒙顶茶做了大广告，何必非要傍上南宋之后才出现的虚构神僧，争当虚假种茶第一人呢？不提吴理真，就没有自信了？岂不可悲、可叹、可笑？！

　　综上所述，所谓蒙顶山茶祖，主要来自民间信仰，真假人物混杂，其中早期信仰的道家梓潼神君张亚子，由真实人物演变神化而来；而子虚乌有的吴理真，则为南宋之后出现的虚构神僧，尚未发现其南宋之前蛛丝马迹。

　　笔者作此梳理考析，提供学界参考，并敬请指正。

（原载《农业考古·中国茶文化专号》2023 年第 2 期）

各地四种茶文化"宣言""共识"中的
茶史与学术错误

自 2000 年以来，全国各地发表了诸多茶文化"宣言""共识"。笔者梳理发现，其中四种"宣言""共识"存在不同程度的茶史与学术错误，有的还相当严重，已经以假乱真，混淆了中国茶史。这些未经认真考证、类似"拍脑袋"式的"宣言""共识"，将原本地方上虚假、错误的茶史或名称，变为权威部门认可的史实。这是在当下茶文化空前繁荣形势下出现的学术浮夸之风。

2014 年 12 月 19 日，时任全国政协文史和学习委员会副主任、中国国际茶文化研究会会长周国富，在中国国际茶文化研究会第三届学术委员会第一次全体会议指出："希望大家做一个学风端正的带头人和示范者。学术研究的灵魂是实事求是。搞政治不实事求是会误入歧途，搞经济不实事求是会劳民伤财，搞学术不实事求是会失德失信；实事求是不容易，实事求是要靠人格、智慧和艰辛；实事求是万岁！实事求是经得起历史和实践的检验，后人称颂。茶有品，人有格，学有风，道有律，希望茶文化专家、学者，都能够认真践行当代茶文化核心理念，追求真理，敬畏规律，立德立行，建功立业，展现茶德茶格之美。"

周国富会长的真知灼见给笔者以极大的鼓舞，特以时间为序，将四种存在不同程度的茶史与学术错误的"宣言""共识"梳理如下：

一、四川雅安《世界茶文化蒙顶山宣言》：虚构人物吴理真被尊为 西汉茶祖，"世界茶文化发源地""世界茶文化圣山"言过其实

2004 年 4 月 20 日，参加第八届中国国际茶文化研讨会暨首届蒙顶山国际茶文化旅游节的诸多茶文化、茶科技权威部门，在四川雅安发表《世界茶文化蒙顶山宣言》（以下简称《宣言》）。该《宣言》依据某茶学副教授缺乏基本文史与学术常识的所谓"考证"，在毫无文献出处的前提下，将南宋以后出现的无籍贯、家世、生死不明的虚构僧人吴理真，臆断为公元前 53 年"首开世界人工种茶之先河"的

茶农而得到认可。

凡是能读懂古文的读者，就能看出这一无名氏游戏笔墨符合诸多虚构特征：一是《行状》无撰文、书法、篆刻作者名号，无立碑单位，无名氏碑是好事者虚构伪作的重要特征；二是《行状》主人无籍贯、无祖辈名号、无家世，生死均为传说，不具备《行状》文体的基本要素，属游戏笔墨，类似神话；三是如果是古今帝皇、领袖敕赐、表彰的人事，当时当地方志没有不记载的，是僧人即为高僧，佛教典籍不可能不记载，但目前发现《行状》是孤证，此前没有发现有关吴理真的任何记载；四是吴理真僧人画像较为另类，甚至有些邪气，有违常规。

《行状》中有多处佛门用语，吴理真也明确为僧人，因功利需要，不符合"西汉茶祖"的炒作，虚构的僧人因此被当地指鹿为马成茶农，雕刻成巨大塑像立于吴理真广场。

关于虚假吴理真，著名茶文化专家朱自振、丁以寿曾经著文提及，笔者已在《中国茶叶》《农业考古·中国茶文化专号》及相关网站先后发表《子虚乌有吴理真——关于"吴理真虚构说"的四点特征和相关考述》，诸多专家认同笔者的考证。

退一步说，即使吴理真不是虚构人物，仅凭南宋时代这么一个文理不通的孤证，也是不能作为学术依据的。

虽然蒙顶山不失为名山，蒙顶茶唐代已经有名，但是，《宣言》称之为"世界茶文化发源地""世界茶文化圣山"又何从谈起？如果去了虚假吴理真，除了白居易"茶中故旧是蒙山"的名句，蒙顶茶又有多少宋代之前的文献记载呢？如果蒙顶山称为"世界茶文化发源地""世界茶文化圣山"；那么，茶圣陆羽著经处、无数唐代官吏、诗人吟咏的浙江湖州顾渚山，史载留有东汉高道葛玄茶圃、唐代即茶传日本、朝鲜半岛的浙江台州天台山，又该如何称呼呢？

2014年12月，一位资深茶学家告诉我，2004年《宣言》发表之前，当地一位主管领导曾向他征求关于"西汉茶祖""世界茶文化发源地""世界茶文化圣山"的意见，这位专家明确告诉他不要搞这些虚假炒作，蒙山茶品质优异，古今著名，实事求是宣传更好。

二、浙江《余姚共识》：将樟科植物称为"原始茶"不符合客观事实，汉丹丘子、刘纲、樊云翘饮茶升仙未见出处

2008年11月27日通过的《余姚共识》，称余姚是中国"原始茶"的源头，河姆渡遗址出土的樟科植物为最早的"原始茶"。

据当时参与考古的专家介绍，河姆渡植物遗存留有大量樟科及其他植物遗存，其中樟科植物已知的有细叶香桂、山鸡椒、钓樟，还有一些未知的。这些樟科植物叶片有的装在瓶罐中，有的散堆于地面上，目前这些叶片已经没有保留，只留下照片资料。左图即为当时留下的具有代表性的未知樟科植物叶片残片照片，尚未确定是什么属、什么种。

河姆渡遗址出土的未知
樟科植物叶片残片照片

樟科属双子叶植物纲、木兰亚纲。该科约45属，2000～2500种，分布于热带、亚热带或温带，中国约有20属420余种。大多为乔木或灌木，有含油或黏液的细胞，最常见的有樟科樟属的香樟树。如上述三种樟科植物，共同特点与香樟树一样，叶片或树皮带有香气，干燥后容易燃烧，均可药用，但古今少见或未见饮用记载。

将上述已知和未知樟科植物叶片称为"原始茶"，既不科学，也不符合客观事实，理由有三：

一是尚未确定是什么属、什么种，根本无法判断它是否可以饮用，有毒或无毒。

二是"茶"与茉莉花、菊花、玫瑰花、桑叶、枸杞、人参等代用茶或叫"非茶之茶"是两种概念，不能混淆，何况文献未见樟科植物可以饮用的记载，当代食物比古代宽泛，亦未见或少见饮用樟科植物，当地及浙东地区尚未发现。连代用茶都不是，岂能称为"原始茶"？

三是古人或有以下用途，1.作为原始中草药；2.以其天然香气调节室内空气；3.用于驱杀害虫；4.用于引火；5.用于祭祀、民俗等活动，如宁波城乡至今保留着正月十五元宵节（很多宁波人以正月十四为元宵节），火烧樟树枝叶"弹（烧）址界"的民俗，祈求去病消灾发财兴旺。

此外，《余姚共识》将《茶经》明确界定为晋代的"虞洪遇丹丘子获大茗"故事，提前到了汉代，而《茶经·七之事》开头所列"汉丹丘子"并无出处，丹丘子是仙家道人之号，汉丹丘子与晋丹丘子是否一人尚待考证。将晋丹丘子提前到汉代，同时提前了虞洪的生活年代，与《茶经》相悖。

《余姚共识》所记东汉隐士"刘纲、樊云翘饮茶升天"，未见任何文献记载。

三、湖南《茶祖神农炎陵共识》：
所谓《神农本草经》载"神农得荼解毒"未见记载

2009年4月10日发表的《茶祖神农炎陵共识》第一条记述："《神农本草经》载：'神农尝百草，日遇七十二毒，得荼而解之。'"

当代很多权威茶书、茶文亦如是说。实际上，《神农本草经》并无此说。该书记载的365种中草药，茶是作为"苦菜"记载的："苦菜：主五脏邪气，厌谷，胃痹。久服，安心益气，聪察少卧，轻身耐老。一名荼草，一名选。生川谷。味苦寒。名医曰：一名游冬，生益州山陵道旁，凌冬不死，三月三日采，阴干。"

2011年，笔者查考到目前发现最早记载"神农得荼解毒"之说的文献，是清代陈元龙编撰的著名类书《格致镜原》，他在该书《饮食类·茶》章节中有如下引录：

《本草》：神农尝百草，一日而遇七十毒，得荼以解之。今人服药不饮茶，恐解药也。

《格致镜原》引录该语时，只注明是《本草》，未说明年代与作者。由于目前尚未发现其他文献引录该语，给后世留下了疑问。但从结尾"今人服药不饮茶，恐解药也"透露的信息，可以理解此《本草》不可能是唐以前的版本，而可能是宋代以后刊印的笔记类稀缺版本，很可能是明代版本，因印刷甚少而散佚了，或尚有存世而未被发现，如清代稍晚于陈元龙的陆廷灿的著名茶书《续茶经》，也未见引录。

仔细阅读《格致镜原》"神农得荼解毒"引文，可以发现与常见的《神农本草经》引文，除了结尾多了"今人服药不饮茶，恐解药也"以外，另有两点细微差别：

一是"七十毒"非"七十二毒"。"一日而遇七十毒"之说《淮南子·修务训》有记载："神农尝百草之滋味，水泉之甘苦，令民知所避就，一日而遇七十毒。"《格致镜原》引文原文作者是否由此而来，有待考证。

二是"荼"字非"茶"字。上述两种版本均为"荼"字，而非"茶"字。

虽然仅是一字之差，但其中透露出一个重要信息，一般说来，隋代之前多为"荼"字；隋、唐时代"荼""茶"并用，如成书于隋末的著名类书虞世南《北堂书钞》，已经列出"茶篇"；宋代以后则多用"茶"字。

有人认为《格致镜原》所引《本草》即为《神农本草经》，非也！中国历代《本草》类著作繁多，据北京大学博士、茶文化专家滕军女士转引日本冈西为人《本草概说》统计，中国隋代之前，已有本草类著作百种左右，唐代以后更多。这些本草类著作统称《本草》，如陆羽《茶经》所引《本草》即为《唐本草》，或称《新修本草》。

所谓《神农本草经》载"神农得荼解毒",应为当代人笔墨,源于何处未曾详考。

笔者已公开发表专文《"神农得荼解毒"由来考述》。

四、浙江《磐安云峰茶共识》:
许逊茶事纯属杜撰,陆羽登临磐安未见记载

2013 年 6 月 14 日,浙江磐安发布《磐安云峰茶共识》,其中写道:"东晋时,道教祖师许逊云游至此,惊鲜茶之优异,遂授之技艺,宣之四方。百姓感其德,为其立庙奉祀,开茶文化之先河。"

该共识还写道:"至唐,茶圣陆羽登临,列所产'婺州东白'为名茶,供皇室品用。"

此事的由来是这样的,2005 年,当地发现了一处建于清代乾隆年间的玉山古茶场,其历史至多由南宋榷茶所演变而来,有人却将此与《茶经》记载的唐代名茶"婺州东白"挂上了钩,更有某茶文化大家无中生有,2008 年前后,撰文著书,将神话传说人物晋代高道许逊树为当地茶神。

其实,茶史中没有任何与许逊相关的茶事,当地也没有相关的方志或其他文献记载。其实,许逊本身是一位玄幻高道,即使在道家文献中,亦无云游磐安之记载,说他在当地种茶,仅是当代杜撰的伪说而已。

作为高道,许逊之生平事迹,《晋书》等正史未见记载,未见先师、后世家族传承;而道书所载,则各有不同,事迹多为神话,如点石成金、全家 42 人全部升天等。最近看到,有学者已对其人物真伪质疑。

关于"茶圣陆羽登临"之说,磐安亦未见文献记载。

关于"婺州东白",《茶经·八之出》原文是这样的:"明州(今宁波)、婺州(今金华)次,(明州鄮县生榆荚村名茶,婺州东阳县东白山,与荆州同)。""婺州东白"其实与今日磐安云峰茶风马牛不相及。《茶经》记载的东阳县东白山,今为东阳市,山名未变,当地出产东白春芽,东白龙井。磐安各地茶山未与东白山相邻,1983年由东阳划归磐安的玉山古茶场,相距 100 多公里,需要 2 小时左右车程。《茶经》记载的茶品具有严格的原产地限制,不能因为玉山古茶场曾经在东阳地域,便牵强附会"傍名茶"。

结语：虚假茶史、不实名称以假乱真，损害中国茶文化形象，希望得到正视并纠正

举办研讨会并形成"宣言""共识"，已成为当下各地茶文化机构的惯例，而一般地方都喜欢溢美或夸大当地茶史，言过其实，甚至编造茶史，以显示其悠久茶史。这就需要主事者多从茶史和学术角度多加把关，多挤"水分"，如上述"宣言""共识"出现的茶史与学术错误，说明认定时太随意、太宽泛。

上述四种茶文化"宣言""共识"，多有海内外人士参加。如果与茶事毫不相干的许逊可尊为茶神，尤其是虚假吴理真，当地为他立起了塑像，建造了纪念馆，很多茶文化权威工具书以及中央电视台纪录片《一片树叶的故事》都如是说。如此风蔓延，岂不遍地是茶祖、茶神，《茶经》不"经"了？！茶之故乡搞不清茶史，实在是一大悲哀，让笔者等挚爱茶文化的人士生愧！

中国茶史已足够丰富，任何类似虚构吴理真的虚假茶史，杜撰的许逊茶事，类似"世界茶文化发源地""世界茶文化圣山""原始茶"等不实名称，只能混淆茶史，损害中国茶文化的形象。但愿真实的茶史不要被这些虚构、虚假的所谓传说、故事所混淆、淹没。

今后各地还会不断推出各类茶文化"宣言""共识"，真诚希望主事者对涉及的茶史及新的名称，尤其是唐代以前的茶事，笔者考证少有超越《茶经》的，把关时宜紧不宜松，认真严谨，郑重其事，经得起推敲，经得起历史考验。当下电子时代，也可在网上征求意见，集思广益，减少错误。

一位茶文化专家去日本讲学，日本专家问他，你们中国好像茶史都没搞清楚，说法较多。他回应说，这并不奇怪，你们日本茶道流派不也很多吗？他以为问题还给了日本，笔者对此并不认同。其实这是两种概念，茶道表演不同于茶文化历史，完全属于个人行为，著名茶人都可以有自己的流派，所以他们流派繁多。但中国茶史，尤其是一些重大事件，不应有多种说法。

解铃还须系铃人，关于虚构吴理真，笔者已多次呼吁相关部门举行专题研讨会。真诚希望上述四种茶文化"宣言""共识"的主事者，正视错误，不要继续以讹传讹，诚如周国富会长所说，不实事求是会失德失信。

作为一名坚守良知的茶文化学者，笔者本着实事求是、求真求实的精神，就事论事"立此存照"，无意冒犯任何当事人。

当下堪称茶文化黄金时期，尤其是习近平主席十分重视茶文化，为中国茶文化的复兴繁荣并走向世界，提供了广阔的空间。笔者唯愿专家、学者，真实、准确地解读茶史，传承并创新茶文化，无愧于伟大的时代！

不当之处敬请专家、学者指正，并深入研讨。

（原载《农业考古·中国茶文化专号》2015年第2期、《中国茶叶》2015年第4期。）

（附记：本文写于2015年，其实各地包含茶史与学术错误之《共识》《宣言》还不止这四种。这些带有瑕疵的《共识》《宣言》，尤其是含有严重史实错误的，害在当代，遗患后世。解铃还须系铃人，笔者曾真诚地与一些当事人交流，希望他们健在时，能以某种形式澄清或更正一下，无奈讳莫如深，不愿面对。笔者立此存照，以供时贤、后学参考。）

原始采集经济时代需要人工种茶吗?

——三论田螺山人工栽培茶树根不可信

导语:本文提出一些新的论据,指出所谓田螺山6000年人工栽培茶树根不可信,是人为炒作;以茶氨酸单独成分含量检测茶树根存在缺陷,应通过基因检测确认。

2016年4月和10月,笔者先后在《农业考古·中国茶文化专号》发表《六千年茶树根是自然野生还是人工栽培的?》(以下简称《一论》)、《以"熟土"确认6000年人工栽培茶树根可信吗?——再论六千年茶树根是自然野生还是人工栽培的》(以下简称《二论》)。笔者最近又有一些新的论据和感悟,而茶树基因亦已经破译,就此话题再作三论。

一、原始采集经济时代野生茶树资源丰富,不需要人工栽培。
文献记载人工培育茶树始于东汉三国时代

2017年6月,笔者参加中国(浙江)丝瓷茶与人类文明研讨会时,笔者听到一位著名学者如此评论田螺山人工栽培茶树根说,原始采集经济时代野生茶树资源丰富,是不需要人工栽培的。此说颇为在理,茶树尤其适宜野生环境在山坡生长,不适宜平原地区房前屋后或庭院栽种,即使今人了解茶有那么多功效,除了一些山区茶叶产地,亦少有人在房前屋后或庭院栽种茶树,栽种的多是茶树的同属山茶花或茶梅,何况为生存奔忙的先民乎?这从常识和情理上说得通吗?

已发现文献记载人工培育茶树始于东汉、三国时代的高道葛玄。他在修道之地今浙江台州市天台县华顶山、临海市盖竹山遗有茶园。其实他也只是开始对野生茶进行培育、管理而已,正如今日云南将人工培育的过渡型野生茶称为"台地茶"。

田螺山所在地余姚,系传统茶叶产地,富有野生茶资源,如晋代名茶瀑布仙茗源头即为野生。《茶经》两次引《神异记》记载,距今1700多年的西晋"永嘉中"(公元310年前后,永嘉年号为307—313年),余姚人虞洪入瀑布山采茗，遇丹丘子指点获大茗，这是余姚最早的茶事记载，也是茶文化界耳熟能详、中国茶文化史上著名的古代茶事之一。此事距所谓的田螺山人工栽茶4000多年，何以断代如此之久？虞洪何以不去田螺山一带采茶，是他不了解当地资源吗？非也！因为压根就没有此事！

庭院茶记载则始于东晋常璩撰编的《华阳国志》："园有芳蒻、香茗"，当代茶文化著述多将此说连接到当地历史沿革之周代，如未特别记明年代，常璩所记多为当时晋代特产。

中唐诗人韦应物（737—792）作有著名茶诗《喜园中茶生》。

《茶经》记载："野者上，园者次。"

这些记载说明，唐代以前，茶叶多是野生的。葛玄在天台县华顶山、临海市盖竹山开辟茶园，属于顺势而为，从野生茶向人工培育过渡。中唐诗人韦应物在园中种茶，则属于士大夫之闲情逸致，其观赏性多于实用性。

2001年发现的田螺山遗址，位于浙江省余姚市三七市镇相岙村，距河姆渡遗址约7公里。濒临杭州湾。系

田螺山遗址地貌，中间为遗址现场场馆

东南沿海地区距今约6000年的一个依山傍水的先民村落。

这里试问三个问题，答案都非常清楚：

——6000年之前的原始时代，野生茶资源丰富，如果田螺山先民认识并开始利用茶，可就近上山采摘，他们需要人工种茶吗？答案是清楚的。

——如果先民种茶，是种在附近山上，还是种在房前屋后呢？答案也是清楚的。

——茶树近亲茶梅，丛生植株十分相似，重瓣红花美观，花期从10月开到翌年4月，长达半年多，为当今庭院常见花木之一。爱美之心，先民有之，如果在房前屋后栽培花木，先民是选择观赏的茶梅，还是选择茶树呢？答案也是清楚的。

二、先民除了频繁活动，如洪水带来淤泥、或在遗留古树根的土地上耕种，均能形成"熟土"

"熟土"或"客土"指的是经过翻动、耕作或它处搬来的泥土，笔者在《二论》表述中不够准确，特做说明。

笔者在《二论》中写到，在6000年前的先民遗址上，是很难留下"生土"的。笔者最近想到，除了先民世代频繁活动，还有两种情况能在古树根边上留下"熟土"：

一是洪水带来淤泥形成"熟土"。田螺山所在地为水网地带，历史上常有大小洪水发生，多少会带来淤泥，如河姆渡遗址就发现大量淤泥。如洪水带来淤泥附留在古树根上，自然会形成"熟土"或"客土"。

二是在遗留古树根的土地上耕种留下的"熟土"。古代少有挖掘工具，可能是古树根没有得到彻底清理，或是先民以为残留一些古树根对其他农作物影响不大，反复耕种自然会在古树根周围留下"熟土"，而不能因为留有"熟土"就断定为是人工栽培茶树遗留的，何以不是栽培其他农作物留下的呢？这其中又如何区分呢？

经历6000年沧海桑田，田螺山遗址古树根附属的"熟土"，究竟是洪水带来，还是栽种其他农作物留下的呢？今确认为是人工栽培茶树的"熟土"，堪称"神考古"了！

作为考古认定，即使有一种可能存在，就不应草率确认，何况有几种可能，岂能一锤定音，咬定就是人工栽种茶树留下的"熟土"呢？如此考古认定能有权威性和公信力吗？如何让人不质疑？！

三、著名茶学家、茶文化学者何以超越本身存疑的考古结论

所谓田螺山人工栽培茶树根之考古结论，本身就经不起推敲，更有两位著名茶学家、茶文化学者的说法，超越了考古结论。

笔者在《二论》中写到，某著名茶学家、茶文化学术权威，在2015年3月18日、6月30日举办的关于田螺山茶树根的论证会和新闻发布会的学术报告中，均说到出土的类古茶具陶器是余姚先民饮茶的佐证："其中特别是陶壶，它的形状与现代侧柄陶茶壶（见下图）极为相似，陶杯与现代茶杯也比较相似，由此更可相信，余姚田螺山先民早在6000年前就已经开始使用陶壶、陶杯煮茶、饮茶了。"

被某著名茶学专家、茶文化学术权威
"猜想"先民用来煮茶之陶壶

如此学术解读堪称天方夜谭。

2016年2月，该专家就此话题，在《中国茶叶》杂志发表《对田螺山遗址中发现六千年前人为种植的茶树根的认识》，将此说作为"猜想"继续发挥道："其中特别是陶壶，它的形状与现代侧柄陶茶壶极为相似，不能不使人猜想，余姚田螺山先民是否早在6000年前就已经开始使用陶壶、陶杯来煮茶饮茶了？可惜的是这只陶壶出土后已清洗过，如

果不清洗，测试一下壶里还有没有残留的茶多酚，也许可以帮助判断此壶是否煮过茶。"

这段话的关键词有两点：

一是将新闻发布会上确认的先民"陶壶、陶杯煮茶、饮茶了"改成了"猜想"，那么，新闻发布会上为什么不说呢？如果说了，30多家媒体又会如何报道呢？将严肃的学术问题用"猜想"来解释，是说话技巧还是忽悠呢？

二是试图以专业生化检测来忽悠读者。所谓在六千年前的器皿上检测出茶多酚有先例和可能吗？看来这是专用煮茶陶壶了，可能还有茶垢吧？又一天方夜谭也！

笔者最近翻阅旧文，发现另一位著名茶文化学者，早在2015年6月30日考古结论公布之前，她已在2010年1月《中国茶文化之乡授牌仪式暨瀑布仙茗河姆渡论坛文集》、同年4月在重庆永川举办的《第十一届中国国际茶文化研讨会论文集》中，演讲并发表《田螺山茶树根的历史意义》，该文结尾这样写道：

田螺山遗址人工种植茶树根，是目前可知最早的人类种植以利用茶叶的证明。它远远早于西汉，远远早于西周，甚至还远远早于传说中的神农。南方产茶地区潮湿而东部沿海地区还有海水侵刷，这些都使得茶这一类有机物的保存相当不易。在其他地区的文化遗迹发掘能够带给我们更多惊喜之前，田螺山茶树根对于茶叶历史、文化史的意义是不言而喻的。它将中国人同时也就是人类发现利用茶叶、人工种植茶叶的历史极大地提前，对于我们更充分地了解自身的历史文化，对于现今要弘扬为国饮的茶叶，善莫大焉。

须知，此说比浙江省文物考古研究所发布的结论提前了四年多。

2017年5月，该学者在宁波茶文化论坛继续发表相同演讲，会后笔者与之交流时说，即使认同其所说全部正确，但考古发现历史，更重要的可以还原历史，那么，田螺山人工植茶的历史，不要说在余姚，包括在中国，又如何还原呢？她无言以对。

在2017年6月出版的宁波茶文化促进会第2期《海上茶路》季刊上，该学者发表题为《田螺山茶树根遗存综合研究》，论及此事则相对谨慎了：

2004年上半年，考古人员从浙江余姚田螺山遗址1米多深的地下挖掘出多个块状和枝条状的树根及根须，他们出土时全部直立，并大体位于建筑遗迹附近。这些植物根须明显有人工栽培的特征。2011年又对发现的另一处编号为T307H67的土坑进行挖掘，再度发现树根遗存。经检测，其中含有的茶氨酸含有量接近活体茶树主根，再结合树根形态、解剖结构，断定这批树根为山茶属茶种植物的遗存。

这里所谓"出土时全部直立，并大体位于建筑遗迹附近"之说毫无意义，相

信野生树根也是直立的。至于"这些植物根须明显有人工栽培的特征"之说，不知6000年后是如何判断的，堪称神判断了。再则，文中写到2011年才检测到"其中含有的茶氨酸含有含量接近活体茶树主根"，不知其2010年结论又因何而来？

该学者茶史方面超越考古结论另有例子。杭州萧山跨湖桥遗址发现过一颗已经炭化、无法鉴定的疑似茶籽，年代近8000年，该学者在上文和其他著述中多次将此确认为茶籽："跨湖桥遗址发现了一颗混入在橡实中的茶籽，表明此处有茶树植物。"

实际上，山茶科所属的茶树、油茶、山茶、茶梅等果实，都是软皮包着不规则硬果，比较相似，近8000年的化石，如果没有科学鉴定，怎能凭眼睛确认呢？

跨湖桥遗址出土的疑似茶籽
（引自杭州网）

2017年8月27日，笔者在居住的宁波海曙区望京路银杏四季小区采摘果实，右为基本成熟的山茶果，左为尚未成熟的茶梅果，成熟后大小与山茶果相同。

需要指出的是，很多茶叶籽软皮果是三角形的，从圆形化石来看，更像似茶梅、山茶果实。经过近8000年浓缩、化石，缩为1.5厘米左右体积完全正常。总之这是很难区分的，考古无法确认之事，不可武断。

很多专家、学者认为，如能确证田螺山出土茶树根，已经创造了奇迹，为国内之最，没有更多依据，不奢谈人工栽培为好。著名茶学家、茶文化学者不是考古学家，何以为存疑或无法鉴定的文物猜想，甚至跨学科做出结论呢，除了投地方政府所好，另一原因就是提前茶的历史年代。这么做符合学术规范和原则吗？

这些超越考古认定的忽悠和确认，不得不让人怀疑他们的动机，岂不是明显为存疑的所谓人工栽培茶树根帮腔和"背书"吗？而这么明显的帮腔和"背书"，也反证茶树根检测不可信，因为凡是真实之事物，不需要这么忽悠式地、刻意地为之帮腔和"背书"。

四、所谓"海侵导致人工种茶断代"是奇谈怪论
没有发生地震、海啸等重大灾难，种茶先民及传统何以神秘消失

国内质疑田螺山人工栽培茶树根的专家、学者颇多，在宁波本土，先后有三

位分别为茶学、考古、人文专家、学者，与笔者交流时表示质疑。

2017年5月26日，宁波举办"影响中国茶文化史之宁波茶事"研讨会，在研讨会论文集中，笔者看到宁波某学院一位人文教授写有《源远流长　延绵不绝——余姚茶事五个节点述评》一文，会后于6月出版的《海上茶路》季刊标题改为《茶元素在河姆渡文化中——简评余姚茶事五个节点》。该文认为笔者的质疑是"以今人的眼光看待6000年前的先人了"。对笔者提出的田螺山人工栽培茶树何以没有传承时，其提出的新论让人惊讶："史前浙东沿海地区曾发生过三次海进和海退，经历过一个漫长的海侵时代。最近一次时间大约距今5000年……余姚、宁波有史可寻的茶事确实一度中断，其原因是人力无法抗御的自然灾害，退居会稽山、四明山一带的浙东先民是否留下茶事的遗踪，现在尚未有佐证。但我们知道了中断的原因后，就不能因茶事一度中断而否认河姆渡、田螺山考古所得的结论了。"

如此之说堪称奇谈怪论！如果此说成立，很多古代无法解释的事物都被简单化了，说是自然灾害造成即可。根据笔者得到的知识，最近6000年来，尤其是5000年来，海平面基本没有大的变化。田螺山历史的下限为5500年，这一带没有发生过严重地震等毁灭性灾难，作为丘陵河网地带，也不可能发生海啸，至多是多次不同程度的洪水灾害，先民可以随时转移。据介绍，早于田螺山的河姆渡先民就因洪水向南迁徙了。人工种茶作为一项农业技术，不会因为迁徙而失传，在江南地区，到处有丘陵山地，如果先民认为重要，各处皆可种茶。再说，如果田螺山先民种茶，也会带动附近村落先民种茶，何有因自然灾害而使种茶传统断代之说。

该学者说笔者是"以今人的眼光看待6000年前的先人了"，殊不知，他和上述著名茶学家、茶文化学者，为存疑的考古认定辩护，甚至超越考古结论，才是以今人的眼光去"猜想"古代未知事物。

五、以基因或孢粉检测确认茶树根更准确
茶氨酸单一成分确认茶树根疑点多

据新华社2017年5月1日消息，中国科学院昆明植物研究所高立志研究员带领的研究团队，已经破译茶树基因组。该团队于2010年首次在国际上启动了茶树基因组计划，联合华南农业大学等多个机构，历时5年完成了栽培茶树大叶茶种"云抗10号"基因组的测序、组装、注释与分析，获得了世界上第一个较高质量的茶树参考基因组。

通过基因检测，确认田螺山山茶属古树根是否茶树根，无疑是最科学的办法。建议早日送样检测。

新兴的孢粉检测也是一种科学方法。孢粉是孢子和花粉的简称，孢粉检测具有独特性，很多考古现场已经应用并取得成果，但田螺山尚未发现茶树孢粉。

田螺山茶树根目前是以茶氨酸含量单一成分确认的，笔者在《一论》《二论》中已经写到，2009年以后，当地对2004年出土的树根样本，国内5家检测单位如南京林业大学表示无法确认，广西大学林产品检测中心则认为是浙江红花油茶。

鉴于第一次检测国内多家单位无法确认，甚至有异议；而2011年出土标本曾送德国、美国等国科研机构检测亦无法确认。据孙国平、郑云飞、中村慎一（日）、铃木三男（日）2015年3月18日在杭州举行的"田螺山遗址山茶属植物遗存论证会"发表的报告称："领导、专家再次到田螺山发掘现场仔细考察，并亲自取足够的植物根样品，再次送往多家检测机构。"这说明，除了德国、美国，可能还送过国内其他科研单位检测，何以公布的仅是中国农业科学研究院茶叶研究所独家检测数据？如此选择性公布缺少权威性和公信力。

多年跟踪田螺山出土古树根并力主认定为人工栽培茶树根的杭州三位专家，均由中国农业科学研究院茶叶研究所退休，而又排除其他海内外检测机构无法确认或异议之结论，仅选择认定中国农业科学研究院茶叶研究所检测，这样做是否合理？

有人怀疑，按检测数据所示，6000年之后的茶树根茶氨酸含量几乎可与今日活体茶树媲美，这其中会否是误测，因为没有其他成分数据作对比。而2011年独家检测结果到2015年才发布，其中疑点多多，叫人如何不质疑？！

六、预定目标式考古认定、先入为主急于确认存疑事物不可取

从2011年独家检测结果到2015年发布的情况来看，考古部门是经过某些思考的。也许原本认为依据不足，而想再等进一步发掘，看看能否有更多考古发现，可惜没有更多发现，于是才急于发布，先入为主。笔者也听到一些相关人员这么说，就让专家先发布再说。

考古不是江湖，没有确凿文物和科学依据，仅凭所谓有多种可能形成的"熟土"，就急于以先入为主的江湖方式，确认存疑事物，如此预定目标式之考古认定，考古的科学性、公信力何在？！岂能让人不质疑？！

七、结语：不知为不知，科学需要实事求是

孔子云：知之为知之，不知为不知。实事求是，求真求实，是任何科学与学术之根本。田螺山茶树根认定存在缺陷，所谓人工栽培更无确凿依据，而茶学家

"先民用陶壶、陶杯煮茶、饮茶""可惜没有检测陶壶上残留的茶多酚"等说法，更像是天方夜谭式的忽悠。

即使后续考古发现零星茶树全部元素，甚至有茶叶遗存，也无法证明这是野生还是人工栽培的，这是说不清、道不明之事，除非发现有较多呈规律排列茶树。

这一所谓考古成果，忽悠了领导和公众。笔者期待以实事求是、求真求实之精神，通过基因检测，弄清田螺山山茶属古树根真相。

（原载《农业考古·中国茶文化专号》2017年第5期）

南朝之前古茶史　江浙地区最丰富

——以文献记载和考古发现为例

导语：本文对南朝前古吴越、今江浙地区26件茶事梳理溯源，涵盖种茶、采茶、卖茶、饮茶、茶器以及以茶养廉、以茶祭祀、祛病健身等方方面面，内涵极为丰富，为各省区茶史之最。尤其是南京，三国、东晋、南北朝时期发生了诸多茶事，堪称茶饮之都。提出江浙地区是中国茶文化主要发祥地、茶树起源地，都具有多元性，而不应局限于单一思维。并对其中部分疑点做出辨误。

南朝之前茶事凤毛麟角，笔者梳理出古吴越、今江苏、浙江地区在东汉、三国至南北朝时期的26件茶事，其中19件引自《茶经》，占所引南朝前45件茶事五分之二多。26件茶事中，发生在今江苏省17件，浙江省9件，涵盖种茶、采茶、卖茶、饮茶、茶器、以茶养廉、以茶祭祀、祛病健身等各个方面，内涵极为丰富。

一、湖州出土三国前青瓷"茶"字贮茶瓮

1990年4月19日，浙江省湖州市博物馆在该市弁南乡罗家浜村窑墩头一处东汉末至三国时期的砖室墓，发掘出土一个青瓷"茶"字贮茶瓮，或称四系罍，同时出土的还有青瓷碗、青瓷盆和青瓷罐。这些精美青瓷的出土，说明当时我国青瓷烧制技术已日臻成熟，也说明当时湖州地区的制茶、饮茶和贮茶已经有相当规模，是中国茶文化发源地之一。

该贮茶瓮器形较大、造型古朴、纹饰秀美、工艺精湛，口径15.5厘米，腹径36.3厘米，底径15.5厘米，高33.7厘米。圆唇直口，丰肩鼓腹，平底内凹。肩饰两道弦纹并横置对称四系，肩部刻划一隶书"茶"字。呈黄褐色，釉色光润，挂釉明显。胎质较粗松，呈酱褐色，属东汉末至三国时期青瓷中的精品和绝品。作为我国目前最早发现有"茶"字铭文的贮茶瓮，为研究中国茶文化提供了有力的实物佐证，系国家级珍贵文物。

二、台州临海盖竹山、天台华顶山遗有两处葛仙茶园

东汉、三国时期的太极仙翁葛玄（164—244），是目前已知有文献记载的最早植茶人。

据宋代、清代多种方志、诗文记载，浙江台州临海、天台有两处葛仙茶园，今临海盖竹山葛仙茶园、天台华顶山归云洞葛仙茗圃遗址尚存。

成书于南宋嘉定十六年（1223）的著名地方志——台州《嘉定赤城志》卷十九载：

> "临海盖竹山……《抱朴子》云，此山可合神丹。有仙翁茶园，旧传葛玄植茗于此。"

这说明当时盖竹山上有仙翁茶园。该志随后用了"旧传"两字，可见《嘉定赤城志》编撰者是非常严谨的，说明是民间传说。有仙翁茶园，又有民间传说，可以作为葛玄曾在此山植茶的证据。

除了《嘉定赤城志》，已知宋代还有两位名人在诗文中写到葛仙茗园。

南宋隐士诗人、学者胡融（1131—1230），有五言诗《葛仙茗园》，赞美天台华顶山葛仙茗园之优美风光和仙翁茶品不凡。南宋著名道家白玉蟾（1134？—1229？），很有诗文造诣，其《天台山赋》也写到天台华顶山有葛仙翁种茶历史："释子耘药，仙翁种茶。"

三、三国孙皓密赐茶荈代酒

《茶经·七之事》引《三国志·吴志·韦曜传》记载："孙皓每飨宴，坐席无不率以七升为限。虽不尽入口，皆浇灌取尽。曜饮酒不过二升，皓初礼异，密赐茶荈以代酒。"

其大意为：吴国国君孙皓每次设宴，规定人人要饮酒七升，即使不全部喝下，也要半饮半泼杯盏狼藉至尽。史官重臣韦曜，饮酒不超过二升。孙皓当初非常尊重他，暗地赐给他茶水代酒。

此事发生在孙皓在位时间（264—280），时在都城建业（今江苏南京），为文献记载南京最早之著名茶事。

四、湖州温山御荈——三国时期名茶

《茶经·七之事》引南朝宋山谦之《吴兴记》云:"乌程县西二十里,有温山,出御荈。"

古乌程今属湖州市吴兴区。位于吴兴区西北的温山,为弁山之南峰,亦称南云峰。温山御荈之核心产区在温山坞,茶园沿袭至今。

山谦之(?—约454),河内人。任学士、奉朝请。著有《吴兴记》《丹阳记》《南徐州记》《寻阳记》。

《茶经述评》对此作有述评:"一般认为,温山所出的御荈,可以上溯到孙皓被封为乌程侯的年代;并且还有当时已设有'御茶园'的推断。"有专家认为,上文所写孙皓与韦曜等群臣宴饮时"以茶代酒"之茶,可能为温山御荈。

五、《桐君录》记载晋陵(今常州)产茶

《茶经·七之事》引《桐君录》记载:"西阳、武昌、庐江、晋陵,好茗,皆东人作清茗。茗有饽,饮之宜人。凡可饮之物,皆多取其叶,天门冬、菝葜取根,皆益人。又巴东别有真茗茶,煎饮令人不眠。俗中多煮檀叶,并大皂李作茶,并冷。又南方有瓜芦木,亦似茗,至苦涩,取为屑茶饮,亦可通夜不眠。煮盐人但资此饮,而交、广最重,客来先设,乃加以香芼辈。"其中"晋陵"今为江苏常州市。

桐君传为古代采药于桐君山(今浙江省桐庐县境内)的一位仙人。《茶经述评》认为,《桐君录》即《桐君药录》,也可能就是《桐君采药录》,"约为东汉时的作品"。但晋陵地名系西晋时由毗陵改名,因此该书年代当在西晋以后。

六、西晋杜育《荈赋》记载越窑茶碗

《茶经·四之器》记载:"碗,越州上,鼎州、婺州次,岳州次,寿州、洪州次。或者以邢州处越州上,殊为不然。若邢瓷类银,越瓷类玉,邢不如越一也;若邢瓷类雪,则越瓷类冰,邢不如越二也;邢瓷白而茶色丹,越瓷青而茶色绿,邢不如越三也。晋杜育《荈赋》所谓:'器择陶拣,出自东瓯'。瓯,越也。瓯,越州上。口唇不卷,底卷而浅,受半升以下。越州瓷、丘瓷皆青,青则益茶,茶作红白之色。邢州瓷白,茶色红;寿州瓷黄,茶色紫;洪州瓷褐,茶色黑,悉不宜茶。"

陆羽在这段文字中盛赞越窑茶碗类玉类冰,精美绝伦,还特别转引杜育《荈赋》语:"器择陶拣,出自东瓯。"并补充说,"瓯"之地名即为越州,而作为茶碗

之"瓯"，也是越州制作最好。

杜育（？—311），字方叔。西晋襄城（今河南许昌）邓陵人。杜袭之孙。幼便号为神童。及长，美风姿，有才藻，时人号曰杜圣。累迁国子祭酒。有文集二卷传世。《荈赋》全文如下。"灵山惟岳，奇产所钟。厥生荈草，弥谷被岗。承丰壤之滋润，受甘霖之霄降。月惟初秋，农功少休，结偶同旅，是采是求。水则岷方之注，挹彼清流。器择陶拣，出自东隅；酌之以匏，取式公刘。惟兹初成，沫成华浮；焕如积雪，晔若春敷。若乃淳染真辰，色渍青霜，白黄若虚。调神和内，倦解慵除。"

越窑青瓷被誉为中国母亲瓷，历史悠久，地域范围北至今湖州德清，南至宁波宁海一带，中心为古越州余姚今宁波慈溪上林湖一带，1987 年陕西法门寺地宫出土之 14 件秘色瓷，即为上林湖越窑制作。

杜育《荈赋》记载之"器择陶拣，出自东瓯"，与湖州出土三国前青瓷"茶"字贮茶瓮相吻合，说明东汉、三国、西晋时期，湖州、越州等地已经烧制优质茶器具。

七、西晋余姚人虞洪遇丹丘子获大茗

余姚人虞洪遇丹丘子获大茗，是西晋道士王浮志怪小说《神异记》记载的故事，陆羽在《茶经》和《顾渚山记·获神茗》中，先后 3 次转引该故事，是中国茶文化史上重要的古代茶事之一。

《茶经·七之事》引《神异记》记载："余姚人虞洪，入山采茗，遇一道士，牵三青牛，引洪至瀑布山，曰：'吾丹丘子也。闻子善具饮，常思见惠。山中有大茗，可以相给，祈子他日有瓯牺之余，不相遗也。'因立奠祀。后令家人入山，获大茗焉。"

《茶经·四之器》在引述这一故事时，加了时间定语"永嘉中"。西晋永嘉年号（307—313）共 7 年，"永嘉中"当在 310 年前后。该茶事记有具体时间、地点、人物，真实可信。虞洪是早期浙江乃至全国利用茶的著名茶人之一。

本书另有专文《虞洪遇丹丘子获大茗》。

八、西晋刘琨请南兖州（今江苏扬州境内）侄子置茶

《茶经·七之事》引西晋刘琨《与兄子南兖州刺史演书》涉及茶事："前得安州干姜一斤、桂一斤、黄芩一斤，皆所须也。吾体中溃闷，常仰真茶，汝可置之。"

其大意为：前些时得到安州干姜一斤、桂一斤、黄芩一斤，都是我需要的。

我心烦意乱，精神不好，常靠茶来提神解闷，你可置办一些。

刘琨（271—318）为西晋重臣，历任要职，时在洛阳。其侄刘演，时任南兖州刺史。南兖州今为江苏省扬州市江都区一带。

九、东晋褚裒赴宴被豪绅以茶水捉弄

《茶经述评》"七之事补遗"引《世说新语·轻诋》记载："褚太傅初渡江，尝入东，至金昌亭，吴中豪右燕集亭中。褚公虽素有重名，于时造次不相识，别敕左右多与茗汁，少著粽，汁尽辄益，使终不得食。褚公饮讫，徐举手共语云：'褚季野'。于是四坐惊散，无不狼狈。"

其大意为：太傅褚季野刚到江南时，曾经到吴郡去，到了金昌亭，吴地的豪门大族，正在亭中聚会宴饮。褚季野虽然一向有很高的名声，但当时那些富豪匆忙中并不认识他，就另外吩咐手下人多给他茶水，少摆粽子，茶喝完了就添上，让他吃不上粽子等食物。褚季野喝完茶，慢慢和大家作揖、谈话，说："我是褚季野。"于是满座之人惊慌地散开，狼狈不堪。

褚太傅即褚裒（303—350），字季野。河南阳翟（今河南禹州）人。东晋名士、外戚，康献皇后褚蒜子之父。历任建威将军、江州刺史、卫将军、中书令等。追赠侍中、太傅，谥号元穆。

此茶事发生在吴郡（治所在今苏州市姑苏区），记载褚裒初到吴地，赴宴时被豪绅捉弄，以茶水代食，吃不上粽子等食物。《世说新语》将此事列入"轻诋"篇，认为这是蔑视褚裒。这也说明当时茶饮不仅风行于士大夫阶层，而且已经在乡镇等基层普及。

十、东晋王濛好饮茶，"水厄"成典故

唐《太平御览》卷八百六十七·饮食部二十五·茗篇，引《世说新语》记载："晋司徒长史王濛好饮茶，人至，辄命饮之。士大夫皆患之，每欲往候，必云：'今日有水厄'。"

其大意为：王濛是晋代人，官至司徒长史，他特别喜欢茶，还由己及彼，如有客人来，还一定要同饮。其时茶饮未普及，一些士大夫并不习惯喝茶。因此去王濛家时，大家总有些害怕，每次临行前，就戏称"今日又要遭茶水之灾也"。

王濛（309—347），字仲祖，小字阿奴，太原晋阳（今山西太原）人。东晋名士、外戚。历任长山令、司徒左西属、中书郎，345年任司徒左长史。永和三年（347）去世，终年39岁。其女王穆之被立为皇后，追赠光禄大夫。

有人认为王濛茶事发生在北地，其实不然。317 年东晋迁都建康（今南京），王濛才 18 岁，刚成年，其茶事主要发生在建康，《世说新语》记载"水厄"之事发生在王濛任司徒长史之后，为建康茶事之一。

遗憾的是，目前看到的《世说新语》，已没有此条，幸有《太平御览》留下这一难得的茶文化记载。

十一、东晋扬州老妇市上卖茶水

《茶经·七之事》引《广陵耆老传》记载今扬州辖地老妇卖茶水之事："晋元帝时，有老姥每旦独提一器茗，往市鬻之。市人竞买，自旦至夕，其器不减。所得钱散路傍孤贫乞人。人或异之。州法曹絷之狱中。至夜，老姥执所鬻茗器，从狱牖中飞出。"

其大意为：东晋元帝时（317—323），广陵（今扬州市江都区一带），有一老妇，每天一早，独自提一器皿的茶水，到市上去卖。人们争相饮用，但从早到晚，器皿中的茶水却不见减少。她把赚得的钱施舍给路旁的孤儿、穷人和乞丐。有人把她看作怪人，向州官府报告，官吏把她捆起来，关进监狱。到了夜晚，老妇手提卖茶的器皿，从监狱窗口飞出去了。

这一故事说明当时广陵市上已有茶水摊点。其中器皿中茶水全天售饮却不会减少，老妇从监狱窗口飞出带有神异色彩，反映出人们歌颂、同情劳动者，憎恶官府随意抓人之情感。

十二、东晋扬州牧桓温茶果待客

《茶经·七之事》引《晋书》记载东晋权臣桓温以茶果待客节俭之事："桓温为扬州牧，性俭，每燕饮，唯下七奠盘茶果而已。"

其大意为：桓温（312—373）任扬州长官时，性好节俭，每次宴会时，只设茶饮和七盘水果、糕点而已。

这可说是史上州官最节俭的宴会了。

十三、东晋吴兴太守陆纳以茶果待客

稍晚于桓温的东晋名臣、时任吴兴太守的陆纳（？—395），亦有茶果待客之节俭佳话，《茶经·七之事》引晋代《中兴书》记载："陆纳为吴兴太守时，卫将军谢安尝欲诣纳。纳兄子俶怪纳，无所备，不敢问之，乃私蓄十数人馔。安既至，

所设唯茶果而已。俶遂陈盛馔珍羞必具，及安去，纳杖俶四十，云：'汝既不能光益叔父，奈何秽吾素业？'"

其大意为：陆纳为吴兴（今湖州市吴兴区）太守时，卫将军谢安常常去拜访他。其侄儿陆俶认为只设茶果太寒酸，于是自作主张，暗中准备宴席，却不敢对陆纳说。于是他背着陆纳以丰盛的菜肴款待谢安。客人在座，陆纳强忍怒气，当谢安离开后，大发雷霆，痛心疾首地训斥陆俶："你既不能给叔父增光，为什么还要玷污我一向清操绝俗的德行呢！"怒气未消，又杖责陆俶四十大板，足见其家风之严。

这一故事即"陆纳杖侄"之典故，成为清廉佳话。

陆纳为吴郡吴县（今苏州）人。据《晋书》记载，他以清廉从政著称于世，称其"举措多此类"，任吴兴太守不受俸禄，以茶果待客也就不足为奇了。

十四、东晋谢宗《谢茶启》为同类文献之最

清代陆廷灿《续茶经》和明代夏树芳《茶董》，分别收有谢宗两种三例《谢茶启》《论茶》片段。

其中《续茶经·九之略》记载："谢宗《谢茶启》：'比丹丘之仙芽，胜乌程之御荈。不止味同露液，白况霜华。岂可为酪苍头，便应代酒从事。'"

《续茶经·六之饮》还引录谢宗另一条《论茶》："谢宗《论茶》：候蟾背之芳香，观虾目之沸涌。故细沤花泛，浮饽云腾，昏俗尘劳，一啜而散。"

夏树芳《茶董》引文记载云："谢宗论茶曰：'此丹丘之仙茶，胜乌程之御荈。首阅碧涧明月，醉向霜华。岂可以酪苍头，便应代酒从事。'"

《谢茶启》为同类文献之最。如唐代刘禹锡《代武中丞谢新茶第一表》、柳宗元《为武中丞谢赐新茶表》、韩翃《为田神玉谢茶表》等。

谢宗生平未详，《太平广记》引《志怪》记载云："会稽王国吏谢宗赴假"，《孔氏志怪》记有"会稽吏谢宗赴假吴中"，两条文献均记载谢宗为会稽王属官。会稽王国历三国、东晋、南朝三代，根据《孔氏志怪》成书年代、《谢茶启》所载茶名等信息，笔者将其年代界定在东晋（317—420）早期。

本书另有专文《东晋谢宗〈谢茶启〉探析》。

十五、东晋丹阳弘君举《食檄》记茶饮

《茶经·七之事》引弘君举《食檄》云："寒温既毕，应下霜华之茗。三爵而终，应下诸蔗、木瓜、元李、杨梅、五味、橄榄、悬钩、葵羹各一杯。"

其大意为：寒暄之后，先饮浮有白霜般沫渤之佳茗。三杯之后，再陈上甘蔗、木瓜、元李、杨梅、五味子、橄榄、悬钩、葵羹饮料各一杯。

《茶经》注明弘君举为丹阳（今属江苏）人，但历代文献查无此人。清人严可均在《全晋文》里提出，他可能就是与桓温、陆纳同时代文武全才之骁骑将军弘戎，曲阿人，生平事迹未详，曾有《弘戎集》十六卷，可惜已散佚。丹阳古称曲阿，这么看来，似乎顺理成章了。

《食檄》可理解为食单，《太平御览》《书钞》引有该文更多文字。这可能是最早出现在食单上的茶饮了。

笔者在研读这一引文时，破解了其中一个疑难字——"悬钩"之"钩"字，该字古今多种《茶经》版本误为"豹"或"钓"字，《茶经述评》认为可能为"瓠"字之误，均令人费解，而瓠瓜之类也不宜作饮料。笔者认为准确应为"悬钩"，悬钩子不仅为植物之名，还是蔷薇科悬钩子属名，该属主要植物为各类覆盆子，悬钩子亦称覆盆子，为多年生灌木，聚合果，食药两用，可直接采食或用于榨汁。笔者家乡覆盆子俗名悬铃荡，非常形象，大叶灌木型覆盆子有长柄，成熟后在枝上随风摇荡，因此联想到此"悬豹"应为"悬钩"，一查竟有悬钩子植物，又名覆盆子，而各种覆盆子均为悬钩子之属。

笔者进一步发现，《太平御览》引文将"悬豹"记为"玄构"，可能为通假字或谐音，或为"悬钩"之古名，这就排除了"悬豹""悬钩"之误，与文中五味子等宜作饮料之果品对应上了。

根据《茶经》《太平御览》不同引文，《茶经》所引为《食檄》开头和结尾，中间省略了酒菜等文字，准确标点为：

弘君举《食檄》："寒温既毕，应下霜华之茗，三爵而终。……应下诸蔗、木瓜、元李、杨梅、五味、橄榄、悬钩、葵羹各一杯。"

本书另有专文《破解〈茶经〉引文弘君举〈食檄〉"悬豹"之谜》。

十六、东晋任瞻南渡饮茶好奇发问

《茶经·七之事》引《世说》语："任瞻字育长，少时有令名。自过江失志，既下饮，问人云：'此为茶为茗？'觉人有怪色，乃自分明云：'向问饮为热为冷？'"

其大意为：《世说新语》记载，任瞻，字育长。青年时期有好名声，自从过江之后变节失志。有一次到主人家做客，主人陈上茶，他问道："这是茶，还是茗？"发觉人们表情奇怪，才知道所问不妥，于是又改口说："我刚才是问茶是热的，还是冷的。"

据记载，任瞻历任谒者仆射、都尉、天门太守。此事说明，其南渡前少饮

茶或不饮茶，因此茶茗莫辨，所问不妥是因为早采为茶，晚采为茗，宫廷宴会一般用茶而不是茗。这一饮茶故事发生在任瞻南渡之后，都城在建康，为建康茶事之一。

十七、南朝宋王微《杂诗》记茶饮

《茶经·七之事》引王微《杂诗》："寂寂掩高阁，寥寥空广厦。待君竟不归，收领今就槚。"

这是一首闺怨诗，大意为一位居住在高楼大厦里的寂寞女子，候君未归，失望中独自饮茶解愁。

王微（415—453），南朝宋画家、诗人，字景玄，一作景贤，琅琊临沂（今山东临沂）人。有文集十卷。

该诗为王微名作《杂诗二首》其二"思妇临高台"选句。作者描写怨妇闺中饮茶，为难得之早期女士茶事之一，想必作者也是爱茶之人。

王微主要生活在建康，归入东晋建康茶事之一。

十八、南朝宋昙济道人茶饮招待二王子

《茶经》引《宋录》记载："新安王子鸾、豫章王子尚，诣昙济道人于八公山，道人设茶茗，子尚味之曰：此甘露也，何言茶茗。"

其大意为：记载南朝宋史实的《宋录》说，南朝宋孝武帝刘骏二子豫章王子尚、八子新安王子鸾，同往今安徽八公山，拜访名僧昙济道人（411—475），道人以茶饮招待。子尚饮后高兴地说，这分明是甘露呀，怎么能说是茶、茗呢！

大明二年（458），昙济师父名僧僧导应孝武帝之请，住建业中兴寺，昙济同往。

十九、南朝梁武康小山寺释法瑶饮茶长寿

《茶经·七之事》引南朝梁释道该说《续名僧传》，记述高僧法瑶饮茶长寿，受到皇帝召见："宋释法瑶，姓杨氏，河东人。永嘉中过江，遇沈台真，请真君武康小山寺，年垂悬车，饭所饮茶。永明中，敕吴兴礼致上京，年七十九。"

其大意为：南朝宋高僧法瑶，俗姓杨，河东人。元嘉（424—454）中过江，在武康（今浙江省湖州市德清县）小山寺，遇见沈台真（397—449）清真君，年纪很大了，常在吃饭前后饮茶。永明（483—494）中，皇上下令吴兴官吏隆重地把他送进京城，那时年纪已经七十九了。

武康小山寺遗址碑

据《茶经述评》考辨，该引文的标题应为释道悦《续名僧传》，"永嘉中"系"元嘉中"。本书另有专文《释法瑶法号实为法珍、昙瑶二僧法号合一之误》。

二十、南朝齐太庙祭祀有茶饮，为后妃爱茶最早记载

《南史》卷十一《后妃·齐宣孝陈皇后》记载：

"永明九年（491），诏太庙四时祭，宣皇帝荐起面饼、鸭臛，孝皇后荐笋、鸭卵、脯、酱炙白肉；高皇帝荐肉脍菹羹，昭皇后荐茗、粣、炙鱼；并生平所嗜也。"

该记载大意为，永明九年（491），皇室诏告太庙四时祭祀，父子、婆媳在选择祭品时，宣皇帝推荐为面饼、鸭肉羹，孝皇后推荐竹笋、鸭蛋、鸭脯、酱炙白肉；高皇帝推荐肉脍酸菜羹，昭皇后推荐茶茗、粽子、烤鱼，以及其他平时嗜好之食品。

这一记载一是说明朝廷有贡茶，二是说明昭皇后爱茶，才推荐以茶祭祖，这是已发现后妃爱茶最早记载，也是以茶为祭品之较早记载。

笔者考据，其中永明九年（491）纪年有误，两代皇帝及皇后生卒分别为：齐宣皇帝萧承之（384—447），孝皇后陈道止（约406—479）；高帝萧道成（427—482），昭皇后刘智容（423—472），永明九年两代人均已辞世。

南齐（479—502），都城建康，包括下文萧赜茶事，均为南北朝建康茶事之一。

廿一、南齐世祖武帝萧赜遗诏以茶为祭

《茶经·七之事》引南齐世祖武皇帝遗诏："我灵座上，慎勿以牲为祭，但设饼果、茶饮、干饭、酒脯而已。"

其大意为：齐世祖武皇帝萧赜立下遗诏：我死后，灵座上切勿杀戮牛、羊牲

畜等作祭品，只要摆点水果、糕点、茶饮、干饭、酒水、肉干就可以了。

萧赜（440—493），字宣远，小名龙儿，齐高帝萧道成长子，南朝齐第二任皇帝，在位12年（482—493），年号永明。英明刚断，基本继承了齐高帝的作风，崇尚节俭，努力实施富国政策。作为君主，也许是受家族以茶祭祀之影响，其生前主动立下遗诏，要求死后供奉茶水等简单祭品，此举一是体现了难得的俭朴之风，二是说明其生前是一位爱茶皇帝。

南齐皇族两代人倡导以茶为祭品，系中国皇家茶文化难得史料。

廿二、南齐王肃好茗饮

《茶经·七之事》引《后魏录》王肃茶事记载："琅琊王肃仕南朝，好茗饮、莼羹。及还北地，又好羊肉酪浆，人或问之：'茗何如酪'？肃曰：'茗不堪与酪为奴。'"

其大意为：《后魏录》记载：琅琊王肃在南朝做官时，喜欢喝茶，吃莼菜羹。回到北方时，又喜欢吃羊肉，喝羊奶。有人问他："茶和奶比，怎么样？"他说："茶给奶做奴仆的资格都够不上"。

王肃（464—501），字恭懿，琅琊郡临沂（今山东临沂）人。北魏名臣，东晋丞相王导后代，南齐尚书左仆射王奂之子。少而聪辩，涉猎经史，颇有大志。初仕萧赜，历任著作郎、太子舍人、司徒主簿、秘书丞。永明五年（487），父兄并为萧赜所杀，自建康投奔北魏，累迁辅国将军、大将军长史、开府仪同三司、昌国县开国侯等要职。景明二年，卒于寿春，年三十八，追赠侍中、司空公，谥号宣简。

王肃茶事主要发生在南齐都城建康，为南北朝建康茶事之一。

廿三、陶弘景《杂录》记载"苦茶轻身换骨"

《茶经·七之事》引陶弘景《杂录》："苦茶轻身换骨，昔丹丘子黄山君服之。"

陶弘景（456—536），字通明，南朝梁时丹阳秣陵（今江苏南京）人，号华阳隐居。著名医药家、炼丹家、文学家，人称"山中宰相"。作品有《本草经注》《集金丹黄白方》《二牛图》《华阳陶隐居集》等。37岁时辞官，退隐江苏句容句曲山（今茅山），并开创道教茅山宗。并遍历诸多名山，访求仙药，为著名道教人物。

廿四、南朝梁刘孝绰《谢晋安王饷米等启》首记米、酒、醋、茗

《茶经·七之事》引刘孝绰《谢晋安王饷米等启》云："传诏李孟孙宣教旨，

垂赐米、酒、瓜、笋、菹、脯、酢、茗八种。气苾新城，味芳云松。江潭抽节，
迈昌荇之珍；墦场擢翘，越葺精之美。羞非纯束野麢，裛似雪之驴；鲊异陶瓶河
鲤，操如琼之粲。茗同食粲，酢类望梅。免千里宿舂，省三月种聚。小人怀惠，
大懿难忘。"

其大意为：传诏李孟孙宣布您的告谕，恩赐我米、酒、瓜、笋、菹、脯、酢、
茗八种食品。新城之米，香味高如松树参天入云。水边初生春笋，鲜美胜过菖蒲、
荇菜；田野间挑选之瓜菜，滋味倍加鲜美。麇鹿肉干堪比白驴肉脯，浓香腌鱼可
与陶瓶所装黄河鲤鱼媲美，米粒如晶莹美玉。佳茗如同上等精米，香醋如酸梅一
样令人口舌生津，想起望梅止渴之典故。您的赏赐免去我春种秋收之劳，市场奔
波选购之苦。您的恩惠小人铭记不忘。

刘孝绰（481—539），本名冉，小字阿士，彭城（今江苏徐州）人。7 岁能文，
时为神童，14 岁代父起草诏诰。书法善草、隶。初为著作佐郎，后为秘书监。有《刘
秘书集》传世。

晋安王即简文帝萧纲（503—551）。晋安（今福建福州市辖区）。萧纲封王时
不足 3 周岁，儿时随母生活在都城建康（今江苏南京），一般来说赏赐礼品亦为当
时建康周边物产。

从萧纲封为晋安王之时间推算，该启作于 506 年，刘孝绰年 25 岁。他欣赏、
赞美茶，说明是爱茶人，其茶事可列为南北朝建康茶事之一。

该茶事和上文东晋扬州老妇市上卖茶水之事说明，早在东晋、南北朝时期，
米、酒、醋、茶已成为社会生活必需品，为俗语"柴米油盐酱醋茶"之基础。

廿五、北魏杨元慎羞辱南朝梁陈庆之"茗饮作浆"

北魏杨衒之《洛阳伽蓝记》卷二记载：永安二年（529），萧衍遣主书陈庆之
（484—539）使洛阳，期间急病心痛求医。北魏中大夫杨元慎，因此前与陈庆之就
魏梁孰为中华正统，而发生争执，弄得不愉快，遂借庆之生病之际报复羞辱。元
慎自荐能医，庆之不知他为报复而来，听信其言。杨含水喷陈庆之曰：

"吴人之鬼，住居建康，小作冠帽，短制衣裳，自呼阿侬，语则阿傍。菰稗为
饭，茗饮作浆，呷啜莼羹，唼嗍蟹黄，手把豆蔻，口嚼槟榔。乍至中土，思忆本
乡，急手速去，还尔丹阳。……"

庆之趴在枕上说，杨君如此辱我太过分了吧！

这一记载说明，陈庆之的生活习俗，与上文"常饭鲫鱼羹，渴饮茗汁"的王
肃相似。杨元慎作为北方术士，认为江南人士包括以茶为饮料的日常生活堪称鄙
陋。这种自以为是，以不同生活方式嘲笑他人的行为非常愚蠢，其实后世证明茶

饮是先进生活方式，唐代以后风行于南北各地。

陈庆之为南朝儒将，亦为建康茶事之一。

廿六、南朝剡县陈务妻以茶祭祀得好报

《茶经·七之事》引南朝《异苑》记载："剡县陈务妻，少与二子寡居，好饮茶茗。以宅中有古冢，每饮，辄先祀之。二子患之曰：'古冢何知，徒以劳意！'欲掘去之，母苦禁而止。其夜梦一人云：'吾止此冢三百余年，卿二子恒欲见毁，赖相保护，又享吾佳茗，虽潜壤朽骨，岂忘翳桑之报！'及晓，于庭中获钱十万，似久埋者，但贯新耳。母告二子惭之，从是祷馈愈甚。"

其大意为：剡县（今浙江嵊州市）陈务的妻子，年轻时带着两个儿子守寡，喜欢饮茶。因为住处有一古墓，所以每次饮茶总先奉祭一碗。两个儿子感到是个祸害说："古墓会知道什么，何必白费力气。"想把它挖去。母亲苦苦劝说，坚决不准。当夜梦见一人说："我在这墓里三百多年了，你的两个儿子总要毁平它，幸亏你保护，又拿好茶祭奠我，我虽然是地下枯骨，但怎么能忘恩不报呢？"天亮时发现院子里有十万钱币，像是埋了很久，只有穿钱的绳子是新的。母亲把这件事告诉儿子们，两个儿子都很惭愧。从此更加重视祭祀了。

这一故事在陆羽的《顾渚山记》、宋代《太平广记·草木类》中均有记载，虽为神话故事，但有时间、地点、人物，嵊州也是传统绿茶的主产区之一，而在古墓中出土钱币也很常见，可以视为古代以茶祭祀的较早记载。

结语：南朝前江浙地区茶文化元素丰富、全面，茶文化发祥地、茶树起源地具有多元性

以上 26 件南朝前江苏、浙江地区茶事，其中 1 件为考古发现，19 件为《茶经》转引，6 件为其他文献记载，充分说明南北朝之前，古吴越、今江苏、浙江地区茶文化历史悠久，底蕴丰厚，茶文化元素丰富、全面，数量之多、内容之广，均为茶文化之最，是中国茶文化主要发祥地。

这 26 件茶事，仅为笔者视野所及，相信尚有未发现茶事。

很多茶文化著述论述茶之历史必言巴蜀，认为巴蜀地区是茶文化发祥地。《茶经·七之事》有关巴蜀茶事同时期之史料为 8 件，《茶经述评》补遗另记 3 件，合计 11 件。而由西晋巴西郡安汉县（今四川南充）籍史学家陈寿（233—297）撰写之《三国志》，全书仅记吴国孙皓赐茶代酒一条茶事，而未记蜀国茶事。巴蜀茶事内容以记述产地为主，没有江浙茶事内容丰富多彩，尤其是饮茶活动、以茶代酒、

以茶养廉、祛病健身、茶器茶具等方面少有记载。

如果再作展开，1972年，长沙马王堆汉墓出土"槚笥"和"槚""笥"竹简；2000年前后，陕西汉阳陵出土了茶叶，均为2100多年前之西汉汉墓。这些事实提请读者思考，茶文化发祥地，包括茶树起源地，都具有多元性，而不应局限于单一思维，不要因为先入为主，而得出盲人摸象式的结论。

（原载《农业考古·中国茶文化专号》2018年第5期。）

南朝前巴蜀茶史溯源

导语：本文溯源梳理南北朝之前巴蜀地区茶史茶事，主要以记载茶之名称或产地为主，并对其中部分误读或疑点做出辨正。

笔者发表《南朝之前古茶史 江浙地区最丰富》之后，再次溯源巴蜀茶史茶事做对比。之所以限在南朝之前，是因为此前茶事凤毛麟角，唐代以后则大量出现。

一、西汉司马相如《凡将篇》记载"荈诧"

《茶经·七之事》引司马相如《凡将篇》："乌啄、桔梗、芫华、款冬、贝母、木蘗、蒌、芩草、芍药、桂、漏芦、蜚廉、雚菌、荈诧、白敛、白芷、菖蒲、芒硝、莞椒、茱萸。"另一种读法为："乌啄桔梗芫华，款冬贝母木蘗蒌，芩草芍药桂漏芦，蜚廉雚菌荈诧，白敛白芷菖蒲，芒消莞椒茱萸。"

《凡将篇》仅38字，记载了19种植物，1种矿产，其中"荈诧"即茶之两种别名。这些都是当时当地特产。

司马相如（约前179—前118），字长卿，汉族，蜀郡成都（今四川成都）人。西汉著名辞赋家，官员。与扬雄、班固、张衡并称"汉赋四大家"，代表作有《子虚赋》《上林赋》《大人赋》《长门赋》《美人赋》等。

二、西汉王褒《僮约》记载"烹茶尽具""武阳买茶"

西汉王褒著名的幽默辞赋《僮约》，其中写到"……烹茶尽具，已而盖藏。……牵牛贩鹅，武阳买茶。……"其中"已而盖藏"一作"餔已盖藏"，"牵牛贩鹅"一作"牵犬贩鹅"。

其大意为：……烧水煮茶候品饮，事后收拾杯具藏。……牵牛卖鹅上集市，武阳城里买好茶。

《王谏议集·僮约》书影，其中有茶句："牵牛贩鹅，武阳买茶。"

王褒（前90—前51），字子渊，蜀资中（今四川省资阳市）人。西汉著名辞赋家，官员。与扬雄并称"渊云"。王褒一生留下《洞箫赋》等辞赋16篇、《桐柏真人王君外传》一卷，明末辑为《王谏议集》。

《僮约》写于神爵三年（前59）正月十五，大意为王褒寓居成都安志里一个叫杨惠的寡妇家里，经常打发其家中用人便了买酒。便了不太情愿，又怀疑王褒与杨氏关系暧昧，一次竟跑到主人墓前诉说不满。王褒得悉此事后，便在元宵节这天，以15000钱从杨氏手中买下便了为奴。便了不很情愿，要求王褒在契约中写明所干杂事。王褒擅长辞赋，便信笔写下了这篇约600字的契约，列出了从早到晚、名目繁多的劳役项目。其中不经意中两提茶事，为中国茶史留下了重要一笔。

三、西汉扬雄《方言》记茶名

《茶经·七之事》引扬雄《方言》记载："蜀西南人谓荼曰蔎。"意为蜀地西南一带称茶为"蔎"。

扬雄（前53—18），字子云。蜀郡成都（今四川成都）人。西汉著名辞赋家、学者、官员。少年好学，口吃，博览群书，长于辞赋。年四十余，始游京师长安，以文见召，奏《甘泉》《河东》等赋。成帝时任给事黄门郎。王莽时任大夫，校书天禄阁。是司马相如之后西汉最著名的辞赋家。与司马相如、班固、张衡并称"汉赋四大家"，与王褒并称"渊云"，著有《太玄》《法言》《方言》《训纂篇》《蜀都

赋》等。

《茶经述评》举扬雄《蜀都赋》"百华投春，隆隐芬芳；蔓茗荧郁，翠紫青黄"之例子，认为其中"茗"字即茶。据笔者查阅多种史料，此"茗"非茶，与"萌"近义，意为高远，两句大意为：春天百花齐放，幽香芬芳；藤蔓茂盛攀高绕远，花果翠紫青黄。下文张载《七命》所记"峻挺茗邈岩遥"同解。

此事说明两点：一是说明当时蜀地"茗"作别解；二是说明"茗"为多义字。

四、三国张揖《广雅》记载"荆、巴间采茶叶作饼"

《茶经·七之事》引张揖《广雅》记载："荆、巴间采茶叶作饼，叶老者，饼成以米膏出之。欲煮茗饮，先炙令赤色，捣末置瓷器中，以汤浇，覆之，用葱、姜、橘芼之。其饮醒酒，令人不眠。"

其大意为，在荆地和巴地一带，采茶叶做成茶饼，叶子老的，要加米糊才能成形。饮用时，先把茶饼烘烤成红色，然后捣成细末，放在茶器里，用沸水冲泡，加上葱、姜、橘子调味。喝了它可以醒酒，还能提神，使人睡不着觉。张揖，生卒未详，字稚让，三国时魏国清河（今河北）人。著名经学家、训诂学家、官员。在魏明帝太和年间（227—232）担任博士。博学多闻，精通文字训诂。所著《广雅》十卷，共一万八千多字，体例篇目依照《尔雅》，按字义分类相聚，释义多用同义相释之法。因博采经书笺注及《三苍》《方言》《说文解字》等书增广补充，故名《广雅》，是研究古代汉语词汇和训诂的重要著作，被称为最早的百科辞典。另有《埤苍》三卷，是研究古代语言文字的专著。还著有《古今字诂》《司马相如注》《错误字諟》《难字》等。

五、西晋孙楚《歌》记"姜、桂、茶荈出巴蜀"

《茶经·七之事》引西晋孙楚《歌》云："茱萸出芳树颠，鲤鱼出洛水泉；白盐出河东，美豉出鲁渊；姜、桂、茶荈出巴蜀，椒、橘、木兰出高山；蓼、苏出沟渠，精、稗出中田。"

《歌》或称《出歌》，记载了当时作者所见所闻特产，多数为泛指，其中写到"茶荈出巴蜀"。

孙楚（？—293），字子荆。太原中都（今山西省平遥县）人，西晋文学家、官员。出身于官宦世家，曹魏骠骑将军孙资之孙，南阳太守孙宏之子。史称其"才藻卓绝，爽迈不群"。少时想要隐居。历任镇东将军石苞的参军、晋惠帝初为冯翊太守。元康三年（293）卒于任上。著有文集六卷。

六、西晋张载诗记"芳茶冠六清"

《茶经·七之事》引西晋张载《登成都白菟楼》诗句:"芳茶冠六清,溢味播九区。人生苟安乐,兹土聊可娱。"

其中"六清"指水、浆、醴、醇、医、酏。"九区"即"九州",泛指全国。

张载,生卒年不详,字孟阳。安平(今河北安平)人。文学家、官员。性格闲雅,博学多闻。曾任佐著作郎、著作郎、记室督、中书侍郎等职。西晋末年世乱,托病告归。与其弟张协、张亢,都以文学著称,时称"三张"。代表作有《七哀诗》等,明人辑有《张孟阳集》。

另有张载弟张协《七命》(一作张载作)写到"摇刖峻挺,茗邈苕峣。晞三春之溢露,溯九秋之鸣飙",其中"茗"与上文扬雄《蜀都赋》中之"茗"同义,作"高远"解。

七、晋代郭璞《尔雅·释木》记载"蜀人名之苦茶"

《茶经·七之事》引郭璞《尔雅注》云:"树小如栀子,冬生,叶可煮作羹饮。今呼早采为荼,晚取为茗,或一曰荈,蜀人名之苦茶。"

该文是郭璞对《尔雅·释木》"槚、苦荼"词条的注释,其中"早采为荼,晚取为茗"比较著名。注释中说到蜀人称茶为苦茶。

郭璞(276—324),字景纯。河东郡闻喜县(今山西省闻喜县)人。西晋末、东晋初著名文学家、训诂学家、道家方士、官员。建平太守郭瑗之子。自少博学多识,又随河东郭公学习卜筮。永嘉之乱时,避乱南下,被宣城太守殷祐及王导征辟为参军。晋元帝时拜著作佐郎,与王隐共撰《晋史》。后为大将军王敦记室参军,以卜筮不吉劝阻王敦谋反而遇害。王敦之乱平定后,追赠弘农太守。好古文、奇字,精天文、历算、卜筮,长于赋文,尤以"游仙诗"名重当世。曾为《尔雅》《方言》《山海经》《穆天子传》《葬经》作注,传于世,明人有辑本《郭弘农集》。

八、东晋常璩《华阳国志》五处记茶,四处属巴蜀地区

常璩(约291—361),字道将,蜀郡江原(今四川成都崇州)人,东晋著名史学家、官员。其所著《华阳国志》先后五处记茶,其中四处属于巴蜀地区。

《华阳国志·巴志》开篇第三段记载:

其地，东至鱼复，西至僰道，北接汉中，南极黔涪。土植五谷，牲具六畜，桑、蚕麻苎，鱼盐铜铁、丹漆茶蜜，灵龟巨犀、山鸡白雉，黄润鲜粉，皆纳贡之。其果实之珍者，树有荔支，蔓有辛蒟，园有芳蒻、香茗，给客橙、葵。其药物之异者，有巴戟天、椒。竹木之贵者，有桃支、灵寿。其名山有涂、籍、灵台、石书、刊山。

当代包括《茶经述评》等很多茶文化书刊、文章，都将该部分内容，与《巴志》开篇第二段中的内容相接："……周武王伐纣，实得巴蜀之师，著乎《尚书》。巴师勇锐，歌舞以凌殷人，殷人倒戈。故世称之曰'武王伐纣，前歌后舞'也。武王既克殷，以其宗姬于巴，爵之以子。……"大部分书刊文章，在连接二、三两段内容时，中间用了省略号，有的甚至直接连上，认为这一是周代巴地之茶已上贡给周武王，二是周代巴地已开始人工种茶。

其实这是误读。《巴志》开篇第一、第二小段，记载的是唐尧至三国魏国之历史沿革、属州概况等，第三段记载了特产、民风。"周武王伐纣"只是历史沿革之一，阅读时不能将第三章两处茶事内容直接联到"周武王伐纣"之周代。如按此说法，则可追溯为当地更早年代的贡品，也并非特指周代，因为周代之前，当地亦有管辖之国君、诸侯，也会有特产朝贡。

就方志来说，所列多为当时所见特产。如上述《巴志》所列特产，除非特别注明某特产为某年代作贡品，一般理解其中"以茶纳贡""园有香茗"两处茶事，仅指作者著述年代而已。各地特产都在不断引进、发展之中，不能将这些特产都列为该地历史沿革中的最早年代。

据任乃强《华阳国志校补图注》附注，《巴志》所列18种贡品，系三国蜀汉学者"谯周《巴志》原所列举"，依此，最早可追溯为三国时代贡品。

《巴志》又载："涪陵郡，巴之南鄙。……惟出茶、丹、漆、蜜、蜡。"涪陵郡约今日四川彭水、黔江、酉阳等地。

《华阳国志·蜀志》记载："什邡县，山出好茶。"

《蜀志》又载："南安、武阳，皆出名茶。"南安，治所在今四川乐山市；武阳，在今四川眉山市彭山区。

《华阳国志·南中志》所载茶产地为今云南地区，非巴蜀茶事："平夷县，郡治有豍津、安乐水，山出茶、蜜。"平夷县约相当于今云南富源县地。

九、"西汉茶祖吴理真"系糅合多种元素南宋以后出现的虚构神僧北宋孙渐即兴所咏"汉道人"为蒙山最早佛教伪话题

说起早期巴蜀茶事，很多人会想到当代大肆炒作的"西汉茶祖吴理真"，关于

此事，笔者已发表《吴理真——南宋以后出现的虚构神僧》等多篇文章，确认南宋之前尚未发现其人其事相关记载，最近又根据新发现，进一步提出吴理真是杂糅多种人物元素之虚构神僧，其中包括宋代印度僧人不动上师（甘露祖师），蒙山生平未详的普惠禅师（甘露祖师），北宋陶谷（903—970）所记未知年代之吴僧樊川，北宋孙渐即兴所咏蒙山最早佛教伪话题"汉道人"。

佛教东汉才传入中国，所谓"汉道人"（孙渐诗中明确为寺院僧人）"西汉僧吴理真"均为不存在的佛教伪话题，明代川籍大家杨慎（1488—1559）最先在《杨慎记》中，提出"西汉僧理真"为盲目求古之神化，遗憾的是，其反复质疑并作否定之语，竟被当代某些人作为肯定之语。而为了避讳"汉道人""西汉僧"之佛教伪话题，当代当地竟指鹿为马，将虚构神僧吴理真变身为西汉茶农或药农，为当代标志性虚假茶事之一。

本书另有专文《吴理真——糅合多种人物元素之南宋虚构神僧》详述其事。

结语：南朝前巴蜀茶史主要以记载茶之名称或产地为主，古吴越今江浙地区更丰富多彩

综上所述，南朝前关于巴蜀地区茶史的8种文献14条记载，其中11条记载均为茶之名称或产地，1条说到种茶，张载所记"芳茶冠六清"为诗句，仅有《僮约》"烹茶尽具""武阳买茶"说到饮茶和买茶，这说明内容比较单调，信息量不大，不像古吴越今江浙地区茶事涵盖产茶、种茶、采茶、卖茶及茶水、饮茶、茶器以及以茶代酒、以茶养廉，以茶祭祀、祛病健身等方方面面，内涵极为丰富。

明末清初文史大家顾炎武，其《日知录·卷七·茶》在列举王褒《僮约》、张载茶诗句、孙楚《出歌》及《本草衍义》记载"晋温峤上表，贡茶千斤，茗三百斤"等西汉、东晋巴蜀茶事后，提出："自秦人取蜀而后，始有茗饮之事。"认为自战国时代秦国惠文王（前337—前311年在位）取得蜀地之后，才知有茶饮之事。后人多据此将巴蜀作为茶文化发祥地。

从史实和茶树的自然存在来看，顾炎武这一说法是值得商榷的，其中"晋温峤上表，贡茶千斤，茗三百斤"本身就是东晋南朝茶事，本书另有专文《中国最早明确记载的贡茶——东晋温峤上贡茶、茗产自江州》，这里不做赘述。另外，零星文献记载具有偶然性，如茶树属于自然存在，今海内外公认茶树起源地中心在云南西南普洱、西双版纳一带，相信当地居民饮茶历史悠久，但由于当地缺少文献记载，如南朝前仅有上述平夷县产茶和三国傅巽《七海》"南中茶子"两条记载。包括重庆、贵州、广东、福建都有大量乔木、半乔木茶树自然存在，而在南朝之

前，亦未见或少见记载。

　　笔者在《南朝之前古茶史　江浙地区最丰富》一文中，举例南朝前今江浙地区茶事为 22 件，最近又发现 3 件，合计为 25 件，远比巴蜀同时期茶事要多，内容也更丰富。所以，关于茶文化发祥地，应该有更开放和广阔的视野，以史实为依据，忌瞎子摸象，一锤定音。

（原载《农业考古·中国茶文化专号》2017 年第 5 期）

《诗经》七"荼"皆非茶

——兼论"荼"与"荠"、"堇荼"与"蘅芷"何以作对比

　　"谁谓荼苦，其甘如荠。"茶微苦而回甘，当下茶文化空前繁荣，很多人以为《诗经》此句及其他诗句中的"荼"，都与茶有关。其实这是误读了。《诗经》本意包括陆羽《茶经》的相关引文，明确其中之"荼"都不是茶。

　　屈原《楚辞》也写到"荼"与"荠""堇荼"与"蘅芷"："故荼荠不同亩兮，兰茝幽而独芳""堇荼茂兮扶疏，蘅芷雕兮莹嫇"。"荼"与"荠""堇荼"与"蘅芷"何以作对比？本文就此做些探讨。

《诗经》七"荼"分别是苦菜、白茅花和"毒害"

　　《诗经》是我国汉族文学史上第一部诗歌总集。它汇集了从西周初年到春秋中叶，即公元前 1100 年到前 600 年约五百多年间的诗歌 305 篇，又称《诗三百》。距今约 2600 多年历史。

　　《诗经》至少有七篇写到"荼"，原文和译文如下：

谁谓荼苦，其甘如荠：谁说荼菜味道苦，犹如荠菜回味甘。(《邶风·谷风》)
采荼薪樗，食我农夫：采来苦菜又砍柴，农夫生活难温饱。(《诗·豳风·七月》)
周原膴膴，堇荼如饴：周原肥沃又宽广，堇菜苦菜像饴糖。(《大雅·绵》)
出其闉阇，有女如荼；虽则如荼，匪我思且：信步走出城门外，游女熙熙攘攘如茅花。虽然游女如茅花，可惜不见意中人。(《郑风·出其东门》)
予手拮据，予所捋荼：我手操劳已麻木，我采白茅把巢补。(《国风·豳风·鸱鸮》)
其镈斯赵，以薅荼蓼；荼蓼朽止，黍稷茂止：手持锄头来翻土，荼蓼杂草得清理。野草腐烂作肥料，庄稼生长真茂密。(《周颂·良耜》)
民之贪乱，宁为荼毒：百姓如今思作乱，宁遭荼毒亦甘心。(《大雅·桑柔》)

　　"茶"字是多义字，一、指苦菜；二、指茅草、芦苇之类的小白花：如火如荼，荼首（喻白发老人）；三、与"涂"通用：荼炭、荼毒；四、与"舒"通用；舒缓，荼缓（舒缓）；五、唐代之前与"茶"字通用……

　　以上一至三句中的"荼"字，指的是苦菜；四至六中的"荼"字，指的是白茅花和茅草；第七句"荼毒"指的则是"毒害"的意思。

　　查阅古今多种版本的《诗经》，并未将上述"荼"字解读为茶的。

　　《茶经·七之事》引《本草注》：按《诗》（《诗经》）云："'谁谓荼苦'，又云'堇荼如饴'皆苦菜也。"可见陆羽也是视此"荼"非茶也。

　　顾炎武《日知录·卷七》"茶"字条云：

　　"茶"字自中唐始变作"茶"，其说已详之《唐韵正》。按《困学纪闻》，荼有三："谁谓荼苦"，苦菜也。"有女如荼"，茅秀也。"以薅荼蓼"，陆草也。今按《尔雅》"荼""蒤"字凡五见，而各不同。《释草》曰："荼，苦菜。"注引《诗》："谁谓荼苦，其甘如荠。"疏云："此味苦可食之菜，《本草》一名选，一名游冬。《易纬通卦验玄图》云'苦菜生于寒秋，经冬历春乃成'，《月令》'孟夏，苦菜秀'是也。叶似苦苣而细，断之有白汁，花黄似菊。堪食，但苦耳。"又曰："蘵、莠、荼。"注云："即芳。"疏云："按《周礼·掌荼》及《诗》'有女如荼'，皆云：荼，茅秀也；蘵也、 也其别外。此二字皆从草、从余。"又曰："蒤，虎杖。"注云："似红草而粗大，有细刺，可以染赤。"疏云："蒤一名虎杖。陶注《本草》云：田野甚多，壮如大马蓼，茎斑而叶圆是也。"又曰："蒤，委叶。"注引《诗》以"茠蒤蓼"。疏云："蒤一名委叶。"王肃《说诗》云："蒤，陆秽草。"然则蒤者原田芜秽之草，非苦菜也。今《诗》本"茠"作"薅"。此二字皆从草从涂。《释木》曰："槚，苦茶。"注云："树小如栀子，冬生叶，可煮作羹饮。今呼早采者为茶，晚取者为茗，一名荈，蜀人名之苦茶。"此一字亦从草从余。今以《诗》考之，《邶·谷风》之"荼苦"，《七月》之"采荼"，《绵》之"堇荼"，皆苦菜之荼也。又借而为"荼毒"之荼。《桑柔》、《汤诰》皆苦菜之荼也。《夏小正》"取荼莠"，《周礼·地官》"掌荼"，《仪礼·既夕礼》"茵著用荼，实绥泽焉"，《诗·鸱 》"捋荼"，传曰："荼，萑苕也。"《正义》曰："谓蓷之秀穗。茅蓷之秀，其物相类，故皆名荼也。"茅秀之荼也，以其白也而象之。《出其东门》"有女如荼"，《国语》"吴王夫差万人为方陈，白常、白旗、素甲、白羽之矰，望之如荼"。《考工记》："望而视之，欲其荼白。"亦茅秀之荼也。《良耜》之"荼蓼"，委叶之蒤也。

　　顾炎武研读《尔雅注疏》《困学纪闻》等文献，梳理了《诗经》《周礼》《仪礼》《尔雅》等诸多中唐之前古籍，所记之"荼"均不是茶。

《诗经》作者不识茶

据《易经》专家介绍,《易经》里没有写到大海,专家研究得出结论,认为是《易经》作者不认识海,所以无法写到大海。

笔者从中受到启发,认为《诗经》亦如此,作者不认识茶,所以无法写到茶事。

《诗经》汇集了当时周南、召南、邶、鄘、卫、王、郑、齐、魏、唐、秦、陈、桧、曹、豳 15 个小国的诗歌,主要包括今天山西、河南、河北、山东、陕西一些地方。自古至今,这些地方没有茶树,如果早期没有茶叶传入,这些作者就不知茶为何物,这是很自然的。有人认为,历史上这些地方可能不像当代这样寒冷,可能会有茶树生长。这其实只是违背科学的猜想,不要以为 2600 多年历史很长了,作为几十亿年的地球,仅是短暂一瞬。总体来说,自春秋时代至今,南北气候并无大的变化。再说,如果这些地方古代有茶树生长,应该会有相关化石出土。

今日陕西汉中、河南信阳等茶区不在其中。

"荼"与"荠"、"堇荼"与"蘜芷"何以作对比

《诗经》之后,将"荼""荠"对比的,是战国末期中国最早、最伟大的诗人屈原。他在《楚辞·九章·悲回风》中写道:"故荼荠不同亩兮,兰茝幽而独芳。"

有人以为此辞句中的"荼"也与茶相关,其实也是误解了。荼、荠皆菜名。荼味苦,荠味甘。该辞句的原意是:屈原以"荼、荠"喻小人与君子,表示两者的区别。"兰茝"为香草,屈原自喻品格超群,却怀才不遇,只能孤芳自赏。可以推理,屈原也是没有喝过茶,不了解茶,如果他认识、热爱馨香之茶,一定会写出像《橘颂》那样优美的《茶颂》,甚至会像"兰茝"那样,以香茶自喻高尚的品格。

北宋郑刚中《山斋赋》亦提到"荼"与"荠":"盥瓶罍而小汲,杂荼荠以同烹。"

荠菜比较常见,冬春之际,是南北城乡居民非常喜爱的菜蔬。古代称"荼"的苦菜则不常见,笔者家乡宁波农村没有种植,菜场里也从未看到。上网查找,了解到苦菜是个大家族,又称苦苣菜、苦麻菜、苣荬菜等,资源十分丰富,有黄花、白花、紫花的。苦菜性味苦寒,清热解毒,具有治痢疾、黄疸、血淋、痔瘘、消肿、补血保健等多种功效,《本草纲目》记载能"治血淋痔疹",脾胃虚寒者忌食。

可见，古人常将"荼""荠"对比，除了味苦与味甜的反差，还因为有的苦菜与荠菜外形相似，因此具有可比性。

遗憾的是，笔者请教青岛、西安两位北方茶友，都无法确认苦菜，只能纸上谈菜，有机会一定去北方农村确认，验明真身。

《楚辞·九思·伤时》中还有"菫荼茂兮扶疏，蘅芷雕兮莹嫇"之句，本意为菫、荼等苦菜之类疏密有致长势繁茂，而蘅、芷等香草之属却凋零得秃荒萧瑟。其中菫、荼借喻朝中群小，蘅、芷借喻忠贞之臣。意指朝中群小当道，忠贞之臣不得重用，充满忧愁愤懑之情。

如果将此诗句之"荼"作为"茶"字来解，试想，屈原怎么会将香草、嘉树之属的茶叶比喻为小人呢？这显然是说不通的。

茶不够，荼来凑，当代茶道大行，吸引了各色人等，一些好事者在发掘茶文化元素时，不是从史实和学术角度去理解，而是看到古籍之"荼"字，即无意或有意地戏说解读，把这些非茶之"荼"，牵强附会、似是而非、随意地想象演绎为茶，尤其是"谁谓荼苦，其甘如荠"句中之"荼"，与茶之苦而回甘的特性非常相似，刻意想象为茶；将《周礼》之"荼"解读为茶，则是刻意将茶史提前至周代。这些现象，或为说道故事，或为提前茶史，更多的则是以讹传讹，人云亦云。这从一定程度上造成了茶史混乱，尤其是对入门者来说，会感到无所适从。

结语：溯源考据，准确辨别"荼""茶"之别

综上所述，古今《诗经》学者，"荼"字未曾解为茶；《楚辞》之"荼"亦非茶；《茶经》特指"谁谓荼苦""菫荼如饴"，实为苦菜不是茶；顾炎武研读《尔雅注疏》《困学纪闻》等文献，梳理了《诗经》《周礼》《仪礼》等诸多中唐之前古籍，所记之"荼"均非茶。认真严谨之读者，尤其是高校学生、专业学者，不妨多读原著，溯源考据，准确辨别"荼"与"茶"。

（原载 2014 年 6 月 21 日《宁波日报》，《盛世兴茶——第十三届国际茶文化研讨会文集》摘要发表，浙江人民出版社 2014 年 5 月版。）

葛玄——史籍记载最早的植茶人

——兼论葛玄即汉仙人丹丘子

导语：本文根据多种宋代文献，考证东汉、三国时期的著名道家、号称太极仙翁的葛玄，是目前发现的史籍记载最早的植茶人，并提出葛玄即陶弘景《杂录》和陆羽《茶经》中记载的汉仙人丹丘子。

2003 年，笔者与杭州余杭钱时霖先生合著《中华茶人诗描》初集，临安茶友发来资料，说汉代著名隐士梅福，曾在临安九仙山隐居植茶，目前后裔在东天目山梅家村以植茶为生，其中一支从梅家村移居杭州西湖梅家坞，在那里培育出了稀世珍品龙井茶，并说有当地方志为证。看来似乎顺理成章，但我们从未看到过梅福植茶及其他茶事，这位茶友又拿不出方志依据，只是一种想象和当代传说而已，最终被我们否定。但当地依然在宣传梅福是植茶始祖，2011 年还举办了"首届中国（临安）茶祖文化旅游节"。

近年四川雅安大肆宣扬的所谓西汉植茶始祖吴理真，其实是虚构人物。笔者已在《中国茶叶》等权威报刊、网站发表《子虚乌有吴理真——关于"吴理真虚构说"的四点特征和相关考述》《"西汉茶祖"吴理真是虚构人物》《吴理真是虚构人物的四大特征》等多篇文章做了披露，并得到了诸多专家、学者的认同。

云南将诸葛亮作为茶祖，遗憾的也是没有文献依据。

虽然在中国茶史上究竟是谁最先种茶无法考证，但根据现有史料，被尊为太极仙翁的东汉、三国时期的著名道家葛玄，是目前已知史籍中记载的最早植茶人。

宋代多种文献记载，浙江台州遗有两处葛仙茶园

葛玄（164—244），字孝先。东汉、三国时琅琊（今山东临沂）人，迁丹阳句容（今江苏勾容）。出身宦族名门，高祖庐为汉骠骑大将军，封下邳侯；祖矩仕为黄门侍郎；父德儒历大鸿胪登尚书。自幼好学，博览五经，十五六岁名震江左。性喜老、庄之说，不愿仕进。入天台山修炼，遇左元放得受《白虎七变经》《太清

九鼎金液丹经》《三元真一妙经》等。后遨游山川，周旋于括苍、南岳、罗浮诸山。后汉室倾覆，三国战乱，于是删集《灵宝经诰》，精心研诵《上清》《灵宝》诸部真经。曾嘱其弟子郑思远，其死后，希望能将上述诸品经典，箓付阁皂宗坛及家门弟子，世世箓传。道教称《灵宝经箓》传自葛玄，故后世灵宝道士奉他为阁皂宗祖师。勤苦修炼，广积功效，遨游山海，擅长治病，收劾鬼魅之术及辟谷诸法，更得分形万化之术和灵感应变之法，寿81岁，传死后羽化升仙。

浙东一带民间将葛玄与从孙葛洪尊为大、小葛仙翁，多处设灵峰庵或庙祭祀。2015年，宁波籍药学家，中国中医科学院终身研究员屠呦呦以及另外两名科学家获得诺贝尔生理学或医学奖。这是中国医学界迄今为止获得的最高成就，也是中医药成果获得的最高奖项。据屠呦呦女士介绍，她发明青蒿素，源于葛洪的《肘后备急方》，该书首次描述了青蒿的抗疟功能。小葛仙翁葛洪因此受到世人前所未有的关注。被尊为大葛仙翁、太极仙翁的葛玄应有过人之处，只是被历史淹没未被再发现而已。

据宋代、清代多种方志、诗文记载，浙江台州临海、天台有两处葛仙茶园，今临海盖竹山葛仙茶园、天台华顶山归云洞葛仙茗圃遗址尚存。

成书于南宋嘉定十六年（1223）的著名地方志——台州《嘉定赤城志》卷十九载：

临海盖竹山……《抱朴子》云，此山可合神丹。有仙翁茶园，旧传葛玄植茗于此。

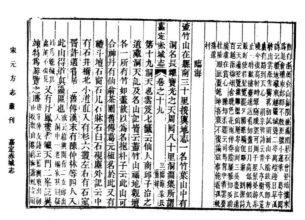

台州《嘉定赤城志》关于葛玄植茶的记载

这说明当时盖竹山上有仙翁茶园。该志随后用了"旧传"两字，可见《嘉定赤城志》编撰者是非常严谨的，说明是民间传说。有仙翁茶园，又有民间传说，可以作为葛玄曾在此山植茶的证据。

除了《嘉定赤城志》，已知宋代还有两位名人在诗文中写到葛仙茗园。

南宋隐士诗人胡融有《葛仙茗园》记载葛仙茗园的优美风光和仙翁茶品的赞美：

> 绝巘匿精庐，苍烟路孤迴。草秀仙翁园，春风坼幽茗。
> 野僧四五人，脑绀瞳子炯。携壶汲飞瀑，呼我烹石鼎。
> 风涛泻江滩，松籁起林岭。七碗鏖郝源，一水斗双井。
> 我虽冠屦缚，心乐只园静。濯足卧禅扃，幽梦堕蒙顶。

胡融（1131—1230），台州宁海（今宁波宁海）人。字子化，又字少瀹，号南塘、四朝老农，世居宁海县城，终身隐居南塘不仕。著有《菊谱》《土风志》《历代蒙求》等。

该诗未记载游览的是临海盖竹山还是天台华顶山的葛仙茗园，但从诗中"绝巘""精庐""飞瀑"等句子来看，是天台华顶山。

南宋著名道家白玉蟾（1134？—1229？），很有诗文造诣，其《天台山赋》也写到天台华顶山有葛仙种茶历史："释子耘药，仙翁种茶"。

已知清代有多种文献记载天台华顶山、临海盖竹山葛仙茶圃。

成书于康熙五十六年（1717）的《天台山全志》卷九载："茶圃，在华顶峰旁，相传为葛玄种茶之圃。"

天台华顶山葛仙茗圃

清《浙江通志·物产》记载："盖竹山，有仙翁茶园，旧传葛元植茗于此。"

清乾隆三十一年，天台籍内阁学士兼礼部侍郎、著名史地学家齐召南（1703—1768），作《盖竹山长耀宝光道院记》，其中写道："吴葛孝先尝营精舍，至今有仙翁植茶园。"

齐召南另有《台山五仙歌·葛孝先》诗，吟咏天台华顶山葛仙茶圃：

> 仙公职司太极左，芝盖霓旌森旖旎。
> 华顶长留茶圃云，赤城犹炽丹炉火。

1998年，中国国际茶文化研究会会长王家扬，带领专家、学者考察天台华顶山归云洞葛仙茗圃遗址，并立碑撰文纪念。

葛玄与汉仙人丹丘子

南朝著名道家、医学家陶弘景（456—536）在《杂录》中记载："苦茶轻身换骨，昔丹丘子、黄山君服之。"

《茶经·七之事》开篇云："汉：仙人丹丘子、黄山君"。

经查考，黄山君是在黄山得道的一位仙人，葛洪《神仙传》有他的小传，说他修炼彭祖术，年龄数百岁，著有《彭祖经》。但丹丘子未见出处。前几年，笔者曾专题研究丹丘子，认为史籍中经常出现的丹丘、丹丘子，是神仙修道之地和仙家道人的通称，笔者撰写的《丹丘子——仙家道人之通称》，发表在 2008 年第 5 期《中国道教》等报刊。

多方查考，依然未找到汉仙人丹丘子的出处，《茶经述评》《浙江省农业志》《浙江省茶叶志》等书，则将《茶经·七之事》下文中虞洪在余姚瀑布山中遇到的晋丹丘子混为一谈。

通过对葛玄的深入研究，笔者认识《茶经》中的"汉仙人丹丘子"即为葛玄，理由如下：

首先，东汉末年为 220 年，葛玄 164 年出生，到 220 年已经 56 岁，主要生活在东汉。他被后人奉为仙人，是名副其实的"汉仙人"。

其次，葛玄曾长期在古宁海今三门丹丘山炼丹，山顶有平丘，丹丘山因此而得名。自古以来，山上均有茶园。《嘉定赤城志》卷二十二记载：

宁海……丹丘，在县南九十里。葛玄炼丹处，孙绰"仍羽人于丹丘，寻不死之福庭"是也。

孙绰（314—371）为东晋文学家，上述词句出自他的《游天台山赋》，《嘉定赤城志》对此做了认定。

已散佚的唐代《天台记》云："丹丘出大茗，服之羽化。"指的应该也是此丹丘山，说明古代与余姚瀑布山一样，长有大茶树。丹丘山今日仍有茶园，不知能否像余姚瀑布那样找到大茗。

天台县城城东也有丹丘山，据当地近代史籍记载，该山是因为"泥土如丹，山顶平坦，山色如丹，故初名丹丘，后立县必有横山，因丹丘山在县城之东，又称东横山也"。2008 年浙江大学出版社出版的《天台山云雾茶》一书，将天台城东丹丘山作为《嘉定赤城志》记载的丹丘山，显然是对史籍的误读。

皎然诗中的"丹丘羽人"出典同源

唐代著名诗僧、茶僧皎然在《饮茶歌送郑容》开篇写道："丹丘羽人轻玉食，采茶饮之生羽翼。"句下自注《天台记》云："丹丘出大茗，服之羽化。"说明他写的"丹丘羽人"之典故也源于《天台记》，说的也是葛玄饮茶成仙的故事。

郑容生平未详，皎然在《郑容全成蛟形木机歌》写到他是一位能制作蛟形木机、深得诗人赞赏的特殊人才，诗中注有"广德中（763—764），郑生避贼吴兴毗山，于稠人之中遇予，独见称赏"。

皎然另一首记载"茶道"出典、著名的《饮茶歌诮崔石使君》也写到道家丹丘子："孰知茶道全尔真，唯有丹丘得如此。"

结　语

综上所述，根据东晋孙绰《游天台山赋》、宋代《嘉定赤城志》、胡融《葛仙茗园》等文献记载，今临海盖竹山、天台华顶山归云洞又有两处葛仙茶园遗址，曾在丹丘山炼丹的太极仙翁葛玄，不仅是史籍记载最早的植茶人，也是史籍难找出处的汉仙人丹丘子。

笔者抛砖引玉，期望专家、学者深入研讨。

（原载浙江人民出版社 2012 年版《茶业与民生——第十二届中国国际茶文化研讨会暨西安金康国际茶博会论文集》，上海文化出版社 2014 年版《中国天台山茶文化寻根探源研讨会论文集》）

葛玄植茶事　文献可采信

——当代各地宣传的六位汉、晋真假茶祖、茶神考辨

导语：所谓文献，指的是具有历史价值的各类信息载体，胡编乱造的不能称之为文献。本文通过对汉代至晋代葛玄、吴理真、梅福、诸葛亮、许逊、支盾六位真假人物、真假茶事的考辨，厘清葛玄是可采信文献记载的中国最早植茶人，吴理真系虚构人物，梅福、支盾无茶事文献记载，诸葛亮清代记载的茶事传说不足以采信。提出茶文化应遵循史学和学术原则及规范，虚构人物、当代、近代传说不能作为学术依据，重视文献出处，鉴别真伪，科学严谨，精准发掘、解读和表述茶文化，杜绝虚假和牵强附会，正本清源，消除海内外人士认知中国茶文化的障碍，把新时期茶文化提升到新境界，无愧于伟大的时代。

文献一词最早见于《论语·八佾》，南宋朱熹《四书章句集注》："文，典籍也；献，贤也。"原意是指宿贤典籍，当代广义的文献定义，主要指记录具有历史意义的各类信息载体。

本文特对当下各地宣传的、超越《茶经》之外的六位真假茶祖、茶神之茶事做一考辨。其中葛玄、梅福、诸葛亮、支盾4位历史名人中，仅葛玄茶事有宋代三种文献，可以相互印证采信，为史载植茶第一人；梅福、支盾茶事无文献记载，所谓传说均为当代编撰；诸葛亮茶事为清代道光二十年《普洱府志》所载传说，不足以采信；吴理真则为南宋以后出现的虚构神僧，许逊为晋代虚幻高道。自陆羽以来的历代茶文化专家，均未能找出这些人物的茶文化元素，岂能是当代能随意发现的？晋代之前茶事凤毛麟角，有些古人可能还不认识茶，何必要为难他们，一厢情愿将他们尊为茶祖、茶神呢？

从维护文化自信、遵循学术规范来说，此类虚假茶事，尤其是吴理真这样的虚构人物，竟被作为"西汉茶祖"广为宣传，弄假成真，完全违背实事求是原则，违背中国国际茶文化研究会周国富会长提出的清、敬、和、美之茶文化核心理念，严重损害中国茶文化形象，造成海内外人士认知中国茶文化的障碍，亟须正本清源。

葛玄——道教祖师之一，尊称葛天师、太极仙翁
宋代三种文献记其茶事，史载植茶第一人

据笔者查考，在上述当代各地宣传的六位汉代至晋代的地方茶祖、茶神中，仅有葛玄茶事经得起推敲，具有学术价值。

葛玄（164—244），字孝先。东汉、三国时琅琊（今山东临沂）人，迁丹阳句容（今江苏勾容）。道教灵宝派祖师，尊称葛天师。道教尊为葛仙翁，又称太极仙翁。出身宦族名门，高祖庐为汉骠骑大将军，封下邳侯；祖矩仕为黄门侍郎；父德儒历大鸿胪登尚书。自幼好学，博览五经，十五六岁名震江左。性喜老、庄之说，不愿进仕。入天台山修炼，遇左元放得受《白虎七变经》《太清九鼎金液丹经》《三元真一妙经》等。后邀游山川，周旋于括苍、南岳、罗浮诸山。后汉室倾覆，三国战乱，于是删集《灵宝经诰》，精心研诵《上清》《灵宝》诸部真经。曾嘱其弟子郑思远，其死后，希望能将上述诸品真经，箓付阁皂宗坛及家门弟子，世世箓传。道教称《灵宝经箓》传自葛玄，故后世灵宝道士奉他为阁皂宗祖师。勤苦修炼，广积功效，遨游山海，擅长治病，收劾鬼魅之术及辟谷诸法，更得分形万化之术和灵感应变之法，寿81岁，传死后羽化升仙。

葛玄与从孙葛洪，在浙东一带民间被尊为大、小葛仙翁，多处设灵峰庵或寺庙祭祀。全国各地亦受到广泛尊崇，近年来，很多地方为其设立塑像或雕像，特别是江西省樟树市及该市阁皂山（葛岭）风景区设立了多处塑像或雕像。

关于葛玄茶事，宋代台州分别有三种方志、诗文记载仙翁茶园，这是非常难得的历史文献，在当代各地宣传的汉晋时代的另外五位真假茶祖、茶神中绝无仅有。

据成书于南宋嘉定十六年（1223）的著名地方志——台州《嘉定赤城志》卷十九记载：

> 临海盖竹山……《抱朴子》云，此山可合神丹。有仙翁茶园，旧传葛玄植茗于此。

据该志记载，南宋时盖竹山尚有仙翁茶园遗存。该志随后用了"旧传"两字，可见《嘉定赤城志》编撰者是非常严谨的，说明是旧时民间沿袭相传。有仙翁茶园遗存，又有民间传说，可以作为葛玄曾在此山植茶的证据。

《嘉定赤城志》为著名地方志，主纂陈耆卿为著名学者，官至国史馆编修，迁将作少监，终国子司业。南宋时代，茶文化绝没有当代这般重视，不会刻意器重或炒作，否则会留下更多文字，可见是被方志编撰者作为普通事物，不经意间留下的一笔，真实可信。

与《嘉定赤城志》可以相互印证的是，同为南宋时代，另有胡融、白玉蟾两位著名诗人、道家，用诗文记载了天台山上的葛仙茗园，详见前文介绍。

作为文学作品，胡融与白玉蟾在诗文中同时写到葛仙茗园和仙翁种茶，完全是他们当时当地所见所闻所感，是个人文学风格的自然流露，在不经意中记载了葛玄植茶之史实。

根据这些文献记载，葛玄分别在台州修道之地临海盖竹山、天台华顶山植茶，今临海盖竹山葛仙茶园、天台华顶山归云洞葛仙茗圃遗迹尚存。

宋代同时有三种文献记载葛玄植茗或葛仙茗园，足见葛玄植茶真实可信。

明清时代，记载葛玄茶事的《天台山全志》等文献更多，这里不做赘述。笔者另有专文《葛玄——史籍记载最早的植茶人——兼论葛玄即汉仙人丹丘子》。

梅福——东汉著名隐士，无茶事记载，各地民间多有纪念设施

自2011年以来，杭州临安区每年举办"中国（临安）茶祖文化旅游节"，树西汉著名隐士梅福为茶祖。2011年出版的《临安县志》，记载梅福曾在临安九仙山隐居植茶云云。

梅福（约前44—约44），字子真，九江郡寿春（今安徽寿县）人。少年求学长安，精通《尚书》和《谷梁春秋》等经典。西汉南昌县尉，后去官归寿春。经常上书言政。梅福最初隐居于南昌城郊之南，垂钓于湖。东汉时，他垂钓之处被称为梅湖，并建梅仙祠祀奉。

汉平帝元始二年（公元2年），梅福改姓更名。旋即离家遁世，云游浙东四明，与女婿严子陵会合，寻找僻静之处，到浙东余姚梁弄东明山隐居，搭草棚，筑石库，修道炼丹，为山民治病，曾撰《四明山志》，可惜已散佚，可见他在当地住过一段时间，缘分不浅。当地今有梅仙井、梅福草堂等纪念遗迹。梁弄为晋代名茶瀑布产地，《茶经》记载的虞洪遇丹丘子获大茗的著名故事，即发生在梁弄，如需要新编茶文化故事会非常生动。

梅福在江西、浙江、安徽等地均有隐居地，今很多地方仍有纪念设施，如舟山、普陀山、梅岑山建有梅福禅院，传梅福曾到该山修道。南宋绍兴二年（1132），高宗赐封梅福为"吏隐真人"，南昌建有吏隐亭，又名梅仙亭。安徽省六安市万佛湖有梅仙岛，相传梅福在此成仙而得名，当地塑像纪念之等。

关于所谓临安梅福植茶的来龙去脉，笔者非常清楚。2003年，笔者与杭州钱时霖先生合著《中华茶人诗描》，临安旅游局写作新闻报道、热爱茶文化的杨一平先生发来资料，说梅福曾在临安九仙山隐居植茶，目前其后裔在东天目山梅家村以植茶为生，其中一支从当地迁居杭州西湖梅家坞，在那里培育出了稀世珍品龙

井茶，并说有当地方志为证。这一事迹似乎顺理成章，但我们从未看到过梅福植茶及其他茶事，几次联系杨先生，又拿不出任何文献史料，只是他为宣传当地茶文化而想象出来的故事而已，最终被我们否定。我们之所以这么慎重，如果真有其事，将为中国茶文化之最。

杨先生曾在一些报刊发表梅福临安植茶之说，地方上需要茶文化代言人，新版《临安县志》正是采信了他之所说。笔者注意到，2016 年 9 月新版的《临安市茶文化志》，有两处记述梅福植茶，表述均为"相传"。实际上，传说亦需要文献依据，如果没有文献记载，所谓"口口相传"很难成立。试想，梅福是 2000 年前的名人，过去未见传说，现在才冒出传说，岂不牵强附会？

吴理真——南宋以后出现的虚构人物
此前文献查无此人，符合诸多虚构特征

除了古今闻名的太极仙翁、史载植茶第一人葛玄，上文梅福、包括下文诸葛亮、许逊、支遁三位，虽无茶事记载或不足以采信，但他们作为著名历史名人，在当地或全国均有广泛的民间尊崇，有诸多纪念设施，是很多文学或演艺作品的故事素材。而近年四川雅安推出的所谓"西汉茶祖"吴理真，除了当地当代大肆宣传外，南宋以前任何文献查无此人，没有描写其事迹的古代文艺作品，外地民间没有尊崇、祭祀设施。这就是真实历史名人与虚构人物的最大区别。详见前文介绍，这里不做赘述。

诸葛亮——中国传统文化中忠臣与智者的代表人物
最早茶事始于清代道光廿年《普洱府志》传说记载

近年，云南西双版纳、普洱等地尊三国诸葛亮（181—234）为茶祖，认为他带兵讨伐孟获等部族首领时，曾在当地六大茶山等地植茶。作为中国传统文化中忠臣与智者的代表人物，尤其是通过《三国演义》小说与影视的广泛传播，诸葛亮不仅在华人世界，包括在东南亚以及世界各地，都有极高的人气，受到广泛尊崇。

但遗憾的是，《三国志》《华阳国志》等各种史籍并无诸葛亮茶事记载，目前能查到最早的记载是清道光二十年（1840）《普洱府志》卷十二记载："旧传武侯遍历六茶山，留铜锣于攸乐，置铓于莽芝，埋铁砖于蛮砖，遗梆于倚邦，埋马镫于革登，置撒袋于慢撒。因以名其山，又莽芝有茶王树，较五山茶树独大，相传为武侯遗种，今夷民犹祀之。"

道光二十年（1840）编修的《普洱府志》，离开诸葛亮时代1600多年，记的是"旧传""相传"，显然只能作为传说，而不能作为学术依据。

按照该志理解，所谓诸葛亮茶事，其实是后人敬仰他，以他作为茶文化代言人，编造出他分别在六大茶山埋下兵器、马镫并植茶的传说而已。

许逊——虚幻道家祖师，无茶事记载

2013年6月14日，浙江磐安发布《磐安云峰茶共识》，其中写道："东晋时，道教祖师许逊云游至此，惊鲜茶之优异，遂授之技艺，宣之四方。百姓感其德，为其立庙奉祀，开茶文化之先河。"该共识还写道："至唐，茶圣陆羽登临，列所产'婺州东白'为名茶，供皇室品用。"

此外，2008年出版的《玉山古茶场》、2014年出版的《云峰茶韵》两书相关章节，都将许逊神化为对玉山茶进行过"在制作和营销上全面改造升级"的晋代茶神，江西地摊上的一块未知年代、未经鉴定的牙板，被认定为许逊牙板。

许逊（239—374？），字敬之，晋代著名道士，南昌县（今属江西）长定乡益塘坡人，祖籍汝南（今河南许昌），其父许肃于东汉末年率家避战乱迁居南昌，吴赤乌二年（239）许逊出生于南昌县益塘坡（今麻丘乡）。后乡举孝廉，于晋太康元年（280）出任旌阳令，人称许旌阳，又称许真君。道教著名人物，净明道尊奉的祖师，中国民间信仰的神仙。传说许逊斩蛟龙治水，受历代朝廷嘉许和百姓爱戴，誉为神功妙济真君、忠孝神仙。

其实，关于许逊茶事，任何茶史、方志均无记载，即使是道家文献，亦未记载许逊到过磐安，所谓到磐授之茶艺、宣之四方，纯属2005年以后编撰的故事，子虚乌有，纯属杜撰。"茶圣陆羽登临"磐安亦未见文献记载。

此事的由来是这样的：2005年，当地发现了一处建于清代乾隆年间的玉山古茶场，其历史至多由南宋榷茶所和茶叶交易市场演变而来，好事者却将此与晋代高道许逊挂上了钩，编造出所谓民间传说。

古茶场中有个茶场庙，据介绍，供奉的真君大帝许逊，与农村很多庵、庙一样，本是有求皆应的万能神。但经好事者渲染以后，"茶场庙"已变为"茶神庙"，万能神许真君变成了专司茶事的许茶神。

支遁——东晋高僧、佛学家，无茶事记载

2014年，浙江新昌为印证晋代茶史，将东晋高僧、佛学家支遁（314—366）推为茶祖。

支遁，字道林，世称支公，也称林公，别称支硎，本姓关。陈留（今河南开封市）人，或说河东林虑（今河南林县）人。初隐余杭山，25 岁出家，曾居支硎山，后于剡县（今浙江省嵊州市）沃洲小岭立寺行道，僧众百余。晋哀帝时应诏进京，居东安寺讲道，三年后回剡而卒。精通佛理，有诗文传世。

《世说新语》记载支盾爱马爱鹤，迄今为止，尚未发现其茶事记载。有作者发现其诗作中关于与茶相关的摘句，纯属牵强附会，甚至风马牛不相及，请看被该作者视为茶句的摘句：

"漂蕊翳流冷。芙蕖育神葩。倾柯献朝荣。芳津霈四境。"（《四月八日赞佛诗》）
"霄崖育灵蔼。神蔬含润长。丹沙映翠濑。芳芝曜五爽。"（《咏怀诗五首其三》）
"采练衔神蔬。高吟漱芳醴。"（《述怀诗二首其一》）

"芳津""芳芝""芳醴"之"芳"均为形容词，"津"一般理解为汁液或唾液；"芝"泛指各类香草；"醴"指美酒，这些诗句里很难找到茶文化元素。

摘句者认为，最能代表茶文化的是《咏禅思道人》中的"嘉树"两字，认为嘉树、嘉木是茶的代称。其实不然，凡是桂花、玉兰、红杏、杨梅等名花优果，均可称为嘉树、良木，没有写出茶、茗等专用名词，不能想当然说这就是茶叶。从诗句来看，之所以用"嘉树"，主要是押韵需要；如果换韵，则会用"良木"等词代替，这又如何解释呢？

关于梅福、诸葛亮、支盾 3 位历史名人，所有从事茶史研究的专家、学者都在广泛搜寻，史料中找不到他们的茶文化元素，从中可以反证他们并不爱茶，甚至不认识茶，尤其是支盾，诗文中记载了这么多植物和香草，何以不见茶呢？

结语：遵循学术规范，慎称茶祖、茶神
雅俗共赏茶文化，但愿不要"江湖化"

综上所述，在上述当代各地宣传的六位茶祖、茶神中，仅有葛玄具有可采信文献记载为最早植茶人，其余五位或虚构，或无茶事文献记载，或有近代记载而不能采信。

凡是熟悉《茶经》和中国茶史的海内外专家、学者，都能见证当代中国上述地方，违背史学和学术原则，牵强附会，甚至尊奉虚构人物为茶祖、茶神的造神运动。

而这些还不包括各地宣传的全部古代茶祖，如唐代以后的高道叶法善等人，限于篇幅，笔者忽略不计，各地还在不断发掘茶祖、茶神。

茶文化是高雅文化，雅俗共赏，但愿不要"江湖化"。笔者担忧的是，不仅是

这些茶祖、茶神，包括当代随意编造出来的茶史茶事，都出现了"江湖化"倾向，值得领导和专家、学者重视。

90后四川绵阳籍茶文化作者洪漠如，在2016年第10期《茶博览》发表的《从茶祖崇拜看茶文化中"英雄主义"》一文中，提出了一个很好的问题："很多时候我们把这类茶神茶祖的崇拜以科学研究的姿态去面对，也确实是暴露了茶文化的脆弱性。至少说，中国茶文化还在'个人英雄主义'阶段！……这种文化格局在面向世界做推广的时候，让外国人特别是西方人在认知中国茶的时候新增了很多障碍。作为西方世界，向来以品牌价值观为认知导向，骤然间要让他们接受'英雄主义'延伸的产品，可能会接受迟钝。茶文化中的'英雄主义'会不会成为我们'一路向西'推广的拦路虎，最终的事实会得以印证！"

在这些茶祖、茶神文化的影响下，当下整个茶文化领域随意想象、文而化之的现象比较严重，包括一些著名茶文化专家、学者在内的很多茶文化人士，先后跟笔者说起，现在茶文化书籍这么多，说法这么乱，究竟信谁的？感到无所适从，莫衷一是。

2004年，瑞士日内瓦大学汉学家朱费瑞，在《不爱喝茶的中国人能算中国人吗？》一文中曾对神农茶事质疑："中国所有与茶叶有关的文章都令人厌烦地写着中国有五千年的饮茶历史，咱们来验证一下，这五千年的饮茶历史的说法到底出自何处。"他的质疑不无道理，因为从神农到周代2000年间，无任何茶事记载。作为中国农耕文明的代表人物，神农是《茶经》确立的茶文化代言人，其是否发现并利用茶并不重要，国人都乐意树他为茶祖。

中国茶文化底蕴足够丰厚，资源足够丰富，我们有共有的茶祖神农、茶圣陆羽，还要搞出那么多虚假的、牵强附会、重复的地方茶祖、茶神干吗？就梅福、诸葛亮、支盾3位牵强附会被尊为茶祖、茶神者，至多作为故事传说，而不要做什么宣言、共识等官方认定。而将虚构人物吴理真以官方形式通过宣言，"西汉茶祖"弄假成真，搞出巨型塑像，让海内外茶人顶礼膜拜，不仅滑稽可笑，学术认定则更为悲哀。

就传说而言，笔者认同福建福鼎尊奉的太姥娘娘、云南普洱尊奉的远祖濮人，读者知道这些纯粹是远古传说，而不会弄假成真。

这类虚假的、牵强附会的茶祖、茶神，除了便于地方上忽悠说故事，就中国茶文化整体形象而言，"江湖化"是文化混乱的象征，与文化自信相悖，绝非好事。对受众来说，尤其是向海外推广中国茶文化，必将会引起认知上的困难和障碍。

当下各级领导，都非常重视茶文化，诸多专家、学者投身研究。很多地方正在编撰茶文化史、志之类文献，笔者提出上述例子，无意冒犯任何当事人，只是希望与各位专家、学者共勉，努力做到科学严谨，重视学术规范，重视文献出处，精准发掘、解读和表述茶文化，努力正本清源，杜绝虚假、牵强附会之茶史、茶事，充分重视其中的负面影响，消除而不是增加海内外人士认知中国茶文化的障碍，不要让当代成为错误茶史最多之年代。

中国社会经济在不断飞速发展，新时期茶文化同样需要与时俱进，进入新境界。唯有如此，才能无愧于我们伟大的时代。

（原载中国国际茶文化研究会、台州市茶文化促进会 2016 年编印《葛玄茶文化研究文集》,《农业考古·中国茶文化专号》2017 年第 2 期。）

周代茶事尚无确证

导语：本文通过多种文献梳理，指出周代茶事尚无确证。当时茶可能已作为草药或苦菜被药用或食用，但尚未成为饮料。茶作为饮料的实际时间，可能晚于当代宣传之年代。

《茶经》记载："茶之为饮，发乎神农氏，闻于鲁周公。"神农时代及以后的夏代、商代均未发现茶事记载或相关文物。笔者在已发表的《〈茶经〉确立了神农的茶祖地位——再论神农茶事之源流》一文中提出：《茶经》是记载并确立神农茶祖地位的权威文献，此前尚未发现将神农与茶联系在一起的文献，神农作为农耕文明始祖，是陆羽将他树立为茶文化代言人，而国人乐于接受，他是否发现并利用茶并不重要。

从"发乎神农氏"到"闻于鲁周公"，时间跨越了近 2000 年。苏轼在其 120 行 600 字五言长诗《寄周安孺茶》云："名从姬旦始，渐播桐君录。"其中"姬旦"即为周公。显然也是受了《茶经》之影响。那么，周代是否有确切的茶事记载呢？笔者通过多种文献梳理，认为周代茶事尚无确证。

一、"槚"字出处与《尔雅》之编写年代

"闻于鲁周公"之"闻"字，意为传闻或听闻，均指听到的。俗话说百闻不如一见，说明见到远比听到重要。古代之事后人无法见到，则以文献记载为准。此处之"闻"字，也许是陆羽按民间传说所记，也许是一种行文修辞表述方式。

《茶经》引证周代茶事的记载为："周公《尔雅》：'槚，苦荼'。"

陆羽认为《尔雅》为周公所作，这是其"闻于鲁周公"语的出处。但《尔雅》的编著年代有东周、西周说，《四库全书》还认为是秦汉间诸多学者集体采集编撰，后世学者多认同此说。一般认为，《尔雅》由汉初学者，缀辑周、汉旧文，递相增益而成。因此周公作《尔雅》之说尚存疑问，"槚"字是否始于周代或稍后年代值得探讨。

从下文《周礼·天官家宰第一·浆人》记载的六种饮料、酒类来看，当时并未将荼列为"六饮"之列。

二、其他"荼"字记载意义多样，荼未列为"六饮"之列

《周礼》列为儒家经典十三经之一，粗阅其中有 5 处记载"掌荼""荼"等字句。这是否与茶相关呢？笔者梳理发现与茶无关。

《周礼》原名《周官》，传为周公旦所著，《史记·卷三十三·鲁周公世家第三》记载："成王在丰，天下已安，周之官政未次序，于是周公作《周官》，官别其宜。"另说为战国时期归纳创作而成。

《周礼》《仪礼》《礼记》合称"三礼"，是古代华夏民族礼乐文化的理论形态，对礼法、礼义做了权威的记载和解释，对历代礼制的影响较为深远。经学大师郑玄为《周礼》做了出色的注释，由于郑玄的崇高学术声望，《周礼》居《三礼》之首，成为儒家经典之一。

《周礼·地官司徒第二·掌荼》记载："掌荼：掌以时聚荼以共丧事。征野蔬材之物以待邦事，凡畜聚之物。"

这一记载说明，"掌荼"这一官职，主要是为王室丧事而设，或为蔬菜、山货、畜禽等食材特产采办。此"荼"大概为菜蔬之代称，与茶无关。

《周礼·冬官考工记第六·鲍人》记载："鲍人之事，望而眠之，欲其荼白也；进而握之，欲其柔而滑也；卷而抟之，欲其无迤也；眠其著，欲其浅也；察其线，欲其藏也。革欲其荼白而疾，汗之则坚，欲其柔滑而腥，脂之则需，引而信之。欲其直也，信之而直，则取材正也。"

"鲍人"为掌管鞣治皮革的官员。其中两个"荼"字，均指鞣治的皮革，要像茅、芦花那样洁白。这与《诗经》中的"出其闉阇，有女如荼；虽则如荼，匪我思且""予手拮据，予所捋荼"等诗句同义。

《周礼·冬官考工记第六·弓人》："凡为弓，各因其君之躬志虑血气。丰肉而短，宽缓以荼，若是者为之危弓。危弓为之安矢。"

笔者理解此"荼"音舒，义通"舒"，作舒缓、徐缓解，与句中"宽缓"字义相吻合。笔者另有专文《"荼"字的第三种读音"舒"——古文"荼""舒"通用》。

从《周礼·天官家宰第一·浆人》记载来看，该书未将"荼"列为饮料、酒类之列："浆人：掌共王之六饮：水、浆、醴、凉、医、酏。入于酒府。共宾客之稍礼，共夫人致饮于宾客之礼，清、醴、医、酏、糟，而奉之。凡饮共之。"

这段话的大意是：掌管饮料、酒类的浆人，供应王室的共六种：水、浆、醴、凉、医、酏。交于酒正，再供应给宾客和夫人等。其中"浆"指米浆之类；"清、醴、

医、酏、糟"指过滤或未经过滤的酒类。凡所需的饮料、酒类都负责供给。其中未见茶饮。

顾炎武在《日知录·卷七》云：

《周礼·地官》"掌荼"，《仪礼·既夕礼》"茵著用荼，实绥泽焉"，《诗·鸱鸮》"捋荼"，传曰："荼，萑苕也。"《正义》曰："谓蒯之秀穗。茅蒯之秀，其物相类，故皆名荼也。"茅秀之荼也，以其白也而象之。

其大意为：《周礼·地官》《仪礼·既夕礼》《诗经·鸱鸮》《正义》记载之荼，均为茅秀之类，非茶也，以其白色象形而名之。

三、《华阳国志》所载茶事并非特指周代

东晋著名史学家常璩撰写的古代著名地方志《华阳国志·巴志》，记有"以茶纳贡""园有香茗"两处茶事。以《茶经述评》为代表的当代很多茶文化著述认为，这两处茶事可追溯到"武王伐纣"的周代。《茶经述评》在《茶经·一之源》云："晋代常璩在公元350年左右所撰的《华阳国志·巴志》中说：'周武王伐纣，实得巴蜀之师，著乎《尚书》…… 其地，东至鱼复，西至僰道，北接汉中，南极黔涪。土植五谷。牲具六畜。桑、蚕、麻、苎、鱼、盐、铜、铁、丹、漆、茶、蜜……皆纳贡之。'这说明早在公元前1066年周武王率南方八个小国伐纣（见《史记·周本纪》）时，巴蜀（现在的云南、贵州的部分地区）已用所产茶叶作为'贡品'。"

上述引文之后，还有"园有芳蒻（笔者注：今称魔芋）、香茗"之句，很多茶文化著述都认为这是周代园栽茶树的记载。

2015年7月，笔者在追溯中国茶事的最早记载时，查阅原著，发现此说竟是对该书的误读。

《华阳国志》撰于晋穆帝永和四年至永和十年（348—354）。其中第一、第二小节记载的是历史沿革，第三小节记载了特产、民风。"武王伐纣"只是历史沿革之一，阅读时不能将第三节两处茶事记述，移花接木直接联系到"武王伐纣"后以茶纳贡之。如按此说法，则可追溯为当地更早年代的贡品，也并非特指周代，因为周代之前，当地亦有管辖之国君、诸侯，也会有特产朝贡。

就方志来说，所列多为当时所见特产。如上述特产，除了特指为某年代贡品外，一般理解其中"以茶纳贡""园有香茗"两处茶事，以作者著述年代为准。正如当代某地新修方志所列各种特产，除了特别标注某种特产什么年代曾经作为贡品外，只能是当代所见特产，而各地特产都在不断引进、发展之中，不能将这些特产都列为该地历史沿革中的最早年代。

据任乃强《华阳国志校补图注》附注，《华阳国志·巴志》所列18种贡品，

系三国蜀汉学者"谯周《巴志》原所列举",依此则可理解为三国时代即有这些贡品。而不能牵强附会任意提前到周代。

笔者已发表专文《〈华阳国志〉记载两处茶事并非特指周代》。

结语：文献未见周代确证之茶事

综上所述,根据多种文献综合研究,尚未发现已经确证的周代茶事。归纳三点：

一是《尔雅》是否系周公之作尚存疑问,"槚"字是否始于周代或稍后年代难以确认。

二是《周礼》所记四处5个"茶"字均非指茶,周代官方所备六种饮料、酒类中未见茶饮。

三是晋代《华阳国志》所载茶事并非特指周代,或系沿袭三国《巴志》所记,一般理解为三国当时特产。

鉴于文献记载在史实之后,或被漏记,可以理解周代已经发现茶树,但如汉代《神农本草经》所载为"苦菜",可能已作为草药或苦菜被药用或食用,但尚未成为饮料,茶作为饮料的实际时间,可能晚于当代宣传之年代。

一官之见,请方家见教。

（原载施由明、倪根金、李炳球主编,广东人民出版社2019年11月版《中国茶史与当代中国》）

《〈茶经〉述评》编纂"七贤"事略

导语：本文简介《〈茶经〉述评》编纂者张堂恒、邓乃朋、钱樑、陈君鹏、陈舜年、冯金炜、恽霞表"七贤"事略。

"当代茶圣"吴觉农（以下尊称"吴老"）主编的《〈茶经〉述评》，被誉为二十世纪的"新茶经"，在茶文化领域具有划时代意义，也是成就其"当代茶圣"的重要功绩之一。该书是由吴老提出总体框架并终审，由七位学养高深的专家、学者共同执笔完成的，笔者称之为"七贤"。吴老在该书前言中，对编纂"七贤"做了简介：

这本书的撰写过程，大体可分为三个阶段，每一阶段，大都是我提出个人的看法，委托几位老友执笔。第一阶段的执笔人是张堂恒同志，他所完成的是内容比较简要的《茶经》的译文和注释，另邓乃朋同志，也在《茶经》的译文和注释方面提供了不少意见；第二阶段先由钱樑、陈君鹏两位同志执笔，他们所完成的是内容比较广泛的第一稿，嗣由陈舜年同志执笔，主要是删繁就简，完成了第二稿；第三阶段亦即第三稿定稿阶段的执笔人是冯金炜、恽霞表两位同志，特别是冯金炜同志对最后定稿的撰写和补充工作出力较多。

"七贤"都是吴老的知心好友和得力助手，其中钱樑、陈舜年是上虞同乡。2005 年和 2011 年，笔者与已故著名茶诗学者钱时霖合著的《中华茶人诗描》《中华茶人诗描续集》，曾联系过张堂恒、钱樑、陈君鹏、陈舜年四位专家的家属，请他们提供相关信息、照片等，将他们事迹收录于书中。为写作本文，笔者又联系到冯金炜好友，详细查阅了邓乃朋事迹，其中恽霞表相关事迹已很难找到。

现按吴老提到的次序，对"七贤"生平事迹整理介绍。

一、张堂恒——浙江平湖籍著名茶学教育、制茶与审评专家

吴老提到编撰《〈茶经〉述评》第一阶段的撰稿人，分别是张堂恒、邓乃朋，

主要是完成了《茶经》简要译文和注释。

张堂恒（1917—1996），浙江平湖人。茶学家、茶学教育、制茶与审评专家，茶学国家重点学科第一任学科带头人，茶学学科第一位博士生导师。生于职员家庭，父亲张传琨系孙中山领导的中华同盟会会员，参加过辛亥革命。受进步的思想影响，其从小立下读书救国的心愿。1934 年在嘉兴秀州中学毕业后，被浙江大学农学院经济系录取。其学习认真，成绩优秀，担任浙江大学学生自治会秘书长。1938 年获农学学士学位毕业后，投身茶业，先后在香港、重庆、上海、安徽等地从事茶叶生产、贸易与调研。曾任中茶公司技术科长、四联总处经济组和调研组组长，兼任中央大学讲师、复旦大学茶叶专修科助教。发表《茶农经济的改善》《论茶叶专卖》《祁红毛茶山价之研究》等多篇论文。

1947 年 9 月，其以优异的成绩，考取了留美研究生，赴美国威斯康星大学研究生院攻读农产品经济贸易，后辗转到路易斯安那大学、北卡罗来纳大学深造。新中国成立后学成回国。

张堂恒 1953 年起任浙江农业大学教授。20 世纪 50 年代末，根据国家的安排，浙江农学院开始接收茶学外国留学生，张堂恒任茶叶加工方向的指导教授，开始指导培养外国留学生与进修生。"文革"结束后，1979 任浙江大学茶叶系副主任，1987 年被国家教委批准为茶学学科第一位博士研究生导师，开始招收我国与加拿大共同培养的第一位茶学博士研究生，这标志着我国茶学教学进入了更高的层次。到

张堂恒在备课

1989 年，共培养硕士研究生 11 名，占当时该校茶学系全硕士研究生的总数（26 名）的四成以上，这在当时的茶学界也是最多的，同年被评为茶学国家级重点学科带头人。知识面广，文思敏捷，主讲《茶树栽培学》《茶叶审评与检验》《茶叶专业英语》等课程，并开设"茶叶加工原理""茶叶专业英语""茶叶经营管理""茶叶贸易"等课程。其经验丰富，讲课深入浅出，通俗易懂，妙趣横生，很受研究生欢迎。重视茶叶标准研究，提出茶叶分类提纲，研制速溶茶加工新工艺，拓宽茶叶加工领域并用启发式教育方法，培养出大批优秀青年。著有《张堂恒选集》《印度茶的栽培与制造》《茶树病虫害及其防治》等。

正是张堂恒这样学识渊博的著名教授，才能担当起《〈茶经〉述评》首稿之重任。

二、邓乃朋——天津籍著名茶学家，现当代《茶经》研究、贵州茶史研究先行者

据吴老记载，邓乃朋在《茶经》的译文和注释方面提供了不少意见。

邓乃朋（1918—2002），天津市人。著名茶学科学家和茶史学家，现当代《茶经》研究、贵州茶史研究先行者。抗日战争期间流亡到贵州，就读于浙江大学农学院园艺系（贵州湄潭）。先后在第二故乡湄潭读书4年，工作30年。

其1945年学校毕业后，先在贵阳从事园艺管理工作，曾任贵州省农业技术改进所和贵阳农校教育科长，从事研究与教育。1953年底调入贵州省湄潭茶试站（贵州省茶科所前身），任研究室负责人，主持全站茶叶科研工作，并亲自参与茶树栽培等试验研究，与茶结下不解之缘。主持并参与"茶园综合丰产技术调查报告""安顺二铺茶区茶树留苔采摘调查""遵义红旗茶场大面积丰产茶园示范"等多项茶产业项目研究。

邓乃朋是现当代《茶经》研究先行者，始于20世纪70年代。1974年，其56岁时任贵州省湄潭茶叶科学研究所情报资料室主任，兼任《茶叶通讯》常务主编、所学术委员会副主任，工作至1983年。期间全身心投入中国和贵州茶史研究，考据古代茶叶科技发展史料。其首先从《茶经》入手，选择其中"一之源""三之造""五之煮""八之出"等章节，进行译文并注释，全文约1.35万字，由贵州省湄潭茶叶科学研究所编印1200份，赠送全国各地茶叶研究所、设有茶叶系（专业）的大专院校的专家、教授，起到了普及作用。在此基础上，1980年7月，完成编著3.6万字的《茶经》注释》，编印1000份，赠送各地专家、学者，起到了较好普及作用。该书1981年获贵州省科技进步三等奖。

据吴老介绍，编写《〈茶经〉述评》始于1979年，1987年出版，历时8年。应是吴老看到了《〈茶经〉注释》，才请邓乃朋参与编写工作。

陆羽《茶经》著于中唐时代，距今已1300多年，译文不易，注释尤难，仅"七之事"即包含大量典故，需查阅、考据、甄别大量文献，足见张堂恒、邓乃朋二位首次译文和注释者之学识和功底。此后出版的大量《茶经》版本，均受惠于《〈茶经〉述评》。

1975年，邓乃朋还编著了1.5万字的《我国古代茶叶科技史料辑录》，该书主要辑录关于中国茶的发展历程，印发1200份。其1978年撰写的《说〈诗〉中的"茶"》，提出《诗经》之"茶"均非茶，该文刊于浙江农业大学《茶叶》季刊。

1983年，其应中国农科院茶叶研究所之邀，参加《中国茶树栽培学》（上海科技出版社出版）的审定工作。这些都说明邓乃朋是认真严谨的茶学家。

1984年，其回所参加贵州省茶科所成立45周年，赋成五言贺诗一首：

> 吾黔湄茶所，肇建抗战中。寇方侵略急，志士茹苦辛。
> 平地一声雷，解放喜且欣。湄所同更始，顿时气象新。
> 学习马列典，尤习导师文。因各竞争光，锐意勇登攀。
> 成果何垒垒，人才出重重。欢庆四十五，再向更高峰。

2007年，曾与邓乃朋一起工作过的贵州省茶科所茶学家张其生（1937——　　），在当年第3期《贵州茶叶》，发表《中国近代茶人楷模、著名茶史学家——邓乃朋先生》，对其生平事迹做了全面介绍。

三、钱樑——上虞籍著名茶学家、上海市茶叶学会创始人

吴老提到，完成《〈茶经〉述评》第二阶段的撰稿人，分别是同乡钱樑和镇海人陈君鹏，据其孙女吴宁回忆，1979年春天，二人为撰写《〈茶经〉述评》，在吴老家里住了很长一段时间，足见他们私谊深厚。吴宁写到钱樑兴趣广泛，爱好文学和音乐，精通俄文和英文。

钱樑（1917—1993），著名茶学家，高级经济师，原名梦得，樑之名系吴老举荐其到上海市商品检验局取的。浙江上虞人，《上虞通明钱氏宗谱》记载其故里在东门外黄浦村。祖父钱益有文化，懂谋略，长期在外省做幕僚（绍兴师爷），但晚景惨凉。一家9人重担全靠父亲钱嵘一肩挑，被迫辍学，教书为生。后为维持生计，租借一批山地和二亩八分田，雇工垦荒办农场，种田维持生计。家道衰败，父母艰辛劳作，使钱樑从小勤奋刻苦，1929年以优异成绩，考入李叔同、夏丏尊、丰子恺等一批社会名流任教的上虞春晖中学，免交学费、膳杂费等，受到良好教育。1931年去上海惠灵英专、中国中学、沪江大学深造。

1935年，钱樑毕业后失业在家，恰逢吴老回乡过春节。吴老时任上海商品检验局茶叶出口检验负责人，当时已是杰出的茶学家、农学家、民主爱国人士和社会活动家，还兼任中国农村经济研究委员会副理事长等职，与陈翰笙、薛暮桥、孙晓村等社会知名人士创办了《中国农村》月刊。吴老曾与钱樑父亲为少年同学、好友，看到钱樑赋闲在家，学识人品好，就提携他进上海商品检验局工作。钱樑自此走上以身许茶、为振兴华茶而献身的人生旅程。

新中国成立后，钱樑历任上海茶叶进出口公司技术科、出口科科长等职。根据中央迅速恢复并发展茶叶生产、出口的要求，倾注全部心血。其协同华东各省，策划筹建大批机制茶厂，主持制定茶区各类茶叶收购加工样；倡议和主持制订出口绿茶茶号，积极恢复和开拓对外市场和小包装茶出口业务。所有这些开创性的

上海市茶叶协会编《钱樑选集》,上海科学技术出版社 2012 年 3 月版

工作,对迅速恢复、发展茶叶生产与出口贸易做出了重大贡献,至今仍起着借鉴或沿用的作用。早年撰有《遂淳区茶事报告》《协理茶树更新工作报告》《世界非主要产茶国试植茶树之经过》等调查报告和论文。

晚年以茶为乐,继 1979 年参编《〈茶经〉述评》后,1987 年又参编《吴觉农选集》。1981 年开始筹备上海市茶叶学会。1983 年茶叶学会成立后历任副理事长、理事长。任浙江农业大学茶学系和皖南农学院茶叶系兼职教授,系中国茶叶流通协会顾问,中国茶叶学会名誉理事,民盟上海外经贸委总支主任。其不顾年事已高,积极参议茶事,开展专题研究,撰写《茶政议》《整顿茶叶流通领域秩序议》《论茶叶对外贸易的战略问题》等论文和调查报告 20 多篇,其中与何耀曾合写的《宜兴茶乡纪行》,受到农业部领导重视。撰写的《漫谈茶人和茶人精神》《茶之魅》等文,大力倡导茶人精神。

2012 年 3 月,由上海市茶叶学会整理编辑的《钱樑选集》,由上海科学技术出版社出版。

四、陈君鹏——镇海籍著名茶学家,参与《〈茶经〉述评》《中国农业百科全书·茶叶卷》《吴觉农选集》三书编撰

陈君鹏(1916—2006),浙江镇海(今宁波北仑区)人。当代著名茶学家。1936 年高中毕业入上海商品检验局茶叶专业训练班。后在上海商品检验局茶叶监理处从事茶叶出口检验。办事精明干练、认真负责,行文简明扼要。系吴老在抗日战争前从事茶叶事业的助手之一,深得吴老倚重。1938 年抗日战争爆发,随吴老撤退到浙江三界,在当地做抗日宣传和茶叶调研,后又随吴老去武汉,参与贸易委员会开创茶叶对苏易货。后任吴老秘书,兼中国茶叶公司桂林、重庆贮运股长、茶叶专运站站长等职。日军占领香港茶叶出口陷于停顿后,其富有经营才能,到桂林创办五金建材业炽昌行,成为当地同行业翘楚。桂林沦陷后,其撤退广西昭平等地,在极其困难的情况下,妥善安排吴老在桂林读书的两个儿子,使他们继续完成中学学业。抗战胜利后,其到香港经营建材生意,业务良好。1949 年中国茶叶进出口公司成立,吴老兼任总经理,去信希望他回来从事茶叶出口。其毅然结束香港的商业业务,回中国茶叶公司上海公司工作。1950 年 6 月起任上海茶

叶进出口公司技术科、业务科副科长等职。1976 年退休。1981 年与钱樑等人筹建上海市茶叶学会，为创始人之一，连任第一、二届学会副秘书长，第三、四、五、六届名誉理事。参与《〈茶经〉述评》《吴觉农选集》《中国农业百科全书·茶叶卷》编写。1995 年获中华茶人联谊会和茶叶进出口公司"中国茶叶发展生产和出口贡献卓越奖"。

吴宁在《回忆爷爷的好朋友——陈君鹏伯伯的故事》一文中写到，据其父亲讲，在 1949 年 10 月，爷爷吴老在北京成立中国茶叶公司时，陈君鹏在香港已经开有五金生意店铺，爷爷写信邀请他回来参加中茶公司工作，其马上就从香港回到中茶公司，并把在广州的一家人搬回了上海。当时其在香港开店铺时，香港六七十年代的几位大亨，还在几家店里当伙计。

吴宁还写到当年陈君鹏与钱樑在其家里撰写《〈茶经〉述评》的一些情形：

> 1979 年的春天，我第一次见到陈君鹏伯伯，是他与钱樑伯伯从上海来北京，住在我家里，协助爷爷写《〈茶经〉述评》的时候。我当时正在中央音乐学院上学，每天早出晚归，这样就和他们慢慢熟悉起来了。听我奶奶说，钱樑伯伯和君鹏伯伯与爷爷是几十年的朋友了，他们从 20 世纪 30 年代起，就断断续续地与爷爷在一起做茶叶方面的工作。君鹏伯伯清瘦，高高的个子，戴着一副眼镜，沉默不语；钱伯伯呢，圆圆胖胖的，个子不高，口若悬河；君鹏伯伯称钱伯伯樑兄，钱伯伯叫他君鹏。我家里人，包括我父亲在内，都以为是钱伯伯大一点，直到今天我编他们两个人的简历时才发现，还是君鹏伯伯大一岁。
>
> 我记得，君鹏伯伯和爷爷、钱伯伯，常常在爷爷的房间里商讨《〈茶经〉述评》写作中的所遇到的问题。而更多的时间，爷爷在他房里看文稿，看书，写东西；在客厅对面的亭子间里，君鹏伯伯和钱伯伯在一张书桌前面对面坐着，也是看文稿，看书，写东西，两个房间里都摊满了各种古书、茶叶专著和他们的稿纸。

五、陈舜年——上虞籍著名茶学家，参与《茶叶全书》《〈茶经〉述评》《吴觉农选集》三书校订、编撰

陈舜年（1918—2007），浙江上虞人。著名茶学家。1941 年 1 月毕业于之江大学土木工程系。经钱樑介绍，1942 年 6 月— 1945 年 12 月，就职于崇安茶叶研究所，任推广组助理研究员，曾在内刊《茶叶研究》上发表多篇文章，1944 年与徐锡垫、俞庸器、向馨合著《武夷山的茶与风景》，系第一作者。该书分上篇《茶》，下篇《风景》，主要介绍武夷山之茶与独特景色，由吴老作序，财政部贸易委员会外销物资增产推销委员会茶叶研究所编印。

陈舜年摄于美国旧金山

1946 年至 1948 年，先后任光华制茶公司专员、之江茶厂厂长。1950 年至 1979 年，就职于中国茶叶进出口公司上海分公司，历任业务、计划科长、华东地区业务室主任。1981 年起担任上海对外贸易学院教师，筹建企业管理专业。1979 年至 1981 年，协助吴老执笔完成《〈茶经〉述评》第二稿。发表过《国际茶叶市场研究》等数十篇有价值的学术论文。翻译出版《锡兰茶制造》等多部译著。

陈舜年还参与了吴老主编的《茶叶全书》校订工作。1946 年 5 月 1 日，吴老在《茶叶全书译序一》中写道："又经陈舜年兄在战事紧张业务繁忙中，全神贯注着负责将全部译本校订。"

六、冯金炜——扬州籍著名茶学专家
《农业百科全书·茶业卷》特约编辑

冯金炜（约 1918—1987），江苏扬州人。著名茶学家。1944 年毕业于复旦大学茶叶系，是我国第一届茶叶专业大学本科毕业生。对乌龙茶有研究。曾受吴老委派去台湾工作，新中国成立后，在江苏省棉麻公司负责茶叶技术生产，经常去宜兴、溧阳指导恢复和发展茶叶。1957 年下放到扬州茶厂。20 世纪 70 年代，为江苏省棉麻公司培训茶叶科技干部主编茶叶业务技术手册，具体编写茶树栽培管理等章节。系江苏省茶叶学会发起人之一，1978 年在宜兴参加成立大会并当选常务理事。曾任扬州市政协常委，晚年经常深入仪征揽山、邗江山河茶场、扬州平山茶场，指导恢复名茶研制工作。据扬州平山茶场等相关人员回忆，该场研制生产的绿杨春名茶，冯金炜参与了前期研制工作，提供了诸多宝贵意见，曾指导用乌龙茶工艺创制绿杨春。但 1988 年正式开始研制，冯金炜已不幸逝世，1991 年绿杨春名茶获得江苏省名茶证书。

20 世纪 70 年代后期，冯金炜曾陪同吴老到云南及南方考察，后在北京帮助整理资料。学养深厚，系《农业百科全书·茶业卷》特约编辑。其与恽霞表二人，系《〈茶经〉述评》第三稿终稿审定者。吴老在该书前言中提道："第三阶段亦即第三稿定稿阶段的执笔人是冯金炜、恽霞表两位同志，特别是冯金炜同志对最后定稿的撰写和补充工作出力较多。"

据全国茶叶标准化技术委员会委员、国家一级评茶师谢燮清（1941年生，著有《洞庭碧螺春》）回忆，1985年，其写出《花茶制造技术》初稿，经冯金炜审阅推荐到农业出版社，1986年合著出版。冯金炜还准备两人一起合著《花茶加工技术手册》，1987年因突发心脏病不幸去世，享年70虚岁，谢燮清去扬州参加过追悼会。

因笔者无法联系其家人，其他事迹未详。

七、恽霞表——生平未详，非茶学家，系文史学者

恽霞表（？—1987？），原名恽尃，笔者联系了很多茶文化专家、学者，均不知情，生平未详。仅据中国农业出版社高级编辑、《〈茶经〉述评》责任编辑穆祥桐介绍，他在吴老家中多次看到过恽霞表，其在7位撰稿人中最年长，当时仅其和吴老，尊称为吴老、恽老。其退休单位是民革中央主办的《团结报》。

从网上查到袁世凯之女袁静雪（叔祯）回忆文章《我的父亲袁世凯》，文末附注1963年由"恽霞表记录整理"，刊于1981年出版的《文史资料选辑》第74辑。

另从网上查到，中国青年出版社1965年5月25日，出具给恽霞表一份稿费收据，计21元，或许为某书中一章。这在当时属于比较高的，相当于事业单位人员半月左右工资。

从孔夫子旧书网发现，恽霞表原名恽尃。挂在该网出售的，有其1970年2月26日的两份具名交代材料。

现当代茶学家中未发现恽霞表其人，应为文史学者。

八、余论：先贤远去，尽量留住更多史料

随着吴老与"七贤"先后远去，他们的事迹已成历史，日趋难得。2022年5月27日，笔者联系吴老健在次子吴甲选，想了解冯金炜、恽霞表二位事迹或他们后代联系方式，由其夫人张女士接电话，说吴甲选重病住院，状况很不好，次日凌晨即传来其仙逝噩耗，享年94岁。也许其健在时早些联系，或有收获。由此可见，征集先贤史料，必须想到即办，尽量留住更多真实史料，少留遗憾。

期待时贤、后学补充"七贤"更多史料，尤其是冯金炜、恽霞表二位史料。

《〈茶经〉述评》指瑕

导语：由当代"茶圣"吴觉农主编的《〈茶经〉述评》，被誉为二十世纪的"新茶经"，是当代转引最多的茶书之一。笔者研读20多年，梳理出其中六处文史瑕疵。

由"当代茶圣"吴觉农（以下尊称"吴老"）主编的《〈茶经〉述评》，是当代《茶经》研究的里程碑，其中包含了吴老深厚的茶学实践经验和理论沉淀。笔者与多位茶文化专家、学者交流时达有共识，在现有同类茶著中，该书是最为权威的，很多《茶经》注释类著作，多受惠于该书，其深度与广度难以企及，初学者如能通读该书，便会对茶文化史有了基本了解，是茶文化、茶学学者较好的入门读物。

该书是由吴老提出总体框架并终审，经张堂恒、邓乃朋、钱樑、陈君鹏、陈舜年、冯金炜、恽霞表七位学养高深的茶学专家、学者共同执笔完成的，笔者称之为《〈茶经〉述评》编纂"七贤"，已作专文介绍他们的主要事迹。

《〈茶经〉述评》最大的特点是，没有功利性，包括吴老与"七贤"，非常值得尊敬。不像当代某些人，受种种利益驱使，随意编造虚假茶史，人为造神，不论出处，还能以官方名义随意通过所谓《宣言》《共识》予以认可，指出错误后，仍不做更正，将错就错，在著作、文章中夹私带货，误导读者，人为造成虚假、混乱茶史，害在当代，遗毒千秋。

作为常备茶书，笔者经常研读其中章节，得益匪浅。但发现其中有一些明显的文史错误，另有一些值得商榷。其中客观原因是当时整理出版的文献较少，更没有电脑检索。鉴于该书是当代引用最大的茶书之一，笔者本着求真求实、实事求是精神，感到有必要指出其中错误，以免以讹传讹，并希望能在再版时做出说明。笔者文前申明，瑕不掩瑜，这些瑕疵并不影响该书作为现当代最优秀、最有影响力的优秀茶书。

这也符合吴老本意，其在写于1984年8月18日的《〈茶经〉述评》前言第4页中说：

这最后一稿，自己看看，还是很不满意，不仅文字上不够严密，内容上有些新意也不够完整。在撰写的前两三年中，正是在党的十一届三中全会以后，我为了对茶树原产地和我国生产红细茶的问题进行研究，曾先后前往四川、云南、广西、广东等省、自治区再次进行调查研究，并写出了论文，提出了建议。其间，各地几度往返，时间过于紧张。在后两三年，自己的时间虽较充裕，但精力又大不如前。因此，对前后三个原稿都未能加以仔细地推敲。现因时间已拖得太久，不得不权且拿出来，让广大读者予以批评指正，使这本书得在以后修订完善，则是我所最盼望的。

　　本文以中国农业出版社 2005 年 3 月版《〈茶经〉述评》为样本，梳理其中明显错误与值得商榷之处。

中国农业出版社 2005 年出版的《〈茶经〉述评》第二版封面

一、误记陆羽"老死于故乡"

　　《〈茶经〉述评》第 334 页写道："陆羽出生于湖北省荆州地区的天门，老死于故乡。"

　　关于陆羽卒葬地，当时即有两位好友、著名诗人诗记其事：

　　一是孟郊的五言凭吊诗——《送陆畅归湖州，因凭题故人皎然塔、陆羽坟》，其中写道："杼山砖塔禅，竟陵广宵翁。"

　　其大意为陆羽坟与忘年缁素之交皎然灵塔，均在湖州杼山。该诗广为人知。

　　二是官至宰相的文学家权德舆，其与陆羽友善，先后作有与陆羽相关的三首诗，其中《哭陆处士》（一作《伤陆处士》）写道："从此无期见，柴门对雪开。二毛逢世难，万恨掩泉台。返照空堂夕，孤城吊客回。汉家偏访道，犹畏鹤书来。"其大意为：陆羽病逝后不久，一个冬日雪后，诗人到孤城吴兴（吴兴因沼泽地多长菰草而得名"菰城"，又称"孤城"）凭吊好友，看到其故居柴门积雪未融，但亡友已赴黄泉，阴阳两隔。离开时夕照空堂，想到今后一旦招贤纳士，就会想起陆羽这样难得之人才，伤感之至。

　　明代著名文学家、"竟陵派"代表人物钟惺，也曾到湖州凭吊同乡陆羽。万历四十七年（1619），钟惺寓居南都（今南京），与友人前往湖州凭吊同乡陆羽，作有《将访苕雪，许中秘迎于金阊导往，先过其甫里所住，有皮、陆遗迹》，其开篇写道："鸿渐生竟陵，茶隐老苕雪。袭美亦竟陵，甫里有遗辙。予忝竟陵人，怀古

情内挟。……"其中"茶隐老苕雪"之"老"字,即终老之意;"苕雪"为湖州代称。作为同乡名人大家,钟惺知道陆羽终老于湖州。

古今名人之卒葬信息是不会造假的,尤其是死讯不会误传,难得当时还有两位著名诗人、文学家、官员留下凭吊诗篇,历代并无异议,清代才有《大清一统志》、光绪《湖北通志》说陆羽终老于故乡。中唐到清代相距千年左右,何以唐宋时代没有此说,近千年之后才提出?想必是好事者标新立异而为之。

以年代先后判断史实真伪,是文史采信的一大原则。《〈茶经〉述评》未提依据,或许参考了这些清代穿凿附会之说,做出了陆羽"老死于故乡"的错误结论。如依此类推,当代各地多有自封茶祖、自诩茶文化发祥地者,百年之后,后人据此考据,茶史岂不乱套?述评《茶经》,厘清陆羽生平至为重要,如确属如此,应作详细考据,而非一笔带过。就此来说,本书误记陆羽卒地,引发当代及后世争议,是一大瑕疵。

笔者已发表专文《当代陆羽研究之伪命题三例》,其中第二例为"陆羽终老于故乡"之说。

二、日僧荣西"茶为万病之药"之语张冠李戴,
误为唐代陈藏器语

《〈茶经〉述评》介绍"茶的效用"时说:"在我国古籍中,有许多关于茶可防病的记录,有的甚至说茶可治百病,为'万病之药'(见唐代陈藏器《本草拾遗》)"。

陈藏器系初唐宁波籍大医家。因与宁波相关,笔者尤为关注,始于2010年,即对此语做了详细考据,发现此为张冠李戴之文史错误。

该语源于日本高僧荣西《吃茶养生记》。该书两次引用《本草拾遗》之语。其中卷之下写道:

《本草拾遗》云,上汤(为"止渴"之误)、除疫。贵哉茶乎,上通诸天境界,下资人伦。诸药各治一病,唯茶能治万病而已。

不难看出,造成"茶为万病之药"张冠李戴之原因,是古文标点断句之故。文中从"贵哉茶乎"以下,其实是荣西之感慨,准确标点断句为:

《本草拾遗》云,上汤(为"止渴"之误)、除疫。
贵哉茶乎,上通诸天境界,下资人伦。诸药各治一病,唯茶能治万病而已。

该书传到中国后,此语结尾有不同译本为"诸药各为一病之药,唯茶为万病

之药"。这就是"茶为万病之药"之由来，不知是《茶经述评》还是其他文章或书刊，最先将荣西之语误为陈藏器《本草拾遗》之语。

世上根本没有万病之药，如陈藏器等历代大医家各种本草类著作，都是具体记载中草药之功效，不会出此夸张之语。而荣西作为嗜爱茶饮之高僧，不需要医家的科学严谨，作此夸张之语则可以理解，笔者看到其书中有三处提到"万病"之语，亦与该书开头之语相吻合：

茶也，养生之仙药也，延龄之妙术也。山谷生之，其地神灵也。人伦采之，其人长命也。天竺唐土同贵重之，我朝日本曾嗜爱矣。古今奇仙药也，不可不采乎。

笔者已发表专文《"茶为万病之药"语出荣西〈吃茶养生记〉》。

三、对《华阳国志》所记茶事表述有误，并非特指周代

《〈茶经〉述评》第 6 页写道：

晋代常璩在公元 350 年左右所撰的《华阳国志·巴志》中说：
"周武王伐纣，实得巴蜀之师，著乎《尚书》……　其地，东至鱼复，西至僰道，北接汉中，南极黔涪。土植五谷。牲具六畜。桑、蚕、麻、苧、鱼、盐、铜、铁、丹、漆、茶、蜜……皆纳贡之。"
这说明早在公元前 1066 年周武王率南方八个小国伐纣（见《史记·周本纪》）时，巴蜀（现在的云南、贵州的部分地区）已用所产茶叶作为"贡品"。

查对《华阳国志·巴志》原著，开篇有三段文字，其中第一段两节，记载唐尧至三国魏之历史沿革。第二段介绍九州概况，巴、蜀属梁州，结尾写道："武王既克殷，以其宗姬于巴，爵之以子。古者，远国虽大，爵不过子。故吴楚及巴皆曰子。"第三段记载特产、民风，除了写到茶、蜜等特产，紧接有"园有芳蒻、香茗"之语。

其中"周武王伐纣"只是历史沿革之一个时代，解读表述时，不能以省略号为过渡，将茶、蜜等特产，直接联系到"周武王伐纣"后以茶纳贡之。如按此说法，则可追溯为当地更早年代的贡品，也并非特指周代，因为周代之前，当地亦有管辖之国君、诸侯，也会有特产朝贡。

除了特指某一年代，一般方志所记特产多指作者著述年代而已。正如当代某地新修方志所列各种特产，除了特别标注某种特产什么年代曾经作为贡品外，多为当代所见著名特产，而各地特产都在不断引进、发展之中，不能将这些特产都

列为该地历史沿革中的最早年代。

据任乃强《华阳国志校补图注》附注，《华阳国志·巴志》所列 18 种贡品，系三国蜀汉学者"谯周《巴志》原所列举"，依此则可理解为三国时代即有这些贡品。

笔者已发表专文《〈华阳国志〉记载两处茶事并非特指周代》。

四、《神异记》与《神异经》混为一谈

《〈茶经〉述评》第 230 页，在述评"七之事"《神异记》"虞洪获大茗"时写道：

《神异记》(神话故事，虞洪获大茗)。《神异经》一卷，是一本假托西汉东方朔所作的神怪故事集。此书最先著录于《隋书·经籍志》，《茶经·四之器》中关于"瓢"的说明中，也提到了这个故事，并说发生于"永嘉中"(晋怀帝永嘉年间，即 307—313)，说明此书的撰述年代，是在西晋以后至隋代以前之间。《茶经》所引的《神异记》可能就是上面所说的《神异经》，也可能是西晋以后人就《神异经》加以删补并改名而为陆羽所见的另一种神怪故事集。《神异经》后来曾收入明代何镗所辑的《汉魏丛书》，《四库全书总目提要·子部·小说类》也曾著录有《神异经》一卷，但仍说是汉代东方朔所撰。

这一评说显然是把《神异记》与《神异经》两书混为一谈了。其实《神异记》《神异经》是成书于不同年代、内容风马牛不相及的两种历史文献。

《神异记》由西晋道士王浮所撰，原书已散佚，鲁迅《古小说钩沉》引录类书《神异记》，共 400 多字，分为八则，前三则为小故事，后五则每则仅一句话，其中第三则为"虞洪遇丹丘子获大茗"故事。第四则还有一句有关茶事的话："丹丘出大茗，服之生羽翼。"

与《神异记》相比，成书于汉代的《神异经》，则为五千多字的长篇。该书旧题汉东方朔撰，晋张华注，实为假托。该书受《山海经》影响，所载皆荒外之言，怪诞不经，内容多奇闻异物，想象丰富，文笔简洁流畅，全文无茶事记载。

由于混淆了《神异记》和《神异经》，也造成了对故事主人公之一丹丘子年代表述的混乱。《茶经·七之事》开头记有"汉仙人丹丘子、黄山君"，但未说明引文出处，前文"四之器""瓢"及下文又分别引用了晋余姚人虞洪遇丹丘子获大茗故事。《〈茶经〉述评》将两个不同年代的丹丘子视为同一人，缘于仙人长生之故。其实丹丘子只是历代仙家道人通用的大号，不同年代可有多位丹丘子，汉仙人丹丘子不等于晋丹丘子。2008 年，笔者曾在《中国道教》等报刊发表专文《丹丘子——仙家道人之通称》。

造成两书混淆的原因是作者未查对原著。

笔者已发表专文《〈神异记〉与〈神异经〉考》，对两种不同文献做了考述。

五、否定晏子茶事依据不足

《茶经·七之事》引《晏子春秋》语："婴相齐景公时食脱粟之饭炙三弋五卵茗菜而已。"

《〈茶经〉述评》对该语是这样标点的：

婴相齐景公时，食脱粟之饭，炙三戈五卵、茗菜而已。

其中"戈"为"弋"字之误，注释中已有说明。

该书220—221页评述晏子茶事，持否定态度，认为"在公元前6世纪的春秋时期，居住在山东的晏婴，是否能在吃饭时饮茶，是很值得怀疑的。……陆羽把《晏子春秋》条列入《七之事》中，是不恰当的。另外，'茗菜'有的书作'苔菜'，认为晏婴所吃的不是茶而是苔菜，那就更不应该把这条列入《七之事》了"。

如此结论未免武断。首先应认可陆羽当时是看到《晏子春秋》记有"茗"字，才将此条作为茶事引入《茶经》的。虽然文献记载的周代茶事尚未得到确证，但汉代已出现大量茶事。中国科学院正式证实2015年，从汉阳陵出土的植物样品为古代茶叶，距今已有2100多年历史。

经山东大学科研团队研究，2018年山东济宁邹城市邾国故城遗址西岗墓地一号战国墓随葬出土的拟是茶叶样品，为煮泡过的茶叶残渣（山东大学供图）

另据2021年第5期《考古与文物》报道，经山东大学科研团队研究，2018年8月至12月，在山东济宁邹城市邾国故城遗址西岗墓地一号战国墓随葬出土的疑似茶叶样品，确认为煮泡过的茶叶残渣，茶叶实物出土又前推了300多年，距今近2500年。那么，晏婴吃茶或饮茶也是完全可能的。

关于"苔菜"之说，其实是误读。"苔""薹"自古以来就是意义不同的两个字，不是简繁关系。"苔"有舌苔、青苔、苔菜（海藻类）、海苔、浒苔等名词或词组。在浙东沿海，苔菜又称苔条，呈发状条形，南宋宁波宝庆《四明志》记载："苔，生海水中如乱发，人采纳之。"俗称"海中绿发"，非常形象，每年冬末春初采集，为美食特产之一，如苔菜油爆江白虾、苔菜油氽花生米、苔菜油氽芝麻等；相似的海苔为海产紫菜，有所区别，浒苔多见于辽东半岛，藻体鲜绿色，由单层细胞组成，管状或粘连为带状。多发于夏秋季，旺发时会覆

笔者家乡东海发状条形苔菜，每年冬末春初采集，为美食特产之一

盖海面，如赤潮一样危害海洋生物，可用于工业原料，未见食用记载。薹菜别名青菜，为十字花科芸薹属芸薹种，白菜亚种的一个变种，系黄河和淮河流域的地方特产蔬菜之一；以食用菜茎为主的广东菜心红菜薹，别名紫菜薹；蒜、韭、油菜等开花时长出的花莛，称为蒜薹、韭薹、菜薹。

大蒜抽茎开花时，蒜心之茎称为。尽管古今、南北菜名有变，称呼不一，但晏子显然不会食用单一的苔菜或海苔，而是食用多种蔬菜。

造成误读主要是标点断句造成的。准确断句为：

婴相齐景公时，食脱粟之饭，炙三戈五卵，茗、菜而已。

在"茗菜"两字中间以顿号分隔，说明是茶与菜，菜则是多种菜。

笔者已发表专文《晏子吃的不会是单一的"苔菜"——简论〈茶经〉晏子茶事引文的准确性》详述其事。

六、南朝僧法瑶法号实为法珍、昙瑶二僧法号合一之误，《茶经》引文未做辨别，《述评》未做勘误，有所误读

据笔者考据，《茶经》关于南朝僧法瑶引文尚未发现相应文献，疑点多，属于孤证。据南朝梁《高僧传》记载，南朝武康小山寺僧法瑶之法号，实为法珍、昙瑶二僧法号合一之误，小山寺僧应为法珍。《述评》并未对此做出勘误，有所误读，所提《续名僧传》尚未发现。

笔者已作专文《释法瑶法号实为法珍、昙瑶二僧法号合一之误——〈茶经〉引文释法瑶"饭所饮茶"考析》详细解读，本文不做赘述。

其他细节方面，还有如205页注释第41条："原文'悬豹'，恐为悬瓠之误。瓠，属于葫芦科的植物。陆羽在《四之器》里关于'瓢'的说明中曾指出：'瓠，瓢也，口阔，颈薄，柄短。'"该注释对应199页弘君举《食檄》原文，其中"悬豹"应为"悬钩"之误，悬钩即悬钩子（覆盆子旧名），此误当代很多《茶经》版本都未能校出。

结语：敬意在先，勘误在后，瑕不掩瑜

《〈茶经〉述评》上述六种文史错误，其原因有的是未查阅原著，有的是理解

歧义。

　　智者千虑，难免有失。如本文开篇所说，笔者对吴老等所有参与《茶经述评》编著的前辈专家、学者，所做出的贡献，怀有由衷的敬意。对于茶文化来说，该书功德无量，上述个别错误，瑕不掩瑜，写出此文，目的是倡导文献的准确性，敬意在先，勘误在后。

　　其中个别问题，笔者 2008 年曾致信中国农业出版社和该书责任编辑穆祥桐（现已退休），当时其热情回信表示已注意到这一问题，遗憾的是，2020 年 6 月由沈冬梅主编的三版《吴老集——〈茶经〉述评（外三种）》，工本较大，仍未作修正和说明。真诚希望该书四版时，能邀请严谨学者详细考订，认真修订说明其中错误之处，让读者知情。

　　如本文开篇所说，吴老最盼望能对《〈茶经〉述评》修订完善。笔者指瑕，意在使之更为准确，不失为对吴老等前辈专家、学者的尊重与敬意。

　　　　　　　　　　　　　　　（原载《农业考古·中国茶文化专号》2022 年第 5 期）

《华阳国志》记载两处茶事并非特指周代

东晋常璩撰写的《华阳国志·巴志》记有"以茶纳贡""园有香茗"两处茶事，《茶经述评》等当代很多茶文化著述认为，这两处茶事可追溯到"武王伐纣"的周代。《茶经述评》在"《茶经·一之源》述评·茶的祖国"如是说："晋代常璩在公元350年左右所撰的《华阳国志·巴志》中说：'周武王伐纣，实得巴蜀之师，著乎《尚书》……其地，东至鱼复，西至僰道，北接汉中，南极黔涪。土植五谷。牲具六畜。桑、蚕、麻、苎，鱼、盐、铜、铁、丹、漆、茶、蜜……皆纳贡之。'这说明早在公元前1066年周武王率南方八个小国伐纣（见《史记·周本纪》）时，巴蜀（现在的云南、贵州的部分地区）已用所产茶叶作为'贡品'。"

《华阳国志·巴志》上述引文之后，还有"园有芳蒻（笔者注：今称魔芋）、香茗"之句，很多茶文化著述都认为这是周代园栽茶树的记载。

2015年7月，笔者在追溯中国茶事的最早记载时，查阅《华阳国志·巴志》原著，发现此说竟是对该书的误读。此为茶史之大事，特作小文，供同好参考。

地方特产不能直接连上沿革中的某历史时期

由东晋常璩撰写于晋穆帝永和四年至永和十年（348—354）的古代著名地方志——《华阳国志》，记载了从远古到东晋永和三年（347）巴蜀史事。其中卷一即为"巴志"，引文如下：

一

昔在唐尧，洪水滔天。鲧功无成，圣禹嗣兴，导江疏河，百川蠲修；封殖天下，因古九围以置九州岛。仰禀参伐，俯壤华阳，黑水、江、汉为梁州。厥土青黎。厥田惟下上。厥赋惟下中。厥贡璆、铁、银、镂、砮、磬、熊、黑、狐、狸、织皮。于是四隩既宅，九州岛攸同，六府孔修，庶土交正，底财赋，成贡中国。盖时雍之化，东被西渐矣。

历夏、殷、周，九州岛牧伯率职。周文为伯，西有九国。及武王克商，并徐合青，省梁合雍，而职方氏犹掌其地，辨其土壤，甄其贯利。迄于秦帝。汉兴，高祖藉之成业。武帝开拓疆壤，乃改雍曰凉，革梁曰益。故巴、汉、庸、蜀属益州。至魏咸熙元年平蜀，始分益之巴、汉七郡置梁州。治汉中。以相国参军中山耿黼为刺史。元康六年，广魏梁州，更割雍州之武都、阴平，荆州之新城、上庸、魏兴以属焉。凡统郡十二，县五十八。

二

《洛书》曰："人皇始出，继地皇之后，兄弟九人，分理九州岛，为九圈。人皇居中州，制八辅。"华阳之壤，梁岷之域，是其一圈；圈中之国，则巴蜀矣。其分野，舆鬼、东井。其君，上世未闻。五帝以来，黄帝、高阳之支庶，世为侯伯。及禹治水命州，巴、蜀以属梁州。禹娶于涂山，辛、壬、癸、甲而去。生子启，呱呱啼，不及视。三过其门而不入室，务在救时。今江州涂山是也，帝禹之庙铭存焉。禹会诸侯于会稽，执玉帛者万国，巴蜀往焉。周武王伐纣，实得巴蜀之师，著乎《尚书》。巴师勇锐，歌舞以凌殷人，殷人倒戈。故世称之曰"武王伐纣，前歌后舞"也。武王既克殷，以其宗姬于巴，爵之以子。古者，远国虽大，爵不过子。故吴楚及巴皆曰子。

三

其地，东至鱼复，西至僰道，北接汉中，南极黔涪。土植五谷。牲具六畜。桑、蚕、麻、苎、鱼、盐、铜、铁、丹、漆、茶、蜜，灵龟、巨犀、山鸡、白雉，黄润、鲜粉，皆纳贡之。其果实之珍者，树有荔支蔓有辛蒟，园有芳蒻、香茗，给客橙、葵。其药物之异者，有巴戟天、椒。竹木之贵者，有桃支、灵寿。其名山有涂、籍、灵台、石书、刊山。

其民质直好义。土风敦厚，有先民之流。故其诗曰："川崖惟平，其稼多黍。旨酒嘉谷，可以养父。野惟阜丘，彼稷多有。嘉谷旨酒，可以养母。"其祭祀之诗曰："惟月孟春，獭祭彼崖。永言孝思，享祀孔嘉。彼黍既洁，彼牺惟泽。蒸命良辰，祖考来格。"其好古乐道之诗曰："日月明明，亦惟其名。谁能长生，不朽难获。"又曰："惟德实宝，富贵何常。我思古人，令问令望。"而其失，在于重迟鲁钝。俗素朴，无造次辨丽之气。其属有濮、賨、苴、共、奴、獽、夷、蜑之蛮。

《巴志》开篇第一、第二段，记载的是唐尧至三国魏国之历史沿革、属州概况等，第三段记载了特产、民风。"周武王伐纣"只是历史沿革之一，阅读时不能将第三章两处茶事记述直接联系到"周武王伐纣"后以茶纳贡之。如按此说法，则可追溯为当地更早年代的贡品，也并非特指周代，因为周代之前，当地亦有管辖之国君、诸侯，也会有特产朝贡。

就方志来说，所列多为当时所见特产。如上述《华阳国志·巴志》所列特产，除了在特产章节中特指某年代作为贡品外，一般理解其中"以茶纳贡""园有香茗"两处茶事，仅指作者著述年代而已。正如当代某地新修方志所列各种特产，除了特别标注某种特产什么年代曾经作为贡品外，只能是当代所见特产，而各地特产都在不断引进、发展之中，不能将这些特产都列为该地历史沿革中的最早年代。

据任乃强《华阳国志校补图注》附注，《华阳国志·巴志》所列 18 种贡品，系三国蜀汉学者"谯周《巴志》原所列举"，依此则可理解为三国时代即有这些贡品。但《太平广记》等史籍记载谯周所著书名为《三巴记》，略有出入，供读者参考。

古代巴蜀并非单指今日四川、重庆

关于巴蜀，一般人认为指的是今天四川、重庆，其实古代巴蜀辖地并不局限于这两个省、市。

《华阳国志校补图注》附有《巴志形势总图》《蜀志形势总图》等多幅图表，可以看到巴族辖地以四川、重庆为主，兼有陕西、贵州、云南、湖北、甘肃等地，其中陕西、贵州占地不少。如需准确了解古代巴蜀范围，需全面阅读该书及其他古籍，本文不做赘述。

认真、准确利用古籍解读茶史，不随意提前、曲解茶史，非常重要，敬请读者品读原著，见仁见智。

（原载《农业考古·中国茶文化专号》2017 年第 2 期）

虞洪遇丹丘子获大茗

读过《茶经》的茶文化爱好者都有印象，陆羽先后两次记载余姚人虞洪，在瀑布山遇丹丘子指点，采获大茗；同时记载余姚瀑布泉岭出仙茗，即今之名茶瀑布仙茗。本文详述其人其事，以飨读者。

记于王浮《神异记》 《茶经》转引名声大

西晋道士王浮在《神异记》中，记有余姚人虞洪遇丹丘子获大茗事迹：

余姚人虞洪，入山采茗，遇一道士，牵三青牛，引洪至瀑布山，曰："吾丹丘子也。闻子善具饮，常思见惠。山中有大茗，可以相给，祈子他日有瓯牺之余，不相遗也。"因立奠祀。后令家人入山，获大茗焉。

这段话除"牺"字比较费解外，其余不难理解。"牺"为木勺，"瓯牺"即瓷碗木勺。这段话的大致意思是：一位名叫虞洪的余姚人到四明山采茶，碰到一位自称为丹丘子的道人，引他到瀑布山，并告诉他说：听说你很会煮茶，常想请你送我品尝，山中有大茗，可以指点你去采摘，希望以后你有多余的茶饮能送我一些。虞洪感谢丹丘子的知遇之恩，于是建庙以茶祭祀，以后经常让家人进山，采摘大茗。

这一茶事宋代《太平御览》卷867、《太平寰宇记》卷98、《太平广记》卷412均有引录。《太平御览》引文在《神异记》前面加了"王浮"二字，《太平广记》则注明引于陆羽《顾渚山记》。其中转引影响最大的则是陆羽《茶经》。《茶经·七之事》为全文引录，《茶经·四之器》文字简单一些，内容大同小异：

永嘉中，余姚人虞洪入瀑布山采茗，遇一道士云："吾丹丘子，祈子他日有瓯牺之余，乞相遗也。"

除了《茶经》两处引用，陆羽《顾渚山记》也转引这一茶事：

《神异记》曰：余姚人虞洪，入山采茗，遇一道士，牵三百青羊，饮瀑布水。

曰："吾丹丘子也。闻子善具饮，常思惠。山中有大茗，可以相给，祈子他日有瓯牺之余，必相遗也。"因立茶祠。后常与人往山，获大茗焉。

比较而言，《顾渚山记》所引有多处差别，首先是虞洪为"虞茫"，这可能是"洪""茫"字形相近，为历代版本翻印之误；其次是"牵三青牛"为"牵三百青羊"；从道家鼻祖老子是骑牛出关记载来说，"三青牛"比"三百青羊"更合乎道家故事；三是"相给"变为"相遗"，词义相似，"相遗"非常用词；四是"因立奠祀"为"因立茶祠"，"茶祠"更有特定性。

可见这一茶事是有多种版本的。王浮《神异记》已散佚，仅能在其他类书中看到包括虞洪获大茗等八则片段，共 400 多字，前三则为小故事，后五则每则仅一句话。其中第三则为虞洪获大茗。比较陆羽这两种引录，《茶经》为其代表作，《顾渚山记》可能历经多次转抄翻印，变化较大，应采信《茶经》为准。即使《茶经》版本，个别文字亦有差别，如明代嘉靖竟陵（今湖北天门）版《茶经》，刻于嘉靖二十一年（1542），其中"吾"字为"予"字，两字同义。

明代嘉靖竟陵（今湖北天门）版《茶经》"虞洪获大茗"：其中"吾"字为"予"字

王浮《神异记》除了第三则记载"虞洪获大茗"，紧接第四则仅为一句话，亦为道家茶事："丹丘出大茗，服之生羽翼。"晋代之前茶事凤毛麟角，王浮如此关注茶事，说明他也是爱茶之人。此外，其传播受仙人指引，终获大茗，以及饮茶可升天成仙，显然是其作为道家人士，自神其教之宗教宣传，客观上也传播了茶文化。

在这一故事中，丹丘子成人之美，为虞洪指点大茗，并谦逊请求虞洪有多余茶水时，能送他一些饮用；虞洪则知恩图报，立祠祭祀，富有人情味。笔者已将此事列为古今宁波茶事人情之美范例之一，专文介绍。

《神异记》非《神异经》茶事发生年代为西晋永嘉中 310 年前后

上文写到，王浮《神异记》仅八则片段 400 多字，遗憾的是，当代包括《茶经述评》等很多文献，将其与 5000 多字的《神异经》混为一谈。《神异经》共 47 则，无茶事记载，所载皆荒外之言，怪诞不经，旧题为汉东方朔撰、晋张华注，由于《汉书·东方朔传》未列此书，因此学者多认为此书为后人伪托。

《神异记》与《神异经》实际是两种不同年代、不同内容、不同体量、风马牛不相及的历史文献，仅因标题一字之差而被混淆。笔者曾发表专文《〈神异记〉与〈神异经〉》，详述两者之间区别。

关于虞洪茶事发生之年代，《茶经·七之事》开篇目录索引中，将其归在晋代，《茶经·四之器》则明确年代为"永嘉中"。西晋永嘉年号前后仅7年，307—313年，其中307年与光熙二年并用，313年与建兴元年并用，"永嘉中"为概说，前后取中，大概在310年前后。目前发现《茶经》是最早引用《神异记》的，作为严谨的学者，相信陆羽是做了相关考证后认定的，或是其当时看到的《神异记》，有明确标示为"晋永嘉中"。

在年代方面，《茶经述评》等文献确定为西晋，但2005年出版的《浙江省茶叶志》《浙江省农业志》等当代很多著作，将其年代提前到东汉，这可能是因为上文所说，将《神异记》与《神异经》混淆了，导致年代错误，期待2021年出版的《浙江省茶叶志》能够修正。更有人把年代提前到了西汉，下文写到，余姚虞氏迁祖东汉年间才到余姚，殊不知这么一搞，作为仙家的丹丘子或许可以随意提前，问题是凡人虞洪超越了迁祖从何而来？这些人缺乏学术概念，好大喜功，宁前勿后，类似于新编故事信手写来，不问出处，导致混乱。

茶事发生地点为著名道家圣地

虞洪茶事之发生地点，因为有余姚、瀑布山等固有地名，一般认为是今余姚梁弄镇白水冲瀑布上游道士山。

梁弄镇位于浙东名山四明山麓，系2018年设立的四明山省级旅游度假区入口处，这里与相邻的上方高山大岚镇、四明山镇一带为八百里四明山之腹地，古为仙家道人修道游仙之胜地。

汉代著名隐士、"吏隐真人"梅福与严光，曾在四明山修道炼丹，治病救人，今有梅福草堂、梅仙井等遗迹；梅福曾作《四明山志》，可惜已散佚。晋代儒、道、医药名家葛洪《神仙传》记载，三国时上虞县令刘纲、樊云翘夫妇好神仙修道之事，在县堂升天成仙。他们曾到大岚一带修道，今传有升仙桥遗迹。

初唐高道、上清派第十二代宗师司马承祯，与李白、孟浩然、王维、贺知章等并称为"仙宗十友"。其道教经典《天地宫府图》将四明山之丹山赤水，列为"三十六小洞天"之第九："第九四明山洞，周回一百八十里，名曰丹山赤水天，在越州（今绍兴市）上虞县，真人刁道林治之。"

唐木玄虚撰、贺知章注《四明洞天丹山图咏集》诗云："四明丹山赤水天，灵踪圣迹自天然。二百八十峰相接，其间窟宅多神仙。"

丹山赤水之名则因其核心地貌有赭红山岩峭壁，倒影溪流之中，故名丹山

赤水。

宋政和六年（1116），宋徽宗赐额"丹山赤水洞天"，名扬天下。

附近四窗岩景点则为四明山山名出典处。

如此道家圣地出现一个指点大茗的丹丘子非常契合。需要说明的是，《茶经》将"虞洪获大茗"茶事确定在晋代，如上文所说，当代很多著作或文章，因为《茶经·七之事》开篇有"汉丹丘子、黄山君"之说，并未交代其出处和活动地点，便将在余姚瀑布山出现的晋丹丘子提连到了汉代。其实丹丘子仅是道家之号，各个年代均有自称"丹丘子"或"某丹丘"的道家或文士，如李白就有一位称为元丹丘的道家朋友，作有《元丹丘歌》，更多同名号之人则难有机会见诸经传。

可惜虞洪所立茶祠早已消弭在历史长河之中，据当地方志记载，民国时道士山一带尚有道观遗存，今日已难见踪迹，建议当地不妨重建丹丘子茶祠，将会吸引海内外茶人前来观瞻。

与"虞洪获大茗"相关的历史名茶瀑布仙茗

与《神异记》"虞洪获大茗"相呼应的是，《茶经》"八之出"也记载了余姚大茗，并美名为"仙茗"：

浙东，以越州上（余姚县生瀑布泉岭，曰仙茗，大者殊异，小者与襄州同）……

其中瀑布泉岭，即今梁弄镇白水冲瀑布上游道士山，尚有灌木型大叶古茶树遗存，有一片长势良好的灌木型大叶茶，叶片肥大，主干多为10厘米左右，两棵较大的达13厘米，高3米以上，另有一棵已枯萎的茶树桩为19厘米。笔者2005年曾去当地考察，当时撰文认为虞洪遇丹丘子获大茗故事应有其事。2009年春天，余姚市邀请海内外多位茶文化专家、学者，到道士山考察，认为这片古茶树树龄至少在百年以上，远限则可达到数百年，是灌木型茶树中的佼佼者，非常珍贵，可视为《神异记》《茶经》记载的"大茗"，目前已被余姚市列为古茶树保护区。

因气候关系，我国茶树自南向北分为乔木、半乔木、灌木，浙江地区为灌木型茶区，一般树干都在10厘米以下。"大茗"可理解为大茶树或灌木大叶茶，余姚瀑布山大茗即为后者灌木大叶茶。

生于瀑布泉岭，称为仙茗，瀑布仙茗之茶名由此得名，列为唐代名茶，始于晋代，系中国较早命名并延续至今的历史名茶之一，更早的还有三国乌程（今湖州市吴兴区）温山御荈等。

东汉至唐代余姚虞氏名人多

尽管《神异记》属志怪小说，因为写过被佛教界强烈抵制的虚构故事《老子化胡记》，作者王浮堪称古代"戏说"鼻祖，但《神异记》记的是当代茶事，有人物、地点，今日余姚又有白水冲瀑布、道士山等相应地名，虽然没有记载故事发生年代，《茶经》"四之器""七之事"补记其年代为西晋"永嘉中"和晋代，因此"虞洪获大茗"具有较高的可信性。

另一个可以佐证的史实是，虞氏是东汉至唐代余姚之望族。余姚虞氏祖籍上阳（今三门峡市），自东汉中叶尚书令虞翊迁居余姚，世代仕宦约 800 年，名人辈出，在历代余姚县志中，自汉至唐立传的 60 人中，虞氏占到 54 人，有"一部余姚志，半部虞家史"之说。其中著名人物有：三国时期的著名经学家、骑都尉御史大夫虞翻；东晋时期的著名军事家虞谭、杰出的经学和天文学家虞喜、史学家虞预；隋唐间名臣、著名书法家虞世南祖父虞检、生父虞荔、叔父虞寄、兄弟虞世基均为南朝至唐代仕宦。唐朝后，包括虞世南等虞氏族人大多分迁各地，今日余姚虞氏后裔已属少数。

虞洪经常到瀑布岭采茶，一是说明其爱茶，二是说明其为与时俱进，勇于接受新生事物，引领风尚的时尚之人。如上文写到，晋代茶事尚少，虞洪除了自饮，一般还会作为商品出售，这同时也带动了朋友圈爱上茶饮，其中不少应为道家人物。饮茶人多了，名声大了才引起王浮重视而载入《神异记》。

虞洪作为文献记载的宁波最早和全国较早的采茶人，因被《神异记》记载，尤其《茶经》转引而广为传播，成为余姚虞氏名人亦属难得。可惜记载早期余姚虞氏的宗谱已散佚，仅见存目，否则当能发现其更多信息。

（原载《茶道》2022 年第 2 期）

虞世南《北堂书钞》记载十二则茶事

虞世南画像

位于慈溪市观海卫镇杜岙
解家村的唐虞秘监故里碑

陆羽《茶经·七之事》，搜集了中唐之前的各种茶事。此前，有关茶的诗文事迹似乎无人搜集。笔者从陈彬藩主编的《中国茶文化经典》中看到，初唐名臣、著名书法家虞世南编著的隋代类书《北堂书钞·酒食部三·茶篇八》，已经搜集了12则茶事，但仔细阅读，发现很多竟是作者身后的茶事，于是找到《北堂书钞》原著，查到原著上记载的茶事共12则，《中国茶文化经典》收集的大多是后人校注时加入的。

虞世南（558—638），字伯施。越州余姚（今宁波慈溪市观海卫镇杜岙解家村）人，今当地立有唐虞秘监故里碑，镇上有虞世南纪念馆。唐代著名书法家、诗人、凌烟阁二十四功臣之一。父虞荔，兄弟虞世基，叔父虞寄，均名重一时。虞寄无子，世南过继于他，故字伯施。少时与兄求学于顾野王，有文名；学书沙门智永，妙得其体，与欧阳询齐名，世称"欧虞"。初为隋炀帝近臣，官起居舍人。入唐为弘文馆学士，官至秘书监，封永兴县子（故世称虞永兴）。甚得唐太宗的敬重，死后赠礼部尚书，并绘像于凌烟阁。唐太宗曾诏曰："世南一人，有出世之才，遂兼五绝。一曰忠谠，二曰友悌，三曰博文，四曰词藻，五曰书翰。"并伤心地哭着说："宫里藏书和著书之处，再也没有人能比得上虞世南了！"

记载茶事十二则

虞世南早陆羽近百年。今存 160 卷《北堂书钞》，是虞世南在隋代任秘书期间，在秘书省后堂，将群书中可以引用、查阅的重要事物汇于一书，秘书省后堂又叫北堂，因此叫《北堂书钞》。

笔者查阅的《北堂书钞》是学苑出版社 1998 年出版的影印本，原书为清光绪十四年（1888）南海孔氏三十三万卷堂影宋刊本，由清代孙星衍、孔广陶等多名学者，根据影宋本校订。

兹将该书"酒食部三·茶篇八"记载的 12 则茶事引录如下：

芳冠六清，味播九区。——张载诗云：芳茶冠六清，溢味播九区。今案：见百三家《张载集·登白菟楼》诗，陈俞本"白菟"作"成都"。

焕如积雪，晔若春敷。——杜育《茶赋》云：瞻彼卷阿，实曰夕阳。厥生荈草，弥谷被冈。今案：陈俞本及《类聚》八十二，引《茶赋》作《荈赋》。严辑《杜育集》亦然。又俞本脱"瞻彼"二句；陈本改作"灵山惟岳，奇产所钟"。

调神和内，倦解慵除。——又《茶赋》云：若乃淳染，真辰色□。青霜□□□□，白黄若虚。调神和内，倦解慵除。王石华校："懈"改"解"，"康"改"慵"。今案：严辑《杜育集·荈赋》，同陈俞本："倦"作"惓"，无注。

益气少卧，轻身能老。——《本草经》云：苦草一名茶草，味苦，生川谷，治五脏邪气。严氏校：欲删"生川谷"三字，非也。今案：问经堂《本草经》："茶"作"荼"，陈本脱一名四字。

饮茶令人少眠——《博物志》云：饮真茶，令人少眠睡。今案：陈俞本同；明吴管校本、稗海本：《博物志》脱，《御览》八百六十七引脱"人"字。

愤闷恒仰真茶——刘昆与兄子演书云：吾患体内愤闷，恒仰真茶，汝可信，信致之。今案：百三家本《刘昆集》及陈俞本"愤"作"烦"，"内"作"中"；又俞本"演"误"群"，陈本、百三家本及严辑本"仰"作"假"；本钞中改内详本卷上文。

酉平罪卢——裴渊《南海记》云：酉平县出罪卢，茗之别名，南人以为饮。今案：《御览》八百六十七引《南海记》："罪"作"皋"；陈俞本改注《广州记》，亦作"皋"。

武陵最好——《荆州土地记》：武陵七县通出茶，最好。今案：陈俞本同《齐民要术》卷十，引《荆州土地记》云：浮陵茶最好。

饮以为佳——《四王起事》云：惠帝自荆还洛，有一人持瓦盂承茶，夜莫上至尊，饮以为佳。严氏校：旁勒四字误矣。今案：《御览》八百六十七，引四王起事洛下，有阳字一人持作黄门，以无"夜莫"二字；陈俞本与《御览》同，惟"起"误"遗"。

因病能饮——《搜神记》云：桓宣武有一督将，行因病后虚热，更能饮，复茗必一斛二升，乃饱后有客造会，令更进五升，乃吐一物，状若牛脂，即疾差矣。王石华校："若"改"茗"。今案：学津计原本《搜神记》及陈本，"行因"作"因时行"，"二升"作"二斗"，"脂"作"肚"。

密赐当酒——《吴志》云：孙皓每飨宴，韦曜不饮酒，每宴飨赐茶不过二升也。今案：《吴志》卷二十及本钞《酒篇》引略有异同，陈俞本脱，又陈本此下续增二十四条，均非旧钞所有。

饮而醉焉——秦子云、顾彦先曰：有味如醴，饮而不醉；无味如茶，饮而醉焉。醉人何用也。今案：陈本脱，俞本及玉函山房辑本"醴"作"膧"，"醉焉"作"醒焉"，余同。《意林》五，引秦子作醴作醉焉，与旧钞合，惟"无"误"其"，"茶"误"黍"。又收句脱"醉人用"三字。

宋本《北堂书钞·酒食部三·茶篇八》书影

以上 12 则茶事，第二、三两则均引自杜育《茶赋》，第四则"益气少卧，轻身能老"之"老"字，疑为错字。

据笔者理解，以上"今案"之前应为虞世南摘编原文，"今案"之后为历代校订文字。原文所引茶事与其他文献所引同类茶事有所出入，可供专家、学者参考。

《北堂书钞》成书于隋代末年，约 615 年左右，陆羽《茶经》初稿约完成于 671 年，两者至少相差 40 余年，《北堂书钞》因此可视为茶文化重要文献。

可与《茶经》等相互印证，其中"饮而醉焉"其他文献未见记载

以上 12 则茶事，与《茶经》所载茶事大同小异，《茶经》多有记载，其中第四则《本草经》内容，与《茶经》所引两则《本草》引文内容不尽相同，可供专家、学者对比研究。

笔者曾查阅载有艺文志或经籍志的《汉书》《清史稿》等"七史"，以"神农本草""本草"冠名的古籍较多，其中很多已散佚，现存的《神农本草经》并无茶事记载，这与虞世南的《北堂书钞》和《茶经》没有引录该书茶事相吻合。

笔者将虞世南编入与杭州余杭茶文化专家钱时霖合著的《中华茶人诗描》第二集中，钱时霖为虞世南咏诗云：

> 书法世南称大家，文辞品德太宗夸。
> 书钞记述隋前事，十二则茶文献嘉。

隋代之前已经使用"茶"字

一般认为"茶"字是由"荼"分类出来的，汉代以前用于茶时两者通用，到了中唐茶事兴盛，尤其是陆羽写出《茶经》后，才确立"茶"字。

从《北堂书钞·茶篇》中，可以得到一个重要信息，即隋代已经确立"茶"字。"茶篇"附于"酒篇"之后，所记均为茶事，有别于广义之"荼"字，这说明至少隋代末年已经确立"茶"字，至少比中唐提前 50 年左右。

1990 年，浙江省湖州市博物馆在一座东汉至三国时期的墓葬中，清理出一只写有"茶"字的四系"茶"字青瓷四系罍，说明东汉时期已开始使用"茶"字。

笔者请书法界朋友查找虞世南手书的"茶"或"荼"字，可惜虞氏传世墨迹少而又少，至今尚未发现。

或与虞洪同宗

唐代之前，虞氏是余姚望族，除了虞世南，三国即有余姚籍吴国大臣、学者虞翻等名人。就茶文化来说，还有晋代道士王浮在《神异记》中提到的，在瀑布山遇丹丘子获大茗的余姚人虞洪。唐代以前，人口稀少，同地同姓者多为同宗，虞洪或与虞世南同宗。遗憾的是，自虞世南始，余姚虞氏先后外迁，如今已少有

虞氏。据当地家谱专家介绍，至今只看到古籍记载的《虞氏家谱》目录，未看到实物，因此余姚虞氏的历史已较难知晓。

如上所述，余姚茶文化历史悠久，晋代即有虞洪遇丹丘子获大茗记载，这是宁波市最早、浙江省较早的茶事记载；虞世南《北堂书钞·茶篇》早于《茶经》百年左右，无疑是中国茶文化，更是余姚和宁波茶文化的重要文献，这是虞世南留给家乡人民的精神财富。

（原载《茶叶世界》2009 年第 15 期）

辑二　陆羽与《茶经》

当代陆羽研究之伪命题三例

导语：本文以翔实史料，指出当代一些好事者所谓"陆羽在余杭著《茶经》""陆羽终老于竟陵""陆羽、李冶青梅竹马是恋人"均为伪命题。弘扬陆羽文化，尤其是作为学术研究，重要的是弘扬其精神，求真求实，知古鉴今，资政育人。而以地方利益为目的，对并无异议之史实，做出断章取义牵强附会的所谓考据，纠结于另有著经之地、终老之地，除了添乱，毫无积极意义；至于无中生有虚构其恋爱情事，实为侵犯古人隐私，无聊而庸俗，亵渎"茶圣"，作贱自我。

当代陆羽研究成果不多，最重要的发现是，根据南宋《隆兴佛教编年通论》、元代《佛祖历代通载》两种佛教文献记载，陆羽卒于唐贞元十九年（803）。而由于一些好事者迎合当地争夺名人资源和慕古、追古之风，提出一些标新立异之说，如"陆羽在杭州余杭著《茶经》""陆羽终老于竟陵"；更有好事者欺侮陆羽无后人，无中生有，肆无忌惮地虚构戏说陆羽情人情事，污名化亵渎"茶圣"，这是对死者大不敬！如果这些好事者身后，有人以其人之道还治其人之身，其后人必以名誉侵权而与人对簿公堂！将心比心，提醒当事人敬畏"茶圣"，早日消停之。

身为"茶圣"，还有这么多人出于各种目的在"消费"搞事，可见当下茶文化繁荣背后之乱象。历史毕竟不是可以随意打扮的小姑娘，本文就当代陆羽研究之伪命题试举三例。

伪命题之一：陆羽在余杭著《茶经》

根据《陆羽自传》（又称《陆文学自传》），其在上元二年（761）29岁时，已完成《茶经》三卷等诸多著作。而根据其文意，后世理解《茶经》著于湖州，无人异议。

1）《陆羽自传》《隆兴佛教编年通论》记载陆羽在湖州著《茶经》之特定人物关系与文化氛围

《陆羽自传》中关于在湖州著《茶经》的关键文字如下：

上元初，结庐于苕溪之湄（一作"滨"），闭关对书，不杂非类，名僧高士，谈宴永日。常扁舟往山寺，随身惟纱巾、藤鞋、短褐、犊鼻。往往独行野中，诵佛经，吟古诗，杖击林木，手弄流水，夷犹徘徊，自曙达暮，至日黑兴尽，号泣而归。故楚人相谓，陆羽盖今之接舆也。……

泊至德初，秦人过江，予亦过江，与吴兴释皎然为缁素忘年之交。……

自禄山乱中原，为《四悲诗》，刘展窥江淮，作《天之未明赋》，皆见感激当时，行哭涕泗。著《君臣契》三卷，《源解》三十卷，《江表四姓谱》八卷，《南北人物志》十卷，《吴兴历官记》三卷，《湖州刺史记》一卷，《茶经》三卷，《占梦》上、中、下三卷，并贮于褐布囊。上元辛丑岁子阳秋二十有九日。

这些文字的大意是：

唐肃宗上元初年，陆羽在湖州苕溪边上结庐定居，闭门读书，不与非同道者相处，而与高僧名士整日谈天饮酒。常驾一小船往来于山寺之间，随身只一条纱巾、一双藤鞋、一件短布衣、一条短裤。往往独自一人走在山野中，朗读佛经，吟咏古诗，用手杖敲打树木，用手拨弄流水，流连徘徊，从早到晚，直至天黑，游兴尽了，号啕大哭着回去。所以楚地人士相互传说："陆先生大概是当代之楚地狂人接舆吧。"……

到唐肃宗至德初年，陕西一带人为避战乱渡过长江，陆羽也渡过长江，与吴兴释皎然和尚结成为僧俗忘年之交。……

陆羽著有《君臣契》三卷，《源解》三十卷，《江表四姓谱》八卷，《南北人物志》十卷，《吴兴历官记》三卷，《湖州刺史记》一卷，《茶经》三卷，《占梦》上中下三卷，一起收藏在粗布袋内。唐肃宗上元二年，先生年方二十九岁。

南宋祖琇撰《隆兴佛教编年通论·卷十九·释皎然》一章，有相应记载：说当时陆羽隐居于松江，泛舟霅川拜访皎然，这一点未见其他文献记载：

时陆羽隐松江，扁舟放浪，每至霅川，见昼必清谈终日忘返。

从文义来看，此"松江"应为湖州近郊小江之名，非今日上海松江即古之吴淞江。不知今日湖州当地是否有"松江"之水名。

《陆羽自传》《隆兴佛教编年通论》明确记载，陆羽著《茶经》之上元初年，时在湖州，"名僧"为释皎然，并有一帮"谈宴永日"的高士朋友圈，这些特定的人物关系非湖州莫属。如果换成"余杭说"，那么这高僧是谁？名士又是哪些人？

2）古代诗文中"苕霅"特指湖州，余杭"苕霅"之名始于明代之后

近年来，有人提出陆羽在余杭、故乡竟陵著《茶经》，尤其是"余杭说"，已有多种专著专文长篇大论，尽管少有主流学者认可其说，因有地方上大肆推动宣传，亦有一些不明真相者附和，通过所谓"共识"云云。其主要论点有二：一是

明、清之后，有多种《余杭县志》载有陆羽遗迹，有"著《茶经》三卷"等记载，二是余杭有苕霅溪名。

关于其一，陆羽到过很多茶区，多地留有遗迹，各地方志上多有"著《茶经》三卷"之说，这是对其生平基本评介，不能作为其在当地著《茶经》之依据。陆羽到过余杭，但未见其有小住时间或本人及好友诗文之记载，而其去杭州、越州（今浙江绍兴）、无锡、南京、苏州、洪州（今江西南昌）、信州（今江西上饶）等很多地方，有些去过多次，都有本人及多位好友诗文记载，有方志或佛教典籍记载。如其多次到杭州天竺、灵隐寺一带活动小住，与高僧道标、宝达等友善，作有《天竺、灵隐二寺记》《四标诗》等，其《茶经·八之出》记载天竺、灵隐二寺产茶，《咸淳临安志》《宋高僧传》之《唐杭州灵隐寺宝达传》《唐杭州灵隐山道标传》均记其事迹，如果说其在杭州著《茶经》，岂不比说在余杭著《茶经》更有说服力？

还有信州和苏州，陆羽曾先后定居数年，开辟茶园，开凿水井，如其好友孟郊（751—814）作有《题陆鸿渐上饶新开山舍》。皇甫冉等好友则有《送陆鸿渐栖霞寺采茶》等，古代交通不便，远道而去必定会小住。如果这些地方均以方志为据，提出陆羽在当地著作或修改《茶经》，该作何解释？古代没有笔记本电脑，不可能在旅行或小住期间，撰写或修改重要著作，即使当代有了笔记本电脑，人们可在旅行时随时撰写或修改，但在介绍作者作品时，依然以其常住地为准，不会说该书作于某地，这么说也没有意义。

至于余杭"苕霅"之名，据湖州茶文化学者张西廷《陆羽著〈茶经〉"余杭说"的致命破绽》一文考据，"苕霅"之名，自古以来为湖州之别称与代称。流经余杭的东苕溪原称"余不溪"，如宋《嘉泰吴兴志》记载："余不溪，在湖州府，出天目山之阳。经临安县，又经余杭县，……"明代万历《湖州府志》郡城图上仍将

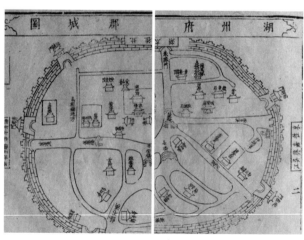

明万历《湖州府志》郡城图，仍将霅溪称为"余不溪"，见左下标线处（张西廷提供）

东苕溪称为"余不溪"。

东苕溪进入湖州市区称霅溪，与西苕溪汇合注入太湖。而余杭境内只有余不溪即东苕溪，没有霅溪之名，因此明、清之后，《余杭县志》出现"苕霅"之名名不符实，或多为后人解读时破句、误解之故。

在古代诗文中，可以大量检索到以"苕霅"代称湖州之例，如宋·宋祁、欧阳修等合撰《新唐书·隐逸传·张志和》："愿为浮家泛宅，往来苕霅间"；南宋·释文珦作有《苕霅歌》；明·陈子龙五言诗《吴兴道中》："鸣榔涉杪秋，苕霅何淹薄"；下文写到的明·钟惺《将访苕霅，许中秘迎于金闾导往，先过其甫里所住，有皮、陆遗迹》等，不胜枚举，相信没有人会说其中"苕霅"是余杭。

湖州市中心苕溪、霅溪交汇处（张西廷摄）

据说，余杭正在筹备拍摄电视剧《"茶圣"陆羽》，这本身是好事，非常希望能以史实为依据，把好事办好，以庄重、崇敬之心正说陆羽，而非任意戏说、歪说，戏说、歪说不如不说，尤其不要像下文写到的陆羽、李冶相恋之乱弹，以免严重亵渎"茶圣"形象，留下历史笑柄。

伪命题之二：陆羽终老于竟陵（今湖北天门）

陆羽老死并葬于湖州杼山本无异议，近年忽然看到有多位湖北天门作者撰文，说陆羽晚年又回到故乡，老死并葬于竟陵（今湖北天门），其中一位是笔者非常尊重的知名茶文化学者，其治学严谨，2003年与人合著的《新编陆羽与〈茶经〉》，目前为止仍为陆羽相关史料之最，为笔者常备参考书之一，其中并无"陆羽终老竟陵"之说。令人惊讶的是，2018年5期《农业考古·中国茶文化专号》，刊出其《有关"陆羽终老竟陵"的文献综述》一文。该文在结论中写道："由唐至清的一系列文献，可形成一条完整的证据链，足以证明晚年陆羽在广州李复幕任'从事'之后，'老奉其教'终老故里，并以'隐逸''隐士'身份而留名千史。古有地方志的传载，今为海峡两岸部分学者所认可。但鉴于有先人对孟郊诗片面理解所形成的观点，多年来先入为主的惯性影响广泛存在，最终弄清陆羽终老说，孰是孰非？尚待历史、方志和文字学家们的权威评判。"

该文举例的关键文献之一——唐竟陵刺史周愿《牧守竟陵因游西塔寺著三感

说》（简称《三感说》）所写关键词："碧笼遗影，盖鸿渐之本师像也""塔前之竹，羽种之竹"。大意为青绿色的笼竹间遗有一尊僧人塑像，是陆羽师傅智积禅师之像也；塔前之竹，为陆羽所种之竹。智积禅师圆寂后，陆羽可能去吊唁过，为师傅筹办塑像，并在塔前种竹纪念，但这不能说明陆羽此后长住并终老于竟陵。

该文另引录关键文献之二为唐赵璘《因话录》语："余幼年尚记识一复州老僧，是陆僧弟子。常讽其歌云：'不羡黄金罍，不羡白玉杯，不羡朝入省，不羡暮入台。千羡万羡西江水，曾向竟陵城下来。'又有追感陆僧诗至多。"笔者理解其中"陆僧"，可能即是智积禅师或另有陆姓僧人，有史料称智积禅师俗姓陆，但绝非隐士陆羽，陆羽从未剃度为僧。包括该文所引其他清代之前很多史料多为牵强附会，并无像下文权德舆、孟郊那样，亲自去湖州陆羽故居凭吊或寄诗凭吊。

没有同时代明确记载，该文引用陆羽身后七百年、甚至千年之后，一些明、清包括民国期间的文献记载，明显是后人穿凿附会，难以采信。最有权威的吴觉农主编的《〈茶经〉述评》写到陆羽"老死于故乡"，或许正是参考了这些错误之说，成为该书重要讹误之瑕疵。

其实，目前尚能查找到同时代凭吊陆羽的好友并非孟郊一人，当时位高权重的权德舆，曾亲赴吴兴（湖州）凭吊，包括明代"竟陵派"代表人物钟惺曾到湖州凭吊。下面以诗为证作一简介。

1）权德舆曾到孤城吴兴凭吊陆羽

在现存诗作中，权德舆是唯一去吴兴凭吊陆羽之好友。权德舆（759—818），字载之，天水略阳（今甘肃秦安东北）人，徙居润州丹徒（今江苏镇江）。唐代文学家、宰相。其与陆羽友善，先后作有《送陆太祝赴湖南幕同用送字》《同陆太祝鸿渐、崔法曹载华，见萧侍御，留后说得卫抚州报推事使张侍御，却回前刺史戴员外无事，喜而有作三首》。其《哭陆处士》（一作《伤陆处士》）写道：

> 从此无期见，柴门对雪开。二毛逢世难，万恨掩泉台。
> 返照空堂夕，孤城吊客回。汉家偏访道，犹畏鹤书来。

该诗大意为：803年陆羽病逝后近年寒冬雪后，诗人到孤城吴兴（吴兴因沼泽地多长菰草而得名"菰城"，又称"孤城"）凭吊好友。看到亡友故居柴门积雪未融，亡友却在九泉，阴阳两隔，离开时夕照空堂，想到今后一旦招贤纳士，就会想起陆羽，伤感之至。

需要说明的是，该诗一作皇甫曾（？—785）所作，皇甫曾与兄"大历十才子"之一皇甫冉（716—769），均与陆羽友善，有诗文唱酬。但笔者发现，皇甫曾比陆羽早逝18年，不可能去凭吊，因此作者确定为权德舆。

2）孟郊赋诗凭吊皎然塔、陆羽坟

湖州武康（今德清）籍著名诗人孟郊（751—814）凭吊皎然、陆羽的诗非常有名，诗题为《送陆畅归湖州，因凭题故人皎然塔、陆羽坟》，全诗如下：

> 森森雪寺前，白蘋多清风。昔游诗会满，今游诗会空。
> 孤吟玉凄恻，远思景蒙笼。杼山砖塔禅，竟陵广宵翁。
> 饶彼草木声，仿佛闻馀聪。因君寄数句，遍为书其丛。
> 追吟当时说，来者实不穷。江调难再得，京尘徒满躬。
> 送君溪鸳鸯，彩色双飞东。东多高静乡，芳宅冬亦崇。
> 手自撷甘旨，供养欢冲融。待我遂前心，收拾使有终。
> 不然洛岸亭，归死为大同。

孟郊与陆羽友善，陆羽仙逝时，其在溧阳（今江苏省）县尉（802—804）或在河南洛阳水陆运从事（806）任上，获悉好友陆畅归湖州，遂让他带上诗篇，代到两位故友坟前凭吊。该诗与上文写到的《题陆鸿渐上饶新开山舍》，同为研究陆羽生平重要文献。

中华传统文化自古死者为大，非战乱等特殊情况，对噩耗及墓地不会误传，尤其是知心好友，焉能不知死讯等信息，权德舆、孟郊之凭吊诗无疑是记载陆羽终老、安葬于湖州的第一手资料，不存在"先入为主"之说。

3）明代"竟陵派"代表人物钟惺曾到湖州凭吊同乡陆羽

除了权德舆、孟郊，明代"竟陵派"代表人物钟惺曾到湖州凭吊同乡陆羽。钟惺（1574—1625），竟陵（今湖北天门）人。著名文学家，与同里谭元春并称"钟谭"。

万历四十七年（1619），钟惺寓居南都（今南京），与友人前往湖州凭吊同乡陆羽，好友许中秘迎于金阊（今苏州）作导游，经过皮日休、陆龟蒙曾经居住过的甫里（今江苏吴县角直镇一带），留下诗篇《将访苕霅，许中秘迎于金阊导往，先过其甫里所住，有皮、陆遗迹》，其开篇写道："鸿渐生竟陵，茶隐老苕霅。袭美亦竟陵，甫里有遗辙。予忝竟陵人，怀古情内挟。……"其中"茶隐老苕霅"之"老"字，即终老之意；苕、霅两溪汇流于湖州市区，古人多以"苕霅"代指湖州。作为同乡之名人大家，钟惺岂能不知陆羽终老之地？

也许还能在古籍中追溯到更多陆羽终老于湖州的信息，但仅以上三条，尤其是陆羽好友权德舆、孟郊二诗，对亡友情深意厚，去故居凭吊或遥寄诗篇，足以说明"陆羽终老于天门"属于伪命题。

伪命题之三：陆羽、李冶青梅竹马是恋人，曾经同居

与鱼玄机、薛涛并称为唐代三大著名女冠诗人李冶（？—784），生平不详，正史中有关她的记载很少，未知其父亲以上长辈身份、名号，仅知其少年入道，字季兰（《太平广记》中作"秀兰"），一般记为乌程（今浙江湖州）人。其《从萧叔子听弹琴，赋得三峡流泉歌》开句"妾家本住巫山云，巫山流泉常自闻"，元代辛文房《唐才子传》称其为"峡中人"，但仅为虚指，未明确为某地人，作者写该书时自称"年方二十"，可能理解有误。这或为诗人托言之说，不能因此理解其里籍依据。史载其美姿容，善弹琴，尤工格律，个性浪漫率真，爱作雅谑，与皎然、刘长卿、朱放、阎伯钧、陆羽、韩揆、萧叔子等名僧高士相友善，有诗文唱酬。《全唐诗》存诗 16 首，代表作有《八至》《寄校书七兄》《明月夜留别》《相思怨》等。晚年在广陵（今江苏扬州），代宗李豫得闻其才华，召见入宫，作有七律《恩命追入，留别广陵故人》，约一月后放还。至 784 年，因曾上诗叛将朱泚，被唐德宗下令乱棒扑杀，下场悲惨。

其生年一般记为 730 年前后，遇难时约 50 岁，也有记为生于 718 年的，享年 66 岁，以后者计算，年长陆羽 15 岁。

这么一位生平未详的女诗人，却被当代多位小说家，其中包括著名茶文化学者，在多种陆羽传记、文章中，演绎其与陆羽青梅竹马、甚至已经同居，只是因故未能成婚云云，描绘出种种情感交集。2009 年，在长兴首映的陆羽事迹主题电影《茶恋》，始演于 2011 年的浙江农林大学大型话剧《六羡歌》，均作如是说。正所谓：戏不够，情来凑。

持陆、李相恋者说，天门龙盖寺智积禅师收养陆羽后，曾将其寄养到本邑李季兰父亲李儒生门下，取名疾，字季疵，与李冶字季兰相吻合。这其一，史籍并未记载李冶家在天门；其二，两人之字本为巧合，何来义兄妹之说？纯粹为小说家、电影戏剧家想当然而已，岂不可笑？

1）李冶《湖上卧病，喜陆鸿渐至》并非情诗

陆、李唱酬目前仅能看到李冶所作五言诗《湖上卧病，喜陆鸿渐至》：

> 昔去繁霜月，今来苦雾时。相逢仍卧病，欲语泪先垂。
> 强劝陶家酒，还吟谢客诗。偶然成一醉，此外更何之。

有人认为这是俩人相恋之佐证，尤其结尾一句，意犹未尽。而以笔者看来，这是想多了。该诗大意为：患病之时，很高兴好友来看望。上次分别是在寒冷浓霜之月夜，今日则大雾弥天，病体在身，心情凄凉，与好友勉强饮酒吟诗。虽然你我友善，想想除了几次难得相遇偶然一醉，除此之外还有什么呢？

2）陆羽《会稽小东山》诗中"昔人"指王徽之而非李冶，其时李冶尚健在

陆羽壮年考察游历越州（今浙江绍兴）、剡县（后改嵊县，今改嵊州）一带，作有一首《会稽小东山》：

> 月色寒潮入剡溪，青猿叫断绿林西。
>
> 昔人已逐东流去，空见年年江草齐。

剡溪为剡县境内主要河流。东晋书圣王羲之第五子王徽之，字子猷，著名书法家、官员，《世说新语》记有著名典故"雪夜访戴"，说其居山阴（今绍兴）时，一雪夜醒来，吟诵着左思《招隐诗》，忽然想到剡县友人戴逵，便让仆人驾船前往，经过一夜才到。可到了戴家门前却又转身返回。有人问他为何这样，他说："吾本乘兴而行，兴尽而返，何必见戴？"

大概陆羽仰慕这一风雅典故，选择在寒夜时节进入剡溪，从会稽（今浙江绍兴）溯流而上，身临此境，感受两岸森林中有猿猴啼叫，当年"雪夜访戴"之雅事，已如同江水远去，惟见两岸水草年年生生不息。

持陆、李相恋者却说此"昔人"即李冶，该诗为陆羽寻访、缅怀已故恋人行迹而作。笔者理解诗中"昔人"即王徽之，即使不是王徽之，从"昔人"称谓看，无论如何也不是李冶。"昔人"意为古人、前人，近代之人称"近人"，当代已故朋友称亡友、故友或故人。

陆羽游历越州、剡县，好友皇甫冉曾作《送陆鸿渐赴越》诗，据学者考证，其时约在大历四年至六年（769—771）间，当时李冶还健在，何来缅怀之说？

可笑的是，今嵊州市已将此事演绎于越剧之中。2018年，笔者在"浙江茶叶战线"五百人微信群看到此事，随口说这是好事者胡编乱造，不想竟招来当地一位茶叶干部强烈不满，说这是专家探讨考证过的，你研究过陆羽吗？笔者无言以对。

如果说李冶情有所寄，其与曾经隐居于剡溪、镜湖（会稽境内）的诗人、官员朱放再为吻合，其五言是《寄朱放》才是情感浓烈之情诗：

> 望水试登山，山高湖又阔。相思无晓夕，相望经年月。
>
> 郁郁山木荣，绵绵野花发。别后无限情，相逢一时说。

3）莫以常人之心揣摩陆羽隐士之心

陆羽之所以被尊为"茶圣"，是因为他具有超然高洁之情操，不能以常人之心做比较。比如，他经地方长官举荐，先被任命为九品闲官太常寺太祝，主管皇家宗庙祭祀。这对陆羽来说，虽然有些屈才，但于世俗之人来说，也是求之不得之美差，一般考中进士才获任命，每年能数次见到皇上，干得好随时能飞黄腾达。

陆羽不就，再获任命为太子文学，这可是六品要职，非德高望重、学富五车者莫属，足见朝廷之器重。可陆羽依然不为所动，他坚信侯门深似海，伴君如伴虎；习惯自由身，难得为山人。

关于其情感之事，即使李冶心中有陆羽，但陆羽作为隐士，不想有家室之累。如果说他想成家，茶叶从采到饮，不乏女性参与，找伴侣非常方便，尤其是刺史颜真卿厚待于他，为他建造青塘别业，又何尝不关心他家室呢，答案很明了，便是陆羽无意成家而已。以此来说，不要以常人之心去理解隐士之心。

2017年，笔者家乡一位导演准备执导余杭《"茶圣"陆羽》电视剧，拉我进入专题微信群，听说剧本初稿中还有陆羽与采茶女缠绵之事，我进群后直话直说，陆羽是世人公认之"茶圣"，莫要虚构情事影响其崇高形象。仅说一句话，大概击中了剧本要害，导演立马将我踢出微信群。一年多后，可能导演感到我说得在理，再次邀我入群，我婉言谢之，眼不见、耳不闻为净，任凭好事者怎么糟蹋，与我无关。

有人认为，某些地方虚构这类故事，对发展茶产业有利。此言差矣，作为茶文化传人，岂能戏说、亵渎"茶圣"，而让人们喝倒彩，提高所谓的知名度，这么做值得吗？符合道德标准与文化价值吗？如果陆羽是他们同宗先辈，或者这些作者身后，有好事者给他们虚构出不伦不类的什么情人之类，又该作何感想呢？

子曰：知之为知之，不知为不知。史载陆羽无情事，何必随意伪造？虽然专家善于虚构者，妙笔生花，不患无辞，但笔者已在本文开头提醒，奉劝好事者正视此事，不要太任性，停止污名化，不要再开低级玩笑，古训莫以恶小而为之！敬畏"茶圣"，而亵渎"茶圣"也是作贱自我。

结语：莫被浮云遮望眼，庄重崇敬尊"茶圣"

上述一二两例，主要是好事者迎合当地为弘扬茶文化之名人效应而为之。其实，余杭径山寺作为日本茶道源头之一，天门作为"茶圣"故里，茶文化皆底蕴丰厚，亮点多多，完全不必依赖这些虚假茶事，而这么做实际效果加分还是减分，读者心中自明。判断陆羽究竟在何地著《茶经》、墓地在何处，需要从时代背景、人物交游、文化氛围、诗文记载，尤其是陆羽自传和好友诗文等第一手资料等多方面综合分析，而牵强附会地引用史料，以明、清之后各地方志、笔记、野史等只言片语去考据，以偏概全，攻其一点不及其余，一是不合考据规范，二是没有学术价值。

第三例则是糟蹋"茶圣"，以侵犯古人名誉为乐事，肉麻当有趣。

这些经不起推敲、经不起历史检验之伪命题，不仅使当代茶文化平添乱象，造成读者和观众认知混乱和困难，还将在文献中留下迷雾，使当代及后世好事者可以以讹传讹，影响深远。

雅俗共赏茶文化。其中之"俗"，多指柴米油盐酱醋茶，帝皇将相，贩夫走卒，人皆共享，茶馆茶肆间，可以戏说胡说；而提升到文化层面，则需要庄重高雅，尤其是事关世人公认之"茶圣"，所有茶文化学者，莫被浮云遮望眼，莫为利欲所左右，不要开"茶圣"玩笑，而应以崇敬之心，准确地解读、记述陆羽生平，褒扬其精行俭德之崇高形象，不负茶人之雅称。笔者当努力共勉之。

（原载《农业考古·中国茶文化专号》2021 年第 2 期）

陆羽是孤儿还是弃婴？

——兼论"远祖纳"为其同宗之说

　　"茶圣"陆羽身世坎坷，历代茶文化著述多将他记为弃婴，也有说他是孤儿的。那么，他究竟是孤儿还是弃婴呢？这是一个值得探讨的问题，而结合《陆羽自传》（又称《陆文学自传》）以及《茶经·六之饮》"远祖纳"的表述，陆羽应该是孤儿而非弃婴。

　　孤儿与弃婴的差别是，孤儿为父母早逝，有亲戚和族人，知道自己姓氏；弃婴则是被父母遗弃，不知道自己姓氏。

《陆羽自传》称"三岁成为孤儿"

　　《陆羽自传》云："始三岁，惸露，育于大师积公之禅院。""惸"同"茕"，本意为没有兄弟，引申为孤单、羸弱；"露"可解为在野外流浪露宿。此句意思是三岁就成了孤儿，流浪露宿于野外，被慈悲为怀的竟陵龙盖寺积公大师收养在寺院里。

　　众所周知，自传是了解传主的第一手资料，如他人记述有异，首先应尊重传主记述。

　　再则，《陆羽自传》被列为历代名人自传范例，不仅因为其在文学史、戏剧史、佛教史上都具有重要史料价值，记述了同时代几位名人的活动风貌；还因为该自传不掩美丑，既写了自己"有仲宣、孟阳之貌陋，相如、子云之口吃"的生理缺陷，还写了在寺院中"历试贱务"后来又作优伶等卑微经历，而这些多被历代士大夫视为下贱，作者并不忌讳，因此，如果他是弃婴，应该也会秉笔直书，而不会说自己是"始三岁，惸露"。

　　唐赵璘《因话录·陆鸿渐》记载，龙盖寺积公法师俗姓陆，陆羽"遂以陆为氏"。《因话录》与《唐国史补》是两种最早记述陆羽事迹的文献。《因话录》作者赵璘家世显贵，大和八年（834）进士及第。开成三年（838），博学鸿词登科。大中七年（853）为左补阙。官至衢州（今浙江）刺史。小说家。赵璘生卒年未详，据本人记载，其外公柳澹与陆羽友善"交契深至"，陆羽曾为其外公代写向上级述职的"戒事状"。赵璘比陆羽小两辈，大概小50岁，其记述积公大师俗姓陆比较可信。从中也可感知积公大师可能为陆羽族人，收养同宗孤儿。

《唐国史补·陆鸿渐》《新唐书·陆鸿渐》记载陆羽姓氏、名字为自筮《易经》得"蹇"之"渐"卦曰："鸿渐于陆，其羽可用为仪"。但自传开宗明义说"陆子名羽，字鸿渐"，这并不排除陆羽自知姓陆，名与字来自"渐"卦。

至于自传开头说"不知何许人也"，则是一种文学手法，如著名的陶渊明自传《五柳先生传》等，开头都说"先生不知何许人也"。

不是同宗先辈不能自称为"远祖"

如果说陆羽在自传中已经说明自己不是弃婴而知道陆姓外；那么，他在《茶经·六之饮》中称陆纳为"远祖纳"，则强调了自己为陆姓。

陆羽在《茶经·六之饮》中记载晋代茶人时，将曾任吴兴（今浙江湖州）太守的名臣陆纳称为"远祖纳"。

在相应的《茶经·七之事》中，引晋代《中兴书》所载"陆纳杖侄"典故："陆纳为吴兴太守时，卫将军谢安尝欲诣纳。纳兄子俶怪纳，无所备，不敢问之，乃私蓄十数人馔。安既至，所设唯茶果而已。俶遂陈盛馔珍羞必具，及安去，纳杖俶四十，云：'汝既不能光益叔父，奈何秽吾素业？'"

这段话的意思是：陆纳为吴兴太守时，不受俸禄。卫将军谢安常常去拜访他。其侄儿陆俶认为只设茶果太寒酸，于是自作主张，暗中准备宴席，却不敢对陆纳说。于是他背着陆纳以丰盛的菜肴款待谢安。客人在座，陆纳强忍怒气，当谢安离开后，大发雷霆，痛心疾首地训斥陆俶："汝不能光益父叔，奈何秽吾素业邪！"意为"你既不能给叔父增光，为什么还要玷污我一向清操绝俗的德行呢"！怒气未消，又杖责陆俶四十大板，足见其家风之严。

陆纳（？—395），东晋吴郡（今江苏苏州）人。字祖言。陆玩子。少有清操，贞厉绝俗。初辟镇军大将军。州举秀才，引为建威长史。累迁黄门侍郎、吴兴太守、吏部尚书、尚书令。廉洁有操守。据《晋书》记载，陆纳以清廉从政著称于世，称其"举措多此类"。

"茶圣"陆羽非常敬仰陆纳的人品，不仅转引其茶事，并称其为"远祖"。这为后人研究陆羽的身世提供了难得的依据。

排除陆羽是弃婴，作为孤儿，是可以知道他姓氏的，他以"远祖"陆纳为荣，也是顺理成章的。"远祖"在湖州有善政佳话，这也许是陆羽选择定居湖州的原因

之一。

一般来说，除了将广义的称原始人等为人类远祖外，"远祖"为同宗姓氏的特定称谓，不是同宗，不能随意称外姓先祖为"远祖"。

那么，"远祖"是究竟几世祖呢？这要分实指还是虚指。

民间有祖孙十八代之说，笔者网上查阅到其中上九代为：

"生己者为父母，父之父为祖（即祖父），祖父之父为曾祖，曾祖之父为高祖，高祖之父为天祖，天祖之父为烈祖，烈祖之父为太祖，太祖之父为远祖，远祖之父为鼻祖。"

下九代为："子之子为孙，孙之子为曾孙，曾孙之子为玄孙，玄孙之子为来孙，来孙之子为昆孙，昆孙之子为仍孙，仍孙之子为云孙。"

如此说来"远祖"即为九世祖，即太祖的父亲。有网友认为此说引自《尔雅·释亲》。笔者查对该书，发现只有"下九代"记载，而没有"上九代"记载，权当网络或民间一说吧。

就虚指来说，"远祖"泛指同宗先祖。国人讲究同姓一家亲，五百年前同一家，凡同宗先祖，均可称为"远祖"。

当然，人类先祖也可称为"远祖"，这是人类发展史上的特指，有人以此为例，应另当别论。

陆羽记载的"远祖纳"，究竟是实指为其九世祖，还是虚指为同宗先祖，从两人生卒相差400多年，国人繁衍一般30年左右为一世，九世仅270年左右，因此可以排除为其九世祖。

至于陆纳和陆羽的祖籍及传承关系，如有宗谱记载就一目了然了，遗憾的是，从无发现相关文献，可能早已湮灭在历史的长河之中无从查考了。《陆羽自传》称曾作《江表四姓谱》八卷，"江表"为长江以南地区统称，"四姓"中可能有陆姓及作者本家详细信息，可惜散佚无存了。

（原载《茶博览》2016年第8期）

陆羽水性娴熟善驾舟

导语：本文通过皎然诗作、陆羽《自传》《隆兴佛教编年通论》，梳理出陆羽水性娴熟，善于驾舟。

陆羽《茶经》举世闻名，还有很多著作、诗文未能传世。陆羽故乡复州景陵（今湖北天门）位于长江中游汉江流域，尤其是第二故乡湖州为著名水乡。从《陆羽自传》（又称《陆文学自传》）和好友皎然等诗文得知，其水性娴熟，善于驾舟。但这一点鲜有人提及，本文特做介绍。

皎然比其为沧浪子

太湖东西路，吴主古山前。所思不可见，归鸿自翩翩。

何山尝春茗，何处弄春泉。莫是沧浪子，悠悠一钓船。

这首题为《访陆处士羽》的五言诗，是陆羽好友诗僧皎然，于某年春天前去拜访陆羽，古代没有电话、微信，不能临时预约，至多在上次见面时预约某时再见面。可能是皎然又写出了好诗，思友心切，想与好友推敲切磋，因此不期而至，做了不速之客。无奈好友外出不在，诗僧于是有感而发，留下了这首喜闻乐见的访友诗。

前两句写了当地环境。三四两句中"归鸿"为双关语，陆羽字鸿渐，意为陆羽犹如归鸿，在天地间自由自在，翩翩来去。友人去何处了呢？诗人猜想或许在某山问茶品茗，或许在某地弄泉鉴水，这些可都是好友专长的。最后两句"莫是沧浪子，悠悠一钓船"，提供了陆羽水性娴熟、善于驾舟的信息，大意是不会是像沧浪子一样，驾着钓船在水乡泽国优哉游哉。

沧浪子原意为隐逸者，但与后句"悠悠一钓船"相连，就让人自然想起当时同在湖州的水乡隐士玄真子张志和。皎然在另一首《奉和颜鲁公真卿落玄真子舴艋舟歌》中写到"沧浪子后玄真子，冥冥钓隐江之汜"，显然是把两者相提并论的。

张志和，号玄真子，婺州金华（今浙江金华）人。著名诗人。聪明早慧，16

岁明经及第，先后担任翰林待诏、参军、县尉等职。后母亲和妻子不幸相继病故，有感于宦海风波和人生无常，弃官弃家，浪迹江湖。唐肃宗曾赏赐给他奴、婢各一，称"渔童"和"樵青"，张志和遂偕奴婢隐居于太湖流域的东西苕溪与霅溪一带，扁舟垂纶，浮三江，泛五湖，渔樵为乐。其著名脍炙人口的名篇《渔歌子》，描写了斜风细雨之春天，在西塞山前垂钓之乐："西塞山前白鹭飞，桃花流水鳜鱼肥。青箬笠，绿蓑衣，斜风细雨不须归。"

在诗僧眼中，陆羽水性可与沧浪子、玄真子媲美，在江湖之中随意驾船出游。

《陆羽自传》记载"常扁舟往山寺"
《隆兴佛教编年通论》记载其"扁舟放浪"

《陆羽自传》中，作者写到其隐居湖州苕溪之滨时，"常扁舟往山寺"：

> 上元初，结庐于苕溪之湄（一作"滨"），闭关对书，不杂非类，名僧高士，谈宴永日。常扁舟往山寺，随身惟纱巾、藤鞋、短褐、犊鼻。

这一记载的大意是：上元（674—676）初年，陆羽在湖州苕溪边上建了一座茅庐，隐居其地，闭门读书，不与非同道者相处，整日与高僧、名士谈天饮酒。常驾着一叶扁舟，往来于山林寺院之间，随身只带纱巾、藤鞋、短布衣和短裤。

在江南水乡，船是最好的交通工具。这说明，陆羽从隐居地到附近山林品泉问茶，拜访皎然等好友，一叶扁舟是他常用的交通工具。

皎然《访陆处士羽》诗句"何山尝春茗，何处弄春泉"写的是春天情景，《陆羽自传》中"常扁舟往山寺，随身惟纱巾、藤鞋、短褐、犊鼻"，写的则是夏秋情景，大概作自传时在夏秋之际，因为冬春之际不会只穿短衣短裤。

除了上述皎然诗和《陆羽自传》所记，南宋祖琇编撰的《隆兴佛教编年通论·卷十九·释皎然》一章，亦有陆羽"扁舟放浪"之相应记载：

> 时陆羽隐松江，扁舟放浪，每至霅川，见昼必清谈终日忘返。

该记载说明，当时陆羽隐居于松江，经常泛舟于湖州干流霅川，拜访好友皎然，皎然字清昼，"昼"为简称，每次见面都是清谈终日，流连忘返。

从文义来看，此"松江"应为湖州近郊小江之名，非今日上海松江即古之吴淞江。不知今日湖州当地是否有"松江"之水名。

这一记载与皎然诗和《陆羽自传》所记完全吻合，说明小舟是陆羽当时主要交通工具。

难忘家乡西江水

熟悉水性善于驾舟者，一般都善于游泳，因为江湖之上驾舟，有不测风雨或漩涡，或触礁碰撞，难免会遇险落水，如果不会游泳，后果不堪设想。

游泳多为少年练功，陆羽少年是在家乡景陵（今湖北天门）度过的，环绕景陵之水时称西江，想必他少年时期常去西江之滨戏水，学会游泳的。有此经历，也让我们更能理解其明志诗《歌》（又名《六羡歌》）所表达的深意：

> 不羡黄金罍，不羡白玉杯。
> 不羡朝入省，不羡暮入台。
> 千羡万羡西江水，曾向竟陵城下来。

无水不论茶，茶遇水而活，陆羽一生知水爱水，喜爱到各地品泉鉴水，与水结下不解之缘。

扁舟放浪苕霅水，遍访天下名泉水，难忘家乡西江水，这就是"茶圣"陆羽之人生写照与情怀。

（原载《湖州陆羽茶文化研究》2020年年终号，《茶道》2021年第3期，标题改为《"茶圣"原来也很通水性》。）

陆羽与灵隐寺之因缘弥足珍贵

导语：陆羽曾多次到杭州和天竺、灵隐二寺，与灵隐寺高僧道标、宝达友善，其《茶经》《天竺、灵隐二寺记》《四标诗》等所记相关内容，为灵隐乃至杭州最早或较早茶事、佛事记载，极为难得，弥足珍贵。

"茶圣"陆羽（733—803），字鸿渐，唐复州竟陵（今湖北天门市）人，一名疾，字季疵，号竟陵子、桑苎翁、东冈子等。其通晓茶事，著有茶学巨著《茶经》三卷，被誉为"茶仙"，尊为"茶圣"，祀为"茶神"。

陆羽出身孤儿或弃婴，与佛门素有因缘，3～12岁由竟陵龙盖寺智积禅师收养，至德元年（756）24岁时，"安史之乱"逃难至吴兴（今浙江湖州），与高僧皎然结为"缁素忘年交"。此后常到杭州天竺、灵隐寺一带活动，与高僧道标、宝达等友善，作有《天竺、灵隐二寺记》《四标诗》等，其《茶经·八之出》记载天竺、灵隐二寺产茶，《宋高僧传》之《唐杭州灵隐寺宝达传》《唐杭州灵隐山道标传》均记其事迹，系灵隐乃至杭州最早或较早佛事、茶事记载，极为难得，弥足珍贵。

《宋高僧传》记载陆羽与灵隐寺高僧宝达、道标友善
《四标诗》褒赞道标"居闲趣寂"

陆羽何时到杭州及天竺、灵隐二寺，据《宋高僧传》卷二十一《唐杭州灵隐寺宝达传》记载，至少在"贞元中"曾多次到灵隐山：

> 以其陆鸿渐贞元中多游是山述记，记达师节俭而明心之调度也。

宝达禅师生平未详。这一记载大意为：贞元中，陆羽曾多次游历灵隐山并作记述，其中记有宝达禅师之节俭美德，心思清明纯正，并善于管理、调度。一句话便使高僧之形象跃然纸上，足见《宋高僧传》作者赞宁之文字功底。

其中"贞元中"为概数，贞元年号共21年，785—805年，取中则为795年

左右，一般记载陆羽卒年约为 804 年，今已发现南宋祖琇编撰的《隆兴佛教编年通论》等两种佛教文献，记载其卒于 803 年。从《宋高僧传》记载来看，说明陆羽晚年常去灵隐寺。但陆羽青、中年时完成的《茶经》，已写到天竺、灵隐二寺产茶，说明其到吴兴后，可能早已到过灵隐寺，下文有专题介绍。还有其中年时去越州（今绍兴）等地，要经过杭州，可能也会去灵隐寺，这些只是未见记载而已。

《宋高僧传》卷十五《唐杭州灵隐山道标传》详细记载了道标禅师事迹以及陆羽所作《四标诗》。

道标（740—823），杭州富阳人，俗姓秦氏，其远祖与嬴同姓，世为汧陇大族，晋时东渡为杭人。少聪颖，肃宗乾元元年（758），通经七百纸以上得度。尤善诗，与当时高僧吴兴皎然、会稽灵澈齐名，相与酬唱，时人有谚云：雪之昼，能清秀；越之澈，洞冰雪；杭之标，摩云霄。

陆羽为道标作有《四标诗》云：

> 日月云霞为天标，山川草木为地标。
> 推能归美为德标，居闲趣寂为道标。

道标小陆羽 7 岁，为同时代人。陆羽以日月云霞、山川草木比拟道标，褒赞其道德高尚，甘于宁静寂寞，作诗赋文，富有情趣。

从《宋高僧传》得知，陆羽曾为宝达禅师作传记，道标禅师应该亦有传记，可惜陆羽著作多散佚，主要以《茶经》传世。

《茶经》记载杭州茶"钱塘生天竺、灵隐二寺"，为文献记载"茶都"杭州茶史之最

《茶经·八之出》杭州名下记载："钱塘，生天竺、灵隐二寺。"

当时杭州辖钱塘、盐官、富阳、新城、余杭、临安、于潜、唐山八县，州治在钱塘。

《茶经》所记天竺寺，为下天竺寺，杭州有上、中、下三处天竺寺，其中下天竺寺建寺最早，又称南天竺寺、下竺灵山教寺，今称法镜寺。《咸淳临安志·卷八十四》之"下竺灵山教寺"记载："下天竺寺，隋开皇十五年（595）由高僧真观法师与道安禅师建，号南天竺。唐永泰（765—766）中赐今额。……"

法镜寺与灵隐寺相近，据下文《咸淳临安志·卷八十》写到，灵隐、天竺两山由一门而入，这也是陆羽二寺并记之原因。

目前法镜寺、灵隐寺周边一带，均为西湖龙井茶核心产地一级保护区。

此为已见文献记载杭州茶产地之最早出处。二寺之茶即今之龙井茶前身，这些茶属于原生还是引种，不得而知，近年所谓南北朝时期诗人、文学家谢灵运（385—433），将天台山茶引种到西湖，纯属好事者想象而已，并无任何文献记载。

陆羽《天竺、灵隐二寺记》原著已散佚
南宋《咸淳临安志》载有该记二十多条片段

陆羽《天竺、灵隐二寺记》今已散佚，仅能在南宋《咸淳临安志》卷八、卷二十三、卷三十六、卷八十等，见到该记20多个片段，其中以卷八十为最多，表述或称《陆羽二寺记》，或称《陆羽寺记》，或称《陆羽记》，或直呼"陆羽云"。如卷八十"寺观·六寺院·飞来至上竺""景德灵隐寺"条记载：

在武林山。东晋咸和元年，梵僧慧理建，旧名灵隐，景德四年改景德灵隐禅寺。灵隐、天竺两山由一门而入。《陆羽记》云："南天竺、北灵隐，有百尺弥勒阁、莲峰堂、白云庵、千佛殿、巢云亭、延宾水阁、望海阁。……"

《钦定四库全书》版《咸淳临安志》"景德灵隐寺"条书影

除了记载灵隐寺，该志卷八十"城西诸山"条下，另有多条片段。如"石门涧"条记载："《陆羽二寺记》云：'南有巉岩，旧有卧龙石横涧中，慈云法师种松于此。'"

"连岩栈、伏龙栈"条记载："过石门涧之南为连岩栈，今废。伏龙者，又连

岩栈之次也。《陆羽二寺记》云：'皆灵隐山泉涧中怪石之状。'"

"理公岩"条记载："在天竺山灵鹫院之右，《陆羽记》云：'昔慧理宴息于下，后有僧于岩上周回镌小罗汉佛、菩萨像。'"

"呼猿洞"条记载："陆羽云，宋僧智一善啸，有哀松之韵，尝养猿于山间，临涧长啸，众猿毕集，谓之猿父。"

"醴泉"条记载："《陆羽寺记》：'大历六年，忽出醴泉，酌之疗疾，又有卧犀泉。'"

"暖泉"条记载："一名涡渚东屿，见《陆羽二寺记》。"

"袁君亭"条记载："《陆羽记》云；'刺史袁仁敬造。'"

"丹灶亭"条记载：《陆羽记》云；葛洪炼丹之所。

"许迈思真堂"条记载：《陆羽二寺记》云：'许迈，字远游，一名映。'详具'方外门'，右自虚白亭以下并废，以前贤遗迹，姑仍旧志。"

从这些片段记载，陆羽对天竺、灵隐二寺周边之山石林泉、亭台楼阁等自然与人文景观非常熟悉。

灵隐寺原有《天竺、灵隐二寺记》石碑，可惜南宋之后被毁。南宋诗人韩淲（1159—1224）作有《天竺、灵隐观鸿渐寺记、白香山泉碑》云：

灵隐天竺山，清流漱奇石。草木郁青葱，岩洞耀丹碧。
有时闲联骑，尽日为散策。萧条怀古心，鬅鬠问遗迹。
胜士多去来，流年几今昔。寺记喜逢陆，泉碑尚余白。
因知幽绝处，得之乃无斁。所以千载后，山名转辉赫。
二子有逸韵，烟霞本其癖。想当落笔时，无地著清适。
嗟我复何人，长歌想英魄。

该诗说明韩淲当年游历天竺、灵隐二寺，观瞻陆羽二寺记碑和白居易泉碑后，引发诗兴，长句记怀，认为陆、白两位先贤寄情山水，富有闲情逸致，值得敬仰和纪念。

《钦定四库全书》版《咸淳临安志》
"连岩栈、龙栈"条书影

结语：陆羽灵隐寺相关记载弥足珍贵

陆羽小时被寺院收养 9 年，流落到吴兴后，先寄寓于寺院，与高僧皎然结为"缁素忘年交"，终生与佛门有缘，佛门亦将其作为善友，如《隆兴佛教编年通论》记有其卒年。有此因缘，在陆羽存世不多的著作中，才有上述与灵隐寺相关之茶事、佛事记载，这些都非常难得。如关于天竺、灵隐二寺产茶之记载，已见文献中少有发现杭州唐代茶事记载，如果无此记载，也许"茶都"杭州之茶史要迟至宋代了，足见陆羽所记弥足珍贵。

陆羽关于天竺、灵隐寺之相关记载，为宋《淳祐临安志》《咸淳临安志》、明万历《灵隐寺志》《钱塘县志》等志书，提供了不可多得之珍贵史料。

陆羽《天竺、灵隐二寺记》和刘宋时期钱塘县令刘道镇《钱塘记》，是记载灵隐寺初建时期难得的两件文献之一。在 2021 年 11 月 16 日召开的灵隐山文化国际论坛上，笔者建议灵隐寺为"茶圣"陆羽设立塑像，并整理出目前能搜集到的残篇，重建《天竺、灵隐二寺记》碑刻，以纪念陆羽之重大贡献。

（原载《农业考古·中国茶文化专号》2022 年第 2 期）

《故陆鸿渐与杨祭酒书》考述

送茶附短笺

北宋翰林学士钱易撰写的著名笔记——《南部新书·戊卷》，有这样一则记载：

唐制，湖州造茶最多，谓之顾渚贡焙。岁造一万八千四百八斤，焙在长城县西北。大历五年以后，始有进奉。至建中二年，袁高为郡，进三千六百串，并诗刻石在贡焙。《故陆鸿渐与杨祭酒书》云："顾渚山中紫笋茶两片，此物但恨帝未得尝，实所叹息。一片上太夫人，一片充昆弟同啜。"后开成三年以贡不如法，停刺史裴充。

这一短文一是说明紫笋茶作为贡品是在大历五年（770）之后，二是记载了陆羽曾向朝廷祭酒、好友杨绾送紫笋茶，并附送了一则短笺、也是研究陆羽生平的一则孤证——《故陆鸿渐与杨祭酒书》。

本文主要关注《故陆鸿渐与杨祭酒书》。该信虽是一则 30 多字的短笺，关注的人可能不多，但这则短笺对于陆羽的交游，包括紫笋茶的上贡年代，具有重要意义，笔者因此做出考述。

信的大意是：送上两片顾渚山中上好的紫笋茶，一片敬太夫人杨绾之母，杨绾从小丧父，因此只有母亲；另一片请杨绾品尝。非常遗憾的是，当今皇上还没有喝到如此好茶。言下之意也有请杨绾品尝后推荐之厚望，流露出陆羽希望得到朝廷赏识的愿望。

据宋代欧阳修、王辟之记载，宋代龙凤团茶一斤为八饼，以旧制每斤十六两计，每饼则为二两；小龙团茶一斤二十饼，每饼则不到一两。唐代饼茶的大小、重量未见直接记载，但陆羽以"片"为单位，估计不会太重。仅送两片，表示该茶得来不易，非常珍贵。

杨绾其人

杨绾（？—777），字公权，唐代华州华阴人。父杨侃是开元年间的醴泉令。幼年丧父，家境贫寒。安史之乱爆发，拜起居舍人、知制诰。历司勋员外郎，职方郎中。唐肃宗时，升中书舍人，兼修国史，迁礼部侍郎，为太常卿，充礼仪使。大历十三年元载伏诛，任中书侍郎、同中书门下平章事、集贤殿崇文馆大学士，兼修国史。杨绾患有不治之症，到延英殿议政，必须有人搀扶。不久卒。追封为司徒。杨绾生性节约，从不过问生计，俸禄全分给亲戚好友。崔宽与郭子仪都对他十分敬畏，时比之杨震、邴吉、山涛、谢安之俦。

杨绾为官清廉，德高望重，《新唐书·杨绾传》记载：

绾俭薄自乐，未尝留意家产，口不问生计，累任清要，无宅一区，所得俸禄，随月分给亲故。……知友，皆一时名流。或造之者，清谈终日，未尝及名利。或有客欲以世务干者，见绾言必玄远，不敢发辞，内愧而退。大历中，德望日崇，天下雅正之士争趋其门，至有数千里来者。以清德坐镇雅俗，时比之杨震、邴吉、山涛、谢安之俦也。

关于书信的由来和标题

信件一般开头会写称谓，结尾有落款、时间。由于不是以书信格式出现，而是收辑在其他文章中，收信的称谓和发信人的落款、时间均被省略了。

书信一般没有标题，"某某与某某书"是一种通用格式，是收辑者加上的。

信件多在收信人一方被发现。关于此信的由来，很可能是在杨绾的遗物中发现的，也许是杨绾感念陆羽送茶的厚意，也许是喜爱陆羽潇洒的书法，陆羽的书法也颇有造诣。应该不是杨绾在祭酒任上传出的。

古人信文的落款习惯是先时间后名号，该信没有具体时间，钱易写到陆鸿渐，可能是以"陆鸿渐"落款的，后人因此误以为是同朝宰相杜鸿渐。

写作年代为 770—777 年

据《新唐书》记载，杨绾是在宦官鱼朝恩被诛后升任国子监祭酒的，而鱼朝恩死于大历五年（770）寒食节，寒食节为每年农历冬至后105天，清明节前一两日。可见杨绾是在是年清明后担任该职的。国子监祭酒为国子学之长，从三品。大历十二年（777），杨绾拜中书侍郎、同中书门下平章事，同年八月二十七日病逝。笔者因此将《故陆鸿渐与杨祭酒书》的年代定在 770—777 年。

古人行文涉及官员身份的，均写当时的最高官职。由此推理，《故陆鸿渐与杨祭酒书》写于大历五年（770）清明后至大历十二年（777）年初。

陆羽与杨绾关系友善

从"昆弟"称呼来看，陆羽年长于杨绾，两人关系非常友好。一般来说，只有兄弟或亲密好友才能称"昆弟"。

可惜还没有两人交往的其他史料，陆羽何时结识杨绾不得而知。

也许日后紫笋茶成为贡茶，真有杨绾的举荐之功。

误记杜鸿渐名下张冠李戴

需要说明的是，宋尤袤《全唐诗话》卷二、明陈继儒《茶话》、清陆心源《唐文拾遗》卷 21、清陆廷灿《续茶经》等文献，均将《故陆鸿渐与杨祭酒书》记在唐代的另一位名人、官至宰相的杜鸿渐名下，《全唐诗话》还将标题标为《故杜鸿渐与杨祭酒书》。显然，这些文献或引文，都系误记或误引。

笔者下此结论，是因为杜鸿渐在杨绾任祭酒的 770 年的前一年，即 769 年，已经过世，不可能向他送茶。杜鸿渐的生卒年为 709—769 年，历代没有异议。

另外，从"顾渚山中紫笋茶"语句来看，也非陆鸿渐莫属，虽然杜鸿渐贵为宰相，在紫笋茶上贡之前，也是很难得到此茶的，更谈不上送给好友了。

之所以造成张冠李戴，或许是《故陆鸿渐与杨祭酒书》是以字"陆鸿渐"或"鸿渐"落款的，一些人不查阅原著，想当然，误以为这是杜鸿渐与杨绾官员之间往来的书信了，造成错误。

紫笋茶上贡应在 771 年之后

关于紫笋茶上贡朝廷的时间，《南部新书》记载"大历五年以后，始有进奉"，没有具体时间。通过对《故陆鸿渐与杨祭酒书》的研究，可以发现紫笋茶上贡应在 771 年之后。一般来说，贡茶都在春茶季节送京。上文表明，《故陆鸿渐与杨祭酒书》的写作时间，最早也在写于 770 年，一般送出茶饼表明当年春茶已经结束，当年的紫笋茶皇帝尚未尝到，那么贡茶最快也要明年春天才能上贡，因此紫笋茶的上贡时间，应在 771 年或更迟一些。

（原载《茶博览》2012 年第 2 期）

晏子吃的不会是单一的"苔菜"

——简论《茶经》晏子茶事引文的准确性

导语：本文认为陆羽《茶经·七之事》所引晏子茶事是准确的，晏子不会吃单一的"苔菜"，"苔菜"概念不清。之所以造成混淆，主要是解读古文时标点不准确，准确标点为"茗、菜而已"，"菜"指的是多种蔬菜。如没有确切依据，不宜轻易否定晏子茶事。

《茶经·七之事》所引晏子茶事，是中国早期著名茶事之一，很多专家、学者对此作有解读。多数认同为茶事，但因为古今《晏子春秋》版本有"茗""苔"之误，也有专家对此表示异议或否认为茶事，认为晏子吃的是苔菜而不是茶。本文就此做出简论。

晏子简介

晏婴（前578？—前500），春秋后期齐国国相，著名政治家、思想家、外交家。字仲，谥平，多称平仲，又称晏子。夷维（今山东高密）人。齐国上大夫晏弱之子。据说晏婴身材不高，其貌不扬。齐灵公二十六年（前556年）晏弱病死，晏婴继任为上大夫。历任齐灵公、齐庄公、齐景公三朝卿相，辅政长达50余年。孔子曾多次赞美他："救民百姓而不夸，行补三君而不有，晏子果君子也！"又曰："晏平仲善与人交，久而敬之。"他头脑机灵，能言善辩，使楚时曾舌战楚王，捍卫了齐国的国格和国威。内辅国政，屡谏齐君。司马迁非常推崇晏婴，将其比为管仲。睿智，爱民，谦恭下士。齐灵公、齐庄公、齐景公均信赖于他。

晏子以生活节俭、谦恭下士、品行超群著称。史载他一袭狐裘穿了30年。齐景公有个爱女，想嫁给晏子。他到晏子家宴饮，饮酒酣畅时，看到晏子的妻子又老又丑，就说寡人爱女年轻漂亮，让她充实您的内室吧。晏子恭敬地答道："如今她确实又老又丑，可是我与她生活很久了，过去她也年轻漂亮。况且人本来就是以少壮托付于年老的，以漂亮托付于丑陋的。她曾经托付于我，而我也接受了她的托付。虽然君王有所恩赐，岂能因此让我背弃她的托付呢？"晏子拜了两拜谢绝了。

古今《晏子春秋》版本"茗""苔"混用

关于晏子茶事，《晏子春秋》记载仅20字，原文是这样的：

> 婴相齐景公时食脱粟之饭炙三弋五卵茗菜而已。

意思是晏子担任齐景公国相时，吃的是糙米饭、三五种禽肉、蛋类、茗、菜而已。这对贵为国相的身份来说，已经称得上粗茶淡饭、家常便饭了。

除了历代茶书，笔者见到明代至当代的多种《晏子春秋》版本，"茗""苔"混用，还有包括各种《茶经》版本有其他明显错字，因此造成解读上的异议。

异议中较有代表性的是"现代茶圣"吴觉农主编的《茶经述评》，其引文、断句为：

> 婴相齐景公时，食脱粟之饭，炙三戈五卵、茗菜而已。（198页）

百川学海宋刻版《茶经》晏子茶事引文。其中"戈"为"弋"之误，"卵"为"卵"之误

校记：

"戈，有的版本为'弋'；茗，有的版本为'苔'。"（202页）

译文：

《晏子春秋》中记载，晏婴担任齐景公国相时，吃糙米饭、三五样荤食以及茶和蔬菜。（208页）

述评：

……陆羽就是根据"茗"这个字，把《晏子春秋》这段文字引入《七之事》里的。但是，在公元前6世纪的春秋时期，居住在山东的晏婴，是否能在吃饭时饮茶，是很值得怀疑的。……陆羽把《晏子春秋》条列入《七之事》中，是不恰当的。另外，"茗菜"两字，有的版本作"苔菜"，认为晏婴所吃的不是茶而是苔菜，那就更不

应该把这条列入《七之事》了。

东汉《张公神碑》"茗""苔"并用
徐铉校修版《说文解字》有"茗"无"苔"

中华书局 1963 年版
《说文解字》影印版书影

异议者认为，春秋晏子时代，尚未使用"茗"字，另外古代"茗"通"酩"。至于何时开始使用"茗"字，目前尚无定论。

笔者目前查到"茗"字的最早出处为东汉《张公神碑》。《张公神碑》立于东汉建宁五年（172），文字载于南宋洪适《隶释》卷三，内容是对逝者的赞颂之辞。其中一节并列写到苔茗两字："栗萧草兮蓁铺陈，新美萌兮香苾芬。蕙草生兮满园田，竞苔茗兮给万钱。惟公德兮之所□。"

此外，由东汉著名经学家、文字学家许慎原著、宋代徐铉校修后的文字学巨著《说文解字》，在新附字中收有"茗"字，没有"苔"字。"茗"字注释为："茶芽也，从艸，名声"。

"苔"不是"薹"的简化字，"苔菜"概念不清

一些专家、学者认为，"苔"即为"薹"的简化字，其实这是两个字。当代对两字以及苔菜、薹菜的解释分别是：

苔：隐花植物的一类，根、茎、叶的区别不明显，常贴在阴湿的地方生长，如青苔，苔藓，苔原。

舌苔：中医术语。正常人的舌背上有一层薄白而润的苔状物。

苔菜：为海洋藻类石莼科植物，又名海青菜、海菜、苔条等。在笔者家乡浙东沿海，苔菜俗称苔条，呈发状条形，南宋宁波宝庆《四明志》记载："苔，生海水中如乱发，人采纳之。"俗称"海中绿发"，非常形象，系美味特产之一。另一种美味海苔，则以紫菜为主，有所区别。笔者从电视上看到，辽东半岛多发的浒苔，同属海藻，旺发时甚至会覆盖海面，危害海洋生物，可作工业原料，未见食用记载。

薹：1.多年生草本植物，生于水田，叶扁平而长，可制蓑衣；2.蒜、韭、油菜等长出的花茎。

薹菜：别名青菜，为十字花科芸薹属芸薹种，白菜亚种的一个变种，一二年生草本植物，原产于中国，是中国黄河和淮河流域的地方特产蔬菜之一，以山东和江苏等地种植较多。食用部分为植株的全株，即幼苗或成长株的嫩叶、叶柄、未开花的嫩菜薹和肉质根，其含钾、钙等矿质元素较高。

笔者家乡东海苔菜（苔条）采晒场景

　　尽管明清以后书法作品中可以看到一些简化字，但在唐以前很少或没有发现简化字，在古籍中可以排除"苔"为"薹"的简化字，可以确认《晏子春秋》中是"苔"非"薹"。

　　以上可见，"苔""苔菜""薹""薹菜"包含着诸多内容。一般来说，"苔"为苔藓、海苔类植物；"薹"为青菜类、蒜、韭、油菜等长出的花茎类蔬菜。

　　就"苔菜"而言，齐国故都临淄（今淄博市东部地区）濒临山东半岛，有海洋苔菜资源，但晏子不可能吃单一的海苔类"苔菜"，尚不知道春秋时当地对海洋苔菜的称谓。

准确标点为"茗、菜而已"，"菜"为多种菜蔬

　　造成《晏子春秋》茶事句被误读的主要原因是标点不清，准确标点为：

　　婴相齐景公时，食脱粟之饭，炙三弋五卵，茗、菜而已。

　　"茗"即茶，"菜"则为多种菜蔬，这样理解就顺理成章了。

　　传说 5000 年神农茶事未见确切记载，一般的茶事记载始于 3000 多年前的周代，作为 2500 多年前的齐国国相晏子，吃茶或饮茶不是不可能，而是完全可能的。

结语：没有确切依据，不宜轻易否定晏子茶事

　　综上所述，笔者认为，陆羽作为严谨的学者，其茶学巨著《茶经·七之事》，为中唐以前主要茶事的断代文献，至今未见超越。如果没有文字学等方面的确切依据，不宜轻易否定晏子茶事。

　　（原载《农业考古·中国茶文化专号》2010 年第 5 期，标题为《〈茶经〉晏子茶事引文的解读比较与管见》。）

丹丘子
——仙家道人之通称

丹丘、丹丘山、丹丘子、丹丘生、丹丘羽人……是古诗文和道家文献经常提到的，尤其是被誉为"茶圣"的唐代隐士陆羽（733—804），先后四次在《茶经》和《顾渚山记》中引述《神异记》提及丹丘子，余姚人虞洪遇丹丘子获大茗的故事因此广为茶人熟知，专家、学者对丹丘子各有见解，有些则明显有误。综合多种文献，丹丘子乃是多位仙家道人的通称或别号。

各种文献记载的丹丘、丹丘子

笔者搜索查阅了各种文献记载的丹丘、丹丘子，按年代先后引录如下：

最早记载丹丘的是《楚辞·远游》："仍羽人于丹丘兮，留不死之旧乡。"据学者研究，以神仙为主题的《远游》系战国爱国诗人屈原（约前340—前278）所作，句中"羽人"指飞天的仙人，"丹丘"意为昼夜常明海外神仙地，泛指"神仙居住之地"。"羽人""丹丘"也可引申为天仙和地仙。

西晋道士王浮（生卒年不详，惠帝即位时［290——306年］在世）在他的志怪小说中两次写到丹丘子。《神异记》分为八则，其中前三则为小故事，后五则每则仅一句话。

其中第三则为虞洪遇丹丘子获大茗故事：

> 余姚人虞洪，入山采茗，遇一道士，牵三青牛，引洪至瀑布山，曰："吾丹丘子也。闻子善具饮，常思见惠。山中有大茗，可以相给，祈子他日有瓯蚁之余，不相遗也。"因立奠祀。后令家人入山，获大茗焉。

虽然《神异记》属志怪小说，但有人物、地点，地名沿袭至今，虞氏又是古代余姚的望族，如三国吴国大臣、学者虞翻、初唐著名书法家、名臣虞世南家族等，陆羽又在《茶经》中补记了西晋永嘉年代，说明王浮记的是当代道家茶事，具有较高的可信性。

《茶经》除了"四之器""七之事"引录虞洪获大茗事迹外，还在"八之出"中记载了余姚瀑布仙茗："浙东，以越州上（余姚县生瀑布泉岭曰仙茗，大者殊异，小者与襄州同）……"

2008年6月，余姚茶界在瀑布岭道士山发现了两棵口径13厘米、高3米多的大茶树，说明当地确有《神异记》记载的"大茗"，从而证实了这一故事的真实性。

紧接虞洪遇丹丘子获大茗之后，《神异记》的第四则又提到有关丹丘茶事的一句话："丹丘出大茗，服之生羽翼。"

东晋文学家孙绰（314—371）的《游天台山赋》，有"仍羽人于丹丘，寻不死之福庭"词句。此句与屈原的《远游》句大同小异。

南朝著名道家、医药学家、炼丹家陶弘景（456—536）在《杂录》中记载："苦茶轻身换骨，昔丹丘子黄山君服之。"

唐代大诗人李白（701—762）写过一首《西岳云台歌送丹丘子》。诗中的"丹丘子"是他一位名叫元丹丘的好友的别号。他的代表作《将进酒》写到的丹丘生，可能就是这位元丹丘："岑夫子，丹丘生，将进酒，杯莫停。"

陆羽好友、唐代诗僧兼茶僧皎然（704—785），分别在《饮茶歌送郑容》《饮茶歌诮崔石使君》两诗中写到丹丘："丹丘羽人轻玉食，采茶饮之生羽翼""孰知茶道全尔真，唯有丹丘得如此"。"丹丘羽人"可能典出《远游》。后诗小序中还记载："《天台记》云：'丹丘出大茗，服之使人羽化。'"这句话与《神异记》记载的"丹丘出大茗，服之生羽翼。"基本一致。《天台记》不知何人、何时所作，未见记载，可能已散佚。

还有很多古诗文，尤其是道家文献提到丹丘、丹丘子，很多文人雅士、道家自号或别号为丹丘、丹丘子、丹丘生。如元代浙江临海籍著名书画家柯九思（约1290—约1343），字敬仲，号丹丘生。

陆羽四记丹丘子

丹丘子是陆羽《茶经》着墨较多的一位人物。

先是在《茶经·四之器》中有这样的文字："永嘉中，余姚人虞洪入瀑布山采茗，遇一道士云：'吾丹丘子，祈子他日有瓯牺之余，乞相遗也。'"

《茶经·七之事》则先后两处提到丹丘子，开头有这样的记述："汉，仙人丹丘子黄山君"。"七之事"基本囊括了唐代以前的茶事文献，基本上都有出处，但此句引于何处未做说明，与上文陶弘景句似乎大同小异。由于古籍没有标点，此句可做两种理解，如在丹丘子黄山君之间加上顿号，则可视为二人，不加顿号则同为一人。

《茶经·七之事》在引录晋代文献时，又引述《神异记》记载："《神异记》：余姚人虞洪，入山采茗，遇一道士，牵三青牛，引洪至瀑布山，曰：'予，丹丘子也。闻子善具饮，常思见惠。山中有大茗，可以相给，祈子他日有瓯牺之余，乞相遗也。'因立奠祀。后常令家人入山，获大茗焉。"

陆羽在《顾渚山记·获神茗》中，又引述《神异记》的记载。

除了"汉，仙人丹丘子黄山君"外，"四之器""七之事"、《顾渚山记·获神茗》记载的文字大同小异，显然都是引于《神异记》，大同小异是为了避免重复。

《茶经》记载的丹丘子，目前茶文化界有三点争议：

一是关于年代"永嘉中"。一些茶文化作者为了将茶事前推，能与"汉丹丘子"挂钩，将西晋永嘉误为西汉永嘉，造成混乱。历史上"永嘉"年号有两个，先是东汉有永嘉年号，又称永憙，仅有永嘉元年（145）；后有西晋永嘉（307—313）。两者相差160余年。但按传统的纪年习惯，《茶经》记述的"永嘉中"即说明是西晋永嘉，因为东汉永嘉仅一年，不能用"中"来表述；有数年时间才能用"初、中、末"表示。如果说《茶经·四之器》"永嘉中"的记载还不够确切，那么《茶经·七之事》则明确将此归类在晋代文献中。当代茶圣吴觉农主编、比较权威的《〈茶经〉述评》（中国农业出版社1984年初版）也注释为西晋永嘉。

二是关于《神异记》与《神异经》。前文所说，《神异记》为西晋道士王浮所作，仅有三则小故事和五个单句。《神异经》则是另一种不同年代的志怪小说，记有30多则故事，1999年版《辞海》对《神异经》释文如下："志怪小说集。旧题汉东方朔撰，实为伪托。但东汉末服虔注《左传》已有征引。一卷。有晋张华注。其最初传本，后亦散佚；今本乃辑录唐宋类书所引逸文而成。仿《山海经》体例，但略于山川道里而详于记叙神怪异物，间有嘲讽之作。"

到目前为止，茶文化界多将这两种书混为一谈，《〈茶经〉述评》对两书的注释明显也有误："《茶经》所引的《神异记》，可能就是《神异经》，也可能是西晋以后人就《神异经》加以删补并改名而为陆羽所见的另一种神怪故事集。"实际上《鲁迅全集》里就有《神异记》，笔者另有专文王浮与《神异记》。

三是关于汉丹丘子与西晋丹丘子的关系。《茶经》只是客观地记述了汉代和西晋永嘉两个不同时代的丹丘子，并未说明两者的关系。除注明后者引于《神异记》外，并未说明前者引于何处。

《茶经述评》认为，如果丹丘子处于两个年代，前后矛盾，只有将他作为长生不老的仙人才能解释。

仙人只是传说。如果将丹丘子视为仙家道人的通称或别号，就不难理解处于不同时代的两个丹丘子。另有一解即上文提到的将陶弘景《杂录》和《茶经》提到的"汉仙人丹丘子黄山君"视为一人，丹丘子只是黄山君的别号。而在余姚瀑布山指点虞洪寻找大茗的丹丘子，则是当地山中自号丹丘子的识茶道家。

史籍难找丹丘子出处

笔者阅历有限，涉猎史籍有限，无法找到丹丘子出处。而仙人追根究底是由凡人而来。查考一下，黄山君是在黄山得道的一位仙人，葛洪《神仙传》有他的小传，说他修炼彭祖术，年龄数百岁，著有《彭祖经》。那么，丹丘子又是什么人物呢？《列仙传》《神仙传》或其他史籍均找不到他的记载。

找不到丹丘子出处，《茶经述评》关于丹丘子是"汉代的一个所谓的仙人，也就是《神异记》中指点西晋时代余姚人虞洪的那个道士"之说依据不足，而将汉丹丘子看成是另有其人或是黄山君的别号更为客观，他与余姚瀑布山的丹丘子是不同时代的仙家道人。

浙江两志书记载有误

与《茶经述评》一样，当代茶书大多将虞洪遇丹丘子获大茗注释为西晋永嘉。但 2004、2005 年浙江人民出版社出版的"浙江省志丛书"《浙江省农业志》和《浙江省茶叶志》，却有不同记载，前者记载的年代为东汉永嘉元年 145 年（见 35 页），显然有误，前文已经说明。

《浙江省茶叶志》则将年代定在汉代，认为《神异记》是西汉东方朔所选（见"总述"第 1 页）。这也明显有误，如前所说，《茶经》所记的《神异记》并不等同于《神异经》，而即便是《神异经》，也不能定为东方朔所选，一般的说法是后人伪托东方朔的。

志书是可以作为资料转引的权威性文献，影响较大。如 2007 年 4 月，由宁波市人民政府出面，在四明山瀑布岭茶区余姚大岚镇姚江源头设立的《大岚茶事碑》，即据此将丹丘子的年代提前到了汉代。笔者总感到缺乏史料依据。笔者的宁波同好认为身为浙江人、宁波人，就不必认真推敲了，茶事史料总是前推为好。笔者并不苟同此说，认为对史实必须要有科学的态度，切忌牵强附会或随意定论。下一步，当地还将筹建纪念丹丘子的设施，笔者希望慎重行事，不要牵强附会汉丹丘子，以《茶经》"四之器"中记载的西晋永嘉年代的丹丘子为好，何况西晋的茶事历史也够悠久了，没必要随意前推。

丹丘山在古宁海今三门境内

丹丘子难找出处，为使读者了解更多信息，笔者简介一下相关的丹丘山。古代浙江宁海（今属三门）、今天台均有丹丘山。《茶经述评》是这样注释丹丘山的："丹丘，在今浙江宁海县南 90 里，是天台山的支脉。天台山是有名的茶产地和佛教名区。"

这是根据古代《宁海县志》注释的。这一注释既准确又不全面。

宁海是笔者的故乡。丹丘山原属宁海，1940 年增设三门县时划归三门。今位于三门亭旁灵凤山南麓，因三国葛玄（164—244）曾在此设炉炼丹而得名。南北朝宋文帝元嘉元年（424）始建丹丘寺，历代时有兴废。清同治十一年（1872）宁海知县王耀斌等以寺庙淫滥，曾改丹丘寺为亭山书院。

因唐代宁海县治曾设丹丘附近的今三门县城海游镇，丹丘一度被用作宁海的别名，宁海宋代进士储国秀《宁海县赋》就写到丹丘别名。元代天台人赖良则在《大雅集》中称宁海人为丹丘人。明崇祯三年（1620），毅宗在《敕行人司行人胡献来父母》的诏书中也以丹丘代指宁海："联闻丹丘、白峤（也曾设县治）间，灵气蜿蜒，代毓异人……"

清末还流行一首《宁海县歌》：

> 丹丘白峤古名区，西接天台东尾闾。
> 一带文明回浦水，千秋灵气出名儒。

天台县城城东也有丹丘山，据当地史籍记载，该山是因为"泥土如丹，山顶平坦，山色如丹，故初名丹丘，后立县必有横山，因丹丘山在县城之东，又称东横山也。"

可见古宁海、今三门丹丘山是因为葛仙翁炼丹而得名，天台丹丘山则是因为土色、山色而得名，这正是权威的《茶经述评》注释为前者的原因。

葛玄曾在天台山植茶，被尊为浙江植茶始祖，天台山主峰华顶归云洞今立有"葛仙茗圃"纪念碑。

除了余姚四明山瀑布岭虞洪遇丹丘子获大茗的记载外，三门或天台丹丘山并无丹丘子事迹记载。

综上所述，始于《楚辞》，在古诗文和道家文献，尤其是《茶经》中多次记载的丹丘、丹丘子，并非真有其人，而是仙家道人的通称或别号。

抛砖引玉，敬请方家见教。

（原载《农业考古·中国茶文化专号》2008 年第 2 期）

傅巽与傅咸记述茶事探微
——解读《茶经》引录的西晋前从祖孙茶事文献

　　《茶经·七之事》共引录初唐以前48件茶事，其中有两件为从祖孙茶事，他们便是东汉至西晋时代的傅巽与傅咸。晋代之前茶事凤毛麟角，傅氏家族竟有从祖孙两人上榜，殊为难得，特作介绍。

北地傅氏——西汉至晋代之名门望族

　　傅巽与傅咸，均为西汉时期著名外交家、勇士傅介子后裔。傅介子（？—前65），北地义渠（今甘肃庆阳市宁县）人。其宴席诱杀楼兰王之英雄事迹传颂古今，以功封义阳侯。

　　北地傅氏乃西汉至三国时期之名门望族，其家族主要名人有：

　　傅介子子傅敞，因罪不能继承爵位；曾孙傅长，承袭为义阳侯。

　　后人傅宽（？—前190），西汉开国功臣，代国相，子傅精，阳陵顷侯；孙子傅则，阳陵共侯；曾孙傅刚，阳陵侯傅偃。

　　后人傅睿，东汉代郡太守，长子傅巽，三国侍中、尚书；次子傅允，东汉黄门侍郎；侄孙傅嘏，曹魏尚书、阳乡侯；曾侄孙傅祗，西晋司徒。

　　后人傅燮（？—187），东汉大臣，子傅干，东汉为丞相参军、仓曹属，入魏为扶风太守；孙：傅玄，西晋文学家、思想家；曾孙傅咸。

　　其中傅巽与傅干为从兄弟，傅咸则为傅巽从孙，有茶书称他们为祖孙乃讹误。

天津古籍出版社2010版
《傅子》评注书封

傅巽《七诲》所记"南中茶子"，或为油茶籽

傅巽，生卒年不详，卒于魏明帝太和年间（228—233），字公悌。北地泥阳（今陕西铜川市耀州区［原耀县］河东堡东侧）人。东汉末年、三国时政治家、大臣。原为刘表之臣，后劝说刘琮降曹，为曹操所任用，封关内侯。后迁任散骑常侍，曹丕即位后成为侍中、尚书。有文集二卷。《三国志·魏书·刘表传》引《傅子》语："巽字公悌，瑰伟博达，有知人鉴。"史载其多次预言得到证实，如在荆州时，曾评说庞统为"半英雄"，庞统后来归附刘备，待遇也只能次于诸葛亮；又预言裴潜最终会以高风亮节而名扬四方，日后则官居尚书令，德高望重。出仕魏国时，魏讽以才智闻名，傅巽却说他早晚必会谋反，果然如其所言。

据《全三国文》记载，傅巽有文集二卷，另有《槐树赋》《蚊赋》《七诲》《奢俭论》《笔铭》等文赋、小品。其中《七诲》为地方特产名录。

《茶经·七之事》所引傅巽《七诲》记载了8种特产："蒲桃、宛奈、齐柿、燕栗、峘阳黄梨、巫山朱橘、南中茶子、西极石蜜。"

其大意为：山西蒲地的桃子，西域宛地的苹果，齐地山东的柿子，燕地河北的板栗，峘阳（今河北曲阳）的黄梨，巫山（今重庆）的红橘，云南及周边地区的茶子，西域地区的石蜜。

《茶经》将其中"南中茶子"作为茶事引录。此"茶子"或为油茶籽。有以下两点理由：

一是一般记述茶事均以茶叶、茶树、茗饮为名，未见其他以茶子代替茶事之记载；

二是一些地方称油茶为茶子树，如明代初年俞宗本写的《种茶书》所记"十月收茶子"，指的就是油茶籽。云南同为茶树、油茶树等山茶科植物中心，油茶籽应该也是大宗特产之一。

这是一个比较复杂的论点，需从当地油茶开发历史、方言名称等多方面进行研究。笔者提出问题，供时贤后学研讨。

傅咸同情蜀妪卖茶粥，饼应为面饼

傅咸（239—294），字长虞，北地泥阳（今陕西铜川市耀州区［原耀县］河东堡东侧）人，西晋官吏，文学家。出身官宦家族，四代为官。曾祖傅燮（？—187年），字南容，东汉大臣；祖父傅干，曹魏扶风太守；父亲傅玄（217—278），字休奕，晋初司隶校尉，文学家，博学能文，曾参与撰写《魏书》，著《傅子》数十万言，评论诸家学说及历史故事。傅玄以乐府诗体见长。今存诗 60 余首，多为乐府诗。

傅咸历任太子洗马、尚书右丞、御史中丞等职，封清泉侯，西晋文学家。为官峻整，疾恶如仇，直言敢谏，曾上疏主张裁并官府，唯农是务，并力主俭朴，认为"奢侈之费，甚于天灾"。死后追赠为司隶校尉，谥号"贞"。存诗 10 余首，多为四言诗。《隋书·经籍志》载傅咸有集 17 卷，今佚。明代张溥辑有《傅中丞集》1 卷，收入《汉魏六朝百三家集》。

《茶经·七之事》引傅咸《司隶教》曰："闻南市有蜀妪作茶粥卖，为廉事打破其器具。后又卖饼于市。而禁茶粥以困蜀姥，何哉？！"

其大意为：听说洛阳南市有一蜀地老妇卖茶粥，负责城市管理的廉事，竟把她的器皿打破了，禁止她在市上卖粥。后来又允许她卖饼。而禁茶粥使老婆婆陷入困境，这究竟是为什么呢？！

这是已知茶粥之最早记载。

《司隶教》为一种自上而下的教化类公文。傅咸作为良吏，言辞中对卖茶粥之蜀地老妇表达了深切同情，希望以后不要发生类似事件，体现了对底层劳动人民的体恤关怀之情。

很多茶书茶文将蜀妪所卖之"饼"，解读为茶饼。这显然是误解。尽管西晋时代可能已有茶饼，但试想一下，即使茶道大兴之今日，如果在集市单纯卖茶饼，又能卖出多少？须知，这是西晋时代啊！在北地洛阳，当然是大众化、以麦粉为主的面饼之类。

时至今日，茶粥配面饼等各种饼类，干稀搭配，仍然是早点或其他时段的绝佳点心，健康美食。当代茶类丰富，可煮出多种茶粥。笔者写过《晋唐流韵说茗粥》，遗憾的是，晋、唐时代已经市售的茶粥，不知何故，竟然在历史长河中消失了，如今已难见踪迹。愿我们的城镇饭店餐馆，包括合法经营之排档摊位，多出现这样的特色点心，相信不再担心"廉事"打破器皿了。

（原载《茶博览》2019 年第 7 期）

《茶经》引文《谢晋安王饷米等启》
三处人物与词句辨误
——"晋安王""疆埸擢翘""酢类望梅"之正解

导语：本文以《茶经·七之事》梁刘孝绰《谢晋安王饷米等启》为例，对其中"晋安王"人物及"酢类望梅""疆埸擢翘"两词作出辨误，以求正解。

古籍翻刻会出现各种错误，《茶经》在历代翻刻、印刷中，由于校勘或刻工等种种原因，出现诸多谬误。尤其是《茶经·七之事》之引文，内容丰富，年代久远，翻刻时最易出错。

本文以《茶经·七之事》梁刘孝绰《谢晋安王饷米等启》为例，探讨其中"晋安王""酢类望梅""疆埸擢翘"三处词句正误，以求正解。

《谢晋安王饷米等启》题解

《谢晋安王饷米等启》为南朝梁官吏、文学家刘孝绰（481—539），呈献给梁简文帝萧纲（503—551）任晋安王时的一封简短感谢信，感谢他赏赐米等食物。"饷"为馈赠；"启"为旧时文体之一，较简短的书信，如小启、谢启。

梁简文帝萧纲为梁武帝萧衍第三子，天监五年（506）3岁时封为晋安王，中大通三年（531）被立为太子。太清三年（549），爆发侯景之乱，梁武帝被囚饿死，萧纲即位，大宝二年（551）为侯景所害，葬于庄陵。自幼爱好文学，倡导的宫体文学影响后世，形成"宫体诗"的流派，后人认为其文学成就大于政治成就。

刘孝绰本名冉，小字阿士，彭城（今江苏徐州）人。7岁能文，14岁代父起草诏诰，时为神童。书法善草、隶。初为著作佐郎，后为秘书监。卒年59岁。明人辑有《刘秘书集》。

从萧纲封为晋安王之时间，得知《谢晋安王饷米等启》写于506年，刘孝绰时年25岁；另从文中写到竹笋"抽节"来看，时在春天之际。

吴觉农主编的《〈茶经〉述评》等诸多著述，均将晋安王误为梁敬帝萧方智

（543—558），实为错误，萧方智出生时，刘孝绰已逝世 4 年，下文专题叙述。

晋安王萧纲非萧方智

造成晋安王之误，主要是南北朝时曾有六位晋安王或晋安郡王，其中南朝梁四位，除了萧纲，另三位分别是：

南齐武帝萧赜第七子萧子懋（472—494），建元四年六月丙申（482），进封晋安王，食邑二千户；

南齐明帝萧鸾长子萧宝义（？—509），本名萧明基，建武元年封晋安郡王，食邑三千户；

梁元帝萧绎第九子梁敬帝萧方智（543—558），承圣元年（552），改封为晋安王，食邑二千户。

从四位晋安王生卒年来看，萧子懋受封时，刘孝绰年仅 2 岁，不能为文；而萧方智出生时，刘孝绰已逝世 4 年。此两位可以排除。

其中最有可能的是萧宝义和萧纲，但萧宝义受封为晋安郡王，有一字之差，笔者因此将其确定为萧纲。

萧纲与刘孝绰有书信往来，唐《艺文类聚》辑有其《与刘孝绰书》。

《谢晋安王饷米等启》原文与译文

《谢晋安王饷米等启》原文为："传诏李孟孙宣教旨，垂赐米、酒、瓜、笋、菹、脯、酢、茗八种。气苾新城，味芳云松。江潭抽节，迈昌荇之珍；疆埸擢翘，越葺精之美。羞非纯束野麕，裹似雪之驴；鲊异陶瓶河鲤，操如琼之粲。茗同食粲，酢类望梅。免千里宿舂，省三月种聚。小人怀惠，大懿难忘。"

笔者试译如下："传诏李孟孙宣布您的告谕，恩赐我米、酒、瓜、笋、菹、脯、酢、茗八种食品。新城之米，香味高如松树参天入云。水边初生春笋，鲜美胜过菖蒲、荇菜；田野间挑选之瓜菜，滋味倍加鲜美。麋鹿肉干堪比白驴肉脯，浓香腌鱼可与陶瓶所装黄河鲤鱼媲美，米粒如晶莹美玉。佳茗如同上等精米，香醋如酸梅一样令人口舌生津，想起望梅止渴之典故。您的赏赐免去我春种秋收之劳，市场奔波选购之苦。您的恩惠小人铭记不忘。"

《谢晋安王饷米等启》行文优美，抑扬顿挫，朗朗上口，读之如饮佳茗。

萧纲生于天监二年（503）年底，天监五年（506）封为晋安王时不足 3 周岁时，儿时应该随母生活在都城建康（今江苏南京）。晋安位于今福建省福州市辖区，与建康相距较远，一般来说赏赐礼品亦为当时南京周边物产。王室向一些重臣、名臣赠礼为礼仪之一，也是笼络人心之手段，以显示对臣子之关心，而以 3 岁藩王名义给予赏赐，更多是象征意义。

《梁书·刘孝绰》记载，其时刘孝绰因将妻妾接到身边而母亲冷落在老家，被人弹劾免职，高祖萧道成器重其文才，多次派人宣旨安慰抚恤，每次有朝宴都邀他参与。高祖作《籍田诗》后，又赐给刘孝绰看。同时奉诏作诗的有几十人，高祖认为刘孝绰写得最精巧，即日下令，起用他任西中郎湘东王谘议。因此晋安王赐予其八种礼品，也可看成是高祖和皇室对他的慰问。

落难之时还得到赏赐，刘孝绰感激涕零，一气呵成这篇小启，为茶文化留下难得之文献。

"疆場（yì）擢翘"误为"疆場（cháng）擢翘"

笔者看到包括《〈茶经〉述评》等多种《茶经》版本，已将"疆場擢翘"误为"疆場擢翘"。一字之变，容易产生歧义。"疆場"本义为田地边界，大的叫"疆"，小的叫"場"，《诗经·信南山》诗句云："疆場翼翼，黍稷或或。"意为田间边界划分整齐有序，谷物生长得茂盛苗壮。"疆場"则容易产生边疆之歧义。此字误读主要是字形一样而笔画相近，右边仅差一横。

"擢"意为选拔、挑选；"翘"意为出挑、出众。"疆場擢翘"本义为从田野采摘最好之农作物。东晋著名学者郭璞（276—324）在《赠温峤诗五首》中，曾两次写到"擢翘"。

（1）南宋咸淳九年（1273）左圭辑百川学海本《茶经》；
（2）明万历四十一年（1613）喻正《茶书》本《茶经》；
（3）清乾隆四十三年（1778 年）钦定四库全书本《茶经》；
（4）民国十一年（1922）桑苎庐藏板壬戌重刊《陆子茶经》

"酢類望梅"误为"酢類望柑"或"酢颜望楈"

与"疆場擢翘"相比，"酢類望梅"句谬误更多，分别有"酢颜望楈""酢颜望柑""酢類望柑"之误，而以"酢類望柑"最多。

据笔者查阅，现存最早的南宋左圭辑、咸淳九年（1273）刊印《百川学海》版《茶经》，误为"酢颜望楈"；其他明代至今版本多为"酢類望柑"或"酢颜望柑"，仅有民国十一年（1922）桑苎庐藏板壬戌重刊《陆子茶经》为正句"酢類望梅"。

右图为四种版本，可以看出由"酢颜望楈"到"酢類望梅"之演变：

结合上句"茗同食粲"，从句式、文意、音韵来看，以"酢類望梅"最为恰当。"酢"为醋之别名；"類"简化为"类"，与上句"同"近似同义，换为"颜"则费解；"望梅"不仅有典故，音韵比"望柑"上口，笔者因此以为"酢類望梅"最准确。

　　"梅"之异体字为"楳"，可能是误为"楈""柑"之原因。

结　语

　　综上所述，仅 100 多字的《谢晋安王饷米等启》，竟有三处可能出现错误，需要专家、学者仔细甄别，晋安王可能被张冠李戴。"疆場擢翹""酢類望梅"有一、二字之变，文意即费解或误解，如再望文生义，谬误更多，可见校勘、校注之难。

　　笔者一管之见，抛砖引玉，敬请方家见教。

（原载《农业考古·中国茶文化专号》2018 年第 5 期）

破解《茶经》引文弘君举《食檄》"悬豹"之谜

——"悬豹"为"悬钩"之误，悬钩子即覆盆子

弘君举《食檄》两大疑点

《茶经·七之事》引弘君举《食檄》云："寒温既毕，应下霜华之茗。三爵而终，应下诸蔗、木瓜、元李、杨梅、五味、橄榄、悬豹、葵羹各一杯。"

其大意为：主宾寒暄之后，先饮浮有白霜般沫渤之佳茗。三杯之后，再陈上甘蔗、木瓜、元李、杨梅、五味子、橄榄、悬豹、葵羹饮料各一杯。

《食檄》可理解为记载食品之书单，类似食单，其中"霜华之茗"为茶事要点。"霜华"之喻与西晋杜育（？—311）《荈赋》记载异曲同工："惟兹初成，沫成华浮；焕如积雪，晔若春敷。若乃淳染真辰，色责青霜，白黄若虚。"

弘君举《食檄》相关文字有两大疑点：

一是《茶经》注明弘君举为丹阳（今属江苏）人，但历代文献查无此人。清人严可均在《全晋文》里提出，他可能就是与桓温、陆纳同时代文武全才之骁骑将军弘戎，曲阿人，生平事迹未详，曾有《弘戎集》十六卷，可惜已散佚。丹阳古称曲阿，这么看来，似乎顺理成章了。

二是其中"悬豹"两字令人费解，古今多种《茶经》版本，包括最早的南宋《百川学海》版《茶经》，多是"悬豹"，或为"悬钩"，《茶经述评》认为可能为"瓠"字之误，但瓠瓜之类也不宜作饮料。这究竟是什么饮料呢？

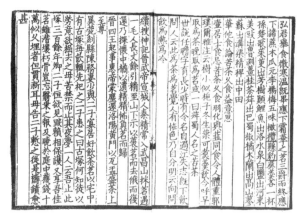

目前存世最早的南宋咸淳九年（1273）左圭辑百川学海本《茶经》误刻为"悬豹"

从家乡覆盆子之俗名"摇铃荡"引发灵感

2018年7月7日小暑深夜，笔者研读这一引文，在网上搜索关键词"悬豹""悬钓"，均无答案，想必很多专家、学者做过这样的功课。笔者突然从家乡覆盆子之俗名"摇铃荡"想到，此字是否为"豹""钓"近似的"钩"字，名为"悬钩"呢？

初识覆盆子，是初中时读到鲁迅的著名散文《从百草园到三味书屋》，其中"别了，我的蟋蟀们！别了，我的覆盆子们和木莲们"令人印象犹深。原来只知道覆盆子是一种野果子，根据鲁迅的描述，味道还不错，要比桑葚好得多："如果不怕刺，还可以摘到覆盆子，像小珊瑚珠攒成的小球，又酸又甜，色味都比桑葚要好得远。"后来知道，覆盆子在浙东家乡俗名"摇铃荡"，此果细柄较长，山风吹拂，如风铃随风摇晃，遂有此名，非常形象。

覆盆子是一个大家族，品种多样，多为灌木，也有藤蔓型的，果实都可食用，甜甜酸酸的，但以下图大叶长柄覆盆子果实最大，味道最好，非草莓可比拟。果实一般如银杏大小，为聚生果。覆盆子为多年生灌木，长在丘陵山地，当年嫩枝不会挂果，第二年以后才有果实，又称木莓、树莓、山莓。由于野生产量较少，加上采摘青果作为药材，成熟后不易保存，只有山民才能享受此等美食。现在人工栽培的，也以采摘青果卖药材为主。

覆盆子食药两用，不同品种药用功能大同小异，均为中上品本草。以药用覆盆子为例，主要功效为益肾、固精、缩尿，用于肾虚遗尿、小便频数、阳痿早泄、遗精滑精等症。

药用覆盆子干果

"摇铃荡""悬钩"？搜索之后令人欣喜，原来有名叫悬钩子的野果，同时为植物蔷薇科下一大属名，各种覆盆子均为悬钩子属，也可叫悬钩子为覆盆子。这么看来就顺理成章了，悬钩子与五味子一样，均为饮料之原料。

回头看最接近原意、由郑培凯、朱自振主编的《中国历代茶书汇编校注本》在《茶经》注释中，虽然提到可能为山莓一类之"悬钩"，但未做肯定，更没有提到覆盆子："悬豹：或为悬钩形似之误，否则殊不可解。悬钩又称山莓、木莓，蔷薇科，茎上有刺，子酸美，人多采集。"

笔者进一步搜索又有发现，除了《茶经》引《食檄》之片段外，《太平御览》、《书钞》均有片段引文，以《太平御览》文字最多，其中"悬钩"为"玄构"（有

些版本为"拘"),可能为通假字或谐音,或为"悬钩"之古名,这就对应上了,排除了"悬豹""悬钓"之误。

《太平御览》卷八百四十九"饮食部七·食下"引文如下:

弘君举《食檄》曰:又取溮湖独穴之鳢,赤山后陂之蒬,伺漉泠豉,及热应分。食毕作躁,酒炙宜传。酒便清香,肉则豆不特獐,胚若披繻,急火中炙,脂不得薰。闻香者踯躅,千咽者塞门。罗莫碗子五十有馀。牛朓捣、炙鸭、脯鱼、熊白、獐脯、糖蟹、濡台,车螯生甜,滋味远来。百醉之后,谈闷不除,应有蔗姜、木瓜、元李、阳梅、五味、橄榄、石榴、玄构、葵羹脱煮,各下一杯。

至此,笔者对弘君举《食檄》有了更多理解,此君绝对是美食家,《食檄》之信息量也极为丰富,食不厌精,仅饮料就这么多种,酒足饭饱之后,至多只能选饮三种,各饮一杯还不撑死?这与他同时代的权臣桓温、名臣陆纳茶果待客之简朴,简直天壤之别,足见当时都城宴饮之奢华。比较《茶经》简短引文,可能是引了开头和结尾,中间有所省略,茶饮之后,先上酒菜,再上饮料;而《太平御览》引文则省略了开头,因此看似不对称,其实出处相同。

《茶经》引文准确标点为:

"弘君举《食檄》:寒温既毕,应下霜华之茗,三爵而终。……应下诸蔗、木瓜、元李、杨梅、五味、橄榄、悬钩、葵羹各一杯。"

其大意为:弘君举《食檄》云:主宾寒暄之后,先饮浮有白霜般沫浡之佳茗三杯。……再上甘蔗、木瓜、元李、杨梅、五味子、橄榄、悬钩子、葵羹饮料各一杯。

这是笔者个人阅历与学术研究融会贯通之一例,敬请方家见教。

释法瑶法号实为法珍、昙瑶二高僧法号合一之误

——《茶经》引文释法瑶"饭所饮茶"考析

《茶经·七之事》引《释道该说续名僧传》记载："宋释法瑶，姓杨氏，河东人，永嘉中过江，遇沈台真，请真君武康小山寺。年垂悬车，饭所饮茶。永明中，敕吴兴礼致上京，年七十九。"

其大意为：《释道该说续名僧传》记载：南朝宋代僧人法瑶，俗姓杨，河东人。晋代永嘉年间到江南，遇见沈台真，请他到武康小山寺。当时其已年老。吃饭时饮些茶。到了南朝齐代永明年间，齐武帝曾传旨吴兴，请他上京，那时他已经79岁了。

其中茶事关键词为释法瑶在武康小山寺"饭所饮茶"，意为吃饭饮茶，或指吃饭时饮茶，或指饭前、饭后饮茶。

该茶事系湖州南朝之前早期茶事之一，但文字存有多处疑点，本文特作考析。

一、《茶经》引文为孤证，尚未发现相应文献

据吴觉农主编的《茶经〈述评〉》点评，该茶事从标题到正文，均有疑问：

《释道该说〈续名僧传〉》（正名：释道悦：《续名僧传》。记事：法瑶饮茶。）

这一记事有两个问题：

首先是标题问题。在《茶经》各种版本中，有的是"释道该说续名僧传"，有的是"释道说续名僧传"，两者不同的是"该"字的有无。显然，这一"该"字是多余的，有这一"该"字，就说不通。本书所采用版本有"该"字，可能是刻版时的错误，但为尊重原版本，未予删除。还有"说"字，"说"与"悦"相通，因名僧中只有道悦而无道说，所以应改为"悦"字。这样一改，就成为"释道悦续名僧传"，意为僧（释）道悦所写的《续名僧传》，标题应改为"释道悦：《续名僧传》"。

其次，陆羽引的这段文字，说释法瑶是永嘉年间（永嘉是西晋怀帝年号，307—313年）过江而于永明年间（永明是南朝齐武帝年号，483—493年，齐武帝

便是后面所引的写遗诏的南齐世祖武皇帝）被"礼致上京"的。这就是说，释法瑶竟能从西晋起，经过东晋、南朝宋，直到南朝齐的一百七八十年间还活在人世，这显然是一桩完全不可能的事，而且既明确地说是宋释法瑶，也就不可能往前追溯到西晋，而往后又延续到南朝齐，这从行文的惯例来说，也是讲不通的。因此，南朝梁《高僧传》所记述的法瑶于元嘉年间过江，大明六年被致礼上京的年代是可信的，而陆羽所引述的永嘉，系元嘉之误；永明，系大明之误。

该述评提到的标题、内容存在的疑问属实，但尚未说清楚。首先，关于标题，据史籍记载，自梁代至唐代，高僧传记分别有梁《名僧传》、梁《高僧传》(《梁高僧传》)、唐《续高僧传》等数种，尚未发现《续名僧传》。其次，所谓"释道悦：《续名僧传》"未见于各种佛教典籍，唐释道宣著有《续高僧传》，其中卷第二十七有释道悦传，姓张，荆州昭丘人。十二岁于玉泉寺出家受戒，安贫苦节，尤能持念《大品》《法华》，常诵为业。随有经戒日诵一卷，人并异之。未见其著有《续名僧传》等任何著作。其三，尚未发现《释道该说〈续名僧传〉》引文相应文献，未知该引文出处，或已散佚，成为孤证。

关于永嘉系元嘉之误，永明系大明之误，述评准确。

述评关于南朝梁《高僧传》法瑶，亦不准确，下文专述。

二、梁《高僧传》法珍传有昙瑶附传，系二位高僧合传 该传早于《茶经》引文，应予采信

《茶经〈述评〉》关于《高僧传》释法瑶之说，经笔者查阅原文，系误读，"法瑶"之法号，实为法珍、昙瑶二位高僧法号合一之误。

《高僧传》由梁会稽嘉祥寺沙门释慧皎撰，因此又称《梁高僧传》。该传卷第七《宋吴兴小山释法珍（昙瑶）》记载：

释法珍，姓杨，河东人。少而好学寻问万里。宋景平中来游兖豫，贯极众经，傍通异部。后听东阿静公讲，众屡请覆述。静叹曰："吾不及也。"元嘉（424—453）中过江。吴兴沈演之特深器重。请还吴兴武康小山寺，首尾十有九年。自非祈请法事未尝出门，居于武康每岁开讲。三吴学者负笈盈衢，乃著《涅槃》《法华》《大品》《胜鬘》等义疏。大明六年（462）敕吴兴郡致礼上京，与道猷同止新安寺，使顿渐二悟义各有宗，至便就讲，銮舆降跸百辟陪筵。珍年虽栖暮，而蔬苦弗改，戒节清白，道俗归焉。宋元徽（473—476）中卒。春秋七十有六。

时宋熙有昙瑶者，善《净名》《十住》及《庄》《老》，又工草、隶。为宋建平宣简王宏所重也。

由于古文未标点、分段，容易误读。首先《宋吴兴小山释法珍（昙瑶）》之标题，其实（昙瑶）是作为附传附录的，该传列为附传的还有其他多位高僧，一般事迹比较简单者，会作为附传。包括《茶经》《茶经〈述评〉》等很多书刊、文章，误将"法珍（昙瑶）"列为同一人，也有该传网文误为"法瑶（昙瑶）"的。《高僧传》标题及正文"珍年虽栖暮"，均明确记为法珍。至于昙瑶，笔者将两位高僧事迹分开段落，就非常清楚了。

从《高僧传》记载来看，法珍事迹与《茶经》引文大同小异，《高僧传》未记茶事，但记载其为元嘉中到小山寺，住山 19 年，开讲法席，听者盈门。道行高尚，戒节清白。享年 76 岁，与《茶经》引文 79 岁略有差别。

昙瑶住于一处名为"熙"之地，精于《净名》《十住》等佛教经典及庄、老之说，工草书、隶书，为建平宣简王刘宏所重。刘宏（434—458），字休度，彭城郡（今江苏铜山）人，宋文帝刘义隆第七子。元嘉二十一年（444）二月辛卯封建平王。

通过解读，可明确法珍、昙瑶为二位高僧，不能混淆为一。

鉴于《高僧传》早于《茶经》引文，后者又未发现相应文献，按照文史原则，应采信《高僧传》记载。

三、吴兴先贤沈演之，性好举才荐法珍

《高僧传》《茶经》引文分别提到沈演之、沈台真，是引荐法珍住持武康小山寺之伯乐。史载其重气节，性好举才，乐于成人之美，因其引进高僧，才引出一段难得茶事。

沈演之（397—449），字台真，吴兴郡武康县（今浙江德清）人。生于晋安帝隆安元年，卒于宋文帝元嘉二十六年，终年 53 岁。出身将才之家，谦虚好学，可日读《老子》百遍。举秀才，为嘉兴令。曾任司徒祭酒、南谯王义宣左军主簿、钱唐（今杭州）令等职。元嘉十二年（435），东郡（今河南沈丘一带）大水，百姓饥馑，米价昂贵，与尚书祠部郎江邃巡行拯恤，开仓赈济，饥民赖此获救者无数。因尽心于朝廷，为宋文帝所赏识，升尚书礼部郎。后历官右卫将军、侍中右卫将军、中领军太子詹事。因及时察觉范晔叛乱有功，迁国子祭酒、本州大中正。转任吏部尚书、太子右卫。元嘉二十六年（449），出任尚书下省。申济屈滞，而谦约自持。暴卒。追赠散骑常侍、金紫光禄大夫，谥贞侯。著有《沈演集》十卷，行于世。《宋书》有传，赞其"素有心气，疾病历年，上使卧疾治事。性好举才，申济屈滞，而谦约自持，上赐女伎，不受。二十六年，车驾拜京陵，演之以疾不从。上还宫，召见，自勉到坐，出至尚书下省，暴卒，时年五十三。太祖痛惜之，追赠散骑常侍、金紫光禄大夫，谥曰贞侯。"

北宋名相赵普（922—992）为其作像赞云：

> 行严而方，学优而邃。势利纷如，淡然无累。
> 抑抑德隅，人望知畏。式玉式金，庶乎纯粹。

四、结语：尽管《高僧传》与《茶经》引文有别，并不影响高僧法珍"饭所饮茶"茶事记载

综上，本文根据相关文献，对南朝宋高僧法珍"饭所饮茶"做出考析，尽管《茶经·七之事》引文《释道该说续名僧传》与《高僧传》记载有别，但并不影响对该茶事之采信，为《茶经》所引，应视为可信，只是年代久远，难找相应文献而已。

笔者抛砖引玉，期待更多学者追溯法珍茶事相应文献更多事迹。

"茶人"称谓始于《茶经》

　　"茶人"是爱茶人最常见的称谓，茶人们大多乐于以此自称。那么，"茶人"称谓究竟始于何时？笔者在研读《茶经》时找到了答案。

　　《茶经》在"二之具"开头写道："籝，一曰篮，一曰笼，一曰筥，以竹织之，受五升，或一斗、二斗、三斗者，茶人负以采茶也。"这里的"茶人"显然是指采茶人。这是"茶人"的最早出处。

　　2003年10月，当笔者决定与钱时霖先生合著《中华茶人诗描》时，便一直在思考茶人的定义。笔者以为，茶人是一个内涵十分丰富的统称，各行各业的爱茶者均可称为茶人，历代为茶产业、茶文化做出贡献和有所建树的前辈和长者，是当之无愧的茶人。茶人中懂得茶之诸法、树茶学丰碑的陆羽尊为"茶圣"，至今难以超越；超然物外品得七碗真趣的卢仝类人物皆为茶仙；从事茶业科技、教学、文化的有院士、博士生导师、博士、专家、学者、作家、画家、壶艺家；还有茶商、茶农、茶客等，是各行各业爱茶人的统称，足见茶人之丰富多彩。烟、酒、茶嗜好者均有称谓，嗜烟者俗称烟民、烟枪，贬称烟鬼；嗜酒者尊称酒仙，雅称饮者、酒人，俗称酒民、酒囊，贬称酒鬼；嗜茶者尊称茶博士、茶仙，雅称茶人，没有贬称。酒有"酒圣"，但杜康却是传说中的人物；茶有"茶圣"，陆羽则以三卷《茶经》赢得全世界茶人的千古敬仰。世人何以如此厚茶？盖因烟魔危害甚烈，其对身体的损害是全面的；酒则有功有过；茶乃高雅国饮，有百利而无一害，嗜好者多为精行俭德之人，世人只有尊称、雅称，不忍贬称也！

　　当下经济发达地区已经进入小康时代，健康文明的生活方式已经成为人们追求的重要目标，戒烟限酒多喝茶成了生活时尚，各种高雅的茶事活动为人们所喜闻乐见。笔者曾在《中华茶人诗描》序文《茶人乐趣多》中，归纳出爱茶人至少有五大乐趣：一为清饮之乐，二为交友之乐，三为赏壶之乐，四为茶艺之乐，五为撰文著书之乐。茶人们因此而自尊、自豪。

　　衷心祝愿天下的爱茶人以陆羽倡导的茶人精神——"精行俭德"共勉，身心健康，事业有成，创造出新时代光辉灿烂的茶文化。

辑三 茶史探微

历代三地"茶都"之形成与兴衰

导语：本文提出"茶都"之定义，简言之即为茶产业、茶文化代表人物、标志性茶事、茶文化经典集中之地。梳理了晋代至现代南京、湖州、杭州三地"茶都"的形成与兴衰。

试论"茶都"之定义

随着茶文化的兴起，"茶都"已成为当代使用频率较高的新词语。2005 年 4 月 15 日，中国茶叶学会、中国国际茶文化研究会、中国茶叶质量检测中心等十家机构，联合授予杭州市"中国茶都"称号。2010 年 12 月，杭州市茶文化研究会季刊《茶都》出版至今。也有一些城市自称为"茶都"。

何谓"茶都"？至少要符合以下几点，并集中出现在某个年代：

首先是茶叶产区。茶为南方嘉木，因此"茶都"多在南方城市，北方城市基本无缘。

其次要有代表人物，标志性茶事。成为"茶都"，必有几位在茶文化史上影响深远的代表人物和标志性茶事。

最后是留有诸多茶文化典故或经典代表作，或诗或文或典故。

简言之即为茶产业、茶文化代表人物、标志性茶事、茶文化经典集中之地。

如以上几点缺其一，则难称"茶都"。

南京——东晋、南北朝之"茶都"

如果不仔细梳理茶史，包括笔者在内的很多专家、学者，不会知道最早形成的"茶都"是南京。

南京及周边宜兴、溧阳、金坛均为传统茶产区，约成书于晋代的《桐君录》，记载晋陵（今常州）产茶，宜兴阳羡茶为唐代贡茶，《茶经·八之出》记载："润州，江宁县（今南京市）生傲山"。陆羽曾到南京东郊栖霞寺采茶，其好友、诗人皇甫冉作《送陆鸿渐栖霞寺采茶》送别。当代南京名茶雨花茶遐迩闻名。

南京著名茶事典故始于三国，南京时称建业。残暴昏庸之吴主孙皓，偶尔能体恤不善饮酒之文臣韦曜，以茶代酒，传为美谈，在茶文化界家喻户晓。

如果说三国时期仅为单一茶事，那么到了东晋、南北朝，南京则出现了大量著名茶事典故，分别被《世说新语》《洛阳伽蓝记》《茶经》等经典记载或转引。其中主要代表人物和典故简述如下：

1. "水厄"典故出自东晋王濛

关于"水厄"之典故，茶文化界知之甚广，说的是东晋名士、名臣王濛（309—347）。王濛好饮茶，友人至必请饮茶，多饮为佳。这在当代属于基本礼节，但在晋代毕竟饮茶尚未普及，与之交往的一些朝臣、文士并不习惯喝茶，似乎强人所难，以至于每次去王濛家时，总有些担心害怕，便戏称"今日有水厄"，意为今日又要遭茶水之灾了。以茶会友竟被误解为强人所难之"水厄"，这在茶道大行之当下，该有多冤！由此足见王濛对茶饮之深爱，以及其真诚待友的率真可爱。

"水厄"之典故发生在东晋都城建康即南京，为建康著名茶事之一。

此事系唐《太平御览》引《世说新语》记载，今版《世说新语》已未见此条，但并不影响此典故广为传播。

2. 南朝梁弘君举《食檄》记茶饮、茶饼、例茶

《茶经》引弘君举《食檄》记载："寒温既毕，应下霜华之茗。三爵而终，应下诸蔗、木瓜、元李、杨梅、五味、橄榄、悬钩、葵羹各一杯。"其中"悬钩"为山莓类水果悬构之误。

据《全晋文》作者严可均考证，弘君举疑为南朝梁骁骑将军弘戎。《食檄》是当时朝廷宴饮食单，《茶经》所引仅为小部分，《太平御览》《北堂书钞》分别在"饮食部"等多卷作有转引，其中荤、素菜品、饮品极为丰富，铺张奢华。除上述记载茶饮外，另有记载到茶饼："催厨人作茶饼，熬油煎葱，例茶以绢，当用轻羽，拂取飞面，刚软中适，然后水引。细如委綖，白如秋练，羹杯半在，才得一咽，十杯之后，颜解体润。"此茶饼、例茶该作何解，有待考证。

3. 南齐萧赜遗诏以茶为祭

南齐建都建康，世祖武皇帝萧赜（440—493）崇尚节俭，《茶经》引其遗诏云："我灵座上，慎勿以牲为祭，但设饼果、茶饮、干饭、酒脯而已。"以茶为祭被历代传为节俭佳话。

4. 南齐王肃好茗饮一饮一斗，号为"漏卮"，投靠北魏贬茶为"酪奴"

说到"酪奴""漏卮"之号，读者都会想起北魏名臣王肃（464—501）。《洛阳伽蓝记》记载："肃初入国，不食羊肉及酪浆等物，常饭鲫鱼羹，渴饮茗汁。京师士子道肃一饮一斗，号为'漏卮'。经数年以后，肃与高祖殿会，食羊肉酪粥甚

多。高祖怪之，谓肃曰：'卿中国之味也，羊肉何如鱼羹？茗饮何如酪浆？'肃对曰：'羊者是陆产之最，鱼者乃水族之长。所好不同，并各称珍。以味言之，甚有优劣。羊比齐鲁大邦，鱼比邾莒小国，唯茗不中，与酪作奴。'"

王肃原任南齐著作郎、太子舍人、司徒主簿、秘书丞。永明五年（487），24岁时因父兄被杀投奔北魏，其一饮一斗"漏卮"之号，源于南齐都城建康，可以佐证当时建康崇尚饮茶。

5. 南朝梁陶弘景《杂录》记茶功

南朝梁著名医药家陶弘景（456—536），丹阳秣陵（今江苏南京）人，誉称"山中宰相"。《茶经》引其《杂录》记载："苦茶轻身换骨，昔丹丘子、黄山君服之。"丹丘子、黄山君是传说中汉代仙人，好茶饮，此语常被后人引用。

6. 南朝梁刘孝绰谢启首记米、醋、茗

俗语"柴米油盐酱醋茶"，说的是生活必需品，古已有之。溯源考证，首次将米、醋、茶并提的文献，是南朝梁名臣、文学家刘孝绰（481—539）。《茶经》引《谢晋安王饷米等启》记载："传诏李孟孙宣教旨，垂赐米、酒、瓜、笋、菹、脯、酢、茗八种。气苾新城，味芳云松。江潭抽节，迈昌荇之珍；疆埸擢翘，越葺精之美。羞非纯束野麞，裛似雪之驴；鲊异陶瓶河鲤，操如琼之粲。茗同食粲，酢类望梅。免千里宿舂，省三月种聚。小人怀惠，大懿难忘。"

其中"酢"即醋。这一简短谢启语言优美，情辞并茂，读来朗朗上口，为难得美文。因其最早并提将米、醋、茗，受到茶文化学者关注。

7. 北魏杨元慎羞辱南朝梁陈庆之"茗饮作浆"

北魏杨衒之《洛阳伽蓝记》卷二记载：永安二年（529），萧衍遣主书陈庆之（484—539）使洛阳，其间急病心痛求医。北魏中大夫杨元慎，因此前与陈庆之就魏梁孰为中华正统，而发生争执，弄得不愉快，遂借庆之生病之际报复羞辱。元慎自荐能医，庆之不知他为报复而来，听信其言。元慎含水喷庆之曰："吴人之鬼，住居建康，小作冠帽，短制衣裳，自呼阿侬，语则阿傍。菰稗为饭，茗饮作浆，呷啜莼羹，唼嗍蟹黄，手把豆蔻，口嚼槟榔。乍至中土，思忆本乡，急手速去，还尔丹阳。"……庆之趴在枕上说，杨君如此辱我太过分了吧！

这一记载说明，陈庆之生活习俗与上文王肃相似。杨元慎作为北方术士，认为江南人士，包括以茶为饮料的日常生活堪称鄙陋。这种自以为是，以不同生活方式嘲笑他人的行为非常愚蠢，其实后世证明茶饮是先进生活方式，唐代以后风行于南北各地。

除了以上7条比较著名的东晋、南北朝建康茶事典故外，《世说新语》《晋书》等文献，还记载了东晋太傅褚裒（303—350）宴饮嗜茶受蔑视，东晋任瞻南渡宴会饮茶好奇发问，南朝宋诗人王微（415—453）《杂诗》赋写寂寞女子饮茶解愁等

茶事。南京周边则有东晋扬州老妇市上卖茶水、东晋扬州牧桓温茶果待客等茶事，这么多代表人物和茶事典故，足以说明当时建康及周边官府及民间较为普及的饮茶风尚。

遗憾的是，南北朝之后，南京茶事少有文献记载。唐代南京边上宜兴阳羡茶列为贡品，卢仝留下了"天子须尝阳羡茶"的著名诗句，明代以后当地崛起为紫砂壶之都。明代江苏多著名茶书、茶画、茶诗作者，如陈继儒、陆树声、唐寅、文徵明、沈周、张大复等，多是华亭（今上海松江）、苏州、昆山人，少见南京人。

清光绪三十一年（1905），南洋大臣、两江总督周馥，曾派江苏道员、宁波人郑世璜，赴印度、锡兰考察茶业，是为中国茶业出国考察第一人。其《乙巳考察印、锡茶土日记》详记所见所闻所思，曾分别向周馥和农工商部，呈递《考察锡兰、印度茶务并烟土税则清折》《改良内地茶业简易办法》等禀文，力主设立机器制茶厂。1907年，由他管辖的江南商务局，在南京紫金山设立江南植茶公所，在钟山南麓灵谷寺一带垦荒植茶，即今日雨花茶之前身。该所系首家茶叶试验与生产结合的国营机构，也是首家茶叶研究机构，被视为茶科技的发端，可惜未几即停业。

民国建都南京，处于战乱时代，未见著名茶人茶事。当代南京少有著名茶文化专家、学者，少有全国性茶文化活动。

笔者梳理出上述茶事典故，提出南京是东晋、南北朝时期"茶都"，希望能增强当地茶文化自信，复兴、弘扬曾经辉煌的茶文化。

唐代"茶都"非湖州莫属

湖州茶文化底蕴丰厚。1990年4月19日，湖州博物馆在弁南乡罗家浜村窑墩头，发掘一处东汉末至三国时期的砖室墓，出土一个青瓷"茶"字贮茶瓮，同时有青瓷碗、盆、罐出土。这是我国目前出土最早刻有"茶"字铭文的专用贮茶瓮，为研究中国茶文化提供了实物依据，系国家级珍贵文物。可以与之相佐证的是，《茶经》引南朝宋山谦之《吴兴记》记载："乌程县西二十里，有温山，出御荈。"这是文献记载最早的名茶之一。据《茶经述评》评说："一般认为，温山所出的御荈，可以上溯到孙皓被封为乌程侯的年代；并且还有当时已设有'御茶园'的推断。"

"茶"字专用贮茶瓮与温山御荈相辅相成，将湖州茶史上溯到三国之前。而唐代陆羽《茶经》和紫笋贡茶，更使湖州成为海内外茶人心目中的圣地。南京之后，湖州接棒"茶都"美名，顺理成章。其主要代表性人物、标志性茶事和茶文化经

典作品有：

1. 经陆羽推荐，湖州紫笋茶自唐大历年间（766—779）取代阳羡茶成为贡茶

紫笋茶上贡数量最多会昌中（843—844）达 18400 斤，前后时间达 80 多年。其上贡时间之长，数量之多，影响之大，均为历史之最，今大唐紫笋茶贡茶院遗址尚存。同时上贡的还有金沙泉水。唐代湖州刺史亲至顾渚山监制贡茶的有 28 人，其中刻石题字或诗书传诗的 9 人，分别有颜真卿（772）、袁高（781）、张文规（841）、杜牧（850）等

大唐紫笋茶贡茶院遗址

名家。其中袁高《茶山诗》、张文规《湖州贡焙新茶》、杜牧《茶山诗》均为著名茶诗。

2. 陆羽在湖州完成《茶经》修订出版

《茶经》已被翻译成日语、朝鲜语、英语、德语、俄语、西班牙语、葡萄牙语、阿拉伯语等多种文字，传播到世界各地。

3. 颜真卿、皎然、陆羽成为史上最著名"茶道三君子"

其中一为地方最高长官、著名书法家、文史家，一为高僧、诗僧。颜真卿、皎然堪称陆羽人生中的贵人，编撰《韵海镜源》使他有了博览群书之良机，为撰写、修订《茶经》，提供了有利条件；助建青塘别业，使其得以安居乐业，致力于茶事茶文。

4. 皎然首次将茶文化提升为"茶道"

其茶诗《饮茶歌诮崔石使君》，先后两次提到"茶道"："……三饮便得道，何须苦心破烦恼。……孰知茶道全尔真，唯有丹丘得如此。"这是"茶道"两字出典处，提升了茶文化之境界。

5. 茶宴、茶会联句为茶史之最

"大历十才子"之一钱起《与赵莒茶宴》、白居易《夜闻贾常州崔湖州茶山境会想羡欢宴因寄此诗》均为著名茶宴诗。皎然、陆羽、耿湋等有多次雅集联句。

6. 皮日休、陆龟蒙《茶中杂咏》唱和影响深远

皮日休的《茶中杂咏》十首和陆龟蒙的《奉和袭美茶具十咏》，对后世影响较大。两组茶诗分别以《茶坞》《茶人》《茶笋》《茶籯》《茶舍》《茶灶》《茶焙》《茶鼎》《茶瓯》《煮茶》为题，内容涵盖采茶人采摘、制造和品饮全过程。作者以诗人之灵感，艺术、系统、形象地描绘了唐代茶事，为茶文化和茶史研究留下了珍贵文献。比较而言，诗题以皮日休《茶中杂咏》为好，陆龟蒙改为《奉和袭美茶具十咏》欠妥，

因为所咏还包括《茶坞》《茶人》《茶笋》《茶舍》《煮茶》，并非全是茶具，也许是后人误抄误刻所致。陆龟蒙在顾渚山下自置茶园，诗中写到顾渚山，列为湖州茶诗无疑。

唐代以后，宋代建茶崛起，但紫笋茶、金沙泉茶香水甘，流韵悠长，苏轼、苏辙、陆游、王十朋、元好问、杨维桢、汪道会、钱大昕等宋、元、明、清历代著名大家、诗人，都在诗文中吟诵紫笋茶、顾渚春和金沙泉。

当代湖州茶文化在地市一级仍属上流，可圈可点，湖州陆羽茶文化研究会会刊《陆羽茶文化研究》，自1991年创刊以来，从未间断。湖州市、长兴县、吴兴区每年举办一次或多次全国或国际性大型茶事活动，尤其是陆羽诞辰或《茶经》逢十周年之际，活动规模较大。出版了湖州茶文化丛书、《顾渚山志》《顾渚山传》等一批茶文化书刊。重修皎然、陆羽墓，重建大唐贡茶院，海内外茶人、游客纷至沓来。

"茶都"杭州兴起于宋代　当代晋升为国际"茶都"

说起当代著名"茶都"，海内外都会公认非杭州莫属。

杭州茶史悠久，《茶经》记载："钱塘（杭州）生天竺、灵隐二寺。"西湖群山皆产茶。追溯杭州"茶都"之地位，兴起于宋代，其主要代表人物和经典作品有：

1. 苏轼在杭州写出最优美、最著名茶诗

宋代大文豪苏轼（1037—1101）《次韵曹辅寄壑源试焙新茶》诗句"从来佳茗似佳人"，写尽茶与女性之柔美；《游诸佛舍，一日饮酽茶七盏，戏书勤师壁》诗句"何须魏帝一丸药，且尽卢仝七碗茶"，极写茶功之最；《又赠老谦》诗中"得茶三昧"为成语"得其三昧"出典。

2. 林逋诗句记载寺院茶鼓

北宋著名诗人、隐士林逋（967—1028），在其《西湖春日》中，记载了当时西湖周边寺院设有茶鼓："春烟寺院敲茶鼓，夕照楼台卓酒旗。"上文苏轼诗句呼应了杭州寺院茶风之盛。

3.《参天台五台山记》《梦粱录》记载杭州饮茶之盛

日本高僧成寻（1011—1081）于宋熙宁五年（1072）来中国，见证杭州官府多次点茶招待、民间饮茶成风。其《参天台五台山记》同年四月廿二日记，记载当时杭州街市非常繁华，茶摊众多，茶水每碗一文钱：

廿二日辛未……每见物人与茶汤，令出钱一文。市东西卅余町，每一町有大路小路，百千买卖，不可言尽。见物之人，满路头并舍内。以银茶器，每人饮茶，

出钱一文。

宋末元初杭州人吴自牧在《梦粱录》记载，杭州多茶肆，并有夜市设摊、上门点茶：

> 夜市于大街有车担设浮铺，点茶汤以便游观之人。……巷陌街坊，自有提茶瓶沿门点茶，或朔望日，如遇吉凶二事，点送邻里茶水，倩其往来传语。……僧道头陀欲行题注，先以茶水沿门点送，以为进身之阶。

《参天台五台山记》《梦粱录》所记，足见当时杭州街头茶风之盛，商贩富足，用的是银茶器。邻里有事或僧道上门，以点送茶水为礼仪。

4. 元代虞集《游龙井》首记龙井茶

元代名臣、文学家虞集（1272—1348）《游龙井》首次写到龙井茶："……徘徊龙井上，云气起晴昼。……烹煎黄金芽，不取谷雨后。"在诗论《题蔡端明、苏东坡墨迹后》中，虞集还写到龙井斗茶："晓起斗茶龙井上，花开陌上载婵娟。"

5. 明代杭州茶书作者多

明代杭州茶书分别有田艺衡《煮泉小品》、高濂《遵生八笺》、陈师《茶考》、胡文焕《茶集》等。尤以许次纾《茶疏》影响较大，全书多有精彩之笔，如对炒青绿茶的加工记述较为详细，对产茶和采制的论述也比前人深入，具有较高的史料价值。清代文学家、茶人厉鹗在《东城杂记》好评此书"深得茗柯至理，与陆羽《茶经》相表里。"

6. 清代乾隆皇帝四次巡视龙井茶区

乾隆六下江南，四次前往龙井茶区，留下《观采茶作歌》《再游龙井作》《坐龙井上烹茶偶成》等茶诗，影响巨大，将龙井茶提高到至尊地位。

7. 近、现代毛泽东、朱德、周恩来、陈毅、尼克松、西哈努克、普京等海内外领袖、政要、社会名流挚爱龙井茶、虎跑水。

孙中山品尝虎跑水后大赞"天之待浙何其厚也"；毛泽东赞美"龙井茶，虎跑水，天下一绝"；周恩来曾五到龙井茶区，与夫人邓颖超通信时说到，西湖五多独选其茶多，曾为《采茶舞曲》改写歌词；朱德、陈毅分别诗赞龙井茶，写了《看西湖茶区》和《梅家坞即兴》。尼克松、西哈努克、普京等外国元首、政要也非常喜爱龙井茶。

8. 当代诸多国字号茶科技、茶文化机构落户杭州。

如中国农业科学院茶叶研究所、中华全国供销合作总社杭州茶叶研究院、中国国际茶文化研究会、中国茶叶博物馆、中国茶叶学会等。

9. 杭州茶文化、茶科技专家、学者、作者，出版的茶文化著作、期刊，成果丰富。

周大风创作的《采茶舞曲》风靡海内外，被联合国教科文组织评为亚太地区优秀民族歌舞，并被推荐为"亚太地区风格的优秀音乐教材"。这是中国历代茶歌茶舞得到的最高荣誉。

10.国际及全国性产业、文化博览会领先全国。2017 年，每年一届的中国国际茶叶博览会落户杭州，进一步提升了杭州作为国际"茶都"之地位。目前较有影响力的博览会还有：始于 2014 年、由中国国际茶文化研究会、中华茶人联谊会、中华全国供销合作总社杭州茶叶研究院、浙江大学、杭州市人民政府共同主办的中华茶奥会。由杭州发起、在全国各地轮流举办的有：中国国际茶文化研讨会、武林斗茶等。

结语：江浙地区是茶文化主要发祥地

综上所述，从晋代到当代，作为茶产业、茶文化代表人物、标志性茶事、茶文化经典集中之地的"茶都"，从南京、湖州转到杭州，均在江浙地区，与笔者 2018 年发表的《南朝之前古茶史 江浙地区最丰富——以文献记载和考古发现为例》相吻合，说明江浙地区自古就是社会经济文化繁荣之地，是茶文化主要发祥地。

（原载《农业考古·中国茶文化专号》2019 年第 2 期）

东晋谢宗《谢茶启》探析

——兼与杜育《荈赋》比较

导语：本文通过文献溯源，发现东晋会稽王属官谢宗《谢茶启》为同类文献之最，而综合其两种三例茶文片段，则可与杜育《荈赋》相媲美，此发现丰富了东晋茶事。宋代杨伯嵒《臆乘·茶名》中"乌程之御舜"，源于谢宗《谢茶启》，实为"乌程之御荈"之误。

2020年6月，笔者从《续茶经》《茶董》等文献中，检索到东晋谢宗两种三例茶事，发现其中《谢茶启》为同类文献记载之最，而综合其两种三例茶文片段，则可与西晋杜育《荈赋》相媲美。这一发现丰富了东晋茶事。

谢宗茶事尚未见专文，特作相关考论。

一、解读《续茶经》《茶董》两种三例相关引文
从比较中看出几点差别

清代陆廷灿《续茶经》和明代夏树芳《茶董》，分别收有谢宗两种三例《谢茶启》《论茶》片段。其中《续茶经·九之略》记载：

谢宗《谢茶启》："比丹丘之仙芽，胜乌程之御荈。不止味同露液，白况霜华。岂可为酪苍头，便应代酒从事。"

《续茶经·六之饮》还引录谢宗另一条《论茶》：

谢宗《论茶》："候蟾背之芳香，观虾目之沸涌。故细沤花泛，浮饽云腾，昏俗尘劳，一啜而散。"

夏树芳《茶董》引文记载云：

谢宗《论茶》曰："此丹丘之仙茶，胜乌程之御荈。首阅碧涧明月，醉向霜华。

岂可以酪苍头，便应代酒从事。"

关于"丹丘之仙茶"，《茶经述评》注释云："丹丘，在今浙江宁海县南90里，是天台山的支脉。天台山是有名的茶产地和佛教名区。"宁海是笔者的家乡。丹丘山原属宁海，1940年增设三门县时划归三门。今位于三门亭旁镇灵凤山南麓。山上出产茶叶。东汉、三国时代的高道葛玄（164—244）爱茶，被尊为仙翁，曾在此山设炉炼丹，因以丹丘为名。"丹丘之仙茶"或指此山茶叶，但未见其他文献佐证。皎然《饮茶歌送郑容》开句："丹丘羽人轻玉食，采茶饮之生羽翼（句下自注：《天台记》云：'丹丘出大茗，服之生羽翼'）。"两者或为同源。但《天台记》已散佚，未知年代与作者，难以考证。据宋代台州方志、诗文记载，葛玄曾在天台山、临海盖竹山种茶。

温山御荈为《茶经》转引南朝宋山谦之《吴兴记》所记的一款南朝前早期名茶之一，熟悉《茶经》者都会有印象。《吴兴记》原文为："乌程县西二十里，有温山，出御荈"。"乌程"即今之湖州。《茶经述评》认为，此御荈"可能指的就是三国吴孙皓御茶园中生产的茶。"该茶名当地至今仍在沿用。

三例引文中，"虾目""沸涌""细沤""花泛""浮馞""霜华""一啜"均为描写候汤、茶汤、饮茶之专用名词，尤其是"蟾背"，可能是作为茶叶形状的最早出典。"酪苍头""酒从事"可解释为奶酪之奴仆，酒水之随从，后人北魏王肃将茗饮比作酪奴，可能出典于此。

通过三者比较，笔者观察到以下几点细微差别：

一是《谢茶启》与夏树芳《论茶》比较，内容大同小异，但标题以前者比较契合。

二是比较"此"字与"比"字，因无法看到《谢茶启》全文，难以判断两字孰对孰错，如会稽王赏赐另有茶叶，则以"比"字为准，"比"与"胜"词性相同；如果赏赐的即为丹丘仙茶，则以"此"字为准，即指此茶，说明所赐丹丘仙茶胜于乌程御荈。但不管何字，意义均为作者赞美茶之珍贵，恭维会稽王。

三是《茶董》引文中"首阅碧涧明月，醉向霜华"之语，有别于《谢茶启》引文，如笔者上文所说，该《谢茶启》仅为其中选句，可能另有文字未详。

综合以上两种三例《谢茶启》《论茶》，其文辞优美，用典、比喻契合，不失为爱茶之雅士。笔者试将三例引文合在一起，似乎可与西晋杜育《荈赋》相媲美：

……此丹丘之仙茶，胜乌程之御荈。首阅碧涧明月，□□□□；不止味同露液，白况霜华。岂可以酪苍头，便应代酒从事。候蟾背之芳香，观虾目之沸涌。故细沤花泛，浮馞云腾；昏俗尘劳，一啜而散。

如此整合不知是否符合文意，敬请读者指正。

二、谢宗生平未详，系会稽王属官，吴中人氏

考证谢宗其人，其生平未详。《续茶经》未载作者年代，其引文顺序排列在唐宋之间。笔者检索到东晋孔约《孔氏志怪》等多种《志怪》以及《太平广记》等文献，记有"谢宗船中遇龟精"故事。其中《孔氏志怪》开句"会稽吏谢宗赴假吴中"，《太平广记》引《志怪》（《志怪》有多种，未知何人所作）开句为："会稽王国吏谢宗赴假"，两条均写明谢宗为会稽王属官。会稽王国国都在山阴县，即今绍兴市越城区，历三国、东晋、南朝三代。笔者将其年代界定在东晋（317—420）早期，理由是被谢宗作比的温山御荈为三国晚期名茶，说明是在三国之后，而记载谢宗故事的《孔氏志怪》作者孔约为东晋人，由此确定谢宗年代为东晋早期。

考谢宗里籍，从"赴假吴中"句可看出，其家应在吴中（今苏州吴中一带）。

《谢茶启》应是作者收到会稽王赐茶之后，呈送的一则感谢小启。该启应该还有开头、结尾，所选仅为中间茶句，所以有些引文改为《论茶》。据笔者查考，该启为目前所见同类文献之最。南朝梁刘孝绰《谢晋安王饷米等启》，写到米、酒、瓜、笋、脯、酢、茗七种食物，非单一《谢茶启》。后代帝皇，尤其是唐代皇帝会经常赏赐贡茶给大臣，受赐大臣们则要作诗或《谢茶表》表示感谢，有的还请名家代撰，如柳宗元、刘禹锡就分别作有《代武中丞谢新茶表》，韩翃写过《为田神玉谢茶表》等。

附带一笔，《农业考古·中国茶文化专号》2020年第2期发表了湖州茶文化学者李广德《关于"乌程之御舞"与谢氏〈论茶〉考论》，该文引宋代杨伯嵒《臆乘·茶名》记载：

茶之所产，《六经》载之详矣，独独异美之名未备。谢氏《论茶》曰："此丹丘之仙茶，胜乌程之御舞，不止味同露液，白况霜华，岂可为酪苍头，便应代酒从事。"

该引文源出谢宗《谢茶启》，其中"御舞"明显为"御荈"之误，即使该引文并非源自《谢茶启》，同一地方古代一般也不会出"御荈""御舞"两种名茶，看到"御舞"之名，熟悉《茶经》者首先想到的即为"御荈"。这不一定为杨伯嵒本人讹误，或为后人转录时造成。造成讹误的原因是"荈"与"舞"字形相近，古代行书，尤其是行草书法，容易混淆；另外如"胜"字，有版本错为"腾"字，同样是"胜"字繁体字"勝"与"腾"字字形相近。

李文说"谢氏《论茶》，当指皎然的《茶诀》"，明显为错上加错。

李老是笔者尊重的学者与长者之一，尤其是其年近九旬，仍笔耕不辍，其精神值得我们后辈学习。本文缘起于对"御舞"之名存有疑问，溯源后又有新发现，这是难得之收获。做出考论，意在求真求实。

　　笔者阅历有限，有关谢宗生平及其茶事，期待时贤后学弥补之；错讹之处，敬请批评指正。

（原载《农业考古·中国茶文化专号》2020 年第 5 期）

"荼" 字有四种读音含义丰富

——读音分别为 "屠" "茶" "舒" "蛇"

导语：本文通过研读《尔雅》《班马字类》等多种古籍，发现 "荼" 字共有四种读音，除了 "屠"（tu）、"茶"（cha），另读 "舒"（shu）、"蛇"（she）。荼字含义非常丰富，为多种草本别名或有关联。古文 "荼" "舒" 通用，兼解为玉佩、玉板。

一般认为，"荼" 字有两种读音，分别为 "屠（tu）" "茶（cha）"。详读《尔雅》《班马字类》等古籍，发现 "荼" 字另有读音为 "蛇"（she）和 "舒（shu）"。

郭璞注《尔雅》"荼" 字另有读音为 "蛇"，
"荼" 之含义丰富，与另外五字意义相关

《尔雅》乃中国古代最早之词典，被称为辞书之祖。由上海古籍出版社 2010 年出版、由晋郭璞注、宋邢昺疏《尔雅注疏》，为 "十三经注疏" 之一。其中《释草第十三》"蒤、荂，荼。猋、藬，芀" 条写道："荼，郭音徒，又音蛇。"未注含义。上海方言 "荼" "蛇" 反读，不知是否与此有关。《史记》有人名董荼吾，称董舍吾，"舍" 与 "蛇" 音相近，不知是否相关，见下文。

邢昺疏："释（笔者注：指唐陆德明释文）曰：此辨苕荼之别名也。案：郑（笔者注：指郑玄）注《周礼》'掌荼' 及《诗》'有女如荼' 皆云：'荼，茅秀也。'蒤也、荂也其别名。荼即苕也。苕，又一名猋，又名藬，皆萑茅之属。华秀名也。故注云'皆芀、荼之别名。方俗异语，所未闻'。言'未闻'者，谓未闻其出也。"

清陆廷灿《续茶经》引南宋王楙《野客丛书》记载，与此大同小异："世谓古之荼，即今之茶。不知荼有数种，非一端也。《诗》曰：'谁谓荼苦，其甘如荠' 者，乃苦菜之荼，如今苦苣之类；《周礼》'掌荼'、《毛诗》'有女如荼' 者，乃苕荼之荼也，正萑苇之属，唯荼槚之荼，乃今之茶也，世莫能辨。"

这说明 "荼" 或为另外五字别名，或含义相关，内涵非常丰富，本文不做展开。

《班马字类》："茶"音"舒"

由宋娄机编撰《班马字类》，称为《史汉字类》。"班马"指班固、司马迁。本来司马在前，班固在后，倒称"班马"起于杜牧之诗，因音韵之故。史家称其书采《史记》《汉书》所载古字、僻字，以四声部分编次。而考证训诂，辨别音声，於假借、通用诸字，胪列颇详。

《班马字类》"茶"字条附注："《史记·建元以来侯者年表》：荆、茶是征，音'舒'。"

《史记》记有小国以"茶"（音"舒"）为名，
另有人名"茶吾"，又称"余吾""舍吾"

《史记》卷二十《建元以来侯者年表第八》序言记载"荆、茶是征"：

太史公曰：匈奴绝和亲，攻当路塞；闽越擅伐，东瓯请降。二夷交侵，当盛汉之隆，以此知功臣受封侔于祖考矣。何者？自《诗》《书》称三代"戎、狄是膺，荆、茶是征"，齐桓越燕伐山戎，武灵王以区区赵服单于，秦缪用百里霸西戎，吴楚之君以诸侯役百越。况乃以中国一统，明天子在上，兼文武，席卷四海，内辑亿万之众，岂以晏然不为边境征伐哉！自是后，遂出师北讨强胡，南诛劲越，将卒以次封矣。

【集解】《毛诗传》曰："膺，当也。"郑玄曰："征，艾。"【索隐】"茶"音"舒"。"征"音"澄"。

其中"戎、狄是膺，荆、茶是征"意思是：抵御抗击北方的戎、狄，讨伐惩罚南方的荆、茶等小国。可见其中"茶"或"舒"为小国之名。"索隐"即唐司马贞所撰《史记索隐》，指索引，对古籍的注释考证。

在《史记》卷二十《建元以来侯者年表第八》中，笔者还看到另一处元狩四年（前119）栏记到"茶"字：

四年六月，丁卯，侯董荼吾元年。

【索隐】刘氏"荼"音大姑反，误耳。今以其人名余吾。余吾，匈奴水名也。

此处董荼吾为人名。"索隐"则写到"荼"通"余"，匈奴有水名"余吾"。据相关记载，西汉元狩四年（前119）六月丁卯，封匈奴降将董荼吾为散侯，置散侯国，在阳成。散侯国传三世：侯董荼吾——安汉——贤。征和三年（前90），董贤有罪，散侯国除。据查考，董荼吾又称董舍吾，说明此"荼"与"舍""蛇"音

相近，与本文开头《尔雅注疏》郭注"荼"音"蛇"相关。

《周礼》之"荼"（音舒）与"舒"同义

列为儒家经典十三经之一的《周礼》，在"冬官考工记第六·弓人"有以下记载：

凡为弓，各因其君之躬志虑血气。丰肉而短，宽缓以荼，若是者为之危弓。危弓为之安矢。

笔者理解此"荼"音舒，义通"舒"，作舒缓、徐缓解，与句中"宽缓"字义相吻合。

《荀子》《礼记》之"荼"（音舒）意为玉佩、玉板

"荼"字另作玉佩、玉板之解，笔者从《汉语大词典》和《礼记》中查阅到两则：
一是《荀子·大略》记载："天子御珽，诸侯御荼，大夫服笏，礼也。"杨倞注："荼，古舒字。玉之上圆下方者也。"此处之"荼"，系古代官员上朝时佩带之玉板。郑玄注："荼，古文舒假借字。"可见古代两字通用。
二是《礼记·玉藻》记载："天子搢珽，方正于天下也；诸侯荼，前诎后直，让于天子也；大夫前诎后诎，无所不让也。"

结语：多音多义字莫搞"泛茶论"

以上足见"荼"在古代是常用字，多音且多义。如汉印"张荼"之"荼"等，很难考证其真实含义，不能轻易认定此"荼"即茶。
本文似乎与茶文化关系不大，但对从事茶文化研究的专家、学者来说，无疑可打开视野和思路，在阅读、梳理古文时，多加甄别，莫搞"泛茶论"，不能以"荼"代"茶"。如汉郑玄、晋郭璞、唐陆羽、宋邢昺、王楙等先贤，均明确《周礼》"掌荼"，《诗经》"谁谓荼苦，其甘如荠""有女如荼"之"荼"，为苦菜、茅秀之类，今人就不必以此作茶了。据笔者考证，《楚辞》"故荼荠不同亩兮，兰茝幽而独芳"之"荼"亦非茶，指的是苦菜之类，荼菜味苦，荠菜味甘，屈原以"荼、荠"喻小人与君子，表示两者之区别；"兰茝"则为香草，作者自喻品格超群，可惜怀才不遇而孤芳自赏。
视野有限，笔力不济，抛砖引玉，敬请指正。

（原载《茶道》2018 年第 2 期，标题为《古书中"荼"＝"茶"？》）

最澄传茶日本文献探微

导语：本文通过对日本文献梳理，认为日本高僧最澄、空海、永忠805年、806年从中国学佛归国时，携带茶籽到当地寺院及民间等地播种真实可信。

在中国茶文化界，一般认为中国茶种传到日本的记载，始于唐贞元廿一年（805），到中国学佛的日本高僧最澄（767—822）回国时，带去了天台山茶籽，在其住持的京都比睿山延历寺、日吉神社等地播种。2013年4月24日，在宁波举办的"海上茶路·甬为茶港"研讨会上，包括日本、韩国等海内外茶文化专家、学者参与通过的《"海上茶路·甬为茶港"研讨会共识》中，认为805年"日僧最澄携天台山、四明山茶叶、茶籽，从明州（今宁波）回日本，是为中国茶种传播海外的最早记载。随后，日僧永忠、空海从明州回国又带去茶叶、茶籽。"

但笔者在追溯日本茶史时发现，因为记载最澄事迹的《传教大师全集》没有或少有茶事记载，当时或稍后日本文献没有最澄传播茶种的记载，《吃茶养生记》也未对日本茶史做出追溯，日本茶学界、史学界似乎对此未能形成共识，有人对此并不认同，学界普遍认同的是以第二次入宋求法、于1191年回国并带回茶种的高僧荣西（1141—1215）。1991年，日本曾发行《日本茶800年纪念》邮票，即以1191年为日本茶之起点。

另外，当年荣西将茶籽送给京都栂尾山高山寺住持明惠，高山寺茶园一直延续至今，当地立有"日本最古之茶园"之碑。

不认同最澄、空海、永忠带去茶籽播种，而以386年之后的荣西传茶为起点，可能是日本史学界、茶学界的疏忽，这与从17世纪开始，一些日本专家、学者强调日本茶叶"自生说"，直至20世纪后期才被否定一样，是从文化太自信走向不自信的两种表现。其实在日本早期文献中，已有多处记载表明805年以后，日本是种有茶叶的。

本文就所见日本有关最澄与茶的文献、碑、牌做梳理并浅议。

1991 年，日本发行的《日本茶 800 年纪念》邮票

日本京都栂尾山"日本最古之茶园"石碑，与同为京都比睿山麓的"日吉茶园之碑"碑文"此为日本最早茶园"相矛盾

最澄为感化弟子一次送茶十斤，说明寺院种有茶叶

与最澄同年到中国、翌年回日本的高僧空海（774—835），法名高于最澄。最澄非常敬仰他，曾与得意弟子泰范一起接受空海的灌顶，并在其寺院学法三月，还留下泰范继续学习。出乎意料的是，泰范竟从此醉心于空海，不愿再回到最澄身边，并哭着请求空海让他留下来学习密教。为此，最澄给泰范写了一封情真意切的书信，以近乎哀求的口气，并附送茶叶 10 斤，希望弟子能回心转意，回到比睿山。鉴于泰范的处境和执意要修学密教的决心，空海同意代泰范回信最澄，叙说泰范不肯再回比睿山的决定。还因为空海希望最澄放弃天台宗学习密教，两位大师因此交恶，分道扬镳。

此事发生在 816 年，离最澄回国已经 11 年。即使当年最澄从中国带去大量茶叶，那么 11 年之后，也所剩不多，而一次送出 10 斤，足见其存茶之多。试想，如果没有数十斤库存，能一次赠出 10 斤吗？一般来说，最澄回日本时，能带上寺院、官府送的二三十斤茶叶，已经非常丰厚了。因此其送给泰范的 10 斤茶叶，一般是寺院或当地所产。北京大学日语系教授滕军博士在《中日茶文化交流史》中，亦作如是说："此历史事件发生在 816 年的春夏之交，距最澄回国已有约十年之久，这十年中也没有日本遣唐使的往来（笔者注：最澄之后，直至 838 年［唐开成三年、日承和五年］七月，才有以大使藤原常嗣为首的日本遣唐使来唐，时间相隔 33 年），上述的十斤茶不可能是中国茶。这说明在 816 年之后，日本已有了一定规模的茶园，也说明在平安时代的寺院里，茶已经开始成为一种必需品、常用品。"（人民出版社 2004 年版《中日茶文化交流史》）

最澄、空海、永忠向天皇献茶、奉献茶籽，天皇赋有多首茶诗 女官赋诗早春采茶，说明相关寺院及首都附近已开始种茶

关于最澄茶事，文献最早记载的是日本三大汉语诗集之一的《经国集》。日本第52代天皇嵯峨天皇（786—842），极爱茶文化，据称在当时的京都宫廷内东北角辟有茶园，设立造茶所，供宫廷和贵族饮用。其810年至824年在位，年号为弘仁，这一时期是日本早期茶文化的黄金年代，学术界称之为"弘仁茶风"。此后，日本茶文化沉寂了近400年，直至镰仓时代高僧荣西写出《吃茶养生记》，才得以复兴。

嵯峨在《答澄公奉献诗》（又称《和澄上人韵》）写到最澄赴天台山学佛传教，其中有茶句：

> 远传南岳教，夏久老天台。杖锡凌溟海，蹑虚历蓬莱。
> 朝家无英俊，法侣隐贤才。形体风尘隔，威仪律节开。
> 袒肩临江上，洗足踏岩隈。梵语翻经阅，钟声听香台。
> 经行人事少，宴坐岁华催。羽客亲讲席，山精供茶杯。
> 深房春不暖，花雨自然来。赖有护持力，定知绝轮回。

诗歌赞颂最澄不畏艰险、漂洋过海到中国天台山等地学佛传教，为日本佛教事业做出了卓越贡献。向往最澄等高僧、羽客、隐士、仙人们世外桃源般的神仙生活。其中"羽客亲讲席，山精供茶杯"记载最澄为天皇说法、献茶。

作为诗歌，当然不会说明此茶是最澄从中国所带之茶，还是寺院所种。但从中可以分析，天皇与最澄交情笃厚，822年6月4日，最澄圆寂于比睿山中道院，嵯峨天皇非常悲痛，作五言诗《哭澄上人》12句并手书哀悼之。可见，最澄为天皇讲法、献茶，不是仅为一次，而可能是多次。而最澄除了皇室，也会向到访或去访的诸山长老、嘉宾献茶，如果仅靠中国所带茶叶，寺院不种茶叶，一般难以为继。再则，所带茶叶也不可能多年保存。

除了《答澄公奉献诗》，《经国集》还记载了嵯峨天皇其他多首涉茶诗，如"番茶酌罢云日暮，稽道伤离望云烟"（《与海公饮茶送归山》）；"吟诗不厌捣香茗，乘兴偏宜听雅弹"（《夏日左大将军藤原冬嗣闲居院》）；"萧然幽兴处，院里满茶烟"（《秋日皇太弟池亭赋天字》）。

嵯峨天皇所赋《夏日左大将军藤原冬嗣闲居院》《秋日皇太弟池亭赋天字》，记载的是在左大将军藤原冬嗣闲居院和皇太弟池亭举办的次宫廷茶会。在藤原冬嗣闲居院茶会上，皇太弟淳和天皇所作和诗《夏日左大将军藤原朝臣闲院纳凉探

得闲字应制》也写到茶句:"避景追风长松下,提琴捣茗老梧间。"《经国集》主编、文臣滋野贞和诗《夏日陪幸左大将藤原冬嗣闲居院应制》亦有茶句:"酌茗药室经行入,横琴玳席倚岩居。"

天皇、皇太弟、左大将军等经常举办茶会,无疑需要消费诸多茶叶,如果没有本土所种茶叶,仅靠最澄等高僧所带茶叶,又能够支持多久呢?

除了最澄,空海回国时也带去了茶籽,其住持的首家奈良宇陀佛隆寺,至今保存着茶园遗迹及其带回的石质茶碾。他回国时即将茶籽献给天皇,弘仁四年(815)闰7月28日,又将梵学悉云字母和其释义文章十卷,呈献给天皇,并在附表里写下了自己的日常生活:"观练余暇,时学印度之文;茶汤坐来,乍阅振旦之书。"813年,他在一首感怀诗的序文中写道:"曲根为褥,松柏为膳,茶汤一碗,逍遥也足。"他还在谢嵯峨天皇寄茶的书简中写道:"思渴之饮,忽惠珍茗,香味俱美,每啜除疾。"这些文字,足见茶已成为空海日常生活中的主要元素,这也从侧面说明空海寺院或民间已经种茶,否则何来这么多茶叶?嵯峨天皇经常与空海茶叙,曾作《与海公饮茶送归山》:"道俗相分经数年,金秋晤语亦良缘。香茶酌罢日云暮,稽首伤离望云烟。"

与最澄同时回国的高僧永忠,在回国10年之后的815年,在他住持的梵释寺,以寺院所种茶叶,亲自向前来视察的嵯峨天皇,献上亲自煎煮的香茗,天皇饮后非常高兴,留下深刻印象,不久即下旨在关西地区种茶,以备上贡。

而最能说明日本当时已开始种茶、采茶史实的,是嵯峨天皇身边一位名叫惟良氏的女官,她也用汉语写了一首《和出云太守茶歌》,描写了当时采茶、制茶、饮茶的场景:

> 山中茗,早春枝,萌芽采撷为茶时。
> 山傍老,爱为宝,独对金炉炙令燥。
> 空林下,清流水,纱中漉仍银枪子。
> 兽炭须臾炎气盛,盆浮沸浪花。
> 吴盐和味味更美,物性由来是幽洁。
> 深岩石髓不胜此,煎罢余香处处薰。
> 饮之无事卧白云,应知仙气日氤氲。

该诗的大意是:早春去山中采摘鲜嫩的茶芽,加工成茶饼。将茶饼放在金炉上炙烤,然后碾成末,汲取清流,点燃兽炭,水沸腾后加入茶末,放点吴盐味道会更美。茶汤芳香四溢,饮后如卧白云,两腋生风,飘然若仙。

从内容来看,该诗记载的与中国唐代的饼茶煎饮法相类似。

这说明当时该女官或宫廷、民间采茶人,早春时节去首都近郊愉快采茶,并经历制茶、煮茶、饮茶的全过程。如此详细的描述，总不能说这是该女官是在想象中国采茶场景吧？

上文已经写到，自 804 年至 838 年，日本 34 年未派遣唐使，自 805 年、806 年最澄、空海等第遣唐使回国后，此后仅有民间船只往来，而当时没有海上民间茶叶贸易的记载。一般来说，这些茶会以及士大夫消费的茶叶，应该以日本种植为主，女官写到的茶叶采、制、饮应该发生在日本本土。

最澄、空海、永忠三人之间，最了解茶的是最澄。后两位主要在长安（今西安）学佛，而最澄一直在台州、明州、越州茶区学佛，尤其是天台山，是著名的名茶产地。最澄的老师行满，曾任管理寺院为佛祖供茶等茶事的"茶头"。806 年三月初三他离开台州时，台州府还为他举行了隆重的饯别茶会，品尝明前新茶，吟诗品茗。这些都让他对中国当时寺院及社会茶事耳濡目染，留下了深刻印象。

以上几点说明，并非最澄、空海、永忠同时期日本没有茶园的记载，而是没有深入分析研究。

日本 16 世纪《日吉社神道秘密记》最早记载最澄植茶

日本最早记载最澄植茶事迹的，是成书于 1575—1577 年的《日吉社神道秘密记》，其中写道：

> （当地）有茶树，数量众多。有石像佛体，传教大师所建立。茶实（即茶籽）乃大师从大唐求（得）持有，归朝植此处。此后广植于山城国（即京都）、宇治郡、栂尾各所，云云。卯月祭礼，末日神幸大政所、二宫、八王子、十禅师、三宫（均为神殿名），调茶进之。社务当参之，役人祝之，以为净水。此茶园之后有大寺。

此文明确记载日吉神社为最澄植茶原址。其中说到的宇治、栂尾等地，与后来荣西传茶之地重叠。

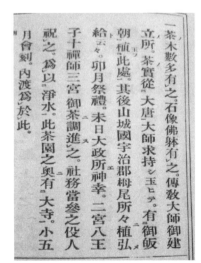

古本《日吉社神道秘密记》书影

日吉茶园两碑一牌简介

　　今日吉茶园留有两种古碑和一块当代指示牌，可惜日本方面对两种古碑未做详细介绍，尤其是 1921 年所立、全部用中文记载的"日吉茶园之碑"，其中信息较多，但未见介绍。

　　1）**石质中文古碑"日吉茶园之碑"**。该碑碑名及碑文全部用中文书写，其中碑名"日吉茶园之碑"为小篆，碑文为楷书兼隶书，达 200 多字，依稀看到落款为日本大正十年（1921）所立。

位于比睿山日吉神社旁的"日吉茶园之碑"，碑文近 200 字，立于日本大正十年（1921）

　　该碑碑文各种文献及网上均未找到，据《中日茶文化交流史》介绍，其中有"此为日本最早茶园"之句。笔者请教于中、日多位日本茶文化专家，均未能如愿。2017 年 2 月，承蒙日本神户大学名誉教授、茶文化专家影山纯夫到现场抄录碑文，测得碑高 165 厘米，宽 61 厘米，厚 9.4 厘米。笔者将碑文标点如下：

日吉茶园之碑

滋贺县知事　正五位勋四等　堀田义次郎篆并文

　　比睿山麓，夙称茶国。相传传教大师入唐之日，获天台茶子，将来种睿麓，日吉茶园即是也。按《类聚国史》载，弘仁六年四月，天皇幸志贺韩崎，大僧都永忠煎茶进献之事。又弘仁已降，每岁四月，日吉神祭，修供茶故仪拟此致之，可识其所由来远且尚。而制茶之业渐渐兴起，然在昔时，犹不免一盛一衰。至明治中兴，年隆年今也，近江茶之名声，表绝宇大猗烨哉。顷者，本县茶业组合有志诸子，相谋欲建碑其园中，来谒余文。呜呼！表故绩，永世纪昭代鸿泽，传大师遗惠，资于斯业也多焉，志举俱洵美矣！余喜诺，乃命翰附焉云尔。

大正十年三月　官币大社大宫司从五位　笠井乔书

　　该碑为纪念传教大师最澄传茶日本之遗惠而立。由滋贺县知事堀田义次郎撰文，神社大宫司笠井乔书法。"官币大社"意为国家级神社。碑文除个别文句因汉语日本化外，基本能读通并读懂。主要记载日吉茶园之茶种，相传为最澄从天台山带去，弘仁以后，每岁四月，日吉神社均举行祭祀仪式。近江茶历史上时盛时衰，直至明治时代（1868—1911）才遐迩闻名。

　　2）**石质古碑"日吉神社御茶园"之碑**。为方形石柱之碑。碑石尺寸、立碑年代等未见记载。"御"字一般代表皇家，顾名思义，该茶园与皇家相关，但是否天皇御定或作为皇家茶园，不得而知。

3）木质日文指示牌"日吉茶园"。该指示牌系当代所立，房屋造型的木牌形式，与比睿山景区指示牌统一。碑文内容如下：

位于京都比睿山日吉神社旁的
"日吉神社御茶园"之碑

此茶园系比睿山开山传教大师最澄入唐求法，在天台山得茶种归国之后，种植比睿山麓坂本之地形成的日吉茶园。最澄被称之为日本最初传茶之师。大津坂本成为日本茶之发祥地。延历二十四年（805）和最澄一起从唐归国的僧永忠，留有弘仁六年（815）在梵释寺为嵯峨天皇煎茶的记录。至今，每年4月的日吉大社祭礼之时，采此茶园的茶奉献神舆。6月在延历寺净土院长讲会，同时奉茶。

该木牌记载最澄被称为日本最初传茶之师。另外写到，弘仁六年（815），永忠在梵释寺为嵯峨天皇煎茶、献茶。

《茶叶全书》记载749年之前，高僧行基在多家寺院种茶
桓武天皇794年在平安京皇宫种茶

据美国学者威廉·乌克斯（1873—1945）在其1935年出版的巨著《茶叶全书》中记载："根据日本权威历史记录《古事根源》和《奥仪抄》二书，日本圣武天皇于天平元年（729）召集僧侣百人在宫中奉诵佛经四日。诵经完毕后，赏赐给每位僧侣粉茶，大家都把它当作珍贵的饮品来收藏，由此逐渐引发了自行种茶的兴趣。书中记载日本高僧行基（658—749）一生建寺院49所，并在各寺院中种植茶树，这应该是日本种植茶树的最早记载。不仅日本僧人喜爱中国的茶树，日本桓武天皇在延历十三年（794）在平安京的皇宫中建造宫殿时，也采用了中国式的建筑风格，在内院开辟出茶院，还专设官员管理，并让御医监管。可见在这个时期，茶叶在日本还没有脱离药用植物的范畴。"（东方出版社2011年版《茶叶全书》第12—13页）

中日民间交往远早于史书记载，但威廉·乌克斯所记其时日本多家寺院、皇宫已开始种茶，当代未见文献证实。

日本冈仓天心（1862—1913）1906年在美国出版的英文版《茶之心》（又名

《说茶》)记述日本茶史时写道:"紧紧追随中国文明脚印的日本,却知道茶的这三个阶段。我们看到这样的记载:早在 729 年,圣武天皇在奈良的皇宫里,赐茶给百僧。茶叶大概是我们的遣唐使带来的,制作的方法也是当时流行的风格。在 801 年(笔者注:应为 805 年),名叫最澄的僧人带回了一些茶种,并种植在睿山。"(天津百花文艺出版社 2003 年版《说茶》)

冈仓天心《茶之心》在《茶叶全书》之前,写到 729 年圣武天皇在奈良皇宫赐茶给百僧,同时写到最澄带去了茶种。

结语:最澄等高僧传播茶种真实可信

综上所述,根据日本古今文献、碑记记载,尤其是 816 年最澄向弟子寄茶 10 斤,高僧最澄、空海、永忠先后向嵯峨献茶、奉献茶籽,天皇留下多首茶诗,女官赋诗早春采茶,宫廷贵族经常举办茶会等史实,说明最澄等高僧传播茶种真实可信。最澄所带茶籽,源头在天台山。有中国学者说,在日本茶区访问时,曾看到"四明山"字样,但未得到证实。虽然最澄往来中国都经过明州,来时曾休养半月左右,回去停留时间更长,并到过越州,但是否带走明州、越州茶籽,无法证实。空海、永忠所带茶籽产地未详。

早期史籍一般都忽略茶叶、茶籽等小事,因为早期没有最澄等高僧传播茶种的直接记载,而忽视茶树存在的大量信息,这从学术上来说,未免有些草率。

一管之见,抛砖引玉,敬请中、日茶文化专家批评指正。

(鸣谢:本文《日吉社神道秘密记》书影由上海师范大学副教授曹建南博士提供并翻译;《日吉茶园之碑》碑文由日本神户大学名誉教授影山纯夫现场抄录;"日吉茶园"指示牌中文由日本九州东海大学经营学部观光学科顾雯教授翻译,谨致谢意。)

(原载《农业考古·中国茶文化专号》2017 年第 2 期)

最澄与日本国宝《明州牒》

日本高僧最澄（767—822），唐贞元廿年（804），经明州（宁波）到天台山学佛，翌年经明州回国时，带去经文 127 部 347 卷，还有浙东茶树和茶籽，是日本佛教天台宗创始人、海上茶路开创者。在日本京都的千年古刹比睿山延历寺，保存着最澄当年带去的明州书史（掌管文书的官吏）、台州刺史签发给他的度牒——《明州牒》，又称《传教大师入唐牒》，已被奉为日本国宝。

笔者在 2003 年宁波市文化局编印的《千年海外寻珍—宁波"海上丝绸之路"在日本、韩国的传播及影响》画册中，见到过《明州牒》的缩印件，蒙同乡收藏家储建国先生送来制作精美、字迹清晰的原样影印件，参考中华书局 2005 年 9 月版《全唐文补编》（宁波同乡陈尚君辑校）收录的另两份《明州牒》及相关文献，笔者对最澄其人和《明州牒》相关情况做了一番考证。

合二为一《明州牒》

《明州牒》长 100 厘米，宽 35 厘米，为明州、台州两府文牒合二为一，系明州书史孙阶发给他的牒文与台州刺史陆淳的回牒。牒文如下：

明州牒

日本国求法僧最澄，往天台山巡礼，将金字《妙法莲花经》等：

金字《妙法莲花经》一部（8 卷，外标金字），《无量义经》一卷，《观普贤经》一卷（已上十卷，共一函盛封全。最澄称，是日本国春宫永封，未到不许开拆），《屈十大德疏十卷》，本国《大德诤论》两卷，水精念珠十贯，檀龛水天菩萨一躯（高一尺）。

右（注：古文竖排自右至左）得僧最澄状称，总将往天台山供养：供奉僧最澄、沙弥僧义真、从者丹福成。文书钞疏及随身衣物等，总计贰佰余斤。

牒得勾当军将刘承规状称，得日本僧最澄状，欲往天台山巡礼，疾病渐可，今月十五日发，谨具如前者。使君判付司给公验，并下路次县给舡及担送者，准

判者谨牒。

     贞元廿年九月十二日，史孙阶牒，司户参军孙负

唐贞元廿年（804）、廿一年，分别由宁波书史孙阶、
台州刺史陆淳为最澄签发的度牒，称为《明州牒》现为日本国宝

  需要说明的是，该牒牒文的落款是"史孙阶"，应该是掌管文书的书史，而很多文章、资料误为"刺史"，而当时的明州刺史为郑审则（见下文）。司户参军为主管户籍的官员。

  台州府牒文及刺史陆淳的签批如下：

  日本国求法僧最澄，译语僧义真，行者丹福成，担夫四人，经论并天台文书、褒像及随身衣物等。

  牒：最澄等今欲去明州，及随身经论等，恐在道不练行由，伏乞公验。处以谨牒。

       贞元二十一年二月 日
        日本国最澄牒
       任为公验。三月一日台州刺史陆淳印

  最澄是当年农历七月，随藤原朝臣葛野麻为首的第 12 批遣唐使来中国的。他在海上漂泊 54 天，八月到达明州，由于过度疲劳，在明州景福寺、开元寺休整并学法半月后去天台山。《明州牒》签发于唐贞元二十年（804）九月十二日，并记最澄已经病愈，将于十五日去天台山。

  明州、台州两府牒文各盖有 3 个府印——明州之印与台州之印，府印规格均为 6 厘米见方方印。

  从原样彩色影印件来看，此牒并非后来粘接，而是《明州牒》预留有空白，后由台州府文书和刺史补签的，因为在首行"明州牒"三字下方，有台州刺史陆淳签字的"廿六日，淳"字样，"廿六日"是最澄到台州府拜会陆淳的时间；在中间骑缝处又签了"淳"字，并盖"台州之印"：落款则在"台州刺史陆淳印"的"印"字上加盖"台州之印"。从陆淳在两牒额首、骑缝、落款三处连续签字可以推测，他是将最澄送上的《明州牒》先保存在府台，到最澄回明州时再签发发还。

　　两牒共有三种书体，前两种分别是明州府和台州府文书书写的中楷公文，陆淳在额首、骑缝、落款的签字则为行草，潇洒流畅，富有美感。

牒文断句待探讨

　　对照《明州牒》原件，笔者发现《全唐文补编》除了未收台州府牒文外，《明州牒》部分个别文字有错漏，其中值得商榷的是，原件第5行附注的小字部分（上文《明州牒》引文第4行括号内），因为标点断句不同而意义完全不同。其中笔者标点断句为：

　　已（以）上十卷，共一函盛封全。最澄称，是日本国春宫永封，未到不许开拆。

　　《全唐文补编》的标点断句为（见下册，2299页）：

　　已（以）上十卷共一函盛封，令最澄称，是日本国春宫，永封，未到不许开拆。

　　《全唐文补编》中最澄名前的"令"字，明显为错字，原件为"全"字，应连在上句。

　　可见两种断句意义完全不同。如按《全唐文补编》标点断句，则可理解为永久封存的日本春宫画了，这与原文文意明显不符，原文意思是最澄说用一函盛封的是十卷经文，是日本国春宫永封，未到不许开拆。再则，寺院封存日本春宫画也让人不能理解，包括中国的春宫画，主要兴起于明代，日本则以江户时代（1603—1867，中国明末至清中叶）兴起的浮世绘为代表，中唐时日本是否有春宫画还有待考证。

　　与原文文意联系起来看，"日本国春宫永封"句，有两种解释：一是"春宫"或"春宫永"可能是函封经卷经手人名字或制作单位名号；二是"春宫"是古代太子宫的别称，亦指太子，可理解为由太子宫或太子封贴，以视重视。这两种解释，有待行家指教。

东汉皇室后裔

　　据日本僧仁忠《睿山大师传》和田村晃祐《最澄传略》等文献记载，最澄俗姓三津首，幼名广野，法号睿山大师、根本大师、山家大师、澄上人等，追谥传

教大师。近江国（今近江滋贺）人。三津首家族属登万贵王系统，系中国东汉末帝汉献帝（180—234 年，在位 189—220 年）的子孙，应神天皇时代（270—309 年，中国三国、西晋时代）去日本，定居于近江国滋贺郡，赐姓三津首。关于献帝子孙的记述见诸日本《新撰姓氏录》和其他文献。经日本学者薗田香融氏考证，滋贺郡确为华裔去日氏族，皆为后汉献帝苗裔，因氏族传承关系结成同族。在近江郡，常见三津首一族举行非常精彩的庆贺活动，特别是有众多人参加的笔会活动。可见早在三国、西晋时期，中国即有移民去日本。

《睿山大师传》称，最澄之父身带敬顺，心怀仁让，内外共学，闾里以之为明镜。最澄 7 岁就有广博的学问，成为同龄者的学习楷模。14 岁出家，在鉴真生前弘法的东大寺受具足戒，学习鉴真带去的天台宗经籍，如法华、金光明、般若诸经，特别精究《法华玄义》《法华文句》《摩诃止观》（天台三大部），这正是他向往到天台山学佛的因缘。

随遣唐使入唐

随着佛学知识的提高，当时日本仅有的"权教""小乘教"已无法满足最澄，为了开阔眼界，学习更多的佛经，遂立志赴唐朝求取典籍。桓武天皇延历二十二年（唐贞元十九年，803 年），最澄由徒弟义真做翻译，搭乘遣唐使藤原葛野麻吕的船只，从大阪出发，因遇风暴而折回。次年七月再从筑紫（今福冈）出发，8 月底抵达明州。同船的还有到长安的弘法大师空海。

由于海上一个多月的风浪颠簸，最澄抵达明州时染病在身，在寺院将息半月，才去天台山，从道邃、行满学习天台一乘圆教。后至越州龙兴寺，遇顺晓阿阇梨，与义真同受三昧灌顶，得授法文、图样、道具等。归国前在明州开元寺法华院受戒。归国一年后，在比睿山正式创立了日本天台宗。因最澄在唐期间，其所传法门遍及圆、密、禅、戒四宗，故称之为"四种传承"。弘仁十三年（822）逝世。至清和天皇贞观八年（866），追尊为"传教大师"，是为日本有大师称号之始。

最澄能用汉语写作，书法颇有造诣，2009 年 7 月号《中国书法》载韩天雍《日本古代书道史概况》一文，对他的书风有较高评价，认为属于王羲之系统，与《怀仁集王圣教序》颇为相似，朴实自然，毫无雕琢之气，字里行间显示出气质高雅的一面。

颁牒题跋两刺史

除了上述《明州牒》外，孙阶和明州刺史郑审则翌年还为最澄及随行徒弟义真颁发过另外两件牒文。《全唐文补编》录有选自最澄《传教大师全集·显戒论缘起》的另一份《明州牒》，内容为准许最澄去越州龙兴、法华等寺：

准日本国求法僧最澄状，称今欲巡礼求法，往越州龙兴寺并法华寺等。弘法僧最澄、义真、行者丹福成、经生真立人。

牒：得日本国求法僧最澄状，称往台州所求目录之外，所欠一百七十余卷经并疏等，其本今见具足，在越州龙兴寺并法华寺。最澄等自往诸寺，欲得写取，伏乞公验处分者，使君判付司住去牒知，仍具状牒上使者，准判者谨牒。

贞元二十一年四月六日，史孙阶牒，司户参军孙万宝

如按台州惯例，最澄从越州回明州时，越州刺史也应该为他签发回牒，可能是最澄未到越州府，还是《显戒论缘起》未做收录，不得而知。

同在贞元二十一年三月一日，台州刺史陆淳曾为义真在天台国清寺受戒颁过一牒，并请公验。此牒之下，则有郑审则签发的牒文，题为《大唐明州僧义真并遣大唐使公验》：

日本国求法僧最澄

牒：僧义真，去年十二月七日，于大唐台州唐兴县天台山国清寺，受具足戒已毕，谨连台州公验，请当州公验印信，谨牒。

牒件状如前，谨牒。

任为凭据。

四月八日，明州刺史郑审则给

陆淳、郑审则不仅为最澄颁牒，日本《传教大师将来越州录》《邻交征书》还记载了陆淳、郑审则为其题写的《印记》和跋文，陆淳《印记》原文如下：

最澄阇梨，形虽异域，性实同源，特禀生知，触类悬解，远求天台妙旨，又遇龙象邃公，总万行于一心，了殊途于三观，亲承秘密，理绝名言。犹虑他方学徒不能信受，所请当州印记，安可不任为凭。

大唐贞元廿一年二月廿日，朝议大夫持节台州诸军事守台州刺史上柱国陆淳给。

郑审则为最澄撰写的《传教大师将来越州录》题有跋语：

孔夫子云："吾闻西方有圣人焉，其教以清净无为为本，不染不著为妙，其化人也，具足功德，乃为圆明。"最澄阇梨，性禀生知之才，来自礼义之国，万里求法，视险若夷，不惮艰劳，神力保护，南登天台之岭，西泛镜河之水，穷智者之法门，探灌顶之神秘，可谓法门龙象，青莲出池。将此大乘，往传本国，求兹印

信，执以为凭。昨者陆台州已与题记，故具所睹，爰申直笔。

大唐贞元廿一年五月十五日，朝议郎使持节明州诸军事守明州刺史上柱国荥阳郑审则书。

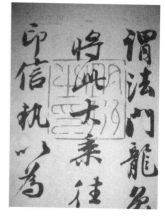

两文对最澄入唐求法的精神做了热情赞美。

最澄拜会陆淳，曾献上十五两黄金等一批厚礼，被陆淳谢绝，让他换来文房四宝抄写经文，传为佳话。最澄离开台州时，台州司马吴顗还为其举行过茶诗会，多位官员与最澄品茗赋诗话别，吴顗等 9 人当场赋诗。

可见最澄是满载经文等文献、文物以及茶树、茶籽等中国特产，还有浓浓的友谊，回到日本的。

郑审则书法

佐证明州刺史郑审则在任年代

由于唐以前宁波史料曾有遗失，造成宋元"四明六志"唐代以前资料不全，包括历代刺史、太守的具体任期年代，如上文唐代刺史郑审则，就只有名号，而没有任期年代。从上述日本文献提供的佐证来看，郑审则贞元廿一年（805）在任，这一点可以弥补宁波史料之不足。

郑审则曾任临海尉，《唐文续拾》记载："审则，贞元中明州刺史，南祖房地官员外郎元敬曾孙"。贞元年号共 21 年，785—805 年，"贞元中"可理解为 885 年左右，如按此记载，郑审则明州刺史任期达 10 年左右，一般刺史任期没有如此之长，可能这一记载有误。

（原载《茶博览》2009 年第 10 期）

中国最早明确记载的贡茶
——东晋温峤上贡茶、茗产自江州

导语：本文对宋代《本草衍义》记载"晋温峤上表，贡茶千斤，茗三百斤"做了梳理解读，提出该记载为中国最早明确记载的贡茶。

中国贡茶历史悠久，但早期贡茶少有明确记载。如当代流传较广的《华阳国志》关于巴地周代已开始贡茶之说，实际是求古之误读，随意将该书记述的茶叶等地方特产部分，直接连上历史沿革部分的周代，这些特产应该是作者所处的晋代，至多是三国时代，作者可能引用了三国时代部分资料。再说茶叶产于何地？由何人或地方官上贡何地？均无记载，只是笼统地说："土植五谷，牲具六畜，桑、蚕麻苎，鱼盐铜铁、丹漆茶蜜，灵龟巨犀、山鸡白雉，黄润鲜粉，皆纳贡之。"

同是三国时代，吴国孙皓在宫廷宴会上密赐茶荈，以茶代酒的典故，广为人知，说明宫中备有贡茶。

较早的贡茶，可追溯到春秋时期，晏子所吃之茗应为贡茶；前几年西汉景帝刘启（前188—前141）陵出土了2150年前的贡茶实物，均不知产之何地，何人所贡。

《本草衍义》记载温峤贡茶史实及寇宗奭其人

据笔者考证，最早明确记载的贡茶，为东晋江州刺史温峤上贡给晋成帝司马衍的茶千斤，茗三百斤。

这一史实，记载在北宋药物学家寇宗奭《本草衍义》第十四卷"茗苦"条：

今茶也。其文有陆羽《茶经》、丁谓《北苑茶录》、毛文锡《茶谱》、蔡宗颜《茶山节对》。其说甚详。然古人谓其芽为雀舌、麦颗，言其至嫩也。又有新芽一发便长寸余，微粗如针。惟芽长为上品，其根干、水土力，皆有余故也。如雀舌、麦颗，又下品。前人未尽识，误为品题。唐人有言曰："释滞消壅，一日之利暂佳。"斯

言甚当，饮茶者宜原其始终。

又，晋温峤上表：贡茶千斤，茗三百斤。

郭璞曰："早采为茶，晚采为茗。"茗，或曰荈，叶老者也。

这一记载先是对茶史、茶品、茶功做了简介，其中说到贡茶，连标点仅12字，意为温峤向朝廷上表，上贡茶一千斤，茗一百斤。并引郭璞《尔雅注》语，对茶、茗之别做了注解：早采为茶，晚采为茗。作者还根据郭璞语"或一曰荈，蜀人名之苦茶"，进一步对"茗"字做了注解：茗与荈均为茶之老叶。

关于茶之功效，唐代陈藏器《本草拾遗》等历代医家本草，已多有记载，寇氏论及茶功文字甚少，倒是关于温峤上贡茶、茗之事，这不经意一笔，成为中国最早贡茶之确切记载，详见下文解读。

据《中国历代名医名术》等文献介绍，寇宗奭为北宋末年人，生卒、籍贯未详。曾在浙江、江西等地为官，政和年间（1111—1117）官承直郎澧州（湖南澧县）司户曹事，官至通直郎。其有志于医药，十余年间博览本草，采拾众善，诊疗疾苦，和合收蓄之功，率皆周尽。针对《嘉祐本草》《本草图经》之疏误，撰成《本草衍义》二十卷，记载药物470余种，对药物性味效验、真伪鉴别、炮制、制剂等，均有详尽说明，在医学、药学方面都有许多创新，尤其是在医药理论上卓有贡献。政和六年（1116），将书稿送至朝廷，经太医学详细查阅，被博士李康等状申报皇帝："上件寇宗奭所献《本草衍义》，委是用心研究，意义可采"。同年十二月二十五日下达圣旨："寇宗奭特与转一官。依条施行，添差充收买药材所辨验药材。"《本草衍义》旋即得以刊印。

《本草衍义》卷首刊有"通直郎添差充收买药材所辨验药材寇宗奭编撰"，通直郎为宋代文散官职，从六品。

温峤其人及贡茶产地

温峤是在何地上贡茶、茗的？《本草衍义》未做说明，也未见相关考证说明。明末清初文史大家顾炎武（1613—1682），其《日知录·卷七》"茶"字条，将此记为巴蜀茶事之一例："而王褒《僮约》云：'武都买茶。'张载《登成都白菟楼诗》云：'芳茶冠六清。'孙楚诗云：'姜桂茶荈出巴蜀。'《本草衍义》：'晋温峤上表，贡茶千斤，茗三百斤。'是知自秦人取蜀而后始有茗饮之事。"

笔者梳理温峤生平发现，顾炎武此说有误，温峤所贡茶、茗，应在其任江州刺史任上。

温峤（288—329），字泰真，一作太真，太原祁县（今山西祁县）人。东晋名将，司徒温羡之侄。出身太原温氏，聪敏博学，为人孝悌，17 岁被举为秀才、灼然。西晋时，曾任司徒府东阁祭酒，补任上党郡潞县县令。永嘉四年至建兴三年（310—315），其舅父刘琨，由并州（今山西太原）刺史升任平北大将军、司空等职，温峤也随之升任平北参军、从事中郎，领上党太守，加建威将军、督护前锋军事、司空府右司马。潞县、上党、太原均在山西境内，不是茶产区，无茶可贡。

建武元年（317），东晋建立，建都建康（今江苏南京）。温峤南下江东，历任散骑常侍、侍中、建宁县公、号前将军。咸和元年（326）被任命为江州刺史、持节、都督、平南将军，出镇武昌（治今湖北鄂州），3 年后去世。

东晋江州范围包括今江西省大部、湖北武昌、湖南郴州一带，辖 11 郡 76 县，治所豫章（今江西南昌）郡 16 县、鄱阳郡 8 县、临川郡 10 县、庐陵郡 10 县、南康郡 6 县、安成郡 7 县、武昌（今湖北武昌）郡 6 县、寻阳郡 2 县、建安郡 7 县、晋安郡 8 县、桂阳（今湖南省郴州市一带）郡 6 县。

由此来看，温峤应该是在江州刺史任上向时在建康的南朝朝廷上贡茶、茗的，但上述各郡均为茶产区，具体出自何地很难说清。浮梁（今江西省浮梁县，隶属景德镇市）茶市、庐山（江西省九江市境内）两地茶文化历史悠久，前者唐代已是著名茶市，在敦煌遗书《茶酒论》和白居易长诗《琵琶行》中，分别留有"浮梁歙州，万国来求""商人重利轻别离，前月浮梁买茶去"之记载。这两地所产之茶可能性较大，也可能有多地提供。

温峤所处东晋年代为建武、太宁、元和年号，分别为元帝司马睿、明帝司马绍、成帝司马衍，司马衍在位时间为 325—342 年，年号为咸和（326—334）、咸康（335—342）。从温峤任职江州刺史时间可以得知，其向朝廷上贡茶、茗，即为咸和年间。作为一地贡茶，茶、茗共 1300 斤，这一数量还是较大的。而当时贡茶应该不会局限于一州，一般产茶各州都会向朝廷上贡。这为建康东晋、南北朝时期风行的饮茶风气和大量茶事典故提供了佐证。

一管之见，敬请识者教正。

紫笋茶茶名出典和上贡年代考述

唐代浙江湖州长兴名茶紫笋茶，因"茶圣"陆羽推荐朝廷而成为贡茶，自唐至明续贡 800 多年，遐迩闻名。紫笋茶因芽叶带紫、芽形如笋而得名。江南春茶与春笋同发，清明前后采茶旺季，也正是春笋旺市，这一茶名音节平仄有序，音韵美妙，富有形象思维，洋溢着浓浓的江南春色，妙不可言。

很多人将陆羽《茶经·一之源》中的"紫者上，绿者次；笋者上，牙者次"，作为紫笋茶茶名的出典，其实不然。此语是陆羽在当时条件下，对各地茶叶下的一个定语，并非单指紫笋茶。虽然可从此语中看到紫笋之名，但陆羽究竟是因有紫笋茶而下此定语，还是有此定语而命名紫笋茶，很难说清楚。

据《陆羽自传》记载，他在上元辛丑年（761）已经写出《茶经》。古代少有品牌概念，特产多以地名冠之，纵观《茶经》，留有品牌的仅有乌程（今湖州长兴）温山御荈和余姚瀑布仙茗，紫笋茶亦以地名代之："浙西，以湖州上。湖州生长城（今长兴）县顾渚山谷，与峡州、光州同。"

2010 年 5 月，受邀参加第二届湖州（长兴）陆羽国际茶文化节，引发了笔者查考紫笋茶茶名出典和上贡年代的兴趣，考述如下。

皎然"紫笋"诗句的写作年代约为 763 年

根据笔者查阅到的文献，最早记载紫笋茶茶名的，首推著名的诗僧兼茶僧的皎然大和尚，他在《顾渚行寄裴方舟》一诗中，两次写到紫笋茶茶名：

我有云泉邻渚山，山中茶事颇相关。……
女宫露涩青芽老，尧市人稀紫笋多。
紫笋青芽谁得识，日暮采之长太息。……

原厦门大学、今澳门大学贾晋华教授，在 1992 年出版的力作《皎然年谱》（厦门大学出版社）中，将此诗的写作时间定为宝应二年（763）。虽然是一家之言，但贾晋华教授学养深厚，治学严谨，《皎然年谱》凝聚了她的十年之功。

此诗是现有文献中较早记载紫笋茶茶名的。

《南部新书》记载紫笋茶上贡在大历五年（770）之后

再来看紫笋茶的上贡时间。

北宋翰林学士钱易撰写的著名笔记——《南部新书·戊卷》，有这样一则记载：

> 唐制，湖州造茶最多，谓之顾渚贡焙。岁造一万八千四百八斤，焙在长城县西北。大历五年以后，始有进奉。至建中二年，袁高为郡，进三千六百串，并诗刻石在贡焙。故陆鸿渐《与杨祭酒书》云："顾渚山中紫笋茶两片，此物但恨帝未得尝，实所叹息。一片上太夫人，一片充昆弟同啜。"后开成三年以贡不如法，停刺史裴充。

文中写到紫笋茶在"大历五年（770）以后，始有进奉"，但没有明确哪一年。

陆羽《与杨祭酒书》可旁证紫笋茶的上贡时间

钱易在上述笔记中，带出了一则孤证——陆羽《与杨祭酒书》，从中也可以旁证紫笋茶的上贡时间。

《与杨祭酒书》是陆羽给国子祭酒杨绾送紫笋茶时，附送的一则短笺，内容上文已写道：

> 顾渚山中紫笋茶两片，此物但恨帝未得赏，实所叹息。一片上太夫人，一片充昆弟同啜。

短笺的内容是，送上两片顾渚山中上好的紫笋茶，一片敬太夫人杨绾之母，杨绾从小丧父，因此只有母亲；另一片请杨绾品尝。非常遗憾的是，当今皇上还没有喝到如此好茶。言下之意也有请杨绾品尝后推荐之厚望。

从"昆弟"称呼来看，陆羽年长于杨绾，两人关系非常友好。一般来说，只有兄弟或亲密好友才能称"昆弟"。杨绾（？—777），字公权，华州华阴人。少年苦读，精通文史，不好立名，玄宗、肃宗、代宗三朝为官，有善政，德高望重。

也许日后紫笋茶成为贡茶，真有杨绾的举荐之功。

据《新唐书》记载，杨绾是在宦官鱼朝恩被诛后升任国子监祭酒的，而鱼朝恩死于大历五年（770）寒食节，寒食节为每年农历冬至后一百零五日，清明节前一二日。可见杨绾是在是年清明后担任该职的。国子监祭酒为国子学之长，从三品。大历十二年（777），杨绾拜中书侍郎、同中书门下平章事，同年病逝。笔者因此

将《与杨祭酒书》的年代定在 770—777 年。

古人行文的习惯是，涉及官员身份的，均写当时的最高官职。由此推理，《与杨祭酒书》写于大历五年（770）清明后至大历十一年（776）。

信件多在收信人一方被发现。关于此信的由来，或是杨绾的遗物中发现的；也许是杨绾感念陆羽送茶的厚意，也许是喜爱陆羽潇洒的书法，陆羽的书法也颇有造诣。应该不是杨绾在祭酒任上传出的，古人行文的落款习惯是先时间后名号。

信件一般有收信人的称谓和发信人的落款时间、名号，由于该信穿插在其他文章中，没有收信人的称谓和发信人的落款时间、名号。钱易收辑时记为《故陆鸿渐与杨祭酒书》，但大多文献简为《与杨祭酒书》。由于有"鸿渐"字号，后人因此误以为是同朝宰相杜鸿渐，宋尤袤《全唐诗话》卷二、明陈继儒《茶话》、清陆心源《唐文拾遗》卷二十一、清陆廷灿《续茶经》等文献，均将《与杨祭酒书》记在杜鸿渐名下，《全唐诗话》还将标题标为《故杜鸿渐与杨祭酒书》。显然，这些文献或引文，都系误记或误引。如果是杨绾健在时传出，就不会出现这样的混淆。

其实，杜鸿渐在杨绾任祭酒的 770 年的前一年，即 769 年，已经过世，不可能向杨绾送茶。杜鸿渐的生卒年为 709—769 年，历代没有异议。另外，从"顾渚山中紫笋茶"语句来看，也非陆鸿渐莫属，虽然杜鸿渐贵为宰相，在紫笋茶上贡之前，也是很难得到此茶的，更谈不上送给好友了。

书信一般没有标题，"与某某书"是一种通用格式，是收辑者加上的。

紫笋茶上贡应在 771 年之后

通过钱易笔记《南部新书》的解读，尤其是对《与杨祭酒书》的研究，考据紫笋茶上贡朝廷的时间，应在 771 年之后。一般来说，贡茶都在春茶季节送京。上文表明，《与杨祭酒书》的写作时间，不会早于 770 年，一般送出茶饼表明当年春茶已经结束，当年的紫笋茶皇帝尚未尝到，那么贡茶最快也要明年春天才能上贡，因此紫笋茶上贡，应在 771 年或更迟一些。

（原载《茶博览》2010 年第 7 期）

晋唐流韵说茗粥

茶粥又称茗粥，是以茶叶或茶汁煮成的粥。它清香引人，强身健体，不失为富有中华特色的风味美食。尤其是茗粥之名，不失为食品雅称，喜闻乐见。

茶粥晋代已见记载，流行于盛唐时代。不知何故，当代日本流行茶粥，但倡导茶为国饮的中华大地却日趋式微，难觅踪影。

茶粥另有含义，宋代以后将黏稠状茶汤表层形成的粥状薄膜，称之为"茗粥"。本文对历代茶粥话题做一梳理。

最早记载晋代始

目前能看到最早关于茶粥的记载为晋代。

《茶经》引晋代傅咸司隶教曰："闻南市有蜀妪作茶粥卖，为廉事打破其器具，后又卖饼于市，而禁茶粥以困蜀姥，何哉？"

这段话的意思是：晋代司隶校尉傅咸在一份意在教导、训诲下属的"教示"中说：听说市南有一蜀地来的老妇在卖茶粥，被小官吏粗暴执法，不知是有碍卫生还是其他原因，打破了她的器具，被禁止销售。后来该老妇又被允许卖饼。执法不够人性化，傅咸因此提出疑问，既然可以卖饼，何以不能卖茶粥呢？

一般解读此饼为面饼之类。比较权威的《茶经述评》则将此饼解读为茶饼，认为三国魏张揖撰著的《广雅》已有饼茶记载："荆巴间采叶作饼，叶老者，饼成者以米膏出之。"说明当时已有茶饼。因为傅咸"教示"中并未特指茶饼，还是解读为面饼之类为好。

傅咸（239—294），字长虞，北地泥阳（今陕西耀州东南）人。西晋文学家。出身官宦之家，曹魏扶风太守傅干之孙，司隶校尉傅玄之子。曾任太子洗马、尚书右丞、御史中丞等职。封清泉侯。史载其为官峻整，疾恶如仇，直言敢谏，多善政，曾上疏主张裁并官府，唯农是务；并力主俭朴，说"奢侈之费，甚于天灾"。元康四年（294）去世，时年56岁。死后追赠为司隶校尉，谥号"贞"。今存诗、赋40多篇。司隶校尉为汉至魏晋时期监督京师和京城周边地方的特派监察官。

不知下属是如何回复傅咸的这份"教示"的，也许在他的过问下，这位蜀地老妇可以名正言顺地贩卖茶粥与饼了。不管结局如何，从中可看出傅咸是一位体察民情的好官。

《晋书》记载："吴人采茶煮之，曰茗粥。"

盛唐时代见流行

唐代是文献记载茗粥最多的时代，目前能看到的至少有三种诗文。其中以唐代著名田园诗人储光羲的茶诗名篇《吃茗粥作》最为著名：

留下茶诗《吃茗粥作》的唐代著名田园诗人、监察御史储光羲，为江南储氏始祖，现有后裔20多万，图为江苏宜兴《储氏宗谱》上的储光羲画像

> 当昼暑气盛，鸟雀静不飞。
> 念君高梧阴，复解山中衣。
> 数片远云度，曾不避炎晖。
> 淹留膳茗粥，共我饭蕨薇。
> 敝庐既不远，日暮徐徐归。

该诗描述了某年盛夏酷暑，作者去友人家做客，鸟雀也躲藏避暑，不鸣不飞，虽然主人家有高大的梧桐树遮阴，仍然要解衣纳凉。在主人家品尝难得的茗粥、蕨薇，直到日暮暑气尽散，才慢悠悠地回家。

无独有偶，储光羲好友、著名诗人王维的《赠吴官》，堪称《吃茗粥作》的姐妹篇，只不过该诗称茗粥为茗糜：

> 长安客舍热如煮，无个茗糜难御暑。
> 空摇白团其谛苦，欲向缥囊还归旅。
> 江乡鲭鲊不寄来，秦人汤饼那堪许。
> 不如侬家任挑达，草屩捞虾富春渚。

糜是粥的别称，一般认为，南方称粥，古代北方则多称糜。

该诗的大致意思是，作者向吴地的朋友赠诗曰：长安旅店酷热如煮，没有清淡的茗粥难以解暑。没有鱼脍，汤饼也淡而无味，不如君家富春江畔食物丰美，随时能在江里捞到鱼虾之类美食。

两诗都写到茗粥，不同的是，储光羲世居江南延陵庄城（今江苏宜兴境内），是在士大夫好友家品尝；王维则希望地处北方的长安旅店，暑夏能供应茗粥。这说明唐代南北各地吃茗粥比较流行。

两诗所写时令均为酷暑盛夏，心境、意境却迥异不同，储光羲心静自然凉，在好友家避暑，难得品尝茗粥的愉悦、闲适之心境；而寄居在长安客舍的王维，则心热如煮，感叹食物贫乏，没有茗粥、鱼脍等风味食品，难以满足个人喜好，可能还有怀才不遇等各种心理纠结，未免流露出些许牢骚。

储光羲、王维均比陆羽年长 30 岁左右，古代诗文传播相对较慢，可惜陆羽未看到这些诗作，如收入《茶经》，将在海内外广泛传播。

除了上述两诗，晚唐杨晔在大中十年（856）成书的《膳夫经手录》中记载："茶，古不闻食之，近晋宋以降，吴人采其叶煮，是为茗粥。"

这三处文献记载，说明唐时吃茗粥已经相当普及。

唐代之后，很多名家诗文写到茗粥，如宋代大文豪苏轼，曾与僧人一起煮茗粥，其《绝句三首》之二云：

> 此身分付一蒲团，静对萧萧竹数竿。
> 偶为老僧煎茗粥，自携修绠汲清泉。

晚明宁波慈城籍著名茶人、茶书《茶解》作者罗廪，在题为《炎热》的涉茶诗中，曾写到由从儿（堂房侄子）烧煮茗粥的诗句：

> 泽国多炎热，匡林坐屡移。
> 秋菰真顾作，龀齯独何为。
> 茗粥从儿煮，云山向枕披。
> 不堪宁止七，庄叟信我师。

宁波慈城籍著名书法家、罗廪同乡沈元发，2009 年仲冬录罗廪茶句：茗粥从儿煮，云山向枕披

在一个炎热的秋日，作者在山庄享用堂房侄子煮的茗粥，佐粥的有江南佳蔬"秋菰"——茭白。他希望能像庄子那样，超然物外，静心自凉。

清初宁波杰出史学家、《明史》主笔万斯同七哥万斯备在《次韵李碧樵先生〈早起〉》中写道："茗粥聊驱寒，充然得微助。"记载冬日早起食用茗粥。

古代浓茶称"茗粥"

除了上述专指以茶叶或茶汁煮成的粥以外，宋代以后，茗粥还特指黏稠状茶汤表层形成的粥状薄膜。

宋代流行点茶、茶百戏，一般是将饼茶炙烤研碎成茶粉状，点茶或冲泡后茶

汤大多比较黏稠、凝结，这就是茶汤类茗粥之由来。

北宋大学士、茶学专家蔡襄在《茶录》记载："茶少汤多，则云脚散；汤少茶多，则粥面聚。"其中"粥面"之说，指的即是黏稠状茶汤薄膜。

北宋著名文学家秦观在《处州水南庵二首》之二也写到茶汤类茗粥："此身分付一蒲团，静对萧萧玉数竿。偶为老僧煎茗粥，自携修绠汲清宽。"该诗一说为苏轼绝句。

检索到清代亦有两诗分别写到茶汤类茗粥，一是唐孙华的《夏日斋中读书》诗之三："日携一卷书，潇洒送炎燠。忘忧代萱苏，破睡调茗粥。"另一首是汪懋麟的《三月晦日漫兴五首》诗曰："洗砚微吟自在时，烹来茗粥不嫌迟。"

明代以后流行散茶撮泡，少有黏稠状茶汤，上述清诗写到的茗粥，大概只是遵循古意而已。

当代茶粥色缤纷

作为始见于晋代、流行于唐代的茗粥，无疑是中华特色养生美食。遗憾的是，如今各地饮食场所竟难觅踪影，笔者曾到各地参加茶节或研讨会，很多宾馆或茶馆自助餐，白粥、皮蛋粥、红豆粥、小米粥等各类粥品丰富，独独不见茶粥。不知台、港、澳地区宾馆饭店有无茶粥供应。而东邻日本则将其列为特色美食，如大和茶粥已成为奈良最具代表性家庭料理，奈良人甚至说"大和的早晨从茶粥开始"。

当代中国茶叶丰富多彩，按加工工艺分，有绿、白、红、黄、青、黑6种，如烧煮茶粥，至少可烧出绿、红、黄、黑等色彩缤纷的多种茶粥，而从品种来分，更加丰富多彩，仅属于青茶类的乌龙茶，就可烧出福建武夷岩茶、安溪铁观音、台湾冻顶乌龙、广东潮州凤凰单枞等不同香型的乌龙茶茶粥。

目前社会经济正在向小康目标迈进，尤其是经济发达地区，高血压、高血脂、高血糖、糖尿病、痛风等富贵病患者日趋增多，推出各色茶香诱人、清淡宜人的茶粥正逢其时，各地宾馆饭店、茶楼酒肆、风味小吃等饮食场所，不妨多开一些特色茶粥铺，如开设茶粥、茶美食主题餐馆尤佳，一锅茶粥，餐厅飘香，海内外食客必将闻香而来，纷至沓来。如此美事，何乐不为？

（原载《中国茶叶》2016年第7期）

鹰嘴、鸟嘴喻佳茗　亦称凤爪、鸡苏佛

茶多别称，至少数十个之多，尤以草木为最，如荼、茗、荈、蔎、槚、瑞草、灵草、葭萌、英华、叶嘉、仙芽、忘忧草、王孙草等；状物的有：枪、旗、云英、云腴、云华、碧霞、绿尘、翠涛、甘露、新英、玉英、玉雪、玉华、龙须、龙芽、龙舌、琼蕊浆等；拟人的也不少，如酪奴、清友、不夜侯、晚甘侯、涤烦子、余甘氏等。本文主要介绍鹰嘴、鸟嘴、雀舌三个较为另类、以鸟儿嘴舌为名的雅称，并由此引申出另一个别称"茶嘴"，另有较为鲜见的别称"玉爪""凤爪""鸡苏佛"。

刘禹锡茶诗原创鹰嘴、雀舌

检索诗文，较早或最早将佳茗比喻为鹰嘴、雀舌的，是中唐文学家、大诗人、名臣刘禹锡（772—842），其著名的《西山兰若试茶歌》开句写道："山僧后檐茶数丛，春来映竹抽新茸。宛然为客振衣起，自傍芳丛摘鹰嘴。……"

另一首七绝《尝茶》亦以"鹰嘴"喻茶：

> 生拍芳丛鹰嘴芽，老郎封寄谪仙家。
> 今宵更有湘江月，照出菲菲满碗花。

从"湘江月"可看出，此诗写于湖南某地月亮之夜。

两诗均将"芳丛"与"鹰嘴"并列。

以"雀舌"喻茶较为常见，比喻春茶如雀舌般鲜嫩。据笔者查考，最早以此喻茶的，亦始于刘禹锡，其五律《病中一二禅客见问，因以谢之》写道：

> 劳动诸贤者，同来问病夫。添炉烹雀舌，洒水净龙须。
> 身是芭蕉喻，行须筇竹扶。医王有妙药，能乞一丸无。

顾名思义，其中"龙须"亦是写茶，又多出一个别名。末句"能乞一丸无"与同时代大诗人白居易著名饮酒诗句"能饮一丸无"异曲同工。

刘禹锡之后，宋代多位著名诗人以"雀舌"喻茶，如北宋大诗人、名臣梅尧

臣（1002—1060），其二十二韵五言长诗《答宣城张主簿遗鸦山茶次其韵》，第五写道："纤嫩如雀舌，煎烹比露芽。"

北宋著名科学家沈括（1031—1095）七绝《尝茶》诗云：

> 谁把嫩香名雀舌，定知北客未曾尝。
> 不知灵草天然异，一夜风吹一寸长。

该诗首句赞赏以雀舌喻茶富有诗情画意。

北宋大文豪苏东坡（1037—1101）五律《怡然以垂云新茶见饷，报以大龙团，仍戏作小诗》云：

茶叶从单芽到一芽一叶、一芽二叶初展，形似雏鸟张开之嘴舌，故有鹰嘴、雀舌、茶嘴之雅称（丁琮摄）

> 妙供来香积，珍烹具大官。
> 拣芽分雀舌，赐茗出龙团。
> 晓日云庵暖，春风浴殿寒。
> 聊将试道眼，莫作两般看。

投之以木桃，报之以琼瑶。西湖高僧怡然以垂云新茶馈赠苏东坡，诗人回赠皇帝赏赐的大龙团茶，足见二人友谊。

从刘禹锡三吟鹰嘴、雀舌，说明他品饮的都是芽茶，包括宋代梅尧臣、沈括、苏东坡写到的雀舌，并非陆羽倡导的饼茶和宋代风行的龙团凤饼。

薛能、郑谷均记蜀州鸟嘴茶

刘禹锡之后，晚唐著名诗人、大臣薛能（817—880），其五言诗《蜀州郑使君寄鸟嘴茶因以赠答八韵》标题和开句，均写到鸟嘴茶：

> 鸟嘴撷浑牙，精灵胜镆铘。烹尝方带酒，滋味更无茶。
> 拒碾乾声细，撑封利颖斜。衔芦齐劲实，啄木聚菁华。
> 盐损添常诫，姜宜著更夸。得来抛道药，携去就僧家。
> 旋觉前瓯浅，还愁后信赊。千惭故人意，此惠敌丹砂。

全诗赞美鸟嘴茶清香甘美，胜过僧、道之灵丹妙药。

另一位与薛能同时代的著名诗人、官吏郑谷（约851—910），也在诗作《峡中尝茶》中写到鸟嘴茶：

> 簇簇新英摘露光，小江园里火煎尝。
> 吴僧漫说鸦山好，蜀叟休夸鸟嘴香。
> 入座半瓯轻泛绿，开缄数片浅含黄。
> 鹿门病客不归去，酒渴更知春味长。

全诗意境优美，其中"新英"亦为茶之别称。诗人赞美偶尔所尝未名之新茶，滋味胜过鸦山茶、鸟嘴茶等名茶，尤其适宜酒后饮之。

与刘禹锡以形象思维原创鹰嘴、雀舌所不同的是，鸟嘴茶为茶之名称，具体含义未详。

岁月变迁，今日似乎未见蜀州鸟嘴茶，检索到广东汕头出产凤凰单丛鸟嘴茶，其名称由来，因茶叶尖端部略有弯曲，或左弯或右弯，状似鸟嘴，故称之为"鸟嘴茶"。

朱升、江盈科茶诗记"茶嘴"

除了以鹰嘴、鸟嘴、雀舌喻茶，笔者还检索到元末明初朱元璋谋臣、学者朱升（1299—1370），以"茶嘴"喻茶，其七绝《留金陵送毕功大州判归》四首其二写道：

> 醅芽茶嘴把流泉，人世纷纷我是仙。
> 客里自悲还自释，歙山享用已多年。

该诗描写诗人饮茶如仙的闲适生活。

其后，明代湖南桃源籍文学家、官吏江盈科（1553—1605），曾两次在茶诗中写到"茶嘴"，一是《从柴无锡乞惠泉》写道：

> 虎丘茶嘴绿娟娟，怪得僧家号雨前。
> 欲向北窗自煎吃，从君多乞惠山泉。

另一首《将由君山阻风》亦写到"茶嘴兼收雨前绿"。两处均明确"茶嘴"为谷雨前茶。其中"茶嘴"大概由刘禹锡"鹰嘴""雀舌"引申而来，极言茶芽之细嫩，一芽一叶或一芽二叶初展，形如雏鸟张开之嘴舌。

鲜见别称"凤爪""鸡苏佛"

当代餐饮将鸡爪美称为"凤爪","凤爪"亦为茶之别称。北宋大文豪欧阳修（1007—1072），在著名七韵茶诗《双井茶》开句，将茶美称为"凤爪"："西江水清江石老，石上生茶如凤爪"。

宋代著名诗人杨万里（1127—1206）或许受此启发，在著名十韵茶诗《澹庵坐上观显上人分茶》化用为"玉爪"："蒸水老禅弄泉手，隆兴元春新玉爪。"意指佳茗泡开如鸟爪形状，故称"玉爪"。

北宋陶彝，生平未详，陶谷（903—970）侄，父陶犹。其12岁时，陶谷让他仿效五代胡峤《飞龙涧饮茶》句，作句云："生凉好唤鸡苏佛，回味宜称橄榄仙。"鸡苏即龙脑薄荷，又名水苏，其叶辛香，可以烹鸡，故名。陶谷《清异录》记载："予读胡峤茶诗：'沾牙旧姓余甘氏，破睡当封不夜侯。'爱其新奇。犹子彝，年十二岁，令效法之，近晚成篇云云。"12岁能吟出此句，不失为早慧之神童。

综上所述，茶叶之诸多别称，尤其是鹰嘴、鸟嘴、雀舌、茶嘴、凤爪、玉爪、鸡苏佛等另类别称，多是文人雅士个性化之形象思维，使得中国茶文化更为丰富多彩，平添了几分雅趣，呈现出活泼生气。

（原载《茶道》2019 年第 4 期）

"饭所饮茶" 说 "茶饭"

柴米油盐酱醋茶，古今"茶饭"不分家。本文就古今"茶饭"话题做一梳理。

敦煌家书已见"茶饭"词语

茶饮在唐代已成为生活必需品。唐代大臣李珏在给皇上的奏疏中写道："茶为食物，无异米盐，于人所资，远近同俗。既祛竭乏，难舍斯须，田间之间，嗜好尤切。"意为茶在民间，已经如同米、盐一样不可缺少，田间农家，同样嗜好。

宋代名相王安石《议茶法》云："夫茶之为民用，等于米盐，不可一日以无。"这是唐、宋两位高官议论国事时说到茶与米、盐同样重要，不可或缺。

饭由米来，煮米成饭，茶米等同于茶饭。最早"茶饭"并提的，可追溯到南朝宋代湖州德清小山寺高僧法珍，据《茶经》记载，法珍住小山寺时，"饭所饮茶"，意为吃饭饮茶，或指吃饭时饮茶，或指饭前、饭后饮茶。

安徽省博物馆珍藏有一通《二娘子家书》，由清末翰林、史志学家、文物鉴藏家许承尧1911年从敦煌写经裱褙纸中剥离而得。该家书于天宝元年（742）[另有晚唐咸通七年（866）北宋太平天国五年（980）之说，年代待定]六月廿一，书法娟秀。信中写到"茶饭"，为已见"茶饭"最早书证："今则节届炎毒，更望阿嬢、彼中骨肉各好将息，勤为茶饭。"

除了萝卜、青菜等常用蔬菜，唯有茶饮能全天候、大量饮用，并在吃饭或饭前、饭后饮用，充分说明茶与饭是人体日常之需。

"茶饭"亦为"茶、酒、饭、菜、汤"之总称，泛指饮食。1996年版《现代汉语词典·修订版》

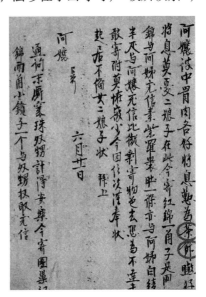

唐天宝元年《二娘子家书》局部，
已见"茶饭"二字

有"茶饭"词条："茶和饭，泛指饮食。"

本文就古今"茶饭"话题做一梳理。

"茶饭"成语、词语多

[清]书画家、篆刻家赵之谦联句：扫地焚香得清福，粗茶淡饭足平安

关于"茶饭"之成语、词语颇多，引述介绍数则：

——家常茶饭。指居家日常饮食，多用以借喻平常普通之事。宋·朱熹《答高应朝书》："若一向只如此说，而不教以日用平常意思，涵养玩索功夫，即恐学者将此家常茶饭，做个怪异奇特底事看了。"

——粗茶淡饭，又作清茶淡饭。形容饮食简单，生活简朴。宋代大诗人杨万里《得小儿寿俊家书》诗："经须父子早归田，粗茶淡饭终残年。"元代马钰《清心镜·戒掉粉洗面》："粗茶淡饭，且填坑堑。乐清贫、恬淡优游。"明代著名小说家冯梦龙《警世通言》第24卷："三叔，你今到寒家，清茶淡饭，暂住几日。"文人雅士笔下的粗茶淡饭，多指甘于清贫、安贫乐道之精神操守。

清末三大书画、篆刻大家之一赵之谦七字隶书联云："扫地焚香得清福，粗茶淡饭足平安。"

清末三大书画、篆刻大家之一吴昌硕十二字楷书联云：

守破砚残书著意搜求医俗法；

吃粗茶淡饭养家难得送穷方。

吴昌硕存世的书法作品，以石鼓、行草等居多，而带有北碑风格的楷书极为罕见，该联系其难得的楷书代表作之一，联文与书法完美融合，笔力遒劲，结体古雅，表达作者追求不俗之人生境界：学而不倦，笔耕不辍，粗茶淡饭，安贫乐道。

——茶饭不思。或不思茶饭、茶饭无心。形容心情焦虑不安，没有心思喝茶吃饭。清代曹雪芹《红楼梦》第十四回："忙的凤姐茶饭无心，坐卧不宁。"

——不茶不饭。与茶饭不思相近，形容心事重重，不思饮食。元代关汉卿《救风尘》第三折："害的我不茶不饭，只是思想着你。"明代胡文焕《群音类选·玉簪记·秋江送别》："霎时间云雨暗巫山，闷无言，不茶不饭，满口儿何处诉愁烦。"

——茶余饭后。指茶饭之后休闲时间，泛指休息或空闲之时，也作茶余酒后。元代关汉卿《斗鹌鹑·女校尉》曲："茶余饭饱邀故友；谢馆秦楼；散闷消愁。"

——三茶六饭。形容招待客人非常周到。泛指饮食周到，而并非限于三种或三次茶，六顿饭。明代吴承恩《西游记》第二十六回："你却要好生服侍我师父，逐日家三茶六饭，不可欠缺。"

——残茶剩饭。指吃剩下的茶水和饭菜。元代马致远《黄粱梦》第四折："如今天色晚了也，有甚么残茶剩饭，与俺两个孩子些吃。"

——饭软茶香。清代郑孝胥《八月十二日雨中游宇治川》诗句云："饭软茶香鱼味美，更唤扁舟取微径。"清代姚孟起联句云："饭软茶香闲里味，花光鸟语静中机。"

古今"茶饭"不分家

"茶饭"自古不分家。以上列举古代成语、词语中的"茶饭"，足见其在日常生活中之地位。

还有更多诗文、联句将茶饭相提并论。最早的可追溯到唐代，如晚唐高僧从谂在《十二时歌》中多处写到茶，其中在中午第六个时辰写道："日南午，茶饭轮还无定度。行却南家到北家，果至北家不推注。苦沙盐，大麦醋，蜀黍米饭蓠莴苣。"日南午时为 11—13 时。意为中午时分，僧人茶饭无着落，只好村南村北挨家挨户去乞食，难得村北有人家招待粗盐莴苣、大麦醋酱菜和高粱米饭。

晚唐高僧雪峰义存《咏鱼鼓》二首之一写到茶饭："我暂作鱼鼓，悬头为众苦。师僧吃茶饭，拈槌打我肚。身虽披鳞甲。心中一物无。鸬鹚横溪望。我誓不入湖。"

黄庭坚《四休导士诗序》云："粗茶淡饭饱即休，补破遮寒暖即休，三平二满过即休，不贪不妒老即休。"

宋代大诗人陆游晚年《书喜》云："眼明身健何妨老，饭白茶甘不觉贫。"他晚年病中所作《春晚杂兴》写到，胃口不佳，惟有"茶饭"而已："病疡无意绪，闭户作生涯。草草半盂饭，悠悠一碗茶。"

宋末元初诗人汪元量《醉歌》云："伯颜丞相吕将军，收了江南不杀人。昨日太皇请茶饭，满朝朱紫尽降臣。"《湖州歌九十八首之七十》云："大元皇后同茶饭，宴罢归来月满天。"

元代马钰《清心镜·戒掉粉洗面》："粗茶淡饭，且填坑堑。乐清贫、恬淡优游。"

成书于朝鲜李朝时期（约十四世纪中叶，中国元末明初时期）的《老乞大》，是以当时北京话为标准，作为朝鲜人用于学习汉语的读本。"乞大"为"契丹"谐音，"老乞大"即"老契丹"，代指"中国通"。全书采用会话形式，记述了高丽商人到中国经商，途中遇到一位王姓中国商人后结伴同行，以及到北京等地从事交易活

清代书画家、文学家郑板桥书法联句：白菜青盐粝子饭，瓦壶天水菊花茶

动的全过程。据统计，该书写到"茶饭"16处。有学者撰文认为，由于该文没有具体饮茶描述，其中包含了茶文化的社会因素，但并无一次实际饮茶。其实这是拘泥于文字之误解，不论古今，说到"茶饭"，多指饮茶吃饭，两者密不可分，最简单的是，古今去酒店、餐馆吃饭，商家一般先上茶水，客人多多少少会喝一点，但在记述饭局时，大多忽略不计。

清代著名书画家、文学家郑板桥嗜爱茶饮，有联句云："白菜青盐粝子饭，瓦壶天水菊花茶。"其中粝子系其家乡一带一种大麦类特产，菊花茶为代用茶，因为联句对仗、平仄等关系，粝子饭、菊花茶泛指普通茶饭，这也是他日常粗茶淡饭俭朴生活之写照。

清代"秦淮八艳"之一董小宛，嗜好茶淘饭，一日三餐均以茶水佐餐。冒襄在《影梅庵忆语》记述夫妻饮茶雅事时，写到其这一嗜好："姬性淡泊，于肥甘一无嗜好，每饭，以岕茶一小壶温淘，佐以水菜、香豉数茎粒，便足一餐。"其中"岕茶"为湖州长兴特产。

笔者嗜茶，每早晚刷牙后，均以茶水漱口，早餐亦会用茶水淘饭。

现代教育家、书法家马叙伦《西江月·草绿溪桥断处》云："入社先求许饮，多情偏要参禅。此中欲辩已忘言。且自饱餐茶饭。"

在广东、福建、台、港、澳等地习俗中，"茶饭"更是密不可分，饭局一般先上茶水，而以"早茶"为名的早餐或早点，则一边喝茶，一边吃糕点或粥类等主食，显然"茶饭"已融为一体。今日南方诸多省市，"早茶"已日趋为更多地区居民所认同。

由乔羽作词、雷振邦作曲的电影《刘三姐》插曲《只有山歌敬亲人》，曲调优美，感情真挚，广为传唱，其中唱到"茶饭"："多谢了，多谢四方众乡亲，我今没有好茶饭，只有山歌敬亲人、敬亲人！"其中"茶饭"显然是指当地日常饮食。

综上所述，古今"茶饭"不分家，源远流长，为中国百姓之日常生活。

笔者草成《茶饭感赋》云：

古今茶饭不分家，南朝高僧饭饮茶。
唐代家信书证在，茶香饭软好年华。

（原载《中国茶叶》2018年第6期）

辑四　茶禅辑要

试论茶禅文化三大源头及传承

导语：本文通过文献梳理，提出茶禅文化三大源头及后世传承。

千载儒释道，万古山水茶。这一对联，道出了儒、释、道三教，均与茶文化关系紧密，难以分舍。就茶文化诗文歌赋、曲艺、书画等文化艺术方面来说，以儒家贡献最大；而早期种茶、饮茶普及等方面，则以佛家与道家贡献较大。佛家还有一大特殊贡献，即寺院特有的茶禅文化，尤其是如"吃茶去"等著名公案，富有寓意和哲理，不仅为海内外爱茶人士，包括佛教、文史爱好者，都耳熟能详，成为茶文化一道独特风景。

茶禅文化源远流长，本文通过文献梳理，厘出其中对后世影响最大的三大源头，分别为唐代三位高僧百丈怀海、咸启、从谂。笔者对茶禅文化之源的定义是，早期唐代萌芽时具有创始性，文献有明确记载，被当时与后世认可并有传承。同时简介了唐代、五代两位禅师茶禅个例。

本文以时间为序，对三大茶禅之源及后世传承做一简述。

源头之一：洪州百丈怀海之《百丈清规》
集佛门茶事之大成，为海内外清规之源

中唐高僧百丈怀海，实行"一日不作、一日不食"之僧人农禅制度。农禅中包括采茶、种茶，唐代以后，茶产区寺院周边山区，一般多有野生或栽培茶树。怀海挚爱茶饮，其制定的《百丈清规》，集佛门茶事之大成，堪称茶禅文化创始人。其与陆羽同处中唐时代，茶饮尚未普及，《百丈清规》对后世影响极大，推动和促进了包括寺院种茶在内的我国茶产业、茶文化的发展。

怀海（749—814），俗姓王，福州长乐人，原籍山西太原，先祖因避西晋永嘉之乱迁闽。童年出家，曾游历各地，勤读佛经。与西堂智藏、南泉普愿同时入室，跟随马祖道一禅师学禅，时称"三大士"。后住持洪州百丈山（今江西奉新），故世称"百丈怀海"。四方禅僧，纷至沓来，席下人才济济，如沩山、希运等相继成

为一代宗师。主要法嗣有沩山灵祐、黄檗希运、长庆大安等 15 人。

怀海所制定《清规》，又名僧制、僧禁，后世称《百丈清规》或《古清规》，凡僧人坐卧起居、长幼次序、饮食坐禅和行事等都做了严肃、明确的规范。

《百丈清规》原书已散佚。元代元统三年（1335），元顺宗命怀海第十八代法孙东阳德辉重修清规，历时近三年，编纂成《敕修百丈清规》（以下简称《清规》），流传至今。

1）**寺院无处不兴茶**。据不完全统计，《清规》全书 8 万余字，茶香融于字里行间，其中有"茶"字 325 处，"茶汤"65 处，"请茶"21 处，"吃茶"15 处。如此高频率出现"茶"字等相关文字，堪称中国茶文化之最。

茶事繁多，要有专人打理，为此，寺院中配有专事煮茶、奉茶待客之"茶头"。全书记载"茶头"16 处。后世讲究的寺院，还有为善男信女或游人惠施茶水的"施茶僧"。

《清规》茶事、茶礼具有严谨细致之规范。僧人早起先饮茶，后佛事，每天需在佛前供茶；每逢圣节、千秋节、国忌日、佛诞日、佛成道日、帝师涅槃日、达摩忌日、职事变更、僧尼圆寂等，均有茶礼仪式；僧人迎送、坐禅、谈话等，都以茶饮为伴。

《清规》中不同之茶，各有名目，如供奉佛祖的称"奠茶"，按照受戒年限先后饮用的称"戒腊茶"，寺僧共饮的称"普茶"。住持与善男信女共饮的称"巡堂茶"。"巡堂茶"又称"旦望巡堂茶"。"旦""望"分别为农历每月初一、十五，是比较虔诚的善男信女，每月到寺院礼佛之日。"巡堂"即在僧堂内按一定线路来回巡走。以"巡堂茶"招待善男信女，既是一种礼仪，也可视为答谢捐钱捐物、留下香火费之善男信女。寺院在民间影响大，尤其是高僧或名僧参与巡堂茶，犹如今日名寺之腊八粥，会受到善男信女广泛追捧，期望能喝到一盏寺院茶。这对茶饮的推广普及，具有较大作用。

2）**茶事礼仪《清规》多**。《清规》以较大篇幅，记载了佛门各类茶事礼仪。该书共 9 章 91 节，据不完全统计，其中有 4 章 25 节涉及茶礼。其中四章分别为《住持章第五》《两序章第六》《大众章第七》《节腊章第八》。

25 节分别为：1. 告香；2. 受嗣法人煎汤（点）；3. 专使特为新命煎点（新命即新任住持）；4. 新命辞众上堂茶汤（上堂即法堂说法）；5. 专使特为受请人煎点；6. 受请人辞众陞座茶汤（陞座即上堂说法）；7. 山门特为新命茶汤；8. 方丈特为新旧两序汤（两序即僧堂生活管理员）；9. 堂司特为新旧侍者汤茶（侍者即住持的日常助理）；10. 方丈特为新首座茶（首座即首席修行僧）；11. 新首席特为后堂大众茶（后堂即僧堂的后半部）；12. 住持垂访头首点茶（头首即禅寺里一要职）；13. 两序交代茶；14. 入寮出寮茶；15. 头首就僧堂点茶；16. 方丈特为新挂搭茶（新

挂搭即新进山者）；17. 赴茶汤；18. 新挂搭人点入寮茶；19. 方丈小座汤；20. 方丈四节特为首座大众茶（四节即指四个节气）；21. 库司四节特为首座大众茶（库司即寺务管理者）；22. 前堂四节特为后堂大众茶；23. 旦望巡堂茶；24. 方丈点行堂茶（行堂即寺院杂役住的僧堂）；25. 头首点行堂茶。

3）茶鼓为号僧吃茶。《清规·法器章第九》记有茶鼓，并有"茶鼓，长击一通，侍司主之"之语，或为记载茶鼓之名最早或较早之文献。

受《清规》影响，唐宋时代，上规模的寺院大多设有供僧人喝茶的茶堂或茶寮。寺院在法堂东北角设法鼓，西北角设茶鼓，是谓"左钟右鼓"。

茶鼓是佛教崇茶的一种重要信据。以茶鼓作为召集僧众用茶之信号，足见古代寺院饮茶风气之盛。而数十人甚至百人以上的寺院，僧侣以茶鼓为号集体饮茶，场面壮观，需要消费大量茶叶。

除了《清规》记载，一些诗文中亦可见到茶鼓之踪迹。如宋代著名诗人林逋（967—1028）的著名七律《西湖春日》，其中第三、四句记写到当时西湖周边寺院设有茶鼓："春烟寺院敲茶鼓，夕照楼台卓酒旗。"近代安徽籍实业家、北洋财长周学熙（1865—1947），其七绝《茶鼓》写到西湖灵隐等周边寺院的茶鼓声："灵鹫山前第几峰，通通茶鼓暮烟浓。西湖不少僧行脚，误急归心饭后钟。"这说明晚清民国时期，杭州寺院仍有茶鼓之实。

《清规》将浓浓的茶香和温馨的茶礼，融于僧人之日常生活，在袅袅茗香一团和气中念佛修道，这是怀海倡导的理想佛门世界。而寺院兴茶，无疑推动和促进了茶产业、茶文化的发展。

4）《清规》茶事传海外。《清规》不仅对国内后世佛门茶事产生了巨大影响，还东传日本和朝鲜半岛，对日本茶道、韩国茶礼产生了积极影响。

将禅茶传到日本的代表人物，唐代有高僧最澄、空海、永忠等，宋代有荣西、希玄道元、圆尔辨圆、南浦绍明等，对日本佛教和茶道产生了深远的影响。

希玄道元（1200—1253）为荣西再传弟子，日本曹洞宗祖师。其于嘉定十六年（1233）三月经明州入宋，参礼天童寺如净禅师三年。回国后在永平寺分别按唐、宋两代《禅院清规》范本，制定《永平清规》，使饮茶成为僧人的日常行为。

2015 年，笔者在《中华茶人诗描续集》诗赞怀海：

> 茶禅自古不分家，历代高僧佳话夸。
>
> 功绩怀海应第一，佛门无处不兴茶。

源头之二：明州天童咸启禅语"且坐吃茶"传播海内外

晚唐明州（今宁波）天童咸启禅师，生平未详，宋代佛教经典《五灯会元》有目无传。据清康熙年间（1662—1722）刻本《天童寺志》记载："宣宗大中元年丁卯，禅师咸启请以本寺，充十方住持。"其为天童山第七代主席，于大中元年至十三年（847—859）住持该寺，弘扬洞山宗风，为天童寺曹洞宗始祖。宋代以后，该寺曹洞宗多日本、朝鲜半岛法嗣，以天童寺为祖庭，今常来朝拜。

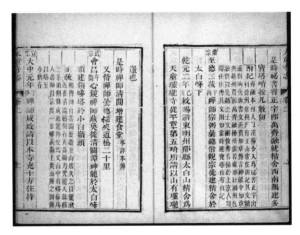

清康熙刻本《天童寺志》记载，唐宣宗大中元年，禅师咸启住持天童寺，建立十方住持制

《五灯会元·卷十三·明州天童咸启禅师》记有咸启两则机锋禅语，其中一则说到"且坐吃茶"：

（师）问伏龙："甚处来？"
曰："伏龙来。"
师曰："还伏得龙么？"
曰："不曾伏这畜生。"
师曰："且坐，吃茶。"

简大德问："学人卓卓上来，请师的的。"
师曰："我这里一屙便了，有甚么卓卓的的？"
曰："和尚恁么答话，更买草鞋行脚好！"
师曰："近前来。"
简近前，师曰："只如老僧恁么答，过在甚处？"简无对。师便打。
问："如何是本来无物？"
师曰："石润元含玉，矿异自生金。"
问："如何是真常流注？"师曰："涓滴无移。"

其中第一则大意是：伏龙寺一位僧人，到天童拜访咸启，一番关于有否伏龙

的机锋对话之后，主人让客人坐下，请喝茶。按当时语境，应为"且坐，吃茶"两层意思，但后世转述，尤其是用于诗作，就连缀在一起，简为"且坐吃茶"了。本文亦从后者记述。按语意理解，当时主、客前面是放有茶盏或茶碗的，可以随意饮用。这一记载，把传统茶产区天童寺之茶禅历史远溯至唐代，而作为茶禅法语，其历史早于从谂禅师"吃茶去"法语，于茶文化历史，尤其是茶禅历史颇有意义，形成南有咸启，北有从谂之茶禅格局，下文简述。

第二则机锋对话，重点是偈语"石润元含玉，矿异自生金"，该语揭示出金玉难得、人才难得之哲理。

笔者理解，咸启禅师机锋禅语有新意，有哲理，该是其入载《五灯会元》名传后世，成为一代高僧之缘由。

咸启禅师于大中元年至十三年（847—859）住持天童，说明至少在其住持之前，已入驻该寺，至大中十三年（859）或因年老有病，退居二线。大中十四年（860）由单名义禅师接替住持，其时咸启禅师或病或圆寂，其终老于该寺，有灵塔，其卒年约为860年。

至于"且坐吃茶"之禅语，咸启住持任前或任上所说均有可能，今取其概数，或为任上中期853年左右。从谂于大中十一年（857）80岁住持赵州观音院，至120岁圆寂，前后40年。从谂初到时，寺院破败不堪，经其数年精心打理，才逐步中兴。取其20年概数，"吃茶去"公案大致发生在877年左右，稍晚于"且坐吃茶"20年左右。

仔细品味，"且坐吃茶"与"吃茶去"禅语各有妙处，前者有安于当下自在闲适之意，宜于僧俗日常生活；后者所说并非真正意义之吃茶，而为断喝止念，开示人生重在感悟、顿悟、觉悟，影响深远。

"且坐吃茶"禅语古今中外均有传承。北宋明州奉化雪窦寺高僧雪窦重显，在《明觉禅师语录·卷二》中，有偈语引用咸启禅语云："踏破草鞋汉，不能打得尔。且坐吃茶。"

宋代诗人员兴宗《春日过僧舍》云：

> 青春了无事，挈客上伽蓝。遥指翠微树，来寻尊者庵。
> 不须谈九九，何必论三三。且坐吃茶去，留禅明日参。

其中"且坐吃茶去，留禅明日参"显然是化用咸启之禅语，诗人主张当下先吃茶，参禅待明日。

"且坐吃茶"在日本亦有传承，如日本茶道代表人物高僧南浦绍明（1235—1308），曾师从明州象山籍径山寺高僧虚堂智愚9年，通晓中国佛教与茶文化。其与弟子日本大灯国师宗峰妙超初次见面偈语云："老来无力，且坐吃茶。"

日本当代著名僧侣画家岩崎巴人（1917—2010），作有茶文化书画《且坐喫茶》。画面上为中文"且坐喫茶"，其中"喫"为繁体字；下为一青花黑口变体瓷碗；左下有"巴人"落款钤印，为标准中国书画，古朴雅趣，喜闻乐见。如果不作介绍，很难看出是日本书画。

今台湾、厦门等地，均有茶企业以"且坐吃茶"作为商标字号或包装标识。

有感于咸启禅师"且坐吃茶"之禅语，笔者草成《咸启禅师茶禅法语感赋二章》：

其一

天童茗事溯源长，太白山灵瑞草香。

且坐吃茶迎访客，远闻海外广弘扬。

其二

南有咸师北从谂，茶禅唐代两高僧。

机锋法语时空远，意趣幽深传五灯。

其中"五灯"指佛教典籍《五灯会元》。

源头之三：赵州从谂禅语"吃茶去"，堪称茶禅第一公案

关于茶禅公案，影响最大的，当数晚唐赵州高僧从谂。其口头禅"吃茶去"名闻中外，广为传播，源于佛门而超越佛门，具有深厚之哲学意义。

从谂（778—897），山东人。俗姓郝。18岁参于南泉，有所契悟；嵩山受戒以后，返回南泉。60岁以后，历访黄檗、宝树、盐官、夹山等。80岁高龄请住河北赵州观音院，大振南宗于北方，传为赵州禅，闻者无不信服。120岁圆寂，谥"真际大师"。后人称为"赵州古佛"。

宋代《五灯会元》等典籍载有该公案。其中明代《指月录·卷十一》"赵州观音院真际从谂禅师"条记载：

师问新到："曾到此间么？"曰："曾到。"师曰："吃茶去。"又问僧，僧曰："不曾到。"师曰："吃茶去。"后院主问曰："为甚么曾到也云吃茶去，不曾到也云吃茶去？"师召院主，主应喏。师曰："吃茶去。"

这一著名公案，可简述为"新到吃茶，曾到吃茶；若问吃茶，还是吃茶。"

细细品味，其中"曾到吃茶，新到吃茶"其实是客套语，是名副其实的"口头禅"。其本意就是与曾到或新到僧人打个招呼，类似初见或再见之招呼用语。一般僧人到来，与方丈或住持打过招呼之后，会由知客带到僧舍歇息，当时僧舍是

否备有茶叶不得而知。而像《百丈清规》所记那样，僧人迎来送往都以喝茶为礼，一般须待落脚休息之后另行仪式。从谂之"曾到吃茶，新到吃茶"可理解为客套招呼。

"若问吃茶，还是吃茶"更好理解，明显是从谂对院主诘问之语。意为你在寺院这么多年，难道不知道我所说什么吗？吃茶去，好好想想吧！

所以说，这"新到吃茶，曾到吃茶；若问吃茶，还是吃茶"只是说到茶而已，并没有实际意义之喝茶礼节或仪式。

醉翁之意不在酒，高僧禅语并非茶。"吃茶去"之本意是一个"悟"字：顿悟、感悟、彻悟，悟到何种程度，在于听者之道行与修炼。

从谂有意无意间常说"吃茶去"，可能觉得此话有禅意，适合佛门用语，雅俗共赏，成为其说话及其人物形象之标志。而让从谂始料未及的是，其百年之后，这一"口头禅"竟成为著名公案，而随着茶文化的兴起，更成为佛教禅宗"茶禅一味"之源头，历千年而不衰。

"吃茶去"被誉为"茶禅一味"之肇始。此公案又生发出诸多公案，历代引用、化用其句其义的不胜枚举，日本、韩国及海外茶文化学者，亦常以"吃茶去"融于诗书。

当代最著名的当数已故佛学大师、诗人、书法家赵朴初（1907—2000），1989年9月9日，为"茶与中国文化展示周"题赠的五言诗偈："七碗受至味，一壶得真趣。空持百千偈，不如吃茶去。"

当代著名书法家、诗人、原北京师范大学教授启功（1912—2005），亦留有两首关于"吃茶去"的著名诗书。1989年，他向"茶与中国文化展示周"题赠诗书，赞美"吃茶去"禅语"三字千金"：

今古形殊义不差，古称茶苦近称茶。
赵州法语吃茶去，三字千金百世夸。

1991年5月，启功书赠茶文化学者张大为七言绝句，再次赞美"吃茶去"三字禅"截断群流"：

七碗神功说玉川，生风枉诧地行仙。
赵州一语吃茶去，截断群流三字禅。

启功二诗与赵朴初"空持百千偈，不如吃茶去"，有异曲同工之妙。

随着时间推移，相信还有更多时

贤后学，会以"吃茶去"为主题，创作出更多优美诗章。

余论：唐、五代两位禅师茶禅个例

除了上述三大茶禅文化之源，另有两位唐代、五代禅师茶禅个例：一是唐封演（生卒未详，天宝十五年［756］进士）《封氏闻见记》记载：

开元中，太山灵岩寺有降魔师，大兴禅教，学禅务于不寐，又不夕食，皆恃其饮茶。人自怀挟，到处煮饮。从此转相仿效，遂成风俗。

关于这位泰山降魔大师，生平未详，并无禅语传世，后世亦无传承，仅为个例而已，无法列入茶禅之源。

二是据北宋《景德传灯录》卷十八、南宋《五灯会元》卷七记载，五代时明州翠岩院永明令参（904—975）禅师，留有禅语"茶堂里贬剥去"其中《景德传灯录》记载如下：

明州翠岩永明大师令参，湖州人也。自雪峰受记，止于翠岩，大张法席。问："不借三寸，请师道。"师曰："茶堂里贬剥去。"

问："国师三唤侍者，意旨如何？"师曰："抑逼人作么？"

问："诸余即不问。"师默之。

僧曰："如何举似于人。"师唤侍者点茶来。

这一公案大意为：永明大师，法号令参，湖州人（《五灯会元》记为安吉州人）。于明州翠岩寺雪峰禅师受戒，大开法席。

有人问："不请高僧，就凭三寸不烂之舌？"师答曰："不妨去茶堂吃茶论辩，探讨切磋，咀嚼茶之滋味。"

再问："国师三次呼唤侍者，不知有何意旨？"师答曰："何必逼人太甚？！"三问："其余不再问了。"师默认之。

有僧人问："此事该如何奉告于人？"师不言语，让侍者点茶来饮。至于如何奉告于人，由问者自己感悟吧。

其中"贬剥"之"贬"通"辨"，"剥"为去掉外皮、外表，去虚求实。

难得的是，其中"茶堂"两字透露出重要信息，说明当时翠岩院已经设立专门用于喝茶之茶堂，说明佛门对茶事之重视。而此前除了《百丈清规》有茶堂记载，天童寺咸启禅师、柏林赵州从谂禅师未见茶堂之记载。

"茶堂里贬剥去"意为不妨去茶堂探讨切磋，咀嚼茶之滋味。该禅语稍晚于"吃茶去"，两者有异曲同工之妙。

　　可惜该公案未见传承。翠岩院几度兴废，后更名翠山寺，至 20 世纪 70 年代破败不堪被拆除，后因当地修建水库，原址被列入淹没区域。2003 年，有僧人在原院址附近的山坡上，新建翠山寺。

（原载《农业考古·中国茶文化专号》2017 年第 2 期）

"且坐吃茶" "吃茶去" 咸启禅语两相宜

晚唐赵州从谂（778—897）禅师"吃茶去"法语，为著名"赵州公案"，又称"赵州禅"，早已在海内外广为传播。最近发现，稍早于从谂的明州（今宁波）天童寺咸启禅师（？—860后）亦留有法语"吃茶去"，亦作"且坐吃茶"。其中后者，已在包括日本在内的海内外传播，并衍生出"老来无力，且坐吃茶""闲来无事，且坐吃茶"等语。本文介绍其源头出处。

咸启禅师（？—约860），生平未详，曾住苏州宝华山。宋代佛教经典《景德传灯录》《五灯会元》有目无传。据《天童寺志》记载，其为天童山第七代住持，于大中元年至十三年（847—859）住持该寺，弘扬洞山宗风，为天童寺曹洞宗始祖。咸通元年（860）三月，懿宗皇帝赐其紫衣一袭。宋代以后，该寺曹洞宗多日本、朝鲜半岛法嗣，以天童寺为祖庭，今常来朝拜。

《景德传灯录》记为"吃茶去"

发现记载咸启禅师茶语的佛典，有两种版本。

先是宋景德元年（1004）释道原所撰佛教史书《景德传灯录》卷十七《天童咸启》记载：

明州天童山咸启禅师。先住苏州宝华山。

僧问："如何是本无物。"师曰："石润无含玉，矿异自生金。"

伏龙山和尚来。师问："什么处来。"曰："伏龙来。"师曰："还伏得龙么。"

曰："不曾伏这畜生。"师曰："吃茶去。"

简大德问："学人卓卓上来请师的的。"师曰："我这里一屙便了。有什么卓卓的的。"曰："和尚怎么对话。更买草鞋行脚好。"师曰："近前来。"简近前。师曰："只如老僧怎么对，过在什么处。"简无对。师便打。

该公案分为三层意思。

一是与僧人机锋对话中，以偈语"石润元含玉，矿异自生金"回应僧人"如

何是本无物",说明有些名石,看似与普通石头无异,谁知其蕴金含玉,虽是天生,其中亦有特定因缘。该语同时揭示出金玉难得、人才难得之哲理。

二是伏龙寺一位僧人,到天童拜访咸启,一番关于有否伏龙的机锋对话之后,主人让客人"且坐吃茶",止住话头。按语意理解,当时主、客前面是放有茶盏或茶碗的,可以随意饮用。这一记载,把传统茶产区天童寺之茶禅历史远溯至唐代。

三是简大德不懂咸启机锋妙语,主人不满其应对,却又不能说出个所以然来,自然上前抓住他就打。

另有《景德传灯录》卷十一,记载咸启为杭州径山鉴宗大师法嗣。《天童寺志》记载其为洞山良价法嗣。

宋《五灯会元》记为"且坐吃茶"

《五灯会元》卷十三《明州天童咸启禅师》记载大同小异,其中次序有调整,将第一则调到了第三则:

> (师)问伏龙:"甚处来?"曰:"伏龙来。"师曰:"还伏得龙么?"曰:"不曾伏这畜生。"师曰:"且坐吃茶。"
>
> 简大德问:"学人卓卓上来,请师的的。"师曰:"我这里一局便了,有甚么卓卓的的?"曰:"和尚怎么答话,更买草鞋行脚好!"师曰:"近前来。"简近前,师曰:"只如老僧怎么答,过在甚么处?"简无对。师便打。
>
> 问:"如何是本来无物?"师曰:"石润元含玉,矿异自生金。"问:"如何是真常流注?"师曰:"涓滴无移。"

其中第三则对话增加了后一句,可见《五灯会元》编纂者大川普济还参考了"五灯"之中其他灯录或其他史料。

咸启法语"吃茶去"或"且坐吃茶",稍早于从谂禅师"吃茶去",于茶文化历史,尤其是茶禅历史颇有意义,形成南有咸启,北有从谂之茶禅格局,下文专题详述。

"吃茶去""且坐吃茶"各有妙处

笔者写作此稿之前,曾与一位"赵州禅"著名学者,在网上讨论两者孰先孰后,茶友质疑,认为难分先后,经笔者梳理史实,厘清了"且坐吃茶"早于"吃茶去"。

咸启禅师于大中元年至十三年(847—859)住持天童,说明其住持之前,已入驻该寺,至大中十三年(859)或因年老有病,退居二线。大中十四年(860)

由单名义禅师接替住持，其时咸启禅师或病或圆寂，其终老于该寺，有灵塔，笔者因此将其卒年标为约 860 年。

咸启"吃茶去"或"且坐吃茶"之禅语，其住持任前或任上所说均有可能，今取其概数任上中期 853 年左右。

再看从谂禅师，各类佛教经典记载其事迹，多为唐大中十一年（857）80 岁住持赵州观音院之后，尤其是禅语"吃茶去"，即称为"赵州公案"。从谂谥号"真际禅师"，《赵州真际禅师行状》记载其："年至八十方住赵州城东观音院，去石桥十里已来。住持枯槁，志效古人。僧堂无前后架，施营斋食。绳床一脚折，以烧断薪用绳系之。每有别制新者，师不许也。住持四十年来，未尝赍一封书告其檀越。"这说明当时地处偏僻的赵州观音院破败不堪，生活极为艰辛，从谂作于其时的《十二时歌》即是当时生计之写照：这里引录三节：

> 食时辰，烟火徒劳望四邻。
> 馒头槌子前年别，今日思量空咽津。
> 持念少，嗟叹频，一百家中无善人。
> 来者只道觅茶吃，不得茶噇去又嗔。
>
> 禺中巳，削发谁知到如此。
> 无端被请作村僧，屈辱饥凄受欲死。
> 胡张三，黑李四，恭敬不曾生些子。
> 适来忽尔到门头，唯道借茶兼借纸。
>
> 日南午，茶饭轮还无定度。
> 行却南家到北家，果至北家不推注。
> 苦沙盐，大麦醋，蜀黍米饭蘸莴苣。
> 唯称供养不等闲，和尚道心须坚固。

其时僧人食不果腹、少有善男信女之窘迫跃然纸上。

古代经济困难，北方更甚，如此窘境，少至三五年，多则十几年，达到初成、中兴均为正常，而要名声在外，僧众慕名来访，则需更多时日。同样以大概率来说，40 年取其中，"吃茶去"公案则发生在 877 年左右，晚于咸启禅语"且坐吃茶" 20 年左右。

台湾春勇梨山茶业制作的
"且坐吃茶"宣传标识

仔细品味，"吃茶去""且坐吃茶"禅语各有妙处，前者或为真实吃茶，或为口头禅语，并非真正意义之吃茶，而为断喝止念，开示人生重在感悟、顿悟、觉悟，影响深远。后者则有安驻当下自在闲适之意，宜于僧俗日常生活。

"且坐吃茶"传播古今中外

众所周知，"吃茶去"禅语作为茶文化第一公案，早已广为传播。"且坐吃茶"禅语古今中外同样有传承。据不完全统计，《五灯会元》就记有9例"且坐吃茶"，其中唐代2例，五代1例，宋代6例。

北宋宁波奉化雪窦寺高僧雪窦重显（980—1052），有偈语引用咸启禅语云："踏破草鞋汉，不能打得尔。且坐吃茶。"

北宋临济宗杨歧派开山祖师杨歧方会（996—1049），其语录中竟有"且坐吃茶"8处之多，如"更不再勘，且坐吃茶""上座勘破，且坐吃茶""不得错举，且坐吃茶""败将不斩，且坐吃茶""柱杖不在，且坐吃茶""将头不猛，累及三军。且坐吃茶""实头人难得，且坐吃茶"等，看来他是以此作为口头禅了。

宋代诗人员兴宗《春日过僧舍》云：

> 青春了无事，挈客上伽蓝。遥指翠微树，来寻尊者庵。
> 不须谈九九，何必论三三。且坐吃茶去，留禅明日参。

诗人主张当下先吃茶，参禅待明日。

日本茶道代表人物高僧南浦绍明（1235—1308），曾师从宁波象山籍径山寺高僧虚堂智愚9年，通晓中国佛教与茶文化。日本大灯国师宗峰妙超（1282—1337）拜其为师，初次见面，南浦绍明所说偈语便是"老来无力，且坐吃茶"。

日本当代著名僧侣画家岩崎巴人（1917—2010），作有茶文化书画《且坐喫茶》，画面上为中文"且坐喫茶"，其中"喫"为繁体字；下为一青花黑口变体瓷碗；左下有"巴人"落款钤印，为标准中国书画，古朴雅趣，喜闻乐见。如果不作介绍，很难看出是日本书画。

今台湾、厦门等地，均有茶企业以"且坐吃茶"作为商标字号或包装标识。

2018年，广西壮族自治区级非物质文化遗产末茶（擂茶粉）手工制作技艺代表性传承人张汉秋，创作《秋歌三茶》之三主题歌《且坐喫茶》，喜闻乐见，在地方、中央电视台等媒体播放，获得全球客家流行金曲榜十大金曲奖和最佳作词，与该剧插曲《茶经》一起刊登在国家级刊物《词刊》上。

《且坐喫茶》歌曲之创作灵感，来源于昭平市千年古镇黄姚兴宁庙古匾"且坐喫茶"。该匾出自清代黄姚镇著名诗人林作楫，乾隆三十年（1765），镇上重修兴宁庙，请他献墨宝。他挥毫写下"且坐喫茶"，刻匾后挂于庙里传承至今，成为茶乡昭平先人种茶、制茶、喝茶的最好见证。该匾已被收入《中华名匾》一书中。

有感于咸启禅师"吃茶去""且坐吃茶"之禅关妙语，笔者草成《咸启禅师茶禅法语感赋三章》：

其一

天童茗事溯源长，太白山灵瑞草香。

且坐吃茶迎访客，远闻海外广弘扬。

其二

南有咸师北从谂，茶禅唐代两高僧。

机锋法语时空远，意趣幽深传五灯[①]。

其三

且坐吃茶吃茶去，禅关妙语两相宜。

互通双璧话题转，美玉琼瑶赋小诗。

注① "五灯"指佛教典籍《五灯会元》。

"赵州茶"是什么茶？

——从谂"吃茶去"公案浅析

导语：本文以"吃茶去"公案为例，从精神和实物两大层面，探讨"赵州茶"究竟是什么茶。该公案是佛教禅宗"茶禅一味"之源头，源于佛门而超越佛门。

明代《指月录·卷十一》"赵州观音院真际从谂禅师"条记载：

师问新到："曾到此间么？"曰："曾到。"师曰："吃茶去。"又问僧，僧曰："不曾到。"师曰："吃茶去。"后院主问曰："为甚么曾到也云吃茶去，不曾到也云吃茶去？"师召院主，主应喏。师曰："吃茶去。"

宋代佛教禅宗史书《五灯会元》等典籍也载有该公案。

这一著名公案，当今已被简述为"新到吃茶，曾到吃茶，若问吃茶，还是吃茶。"

"吃茶去"被誉为"茶禅一味"之肇始。此公案又生发出诸多公案，历代引用、化用其句其义的不胜枚举，最著名的当数当代已故佛学大师、诗人、书法家赵朴初之偈语诗："空持百千偈，不如吃茶去。"

1989年9月9日，赵朴初为茶与中国文化展示周题五言诗偈："七碗受至味，一壶得真趣，空持百千偈，不如吃茶去。"

客套、诘问未喝茶

细细品味，从谂（778—897）禅师之"曾到吃茶，新到吃茶"其实是客套语，是名副其实的"口头禅"。其本意就是与曾到或新到僧人打个招呼，类似初见或再见之招呼用语。一般僧人到来，与方丈或主持打过招呼之后，会由知客带到僧舍歇息，当时僧舍是否备有茶叶不得而知。而像《百丈清规》所记那样，僧人迎来送往都以喝茶为礼，一般须待落脚休息之后另行仪式。从谂之"曾到吃茶，新到吃茶"纯粹是客套招呼。

"若问吃茶，还是吃茶"更好理解，明显是从谂对院主诘问之语。意为你在寺院这么多年，难道不知道我所说什么吗？吃茶去，好好想想吧！

所以说，这"新到吃茶，曾到吃茶，若问吃茶，还是吃茶"只是说到茶而已，并没有实际意义之喝茶礼节或仪式。

从谂爱茶吃茶，无意间常说"吃茶去"。他可能觉得此话有禅意，适合佛门用语，雅俗共赏，抑或无意变有意，成为其说话及其人物形象之标志。让从谂始料未及的是，其百年之后，这一"口头禅"竟成为著名公案，而随着茶文化的兴起，更成为佛教禅宗"茶禅一味"之源头，历千年而不衰。

油麻茶或代用茶

除了"吃茶去"之典故，从谂在《十二时歌》多处写到茶。这些茶都是什么茶？

古代将一昼夜划分为十二个时段，每一个时段叫一个时辰。《十二时歌》记载了古代寺院僧人日常之艰辛生活。

其中第八节记载申时即下午三时至五时之生活时，写到"油麻茶"：

> 晡时申，也有烧香礼拜人。
>
> 五个老婆三个瘿，一双面子黑皱皱。
>
> 油麻茶，实是珍，金刚不用苦张筋。
>
> 愿我来年蚕麦熟，罗睺罗儿与一文。

晡时即申时。这段话的意思是，申时时分，来了五个烧香礼佛的老姬。其中三人脖子上长"瘿"，即甲状腺肿瘤；另两个则脸面发黑，皮肤干裂，显然都是劳苦大众。但她们礼佛很虔诚，带了油麻茶。油麻即芝麻。这五位老姬以油麻茶烧香礼佛，希望来年蚕丝、麦子丰收，生活富足。如能保佑如愿，她们会再来供养菩萨。

不知这种油麻茶原料是什么，大概是一种混合茶。据法缘《赵州从谂〈十二时歌〉解析》称，这种油麻茶类似今日芝麻糊之类的混合茶，是以"茶叶、芝麻、花生和盐混在一起磨碎，然后加入特制的炒米制成的油麻茶，这种茶在当时大多数人连温饱都很难解决的赵州北地，就显得实在是太珍贵了"。不知当地是否有油麻茶之传承，也许是作者一说，是否如此配料加工并混有茶叶尚待探讨。

以从谂"油麻茶，实是珍"之赞语来看，其滋味、营养价值应该都不错。

另有其他三个时辰分别写到茶：

> 食时辰，烟火徒劳望四邻。
> 馒头子，前年别，今日思量空咽津。
> 持念少，嗟叹频，一百家中无善人。
> 来者只道觅茶吃，不得茶噇去又嗔。

辰时为每天7—9时早饭之时。僧人几近断炊，只能空望四邻，啃馒头已是前年之事，叹息百户人家少有善男信女来寺院布施，来者多是讨茶喝，寺院没有茶水招待而怨恨恼怒。

> 禺中巳，削发谁知到如此。
> 无端被请作村僧，屈辱饥凄受欲死。
> 胡张三、黑李四，恭敬不曾生些子。
> 适来忽尔到门头，唯道借茶兼借纸。

禺中巳时为9—11时临近中午时候。僧人自叹不该来此食不果腹之地，少有供奉，饥寒交迫，不时还有胡张三、黑李四来讨茶借纸。

> 日南午，茶饭轮还无定度。
> 行却南家到北家，果至北家不推注。
> 苦沙盐，大麦醋，蜀黍米饭蘸莴苣。
> 唯称供养不等闲，和尚道心须坚固。

日南午时为11—13时。僧人茶饭无着落，只好村南村北挨家挨户去乞食，难得村北有人家招待粗盐莴苣、大麦醋酱菜和高粱米饭。

诗文是时代之印记，《十二时歌》是当时赵州等寺院日常艰辛生活之写照。从论无疑是爱茶吃茶之人，但晚唐之时，在条件艰苦、少有供奉、非茶产地之北方，是否如"吃茶去"公案和《十二时歌》所写，寺院能否大量备茶，村民是否有饮茶习惯，而经常到寺院讨茶呢？很值得探讨。

东晋刘琨《与兄子南兖州史演书》有"常仰真茶"之说。与真茶对应的是各种代用茶。

《茶经》引《桐君录》记载："西阳、武昌、庐江、晋陵，好茗，皆东人作清茗。茗有饽，饮之宜人。凡可饮之物，皆多取其叶，天门冬、拔葜取根，皆益人。又巴东别有真茗茶，煎饮令人不眠。俗中多煮檀叶并大皂李作茶，并冷。又南方有真瓜芦木、亦似茗，至苦涩，取为屑茶饮，亦可通夜不眠。煮盐人但资此饮，而交、广最重，客来先设，乃加以香芼辈。"其中除记载茗、茶外，同时记载檀叶、大皂李、瓜芦木当时已为代用茶，其中瓜芦木一般认为即为苦丁茶。

成书于唐显庆四年（659）的《新修本草》（又称《唐本草》《英公本草》），则记载当时已将地榆作为代用茶："地榆：道方烧作灰，能烂石也。乏茗时，用叶作饮，亦好。"

刊行于北宋992年的《太平圣惠方》，记载了薄荷茶、槐芽茶、上萝茶、皂荚芽茶、石楠芽茶5种药用茶和代用茶《十二时歌》除了明文写出油麻茶外，当地村民所喝以及寺院平时备茶，究竟是真茶还是各种代用茶，值得探讨。

当代著名书法家启功诗并书：中华特产，卢仝七碗；赵州一句，大地醒眼

一盏人生感悟茶

"赵州茶"公案起源于从谂禅师，但源于佛门，超越佛门。如今不仅是中国，在日本、朝鲜半岛等东南亚以及全世界汉语文化圈，"赵州茶""赵州公案""吃茶去"三位一体，佛门中人或儒释道研究者，以及资深茶人，无人不晓，广为传诵。

"悟"是"吃茶去"之核心。

俗话说：师傅带进门，修行在个人。社会各行各业、各种学问、技艺，都重视"悟"之重要性。很多人相同学历，成效却大相径庭，这其中除了当代所说之智商、情商，更重要的是"悟"之能力，善悟者往往能举一反三，事半功倍。

"悟"有开悟、觉悟、领悟、感悟、渐悟、顿悟之分，大同小异。每个人"悟"之高低，与其精神、文化、职业、社会层次等诸多因素相关，决定了其参与自身及社会活动的方式和方法，以及效率和成果。每个人随着年龄、文化、社会阅历之增长，不同年龄层次会有不同之自我感悟，也需要师长、高士、智者教导、点拨，如"吃茶去"这样的历代著名公案，以及名著、名句，是优秀传统文化之核心内容，熏陶和滋养着历代仁人志士。

千古传诵赵州僧，一盏人生感悟茶。"吃茶去"或"赵州茶"之所以受到佛门和茶文化界重视，在于其不失为"悟"之妙语，可以言传，更多意会，且有足够想象空间，妙趣无穷。

茶有喝茶、饮茶、吃茶之说，一般华东地区称"吃茶"，另有"吃酒""吃烟"

之说。从谂生于山东，80岁以后一直在赵州修行，他爱茶并将"吃茶去"作为口头禅，这与他壮年时挂锡或游历江西、湖南、湖北、浙江、安徽等江南地区和茶区不无关系。从民俗学来说，"吃茶去"之三字禅，亦可作为研究之选题。

（原载《茶博览》2019年第9期）

百丈怀海、吕洞宾结缘宁波金峨寺

宁波誉称东南佛国，多晋、唐古刹，在南宋宁宗钦定的"五山十刹"中，天童寺、阿育王寺和奉化雪窦寺分别为二山一刹。其他还有七塔寺、鄞南金峨寺、西乡翠山寺等诸多古刹。自古茶禅一家，有"茶禅一味"之说，这些名寺古刹茶禅文化底蕴丰厚，其中天童寺自晚唐咸启法师有"且坐吃茶"传世，该寺茶禅文化传承至今，笔者在已发表论文《试论茶禅文化三大源头》，将该寺列为源头之二，其中之一为农禅与茶禅祖师、《百丈清规》创始人百丈怀海禅师，其曾到鄞南金峨寺前身罗汉院修行。

金峨寺所在金峨山，原称金鹅山，因形似展翅欲飞之天鹅而得名，为天台山北延余脉，系鄞南、也为宁波城南部最高山，主峰海拔 633 米，距市中心 30 公里。甬城四面群山环列，南有案山金峨山，北有座山骠骑山（今保国寺），东有太白山，西有四明山，左右护卫，前呼后拥，姚江、奉化江、甬江三江汇流，流向东海。唐长庆元年（821），明州刺史韩察，将州治从小溪（今海曙区鄞江镇一带）迁至今海曙区三江口附近。一日风和日丽，其登上新建南楼（今古楼），眺望金峨山等四面山峦，踌躇满志，深信可以大展宏图。这块风水宝地从此成为东南要会，宁波建城始于是年，2021 年为建城 1200 周年。

茶禅祖师百丈怀海、高道吕洞宾结下因缘

怀海是中国禅宗史上最重要的人物之一，俗姓王，名木尊，福建长乐人。早年去广东潮安从依慧照和尚出家，在南岳衡山依法朝律师受具足戒，后至安徽庐江浮槎寺研读经藏十余载，再至住洪州新吴（今江西奉新县）大雄山，另创禅林。此地水清山灵，山岩兀立千尺许，号百丈岩。《景德传灯录·怀海禅师章》记载："檀信请（怀海）于洪州新吴界住大雄山，以居住严峦峻极，故号之百丈。"不久百丈丛林门风大盛。元和九年（814）圆寂，世寿 66 岁。穆宗长庆元年（821）敕谥大智禅师。

怀海卒年无异议，生年有两种，一种错为（720—814）95 岁，唐翰林学士陈

诩于其圆寂四年后元和十三年（818），作《唐洪州百丈山故怀海禅师塔铭并序》云："元和九年（814）正月十七日，证灭于禅床，报龄六十六，僧腊四十七"，记载其准确生卒年（749—814），世寿66岁。笔者取后者，这与吕洞宾寻访怀海不遇留诗相吻合。

民国十一年《金峨寺志》，
金峨寺2000年夏内部重印

关于怀海来山时间，同治《鄞县志》未记确切时间，目前宁波当地著述多记为大历元年（766），在山时间仅一年左右，其时吕洞宾（752？—？）仅14岁左右，何以寻访？2000年重印的民国十一年（1922）《金峨寺志》，附有当任住持释法恩短文《金峨寺简介》，写到该寺始建于大历元年，首任为嶱中梁山庵住持智宏法师，启建大雄宝殿及厢房等二十余间，尔后有怀海来山，住山仅一年或数年，时间很短，约兴元元年（784）离山去洪州大雄山（百丈山），如以下文吕洞宾30岁左右前来寻访推算，当在唐建中三年（784）年之前，正值30多岁壮年，其时怀海36岁。笔者到过洪州大雄山百丈禅寺，系高山盆地，地势开阔，今日庙宇规制巨大，雄伟壮观。也许是这边环境更优越，怀海才移锡大雄山。

金峨寺初名罗汉院，北宋治平元年（1064），英宗赐额"真相"，称金峨山真相禅院，时值静旻禅师住持。南宋晚期，著名象山籍高僧虚堂智愚禅师出世真相禅院。明洪武十五年（1382），皇帝诏册天下名寺古刹，金峨亦列名其中，金峨山真相禅院更名为金峨禅寺。后数度兴废，今日建筑系20世纪80年代之后重建。

怀海编撰的《百丈清规》共8万多字，据不完全统计，其中"茶"字325个，"茶汤"65处，"请茶"21处，"吃茶"15处，字里行间有茶香，佛门无处不兴茶。如此高频率出现"茶"字及相关字眼，堪称中国茶文化之最。

怀海酷爱茶饮，虽然在罗汉院无相关记载，但可以推理其在该院是倡导种茶和饮茶的，其日后所编《百丈清规》，多少在该院有所实践。明代有多位甬上名家吟诵该寺茶禅事，金峨寺由此可视为甬上茶禅初始地。

怀海在罗汉院虽然时间短暂，但民间传说中著名"八仙"之一吕岩前来寻访，可惜怀海云游外出，吕岩留下《访百丈禅师不遇题字岩端》：

> 方丈有门出不钥，撞过山童赤双脚。
> 问渠方丈何寥寥，报道虚空也不著。
> 闻此语，笑欣欣，主翁岂是寻常人。

我来相调不得见，渴心耿耿生埃尘。

归去兮，波浩渺，路入蓬莱山更杳。

相思忆上妙高台，雪晴海阔千峰晓。

吕岩字洞宾，号纯阳子、岩客子，自称回道人，以字行世，世称吕洞宾，唐代河东蒲州河中府（今山西运城市芮城县永乐镇）人。其生卒年未详，网上看到很多学者在考证，莫衷一是，有说其为晚唐五代人，显然是错误的，其实从该诗可以佐证其与怀海为同时代人，年龄不会相差太远。该诗大意是，由于古代通讯不便，诗人到罗汉院寻访主人，有赤脚山童告诉他，师傅云游在外。诗人扫兴而回，准备去蓬莱山寻仙，忆想雪后妙高台，拂晓时千峰素裹，如壮阔大海，难以忘怀。奉化与鄞南相邻，诗人或是云游奉化雪窦山妙高台之后，顺道寻访百丈禅师的。蓬莱山原为渤海中三座仙山之一，此处蓬莱山或为与宁波相近的舟山佛地普陀山，上有观音道场。罗汉院旧有吕洞宾"留偈堂"，今尚存"迎仙桥""引仙桥"等相关古迹。可惜寺院数度兴废，古迹尽毁。

吕洞宾爱茶，留有七律茶诗《大云寺》。百丈怀海住持罗汉院，其前去寻访不遇，中唐释、道两大名家，难得与罗汉院结下因缘，如两位爱茶高僧、高道当时有缘相会，一定会品茗叙谈，在诗文中留下更多信息，丰富宁波乃至中国茶禅文化。

明、清多位甬上名家作有金峨寺茶禅诗

岁月流逝，沧海桑田。明代有多位甬上士大夫到金峨寺游山览胜，写到茶禅往事与体验。其中如尚书兼东阁大学士沈一贯（1537—1615）作有《游金峨山》：

城头南望最高山，几度登临拟一攀。

落日独摇藜杖至，春风偏向草堂间。

降龙老衲留衣在，化鹤先生弃羽还。

茗椀香炉宾主寂，不须牵闭碧萝间。

该诗大意为，诗人曾数度登临鄞南最高金峨山，某日傍晚在寺院草堂，与寺僧品茗，遥想该寺曾有高僧、高道轶事，仿佛穿越前来。其中"降龙老衲"或指怀海等前辈高僧，"化鹤先生"特指仙人吕洞宾。

明代鄞县籍教谕、诗人、官至涪州知州王嗣奭（1566—1648）《金峨寺》五言诗云：

已怜僧舍幽，最好是清秋。树老红初莹，山明翠欲流。

茶烟偏恋竹，泉响会登楼。仁到非生客，先公纪旧游。

该诗前四句描写了金峨寺清幽秋色，后四句写了三人结伴同游，问泉品茗，并写到曾有家族先公游览该寺，留有诗文旧记。

正德三年（1508）进士、官至山东按察使、右副都御史、诗人王应鹏，作有七律《金峨寺》云：

> 暖风吹雨湿春衣，春草青青人翠微。
> 僧在上方开竹户，鹤归深院敞云扉。
> 潺湲碧涧空中下，缥缈丹霞岭外飞。
> 三十年前旧兰若，夜来香茗复相依。

该诗可读到如下信息：诗人春暖时分访寺院，看到有仙鹤晚归，当时寺院复建仅 30 年，晚上有香茗相伴，悠闲惬意。

杰出史家、《明史》主笔万斯同（1638—1702），亦有涉茶诗《赠友人》写到金峨山团瓢峰：

> 团瓢结得在山冈，茗碗书签共一床。
> 学得山翁栽芋术，抄来邻女制茶方。
> 月临破屋人无寐，春入田家雀有粮。
> 似此风流原不恶，人间浊水任浪浪。

诗人认为好友居于深山，远离红尘，在团瓢峰一带农耕，栽芋制茶，品茗读书，这在尚处混乱之清初时代，未必不是好事。

金峨寺几度兴废，今庙宇雄伟壮观，可惜古迹难回，实为莫大遗憾。金峨山附近另有大梅山，汉仙人梅福曾隐居于此，古今均有茶园。笔者感慨之余，草成《咏鄞南金峨寺》二首：

其一
茶禅古坛金峨寺，祖师百丈始创基。
吕岩寻访曾题壁，释道千年叹苍夷。

其二
葱郁梅山梅福隐，金峨怀海礼如来。
鄞南峰岳烟霞美，仙茗佛茶禅悟开。

唐代新罗、日本五位来华高僧茶禅事略

导语：中国茶禅文化盛于唐代，并同时传播到新罗（今朝鲜半岛）、日本，其中代表人物有新罗金乔觉、日本永忠、最澄、空海、圆仁五位高僧。本文简述五位外籍高僧茶禅事略。

一、新罗高僧金乔觉（地藏）植茶九华山

2014 年 7 月 4 日，国家主席习近平在韩国国立首尔大学发表了题为《共创中韩合作未来 同襄亚洲振兴繁荣》演讲时说道："回顾历史，中韩友好佳话俯拾即是。从东渡求仙来到济州岛的徐福，到金身坐化九华山的新罗王子金乔觉……"

习近平主席提到的新罗王子金乔觉，便是中国民间尊奉的地藏王菩萨金地藏。每年农历七月廿九或三十日晚上，各地城乡善男信女，会在屋檐下、墙角边插上数支清香，以此纪念地藏王忌日，保佑吉祥平安。

金乔觉（696—794），俗称金地藏，为朝鲜半岛古新罗国（今韩国）王子。相传其早年即来大唐留学，汉学修养颇深，对佛教文化兴趣浓厚，曾自海说，世上儒家六经、道家三清法术之内，只有佛门第一义与我心相合。于是回国抛弃王族生活，削发为僧。约唐开元七年（719），24 岁时带着神犬谛听，再次西渡东海来华，初抵江南，几经辗转，卓锡九子山（今九华山）。九华山系黄山支脉，位于安徽省池州市东南境，有千米以上高峰 30 余座，主峰十王峰海拔 1342 米。

朝鲜半岛三国时代，新罗地处中南部今韩国境内，当时渡海到明州（今宁波）最方便，一般认为金乔觉是从宁波登陆的，可惜尚未发现记载。其后到后晋、北宋时代，同为高丽（朝鲜半岛）王族高僧义通（927—988）、义天（1055—1101）也是从宁波往来中国学佛传茶的。其中义通准备归国时，被明州官员挽留，住持城内宝云寺，成为天台宗第十六祖师，弘法 20 年，圆寂后葬于阿育王寺西侧。今宁波主城区海曙镇明路，存有宋代高丽使馆遗址。

《全唐诗》卷八百零八记载金乔觉来华时间有别："金地藏，新罗国王子。唐

至德（756—758）初，航海居九华山。"

《宋高僧传》卷二十《唐池州九华山化城寺地藏传》记载："释地藏。姓金氏。新罗国王之支属也。慈心而貌恶。颖悟天然。七尺成躯。顶耸奇骨。特高才力可敌十夫。尝自诲曰。六籍寰中三清术内。唯第一义与方寸合。于时落发涉海舍舟而徒。振锡观方。邂逅至池阳。睹九子山焉。心甚乐之。……"

其在九华山苦修75年，倡导"众生度尽，方证菩提，地狱未空，誓不成佛"于唐贞元十年（794）农历闰七月三十夜跏趺圆寂，寿99岁。据说其圆寂3年后开函时，颜色如生，兜罗手软，骨节有声如撼金锁。佛教徒根据《大乘大集地藏十轮经》语：菩萨"安忍如大地，静虑可秘藏"，认定其为地藏菩萨应世，尊其为"金地藏"。九华山由此成为金地藏道场，与峨眉山、五台山、普陀山并称为"四大佛教圣地"。

九华山地藏王塑像

金乔觉爱茶，所种之茶称为金地茶，又称九华佛茶。关于其植茶之事，民国时期出版的《九华山志》卷八《物产门》记载云："金地茶，梗空如筱，相传金地藏携来种。"

《全唐诗》收有其写于九华山的涉茶诗《送童子下山》，系外籍高僧所作一首汉语涉茶诗：

> 空门寂寞汝思家，礼别云房下九华。
> 爱向竹栏骑竹马，懒于金地聚金沙。
> 添瓶涧底休招月，烹茗瓯中罢弄花。
> 好去不须频下泪，老僧相伴有烟霞。

该诗大意为,一位跟他修行的小童僧,受不了因山寺中青灯古佛的寂寞,思凡还俗,但他和祖父辈的高僧已建立深深的感情,因此又恋恋不舍。金地藏深知人各有志,小童向往青梅竹马般的凡人生活,不愿苦心禅修,就非常乐意地准许他回家。终于到了分别的一天,金地藏高兴地送他下山,并劝慰因分别而频频流泪的小童不要难过,相伴老僧的自有山泉、香茗、青山、烟霞。

全诗流畅写意,字里行间情真意切,流露出诗人日常汲泉烹茗的茶禅人生,成为中唐以前少量茶诗中难得的一首。

二、永忠——弘仁六年(815)向嵯峨天皇献茶

日本高僧永忠(743—816),生于山城国(京都),幼年在奈良出家学习经律论。于大历五年(770)随日本遣唐使来华,在长安(今西安)西明寺学佛。当时西明寺兼有日本留学僧学佛修行和汉语培训中心职能,凡到长安的日本僧人,多在该寺学习。该寺茶事活动多,1985年西安白庙村出土的西明寺茶碾,不仅是唐代饼茶饮用方式最早发现的物证,也是这一史实最好的说明。该茶碾为青石材质,

有两层底座,主体呈长方体,中间有凹槽。发现时仅存凹槽部分,两边分别刻有"西明寺""石茶碾"。1992年,西明寺遗址还出土过一个唐代用过的茶碗,底部刻有"西明寺"字样。这些都充分说明该寺当时茶风之盛。

西明寺石茶碾复原图

永忠在唐朝生活了30年,当时陆羽已完成世界上首部茶学专著《茶经》。首都长安是茶文化中心。其在西明寺期间,长期耳濡目染,养成了饮茶习惯。贞元廿一年(805),其已年过花甲,与高僧最澄同船,从明州回国,受到天皇重用,分别住持崇福寺和梵释寺。其将中国学习的饮茶之道带回日本,并将带去的茶籽播种在寺院。

"永忠献茶"是日本较早茶事记载之一。弘仁六年(815)四月廿二,嵯峨天皇巡视近江(今滋贺县)时,经过二寺,身居大僧都的永忠法师,在梵释寺亲自烹茶,以唐代饮茶礼仪接待嵯峨天皇。《日本后纪》记载:"癸亥,幸近江国滋贺韩崎,便过崇福寺。大僧都永忠、护命法师等,率众僧奉迎于门外。皇帝降舆,升堂礼佛。更过梵释寺,停舆赋诗。皇太弟及群臣奉和者众。大僧都永忠手自煎茶奉御,施御被,即御船泛湖,国寺奏风俗歌舞"。嵯峨天皇饮后大加赞赏,并赐以御冠。"六月,嵯峨天皇令首都地区及近江、丹波、播磨各地种植茶叶,每年供

奉朝廷。"

三、最澄开创海上茶路——嵯峨天皇曾作
《答澄公奉献诗》《哭澄上人》

最澄（767—822），生于近江（今滋贺县），为东汉皇室东渡后裔，俗姓三津首，幼名广野，12岁出家，系日本天台宗鼻祖，谥号传教大师。唐贞元二十年（804）七月，最澄与义真、丹福成等从筑紫（今福冈）上船，随遣唐使团来华，同行之另一艘船上，还有欲到长安求法之弘法大师空海。八月底，最澄等人抵达明州，因旅途劳顿，在寺院将息半月，于九月中旬去天台山。明州书史孙阶为其一行开具了通往台州的度牒《明州牒》。

贞元廿一年（805）年三月三日，最澄学成归国辞别天台，台州司马吴顗、录事参军孟光、临海县令毛焕、天台山智者塔院座主行满法师等十多人，设茶宴为最澄饯别。吴顗在《送最澄上人还日本国序》中说："三月初吉，遐方景浓，酌新茗以践行，劝春风以送远。上人还国谒奏，知我唐圣君之御宇也。"台州刺史陆淳送来七绝《送最澄阇黎还日本》，吴顗等9人即席赋写同题诗《送最澄上人还日本国序》，为其饯别。这是有中外友人参与的首次大型诗、茶会，极一时风雅。

台州府也为最澄回国开具了度牒《台州牒》，后《明州牒》《台州牒》合二为一，称为《明州牒》，被尊为日本国宝，今藏日本睿山国宝馆。

最澄在明州回国候船时，还去了越州等地寺院，回国时带去了茶叶、茶籽。据《日吉社神道秘密记》记载，茶籽在山城国（即京都）、宇治郡、枘尾多处寺院播种。

最澄将部分佛经、茶叶等奉献给嵯峨天皇，天皇非常器重他，多次与之交往，请其到皇宫说法，作有五言十韵《答澄公奉献诗》，向往最澄等高僧、羽客、隐士、仙人们世外桃源般的神仙生活。其中写到"羽客亲讲席，山精供茶杯"。

弘仁十三年（822）六月四日，最澄在比睿山寺院圆寂，天皇非常悲痛，作五言十二韵《哭澄上人》哀悼之：

> 吁嗟双树下，摄化契如如。慧远名仍驻，支公业已虚。
> 草深新庙塔，松掩旧禅居。灯焰残空座，香烟续像炉。
> 苍生桥梁少，缁侣律仪疏。法体何久住，尘心伤有余。

《答澄公奉献诗》又称《和澄上人韵》，说明当时系最澄先有赋诗，惜未见记载。

最澄留有《传教大师将来台州录》，其留下的相关文献、文物最多，被视为茶禅东传日本之开创者。

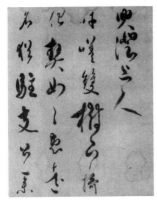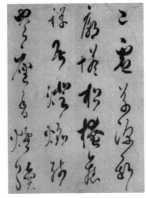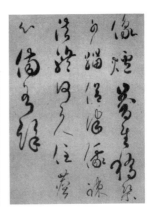

行书《哭澄上人诗》

四、空海传茶日本——嵯峨天皇作《与海公饮茶送归山》

日本高僧空海（774—835），生于赞歧国（今香川县）多度郡屏风浦，俗名佐伯直，乳名真鱼，灌顶名号遍照金刚，谥号弘法大师，日本佛教真言宗创始人。

其与最澄804年同船从明州（今宁波）入唐，比最澄晚一年806年回国。先后到洛阳白马寺、长安西明寺学佛，后拜青龙寺中国密宗大德惠果大师为师，尽得密宗真传。著有《文镜秘府论》《篆隶万象名义》，保存了不少中国文学和语言学资料。其中《篆隶万象名义》系日本首部汉文辞典，对唐朝文化在日本的传播具有重要作用。

其佛学、书法均有极高造诣，与最澄并称"平安二宗"，系日本平安时代佛教双璧。

据《空海奉献表》记载，弘仁六年（815）闰七月廿八，空海将梵学悉云字母和其释义文章十卷，呈献嵯峨天皇，并在附表中记述日常生活："观练余暇，时学印度之文；茶汤坐来，乍阅振旦之书。"后又在谢嵯峨天皇寄茶的书简中写道："思渴之饮，忽惠珍茗，香味俱美，每啜除疾。"

《性灵集》记载其《暮秋贺元兴僧正大德八十诗并序》云："聊与二三子，设茶汤之淡会，期醍醐之淳集。"

空海多次到皇宫拜访嵯峨天皇，一次宴毕共酌香茗，空海要回到云烟缭绕的高野山时，天皇依依不舍，感赋《与海公饮茶送归山》：

道俗相分经数年，今秋晤语亦良缘。

空海书《心经》局部

番茶酌罢云日暮，稽道伤离望云烟。

　　该诗大意为两人分别数年，有幸在秋天晤面，宾主共欢，宴毕品茗已是黄昏，再次别离又留伤感，只能遥望高野山云烟，聊慰思念之情，字里行间流露出深厚情谊。

　　据《凌云集》记载，仲雄王在拜访空海后，作五言诗《谒海上人》有茶句云："石泉洗钵重，炉碳煎茶孺。"

　　诗人小野岑守曾与空海唱和，其五言诗《归休独卧，寄高雄寺空海上人》有茶句云："野院醉茗茶，溪香饱兰芷。"

　　1982 年，西安与日本佛教界在青龙寺共建空海纪念碑；1984 年"惠果、空海纪念堂"在青龙寺落成。1997 年，日本佛教界友好人士向洛阳白马寺捐赠一尊空海大师塑像，立于该寺清凉台西侧。

　　嵯峨天皇热爱中国文化，爱茶，汉语书法、诗词都达到相当造诣，其与皇族成员、大臣，包括宫中女官，在敕撰汉诗文集《文华秀丽集》等文献中，留下了多首茶诗，系日本茶文化初始时期的黄金时代，史称"弘仁茶风"。这与永忠、最澄、空海等来华高僧，传播中国茶禅之影响，具有直接关系和积极意义。

五、圆仁《入唐求法巡礼行记》记载僧俗茶事多

　　日本高僧圆仁（794—864），俗姓壬生氏，生于下野国都贺郡（今枥木县）人，幼丧父，礼大慈寺广智为师，后为最澄弟子。谥号慈觉大师。著有《入唐求法巡礼行记》《金刚顶经疏》《显扬大戒论》《入唐求法目录》《在唐送进录》等，在日本遣唐使众多入唐学问僧里，与最为著名的最澄、空海、常晓、圆行、惠运、圆珍、宗叡八人并称"入唐八大家"。

　　其开成三年（838）随遣唐使入唐，广泛寻师求法，历时 9 年又 7 月。穿越 7 省 20 余州 60 余县，足迹遍及今江苏、安徽、山东、河北、山西、陕西、河南诸省，并留居长安近 5 年。其以日记形式，并用汉文写成《入唐求法巡礼行记》，与《大唐西域记》《马可·波罗游记》，并称"古代东方三大游记"。记述涉及王朝宗室、宦官和士大夫之间的政治矛盾，如与李德裕、仇士良的会见，社会生活各方面如节日、祭祀、饮食、禁忌等习俗，所到之地人口、出产、物价，水陆交通路线和驿馆，新罗商人在沿海的活动以及聚居情况，尤其对当时南北佛教寺院中的各种

仪式等，均有详细记载，留下了生动、难得的第一手资料，为研究唐史之珍贵资料。

《入唐求法巡礼行记》始于唐文宗开成三年六月十三日（838年7月2日），圆仁从日本博多湾出发，至唐宣宗大中元年十二月十四日（848年1月23日）回到博多，一般数天一记，有事多记，按日程分列，共四卷596篇八万余字。其中第一卷记载从日本乘船到扬州、楚州、登州；第二卷记载从赤山浦到五台山；第三卷记载从五台山到长安；第四卷记载会昌灭佛相关情况，以及从长安出发经赤山浦回到日本的经过。

据不完全统计，该书共有40多处写到茶事，如诸多僧俗吃茶、赠茶、顺路看到茶店、茶铺、茶馆等，还有茶叙"茶语"等记载，主要包括以茶会友、以茶为礼、以茶敬佛等方面。

如其开成三年（838）十一月十八日记，记载了扬州节度使李德裕，在开元寺接见圆仁一行：

十八日，相公入寺里来。礼阁上瑞像，及检校新作之像。少时，随军大夫沈弁走来云："相公屈和尚。"乍闻，共使往登阁上。相公及监军并州郎中、郎官、判官等，皆椅子上吃茶。见僧等来，皆起立作手，并礼唱"且坐"，即俱坐椅子啜茶。相公一人，随来郎中以下、判官以上八人。相公紫，郎中及郎官三人绯，判官四人绿袄，虞候及步骑军并大人等与前不异……

这一记载大意为：十八日这天，时任扬州节度使李德裕与8位随从，在开元寺茶叙接见圆仁一行，圆仁到时皆起立行拱手礼，并礼唱"且坐"，随之招待吃茶，从中可看出"且坐吃茶"为当时佛门与士大夫之常用茶语。官员分穿紫色、绯红、绿色官服。随后询问了日本国风土人情等，圆仁一一作答。

有感于此，笔者草成《扬州节度使李德裕茶叙日僧圆仁入唐巡礼感赋》一章：

巡礼圆仁广陵行，李公候见开元寺。

礼贤下士迎高僧，且坐吃茶风雅事。

开成四年（839）三月廿二、廿三日，圆仁在楚州，记载了与新罗翻译刘慎言互赠沙金、茶叶之记载：

廿二日早朝，沙金大二两、大腰带一，送与新罗译语刘慎言……

廿三日，未时，刘慎言细茶十斤、松脯赠来……

该记载见证开放之盛唐时代，日本、新罗等外宾来去自由，并以茶为礼。

开成五年（840）六月六日，圆仁记载了唐文宗遣使五台山，按常例敕送衣钵、

茶等御礼：

> 六月六日，敕使来，寺中众僧尽出迎候。常例每年敕送衣钵香花等。使送到山，表施十二大寺：细帔五百领，绵五百屯，袈裟布一千端（青色染之），香一千两，茶一千斤，手巾一千条，兼敕供巡十二大寺设斋。

其中茶叶一千斤，分赐十二家寺院。仅此一项，说明当时五台山寺院用茶之多，说明朝廷备茶之巨，皇室贡茶已成为茶区沉重之负担。

开成六年（841），圆仁记载"从二月八日至十五日，荐福寺开佛牙供养。蓝田县从八日至十五日，设无碍茶饭，十方僧俗尽来吃"。连续向僧俗开放七天茶饭，说明当时寺院备茶之多。

全书茶事多，限于篇幅不赘述。

六、余论：新罗、日本茶禅文化几与中国同步

综上所述，唐代新罗、日本先后有 5 位高僧，来华学佛传茶，几乎与中国茶禅文化同时起步。比较而言，包括唐以后，历代日本僧人来华相对较多，文献记载多，茶禅传承至今；新罗、高丽等朝鲜半岛僧人一是人数不多，二是文献记载较少。包括中国赴两国传播茶禅之僧人，亦大致如是。

（原载《茶博览》2022 年第 6 期）

"若遇当行家　唤醒吃茶去"

——弥勒佛化身布袋和尚之茶事传说

靠布袋作梦，
有甚惺惺处。
若遇当行家，
唤醒吃茶去。

这是南宋高僧智朋诗偈《布袋和尚赞三首》之二，大意为弥勒之化身契此即布袋和尚，四处游荡，累了休息，似睡非睡，遇茶吃茶，遇饭吃饭。如有爱茶行家，不妨唤醒其一起吃茶去。

智朋，号介石，生平未详。理宗绍定二年（1229）始，先后住温州雁山罗汉寺，临安府平山佛日净慧寺、净慈报恩光孝寺，庆元府大梅山保福寺、香山孝慈真应寺，安吉州柏山崇恩资寿寺等多家寺院。为南岳下18世，浙翁琰法嗣。有《介石智朋禅师语录》一卷，收入《续藏经》。与同时代明州高僧智朋同法号。

当代奉化一些作者，曾写到布袋和尚茶文化传说或故事，其与茶事是否相关，且待本文慢慢道来。

现存最早的北宋《弥勒菩萨图》纸本版画残本，高文进绘于太平兴国九年（984）十月，四明僧知礼雕版刊印（日本京都清凉寺藏）

《宋高僧传》记载契此卒于晚唐天复年间，
《景德传灯录》记载其卒于梁贞明三年三月初三

契此，唐末五代（或记为晚唐）奉化籍传奇高僧，自称契此，俗姓李，又号长汀子。长汀（今奉化区锦屏街道长汀村）人。据宋代以后多种佛教文献记载，其笑口常开，蹙额大腹，经常伴狂疯癫，出语无定，随处寝卧。常拎着或用杖挑一布袋入市，见物就乞，别人供养的东西统统放进布袋，却从来没有人见他把东西倒出来，那布袋总是空的，俗称布袋和尚。世传其为弥勒菩萨之化身。宋徽宗崇宁（1102—1106）中赐号定应大师，这是奉化佛教史上之大事。

宋、明时代，有多种佛教文献记载释契事迹。

最早记载释契的文献，是成书于北宋端拱元年（988），高僧赞宁所著的《宋高僧传》。该书卷二十一《唐明州奉化县契此传》记载：

释契此者，不详氏族，或云四明人也。形裁腲脮，蹙頞皤腹，言语无恒，寝卧随处。常以杖荷布囊入廓肆，见物则乞，至于醯酱鱼菹，缠接入口，分少许入囊，号为长汀子布袋师也。曾于雪中卧，而身上无雪，人以此奇之。有偈云："弥勒真弥勒，时人皆不识"等句。人言慈氏垂迹也。又于大桥上立，或问："和尚在此何为？"曰："我在此觅人。"常就人乞啜，其店则物售。袋囊中皆百一供身具也。示人吉凶，必现相表兆。亢阳，即曳高齿木屐，市桥上竖膝而眠。水潦，则系湿草屦。人以此验知。以天复中终于奉川，乡邑共埋之。后有他州见此公，亦荷布袋行。江浙之间多图画其像焉。

该传大致意思为：不清楚唐代奉化契此家族姓氏，有人说是四明人。其形体肥胖，额头前突，大腹便便，说话无常理，睡卧很随意。常用禅杖扛着布袋到集市，见到东西就要，至于各种酱料、咸鱼与腌菜，拿来就吃，留一点放入布袋，号称为长汀子布袋和尚。当时曾流传"弥勒真弥勒，时人皆不识"等偈语，人们都说这是弥勒佛垂迹于世。其曾站立于大桥上，有人问他做什么？答曰在此找人。所带布袋装有许多供身之具，示人吉凶，必现相表征。晴天常穿一高跟木屐，在市桥上竖膝而眠；下雨则穿湿草鞋，人们有时以此来预报天气。天复年间终于奉川，乡邻把其埋葬之后，又有人在外地遇见此公，同样以杖挑一布袋四处游化。江浙一带带有其多种画像。

文中"天复"为晚唐年号，共4年，901—904年，"天复中"应为902年或903年。

明成祖（1403—1424）时无名氏撰《神僧传》卷九《布袋和尚契此》记载大

同小异。

北宋高僧道原，于宋真宗景德年间（1004—
1007）编纂的《景德传灯录》，第二十七卷记有《布
袋和尚》：

明州奉化县布袋和尚者，未详氏族，自称名契
此。形裁猥脮蹙额皤腹，出语无定，寝卧随处。常以
杖荷一布囊，凡供身之具尽贮囊中。入廛肆聚落，见
物则乞。或醯醢鱼俎才接入口，分少许投囊中。时号
长汀子布袋师也。尝雪中卧，雪不沾身，人以此奇之。

梁布袋和尚画像

或就人乞，其货则售。示人吉凶，必应期无忒。天将雨，即著湿草屦途中骤行；遇
亢阳，即曳高齿木屐，市桥上竖膝而眠，居民以此验知。

有一僧在师前行。师乃拊僧背一下，僧回头。师曰："乞我一文钱。"曰："道
得即与汝一文。"师放下布囊，叉手而立。白鹿和尚问："如何是布袋。"师便放下
布袋。又问："如何是布袋下事。"师负之而去。

先保福和尚问："如何是佛法大意。"师放下布袋叉手。保福曰："为只如此，
为更有向上事。"师负之而去。

师在街衢立。有僧问："和尚在这里做什么？"师曰："等个人。"曰："来也
来也。"归宗柔和尚别云："归去来。"师曰："汝不是这个人。"曰："如何是这个人。"
师曰："乞我一文钱。"

师有歌曰："只个心心心是佛。十方世界最灵物。纵横妙用可怜生。一切不如
心真实。腾腾自在无所为。闲闲究竟出家儿。若睹目前真大道。不见纤毫也大奇。
万法何殊心何异。何劳更用寻经义。心王本自绝多知。智者只明无学地。非凡非
圣复若乎。不强分别圣情孤。无价心珠本圆净。凡是异相妄空呼。人能弘道道分明。
无量清高称道情。携锡若登故国路。莫愁诸处不闻声。"又有偈曰："一钵千家饭，
孤身万里游。青目睹人少，问路白云头。"

梁贞明三年丙子三月。师将示灭。于岳林寺东廊下端坐磐石。而说偈曰："弥
勒真弥勒，分身千百亿。时时示时人，时人自不识。"偈毕安然而化。其后他州有
人见师，亦负布袋而行，于是四众竞图其像。今岳林寺大殿东堂全身见存。

该传记载契此事迹与《宋高僧传》相似，记有多首诗偈，最重要的是，记载
其卒于梁贞明三年（917）三月，这与《宋高僧传》记载"天复中"相差15年。
鉴于此传在后，所记忌日与民间相传三月初三相吻合，并有"今岳林寺大殿东堂
全身见存"等细节，可以采信。上海古籍出版社1999年版《中国历代人名大辞典》
"布袋和尚"条，即将其卒年标为917年。

南宋同乡高僧普济诗载契此生日和寿数

除了上述二记记有契此大致卒年，笔者查阅到其契此同乡晚辈、南宋高僧、《五灯会元》编纂者大川普济（1179—1253）的二首诗词，从中可发现其生辰和寿数。

其中记载契此生辰的诗作是《弥勒大士二月八生》：

契此老翁无记性，都忘生月与生辰。
春风桃李能多事，特地年年说向人。

南宋梁楷《布袋和尚图》

该诗诗题明确契此生辰为农历二月初八。诗中大意为契此老翁记性太差，忘却记下生辰几何，或是无意说与人知，诗人不妨作为好事者，如春风桃李，特地作诗记载让众人知晓。

有人问过笔者，普济此说可信吗？笔者回答是肯定的。作为同乡隔代后辈，前后相距仅200多年，当时民间或有人纪念其生辰，被普济记下，因此是可信的。感谢普济记下其生辰，其重要意义还在于，让后人得知其并非传说人物，而是真实人物，至于弥勒化身，无疑是被神化之故。

普济还留有二首《布袋赞》二首诗偈：

其一
南无阿逸多，忙忙走寰宇。
等个人未至，放下宽肠肚。
来也来也，泰岳何曾乏土。

其二
九十七大人之相，百千亿微尘数身。
兜率长汀人不识，抖擞精神一欠伸。

其一"阿逸多"系梵文 Ajita 音译，为佛陀弟子之一。又作阿氏多、阿恃多、阿嗜多、阿夷哆。意译无胜、无能胜或无三毒。古来或以阿逸多即为弥勒，但似另有其人。

其二"九十七"应为契此之寿数。如以917年倒推97岁，其生年应为820年，生卒年及生辰应为（820年二月初八—917年三月初三）。

南宋《佛祖统记》记载契此自云姓李

南宋四明东湖高僧志磐，于咸淳五年（1269）撰成《佛祖统记》，卷42《四明奉化布袋和尚》云：

四明奉化布袋和尚，于岳林寺东廊坐磐石上而化葬于封山。既葬，复有人见之东阳道中者。嘱云：我误持只履来，可与持归。归而知师亡。众视其穴，唯只履在焉。

师初至不知所从，自称名曰契此。蹙额皤腹，言人吉凶皆验，常以拄杖荷布袋，游化廛市，见物则乞，所得之物悉入袋中。有十六群儿哗逐之，争掣其袋。或于人中打开袋，出钵盂、木履、鱼饭菜肉、瓦石等物。撒下云："看看。"又一一拈起云："者个是甚么？"又以纸包便秽云："者个是弥勒内院底。"

尝在路上立。僧问："作么？"师云："等个人来。"曰："来也。"师于怀取一橘与之。僧拟接，复缩手云："汝不是者个人。"有僧问："如何是祖师西来意？"师放下布袋叉手立。僧云："莫别有在。"师拈起布袋肩上行。因僧前行抚其背。僧回首。师云："与我一钱来。"

尝于溷所示众云："化缘造到不得于此大小二事。"郡人蒋摩诃每与之游。一日同浴于长汀，蒋见师背一眼抚之曰："汝是佛。"师止之曰："勿说与人。"师常经蒋念摩诃般若波罗蜜，故人间呼为摩诃居士云。

明成化时期（1465—1487）彩绘刻本《释氏源流应化事迹》4-076长汀布袋
（美国国会图书馆藏）

师昔游闽中，有陈居士者，供奉甚勤，问师年几。曰："我此布袋与虚空齐年。"又问其故。曰："我姓李。二月八日生。"

晋天礼（笔者注：历史上无此年号，或为版本翻印之误，与《宋高僧传》《景德传灯录》记载均不相符）初，莆田令王仁于闽中见之。

遗一偈云："弥勒真弥勒，分身千百亿。是时示时人。时人俱不识。"

后人有于坟塔之侧，得青瓷净瓶六环锡杖，藏之于寺。

该传大意与上述二传不同之处有：记载契此葬于封山。有十六群儿曾仿制布袋与和尚嬉闹。当地蒋摩诃，与他一起洗澡时，发现其背上有一只眼睛，知道他非常人而是佛。契此到闽中游历时，曾告诉一位友善的陈姓居士，说自己姓李，生于二月初八，这与普济诗偈相吻合。有人在契此的坟边，捡到其曾用过的青瓷净瓶和六环锡杖，于是收藏于寺中。

另有元代天台山国清寺住持无梦沙门昙噩撰《定应大师布袋和尚传》，又简称为《布袋和尚传》《弥勒传》等，全文近三千字，不做赘述。

古代奉化周边县域均有早期茶事，契此诗偈、传记均无茶文化元素

回到本文开头的问题，契此究竟有无茶事记载呢？

出土文物中则有战国、西晋、南北朝、唐代时期的茶器具，说明很早已有先民饮茶。

古代奉化与周边相邻的余姚、剡县（今嵊州市、新昌县）、鄞县（今宁波市鄞州区）均有早期茶事，如余姚晋代即有虞洪，到四明山瀑布泉岭采茶，遇丹丘子获大茗，故事发生地与雪窦山相邻；南朝时，剡县陈务妻寡居好饮茶，留有茶水祭古坟获好报故事；《茶经》记载鄞县榆荚村产茶。但奉化在宋代之前，尚未在文献中发现茶事记载。

《全唐诗续拾》收有契此24首诗偈，其中多首富有人生哲理、禅理和佛学造诣。最著名的除了《临终偈》（注：偈名均为笔者所加），还有《插秧偈》：

> 手捏青苗种福田，低头便见水中天。
> 六根清净方成稻，退步原来是向前。

该诗偈以常见农民插秧作比，揭示有时后退即为前进之人生哲理，广为传播。

《布袋偈》云：

> 我有一布袋，虚空无挂碍。展开遍十方，入时观自在。

《一钵偈》云：

一钵千家饭，孤身万里游。青目睹人少，问路白云头。

此二偈描写了作者以一袋一钵，孤身千里，游方各地，逍遥自在之云游生涯和人生态度。

《宽肚偈》云：

> 是非憎爱世偏多，仔细思量奈我何。
> 宽却肚肠须忍辱，豁开心地任从他。
> 若逢知己须依分，纵遇冤家也共和。
> 若能了此心头事，自然证得六波罗。

该偈揭示须看淡人生，努力修炼，宽宏大量，与人为善，以和为贵。若能做到这些，便是佛教倡导的布施、持戒、忍辱、精进、禅定、般若（智慧）"六波罗蜜"之圆满境界，不管僧俗，均有积极意义。

《急悟偈》云：

> 奔南走北欲何为？百岁光阴顷刻衰。
> 自性灵知须急悟，莫教平地陷风雷。

此偈揭示人生苦短，应有自知之明，早日觉悟，修炼智慧，努力避免落入种种陷阱或不测之风险。

《禅思偈》云：

> 关非内外绝中央，禅思宏深体大方。
> 究理穷玄消息尽，更有何法许参详？

此偈流露出作者对禅思、佛法的深度思考，身为高僧，有时亦难免迷茫，不知何法可以究理穷玄。

其他诗偈不做赘述。

综上所述，契此诗偈以及上文引录的相关传记，均无茶文化元素。目前发现奉化最早的名人茶事为北宋林逋、高僧雪窦重显等名人大家。因此从文献学术意

2008年11月8日，佛身高33米、由五百吨青铜铸造的弥勒大佛坐像，在雪窦寺落成，为全球之最

义来说，契此无茶事记载。但从社会民俗来说，一般民间实际饮茶风俗远远早于文献记载，如上文写到，奉化邻县余姚、剡县、鄞县，远在晋代、南朝、唐朝已有茶事记载，奉化作为传统茶产区，茶事风俗与邻县应该不相上下，宋元时代居于溪口茶乡的文学名家双子星陈著、戴表元留有种茶诗章，与全国一样，至少在唐代茶风已盛。鉴于这些客观事实，本文开头写到高僧智朋诗记契此茶事顺理成章。

写作本文前，笔者曾与奉化文化人士交流，认为布袋和尚契此，仅为传说人物，尤其是化身为弥勒之后，纯属神话，是否真有其人值得怀疑，笔者持同样态度。通过梳理上述文献，宋元时代即有多种文献记载其事迹，尤其是宋徽宗赐号为定应大师，看到其有俗姓，有生辰，有传世诗偈，始信其为真实人物，说明近现代缺少研究发掘。当代奉化正在建设第五名山，其相关事迹有待认真发掘研究。

笔者草成《赞布袋和尚弥勒大佛》云：

> 佛地奉城雪窦风，布袋和尚显神通。
> 定应大师徽宗赐，第五名山气势雄。

并作《布袋和尚数字偈》云：

> 生辰二月八，圆寂三月三。
> 诗偈二十四，世寿九十七。

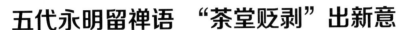

五代永明留禅语 "茶堂贬剥"出新意

宁波茶禅文化底蕴丰厚，源远流长。已知晚唐天童寺咸启禅师茶语"且坐吃茶"早于著名的赵州从谂禅师"吃茶去"；今又发现五代十国期间，明州翠岩院永明令参禅师留有禅语"茶堂里贬剥去"。该公案稍晚于"吃茶去"，两者有异曲同工之妙。

《景德传灯录》《五灯会元》记载该公案

"茶堂里贬剥去"之禅语，载于北宋《景德传灯录》卷十八、南宋《五灯会元》卷七。其中《景德传灯录》记载如下：

明州翠岩永明大师令参，湖州人也。自雪峰受记，止于翠岩，大张法席。问："不借三寸，请师道。"师曰："茶堂里贬剥去。"

问："国师三唤侍者，意旨如何？"师曰："抑逼人作么？"

问："诸余即不问。"师默之。

僧曰："如何举似于人。"师唤侍者点茶来。

北宋《景德传灯录》卷十八书影

这一公案大意为：永明大师，法号令参，湖州人。于明州翠岩寺雪峰禅师受戒，大开法席。

有人问:"不请高僧,就凭三寸不烂之舌?"师答曰:"不妨去茶堂吃茶论辨,探讨切磋,咀嚼茶之滋味。"

再问:"国师三次呼唤侍者,不知有何意旨?"师答曰:"何必逼人太甚?!"三问:"其余不再问了。"师默认之。

有僧人问:"此事该如何奉告于人?"师不言语,让侍者点茶来饮。至于如何奉告于人,由问者自己感悟吧。

其中"贬剥"之"贬"通"辨","剥"为去掉外皮、外表,去虚求实。

难得的是,其中"茶堂"两字透露出重要信息,说明当时翠岩院已经设立专门用于喝茶之茶堂,说明佛门对茶事之重视。而此前天童寺咸启禅师、柏林赵州从谂禅师未见茶堂之记载。

永明令参其人

令参,湖州人,《五灯会元》又记为安吉州(湖州一度时间称"安吉州")人。生卒年未详。雪峰义存之法嗣。五代时吴越国高僧。法嗣有灵峰。住明州翠岩院,世称翠岩和尚。钱王器重其品德才学,请居杭州龙册寺,赐紫衣,尊为永明大师。

关于龙册寺,吴越国第二任国王钱元瓘存有《请建龙册寺奏》:"袭爵四年,曾无显效,受凤池之真命,降龙册以双封,臣特于府城外造寺一所,前百步起楼号奉固,其寺额乞以龙册为名。"大意为钱元瓘继承世袭爵位四年之时,向后唐君主奏请,在府城外造一座龙册寺,并请君主题写寺名。龙册寺今已不存,遗址位于杭州上城区,1951年改建南山陵园。

《祖堂集》《景德传灯录》存有令参诗偈三首,其《示后学偈》云:"入门须有语,不语病栖芦。应须满口道,莫教带有无。"高僧德谦作有《和翠岩和尚〈示后学偈〉》云:"入门通后土,正眼密呈珠。当机如电拂,方免病迁芦。"令参作《再和》云:"入门如电拂,俊士合知无。回头却问我,终是病栖芦。"

另有著名禅宗公案"翠岩夏末示众",又作"翠岩眉毛"。

翠岩院之兴废

据同治《鄞县志》记载,翠岩院距县西四十五里,原址位于原鄞县今海曙区横街镇大雷村,属溪下水库库区。该寺始建于晚唐乾宁元年(894),原名翠岩镜明院,简称翠岩院。宋大中祥符元年(1008),赐名宝积寺。崇宁五年(1106)建轮藏。建炎间(1127—1130),郡守吴懋施财重修殿宇。嘉泰四年(1204),参政张孝伯请为功德寺，赐额"移忠资福寺"，并建寺前大石桥。张孝伯字伯子，号笃素居士，和州（今安徽和县）人，唐著名诗人张籍七世孙，南宋战乱时，父张祁率母领弟避难时卜居鄞县桃源乡（海曙区横街镇），与哥孝祥均生于鄞县，孝祥生于方广寺。应是出于对卜居之地的感恩之情，才呈请皇上赐为功德寺，一时香火旺盛。但好景不长，仅过 18 年，嘉定十五年（1222）不幸毁于大火，十七年复建。明洪武十五年（1382）年定名翠山寺。嘉靖三十五年（1556）、崇祯末至清顺治中又二度废兴。康熙四十年（1701）前后中兴，后逐步没落。

20 世纪 70 年代，翠岩寺破败不堪被拆除，后因修建溪下水库，原址被列入淹没区域。2003 年，有僧人在原翠山寺附近的山坡上，异地新建翠山寺，目前初具规模。作为异地建造之全新寺院，除了寺名以外，并无其他传承。但愿寺僧能传承、弘扬祖师永明禅师之衣钵，再出高僧。

明代曾有两位甬上高官名家到翠山寺览胜，留有茶禅诗作。一是太子太傅、吏部尚书兼左都御史掌院事、名臣屠滽《翠山寺》：

> 肩舆迢递入烟霞，老衲新烹谷雨茶。
> 满地白云堆竹笋，四檐红日晒松花。
> 麒麟远近先贤冢，轮奂巍峨故友家。
> 欲学苏公留玉佩，国恩未已又披麻。

该诗大意为新茶春笋、松花飘香时节，诗人坐着肩舆小轿到翠山寺附近凭吊先贤故友，游览翠山寺，老僧烹煮谷雨佳茗迎接，感恩国恩深重，很想仿效苏公，留下玉佩供养寺院。

另一位是兵部尚书张邦奇七绝《同汪汝器宿寺纪事》：

> 梵门清对碧溪回，更有风流地主陪。
> 携酒松庭看月上，烹茶石鼎引泉来。
> 家声共缵徽猷远，堂扁仍看秘阁裁。
> 一宿山中心境别，梦随威凤入瑶台。

诗人与当地好友"风流地主"汪汝器同游翠山寺，汪氏继承祖上福荫，家业兴旺，引来山泉在石鼎烹茶，又在松庭中饮酒赏月，好不惬意。晚宿寺院，心境宁静，梦中随瑞鸟威凤飞升瑶台仙境。

有感于永明禅师之茶事，笔者草成《读五代明州翠岩院永明禅师禅语茶堂贬剥感赋》两首：

其一

茶禅常言吃茶去，茶堂贬剥出新意。

高僧大德脱凡尘，一味茶禅语不贰。

其二

东有天童西翠山，晚唐五代两禅关。

吃茶且坐宜安享，贬剥茶堂非等闲。

（原载《茶道》2021 年第 8 期）

因茶生发说"茶禅"

——浅析"茶禅"与"禅茶"之别

2010 年，第五届世界禅茶大会在宁波召开，笔者主编大会文集《茶禅东传宁波缘》，撰有小文《茶禅——源于佛门而超越佛门》；2023 年，宁波再次举办《且坐吃茶——茶禅文化溯源与传承》研讨会，笔者有所感悟，再作本文，浅析"茶禅"与"禅茶"之别。

先茶后禅，因茶生发

"茶禅"与"禅茶"，或变为四字格习语"茶禅一味"与"禅茶一味"，虽一字之差，细细品味，二者有别。

与三五友人去寺院饮茶，或有僧侣到茶庄、茶馆饮茶，或有僧侣参与之茶会，即可称为禅茶或茶禅吗？就是"禅茶一味"或"茶禅一味"吗？非也！

茶为自然瑞草，兼有物质与精神之特性，不仅解渴生津，还能引文思、佐思辩，开禅趣。古往今来，多少嗜好者为之倾倒，诞生了多彩多姿、博大精深之茶文化，其中包括茶禅文化。

禅泛指佛教事物，还包含精神妙思，如禅家之学，为见性成道之法，蕴含哲学意义。禅无处不在，万物有禅意，禅之意义在于悟，感悟、体悟、顿悟、觉悟……

茶禅蕴含禅学、哲学，更多与精神相关，并非局限于佛门，儒、道亦然。其含义与意蕴更为丰富。

佛门之茶可分为两类。一般与寺院相关之茶事即佛门茶事，多为日常饮茶，如僧侣在坐禅修行时，以茶饮提神养身，或为僧众、善男信女普茶，或以茶敬佛，所体现的主要是其物质特性，不妨称为佛茶或禅茶；而高僧大德一旦从茶中有所感悟，以茶为内容赋诗作偈，便升华为精神境界，留下茶事公案，则称为茶禅为宜。这是普通佛茶（禅茶）与茶禅之别，读者不难体悟到二者之区别。

不论"茶禅"与"禅茶",其中主角是茶。就饮食而言,佛门之中,有饭有菜,何以出不了饭禅、菜禅?纵观佛门内外茶禅文化,尤其是佛门著名茶禅公案,其中禅意皆因茶生发,主次不宜颠倒。

已故著名社会活动家、诗人、书法家、中国佛教协会原会长赵朴初(1907—2000),相关题字均为"茶禅"或"茶禅一味",看来他是深思熟虑过的,与普通佛门禅茶相比,作为精神层面之茶禅更具深意。

赵朴初墨迹:茶禅 另附五言绝句:"茶寿才过一,雄心跨上仙。
再编诗万首,待庆大椿年。东人称百八岁为茶寿。"其中"东人"指日本人

"茶禅一味"之说源于日本

自1990年代中国茶文化复兴以来,"茶禅一味"或"禅茶一味"之说,大量见诸书刊或网络。原来茶文化界盛传,宋代高僧圆悟克勤(1063—1135),曾有手迹"茶禅一味"东传日本,据陈香白、曹建南等茶文化学者详细溯源考据,并无其事,实为谬说。反之,"茶禅一味"之说其实由日本西传中国的。

日本临济宗禅僧大休宗休(1468—1549),曾作《和松岳和尚茶话韵》诗自注曰:"松岳和尚茶话诗云:'茶兼禅味可,能避俗尘来。且欲停车话,枫林暮色催。'"其中"茶兼禅味可"被认为是"茶禅一味"之萌芽。松岳和尚即中国南宋高僧松源崇岳(1132—1102),国内所存《松源崇岳禅师语录》未见该诗,但其日本法嗣众多,或为来华法嗣记录后,带到日本流传。

与大休宗休同时代的日本堺市南宗寺开山大林宗套(1480—1568),曾为武野绍鸥的肖像画题诗云:"料知茶味同禅味,吸尽松风意不尘。"提出"茶禅同味"之说。

其后,千利休孙子千宗旦(1578—1658)所作《禅茶录》,后人将书名分别改为《宗旦遗书茶禅同一味》《茶禅同一味》。1760年,日本南秀女在《茶事谈》记载:

"故大心和尚幅条云'茶味禅味是同味，一休利休非别人'。"认同"茶禅同味"之说。

据曹建南考述，日本较早使用"茶禅一味"的，是柳下亭岚翠，其 1802 年在《煎茶早指南》一书序言中说："予年来好点茶，惯常入茶室默然端坐，独甘于茶禅一味之心要，更待其时，变其风，以改其俗。"次年，安富常通在《续茶话真向翁》亦云："茶无道心，玩茶之人有道心，禅者赏茶禅一味。"这说明，日本"茶禅一味"之说约在 18 世纪后期开始确立。1905 年，大日本茶道学会创始人田中仙樵出版专著，书名为《茶禅一味》。此后，"茶禅一味"在日本茶道界广为流传，日本 1956 年版《茶道辞典》、1975 年版《原色茶道大辞典》，均有"茶禅一味"词条。

1937 年，日本医学博士诸冈存，著作《茶とその文化》出版，其中写到二处"茶禅一味"。1939 年 12 月，国人吕叔达，将该书译为中文在浙江出版，书名为《茶与文化》，其中"茶禅一味"，仅保留一处。这是中国中文出版物"茶禅一味"的最早出处。

赵朴初题字：茶禅一味

纵观日本"茶禅同味""茶禅一味"之说源头，可看到二点：一是先茶后禅；二是由文化人士提出，非出于佛门。

日本 1980 年代较为流行"茶禅一味"之说，此后，正值中国大陆茶文化悄然兴起，发展势头如火如荼，"茶禅一味"或"禅茶一味"之说大行其道，韩国亦如是。但少有人对此做出学术思考。

笔者前文写到，其实茶与禅，一为植物，一为精神升华，分别为两种事物，只是茶更宜于启迪禅思蕴含禅意而已，"茶禅"二字已包含其中深邃意义，所谓"茶禅一味"或"禅茶一味"，只是茶文化界一种约定成俗之说道而已。

更有当代茶文化学者，还由此衍生出"禅茶一味，不二法门"之说。"禅茶一味"已属勉强，"不二法门"又何以成立？

笔者还观察到一个普遍现象，当下各地举办的禅茶大会，包括韩国发起的世界禅茶交流大会，其中参与者，尤其是论文撰写者，多是茶文化学者或爱好者，少有僧侣参与，笔者主编的两种茶禅文集亦如是。所谓禅茶大会，多是借个由头而已。这说明当代大陆佛门只是把喝茶作为日常生活而已，少有升华到茶禅境界。其中主要原因有二：一是当下少有以茶为内容赋诗作偈之高僧，二是少有专业研究茶禅文化之学问僧，导致很多禅茶大会和活动，流于形式，大多重场面，轻内

容，少有文集出版，少有文献留存，少有精神内涵，类似于向大众普茶，很难升华到茶禅境界。

佛门之外有茶禅

笔者发现，其实茶禅并非局限于佛门，佛门之外亦有茶禅。其中最著名的当数唐代吴兴（今湖州）籍"大历十才子"之一、著名诗人、考功郎中钱起（722—780），其七绝《与赵莒茶宴》云：

> 竹下忘言对紫茶，全胜羽客醉流霞。
> 尘心洗尽兴难尽，一树蝉声片影斜。

某年夏秋之际，诗人与好友赵莒，于家乡竹林之间，品茗清谈，对饮紫茶，紫笋茶甘香之味，胜似刘霞仙酒。待洗尽红尘杂念，雅兴更浓，听蝉鸣喧闹，不觉已是夕阳西下，树影斜映，奈何不舍归去。诗人淋漓尽致地表现了挚友间的兴味之至，情景交融，刻画出竹影夕阳、蝉声一树的空灵意境。

笔者最近梳理宋元间浙江奉化籍著名文学家、廉吏陈著（1214—1297）茶诗，除了其多首与僧侣交往之茶诗蕴含禅意，难得发现其茶诗亦富有禅意，如七绝茶酒诗《酒边》云：

> 茶瓯才退酒杯来，酒兴浓时杯复杯。
> 也须留取三分醒，要带明月清风回。

俗话说，茶酒不分家，先茶后酒或酒后饮茶，均为人们日常生活习俗。该诗写出了诗人饮酒有度，纵有美酒佳肴，酒饮七分，微醺乃最佳境界，留得三分清醒。尤其末句诗眼"要带明月清风回"，升华了诗人之人生与诗词艺术境界，禅意蕴含其中。

其六言诗《与具氏子书中（名斗纪）》云：

> 柴门任风开闭，茅屋尽日虚闲。
> 补揍粗茶淡饭，报答流水青山。

清贫之中，虽然粗茶淡饭，诗人依然拥有禅心禅思，诗书风雅。

被誉为茶文化"亚圣"的唐代大诗人卢仝，其咏茶名篇——《走笔谢孟谏议寄新茶》，又名《七碗茶歌》，在海内外广为传颂，尤其是其中精华部分脍炙人口：

一碗喉吻润。二碗破孤闷。

三碗搜枯肠，唯有文字五千卷。

四碗发轻汗，平生不平事，尽向毛孔散。

五碗肌骨清。六碗通仙灵。

七碗吃不得也，唯觉两腋习习清风生……

其中"两腋习习清风生"之禅意，为儒、释、道三教所认同。

诗词是禅意之最佳载体，其中禅意多以意会，难以言传。还有更多佛门之外茶禅诗词，笔者仅举三例足以说明。这些茶禅诗词，不宜称为禅茶诗词。这也是"茶禅"与"禅茶"之别。

笔者草成《茶禅感赋》一章：

风雅茶禅蕴哲理，溯源文化盛唐起。

灵犀意会难言传，清茗一杯生福喜。

"春烟寺院敲茶鼓"

——茶鼓溯源及其在茶禅活动中的特殊意义

导语：元代根据唐代高僧怀海《百丈清规》修订的《敕修百丈清规》（以下简称《清规》），法器中记有茶鼓，并附有击法、使用场合等。民国诗文中还写到杭州西湖寺庙有茶鼓声，当代报道陕西柏林禅寺、杭州径山寺配有茶鼓。本文就茶鼓的相关话题做一简述。

溯源"茶鼓"出处

"茶鼓"是《清规》记载的一种鼓类法器。《清规·法器章第九·鼓》记载："法鼓、茶鼓、斋鼓、普请鼓、浴鼓、更鼓。"对茶鼓的击法与管理附有说明："茶鼓，长击一通，侍司主之。"

茶鼓是否始于《清规》，笔者无法查考。但一般查阅到的"茶鼓"出处，均引于《清规》。如《佛学大词典》关于茶鼓的注释，分别引自《清规》卷八茶鼓条和《禅林象器笺·呗器门》：

无著道忠画像（1653—1744）

禅家于祖忌献茶汤时，或于茶礼、汤礼之前所鸣之鼓。其敲鸣法为长击一通，煞声一下，行茶之终复击三下，由侍司主之。众僧闻鼓声则集众行礼。茶鼓通常挂于法堂之西北角。

这里对茶鼓的使用场合及敲鸣法做了注释。"祖忌"即各宗开祖之忌日。此外在举行各种茶礼或汤礼之时均要鸣鼓，其敲鸣法为长击一通，煞声一下，行茶之终复击三下。"汤礼"应为"茶礼"别名。

《禅林象器笺》由日本高僧无著道忠（1653—

1744）编著，日本宽保元年（1741）刊行。作者对《清规》以下各清规有关禅林之规矩、行事、机构、器物等用语、名目之起源、沿革以及现行意义，逐一详释。

《清规》记载的几处茶鼓使用场合

据不完全统计，总共 8 万多字的《清规》，共载"茶"字 325 个，"茶汤" 65 处，"请茶" 21 处，"吃茶" 15 处。

《清规》共 9 章 91 节，其中有 4 章 25 节涉及茶礼。四章是：

《住持章第五》《两序章第六》《大众章第七》《节腊章第八》。

25 节如下：

1. 告香
2. 受嗣法人煎汤（点）
3. 专使特为新命煎点（新命即新任住持）
4. 新命辞众上堂茶汤（上堂即法堂说法）
5. 专使特为受请人煎点
6. 受请人辞众陞座茶汤（陞座即上堂说法）
7. 山门特为新命茶汤
8. 方丈特为新旧两序汤（两序即僧堂生活管理员）
9. 堂司特为新旧侍者汤茶（侍者即住持的日常助理）
10. 方丈特为新首座茶（首座即首席修行僧）
11. 新首席特为后堂大众茶（后堂即僧堂的后半部）
12. 住持垂访头首点茶（头首即禅寺里一要职）
13. 两序交代茶
14. 入寮出寮茶
15. 头首就僧堂点茶
16. 方丈特为新挂搭茶（新挂搭即新进山者）
17. 赴茶汤
18. 新挂搭人点入寮茶
19. 方丈小座汤
20. 方丈四节特为首座大众茶（四节即指四个节气）
21. 库司四节特为首座大众茶（库司即寺务管理者）
22. 前堂四节特为后堂大众茶

23. 旦望巡堂茶

24. 方丈点行堂茶（行堂即寺院杂役住的僧堂）

25. 头首点行堂茶

这些吃茶、茶礼记载，很多场合会用到茶鼓。无著道忠曾做过梳理，他在《禅林象器笺》中指出，以下六条中的"鸣鼓"均为击鸣茶鼓：

《清规·迎待尊宿》云：请客侍者具状，诣客位，插香拜请特为汤，乃至寝堂钉挂帐幕，排照牌，设特为光伴位，鸣鼓，行礼。

又《专使特为新命煎点》云：俟折水出，鸣鼓。

又《山门特为新命茶汤》云：斋退，鸣鼓集众，知事揖住持入堂云云。

又《方丈特为新旧两序汤》云：烧香侍者预排照牌，至时鸣鼓，客集。

又《方丈特为新挂搭茶》云：至日斋罢，鸣鼓集众，侍者揖入。

又《方丈小座汤》云：寝堂钉挂排位，秉烛装香毕，客头行者覆侍者，次覆方丈，鸣鼓。

笔者将以上六条再简释如下：

第一条是为"尊宿"请茶。"尊宿"指的是为年老而有名望的高僧和德高望重者鸣鼓请茶。"照牌"又称坐牌，牌上图示众僧之座次，使各人照知之者。

第二、第三条是寺院为新任住持请茶。"新命"指寺院新任命之住持，又称新命住持、新命和尚、新住持；"山门"意为寺院正面的楼门，代指寺院；"知事"又称维那、悦众、营事、授事、任事、知院事，为掌管寺院诸僧杂事与庶务之职称。

第四条是方丈为寺院新、旧两任生活管理员请茶。"两序"即僧堂生活管理员。

第五条是方丈斋饭后为新到僧人请茶。"挂搭"又作挂单、挂搭单、挂锡、挂褡、挂钵等，指僧人游方行脚，入僧堂挂其所携之衣被等于堂内之钩，有依住丛林之意味。

第六条是方丈为夏季劳务人员请茶。"座汤"有大小之别。如于四节请全山大众，称为大座汤；于夏末特为夏中执役之人而设者，称为小座汤。（仪式）禅林座汤之礼有大小。"客头行者"略称"客行"，隶属于知客（接待宾客之职称），而受其使令以担任职务之侍者。

茶鼓在鼓类法器中的排名与法堂安放位置

茶鼓在《清规》记载的六种鼓名中排名第二，仅次于法鼓之后，说明其重要性仅次于法鼓。

关于茶鼓的安放位置，据《禅林象器笺·呗器门·法鼓》记载："法堂设二鼓。其东北角者为法鼓，西北角者为茶鼓。"这说明茶鼓不仅用于寺院礼仪，也用于佛事仪式，属于法堂用鼓，其他四鼓则不放置于法堂。

鸣钟记载说明寺院茶事鼓、钟并用

《清规》不仅记载茶鼓，《旦望巡堂茶》中亦有茶事鸣钟的记载：

住持上堂，说法竟白，云："下座巡堂吃茶"。大众至僧堂前，依念诵图立。次第巡入堂内。暂到与侍者随众巡至圣僧龛后。暂到向龛与侍者对面而立。大众巡遍立定，鸣堂前钟七下。住持入堂烧香，巡堂一匝归位。知事入堂，排列圣僧前问讯，转身住持前问讯，从首座板起巡堂一匝。暂到及侍者随知事后出。烧香侍者就居中问讯揖坐，俟众坐定。进前烧香及上下堂、外堂。先下间，次上间，香合安元处。炉前逐一问讯，揖香毕，归元位。鸣钟二下，行茶瓶出，复如前问讯，揖茶而退。鸣钟一下收盏。鸣钟三下，住持出堂。首座大众次第而出。或迫他缘，或住持暂不赴，众则粥罢，就座吃茶，侍者行礼同前。

"旦"即农历每月初一，"望"为每月十五，"巡堂"即在僧堂内按一定线路来回巡走。很多善男信女初一、十五要到寺院拜佛，此时款待茶饮，既是一种礼仪，也可视为答谢。这对茶饮的推广，影响巨大。

文中先后有四次"鸣钟"记载，分别是"七下""二下""一下""三下"。

这说明寺院茶事并非单一使用茶鼓，而是鼓、钟并用。

古诗文关于茶鼓的记载

除了《清规》的记载，一些古诗文也记载了茶鼓的踪迹，其中宋代有两首写到茶鼓，一是北宋著名诗人林逋（967—1028）的著名诗篇——《西湖春日》（一作王安国诗），记载了当时西湖周边寺院设有茶鼓：

争得才如杜牧之，试来湖上辄题诗。
春烟寺院敲茶鼓，夕照楼台卓酒旗。
浓吐杂芳熏岘崿，湿飞双翠破涟漪。
人间幸有蓑兼笠，且上渔舟作钓师。

其中"春烟寺院敲茶鼓"后人引用较多。

二是南宋诗人陈造（1133—1203）在《县西》诗中写到茶鼓：

> 一径斜穿荦确行，身闲尤觉马蹄轻。
> 坡头嘉树千幢立，烟际长江匹练横。
> 茶鼓适敲灵鹫院，夕阳欲压赭圻城。
> 一春簿领沈迷里，野鸟山花眼最明。

晚清、民国时期安徽建德（今东至）籍实业巨头、北洋财长周学熙（1865—1947），也在《茶鼓》诗中记载了西湖灵隐等周边寺院的茶鼓声：

> 灵鹫山前第几峰，通通茶鼓暮烟浓。
> 西湖不少僧行脚，误急归心饭后钟。

"灵鹫山"原指印度佛陀说法的圣地耆阇崛山，是著名《心经》的诞生地，因山顶巨石形似为猛禽鹫鸟（雕）而得名。泛指与佛教相关的名山或寺院，如上文《县西》诗中的"灵鹫院"指的即为寺院。这里指杭州灵隐寺对面的飞来峰，也代指灵隐寺和其他周边寺院。后两句指在外办事的僧人听傍晚之茶鼓，急着赶回寺院喝茶。

这说明晚清民国时期，杭州寺院仍有鸣鼓喝茶的事实。从传世不多的古代记载茶鼓的诗句中，宋代到民国先后有两首写到杭州寺院的茶鼓，充分说明作为东南佛国杭州的诸多寺院喝茶之盛。

《清规》对茶鼓的使用说明为"长击一通"，有别于法鼓及其他鼓类的击法，也便于熟悉寺院鼓声的人们所识别。

茶鼓在禅茶活动中的特殊意义

鼓是一种打击乐器，一般为圆形或扁形，在坚固的鼓身的一面或双面蒙上一块拉紧的膜，可以用手或鼓杆敲击出声。除了作为乐器外，鼓在古代许多文明中还用来传播信息。

从出土文物来看，鼓至少已有4500年的历史。在古代，鼓被奉为通天神器，在祭祀、庆典、狩猎、征战等大型活动中，鼓都被广泛地应用。鼓作为乐器是从周代开始。其文化内涵博大而精深，俗可以是民间的欢庆锣鼓，雅可以进入庙堂祭祀和宫廷宴集。

人们常用晨钟暮鼓形容寺院生活，鼓在寺院中具有特殊地位。《清规》集禅茶文化之大成，"茶鼓"则是其中的亮点之一，是佛教崇茶的一种重要信据。受《清规》影响，古代上规模的寺院大多设有供僧人喝茶的茶堂或茶寮。法堂设有二鼓，位于东北角的称"法鼓",西北角的称"茶鼓",称左钟右鼓。

鼓励、鼓舞、鼓动……在中华文化中,鼓及以"鼓"组成的词组,多有发动和振奋人心之意。

用茶鼓作为寺院礼仪茶饮和僧众用茶的信号,不仅说明古代寺院饮茶风气之盛,更显示了寺院对饮茶的重视——使饮茶场面具有礼仪性、规律性、庄严肃穆。

而数十人甚至百人以上的寺院,僧侣以茶鼓为号集体饮茶,场面一定非常壮观。这是茶鼓在禅茶活动中体现的特殊意义,一般俗人茶事活动不能同日而语。

《清规》众多茶事和茶鼓的记载,也说明茶与僧人修行、修身的重要关系。佛教认为茶有"三德":一是提神,僧人念佛修行时不易疲倦、瞌睡,有益静思,所谓"破睡有茶功";二是消食,饮茶能帮助消化;三是"不发",能抑制性欲,而使人不思淫欲。

寺院茶鼓当复兴

晚清、民国时期,因战争等原因,佛门茶事大受影响;中华人民共和国成立至20世纪90年代,佛门除喝茶外,少有茶事。当代佛教大行,古代有名的寺院全部恢复重建,规模宏大。在此基础上,禅茶文化亦大行其道,各地经常举办的禅茶活动或研讨会即为明证。但以笔者愚见,这些活动或研讨会,以场面或形式居多,涉及文化内涵的太少,只能说是初级阶段。真正像《清规》那样,把茶事融入佛门诸事之中,差距甚远。窃以为,要恢复和创新禅茶文化,当先从恢复、研究茶鼓开始。

据报道,当代陕西柏林禅寺、杭州径山寺已经配备茶鼓,一般在举办重大佛事时使用。随着茶文化尤其是禅茶文化的普及,笔者相信,不远的将来,一些重视禅茶文化的寺院,会恢复茶鼓这一独特的寺院传统茶文化法器和仪式。

当代不仅寺院需要茶鼓,很多重要的茶节、茶会,包括讲究的茶馆及茶文化主题会所、博物馆,都需要使用或陈列茶鼓,让观众观赏和体验。因此,开发研制茶鼓,也将成为鼓类生产、销售行业新的经济增长点,先行者必将大受其益。

《清规》记载了法鼓、茶鼓、斋鼓、普请鼓、浴鼓、更鼓六种鼓名,这些鼓的大小、材质、击法应该各不相同,司鼓僧人肯定身手不凡。如寺院能全面恢复或创新,司鼓僧人则完全可到各地电视台的"达人秀"节目秀一把。

（原载《海峡茶道》2015年第3期）

"天台乳花"世难见　茶碗"仙葩"谜待解
——初识宋代天台山壮观的罗汉供茶灵瑞图案奇迹

导语：本文根据多种文献，首次对宋代天台山多家寺院为罗汉供茶出现的大量壮观的灵瑞图案奇迹，做了详细记述，并对此现象做了分析，对苏轼命名的"天台乳花"及唐代陆羽《茶经》以来出现的"汤华""花乳""分茶""茶百戏"等茶文化名词，做了区别对比。

2012年5月中旬，笔者有幸参加浙江天台山茶文化寻根探源国际研讨会，登临神秀天台山，观赏了华顶山葛仙茗圃和高山云锦杜鹃，品赏了红、白、黄、绿四色天台山云雾茶，结识了多位海内外茶友，收获良多。而笔者此行的最大收获，是对宋代天台山多家寺院为罗汉供茶时，出现的大量壮观的灵瑞图案奇迹，以及唐代陆羽《茶经》以来，关于"汤华""花乳""分茶""茶百戏"等茶文化名词有了初步认识。

见诸唐、宋文献的
"汤华""花乳""分茶""茶百戏"

关于茶汤里出现的花纹图案，茶圣陆羽在《茶经·五之煮》中，首先将茶汤沫饽称之为"汤华"，并以枣花、青萍、鳞云、绿钱、菊英、积雪、春花等一连串美丽的词汇形容之：

沫饽，汤之华也。华之薄者曰沫，厚者曰饽，轻细者曰花，花，如枣花漂漂然于环池之上；又如回潭曲渚青萍之始生；又如晴天爽朗，有浮云鳞然。其沫者，若绿钱浮于水湄；又如菊英堕于樽俎之中。饽者，以滓煮之，及沸，则重华累沫，皤皤然若积雪耳。《荈赋》所谓"焕如积雪，烨若春花"，有之。

唐代诗人刘禹锡的《西山兰若试茶歌》，则将茶汤沫饽称为"花乳"："欲知花乳清泠味，须是眠云跂石人。"

有所区别的是，陆羽指的是饼茶，刘禹锡写的则是炒青茶。

五代十国时浙江平阳金乡籍僧人福全善于点茶，自述在茶盏里点出水墨丹青图案，乃"小小物象，唾手办耳"。他在《汤（汤幻茶）》诗并序中，有如下记载：

馔茶而幻出物象于汤面者，茶匠通神之艺也。沙门福全生于金乡，长于茶海。注汤幻茶，成一句诗，并点四瓯，共一绝句，泛乎汤表。小小物象，唾手办耳。檀越日造门求观汤戏，全自咏曰：

生成盏里水丹青，巧画工夫学不成。

却笑当时陆鸿渐，煎茶赢得好名声。

宋代盛行斗茶，士大夫间常玩"分茶"与"茶百戏"，尤其是"分茶"，很多名人大家留有诗文记载，代表性的有杨万里的《澹庵坐上观显上人分茶》：

分茶何似煎茶好，煎茶不似分茶巧。

蒸水老禅弄泉手，隆兴元春新玉爪。

二者相遭兔瓯面，怪怪奇奇真善幻。

纷如擘絮行太空，影落寒江能万变。

银瓶首下仍尻高，注汤作字势嫖姚。

不须更师屋漏法，只问此瓶当响答。

紫微仙人乌角巾，唤我起看清风生。

京尘满袖思一洗，病眼生花得再明。

叹鼎难调要公理，策动茗碗非公事。

不如回施与寒儒，归续茶经傅衲子。

此诗是作者目睹显上人分茶艺术的写照。显上人分茶手艺非常了得，"怪怪奇奇真善幻"，可以"注汤作字"。作者以书法术语"屋漏痕"作比，认为分茶出现的字形如破屋壁间之雨水漏痕，凝重自然。"屋漏痕"典故语出陆羽《释怀素与颜真卿论草书》："颜真卿与怀素论书法，怀素称：'吾观夏云多奇峰，辄常效之，其痛快处，如飞鸟出林，惊蛇入草，又如壁坼之路，一一自然。'颜真卿谓：'何如屋漏痕？'怀素起而握公手曰：'得之矣！'"

另如陆游写到的"矮纸斜行闲作草，晴窗细乳戏分茶""墨试小螺看斗砚，茶分细乳玩毫杯"；李清照写到的"豆蔻连梢煎熟水，莫分茶"等，说明"分茶"在宋代士大夫中非常盛行。

宋代天台山寺院罗汉供茶大量出现灵瑞图案

与上述"汤华""花乳""分茶""茶百戏"不同的是，宋代浙江天台山多家寺院，为罗汉供茶时，茶盏中曾大规模出现灵瑞图案，时间跨越两宋。

较早记载宋代天台山罗汉供茶灵瑞图案的，有北宋名臣罗适（1029—1101）的《石梁》诗："茶花本余事，留迹事诸方"；另一位宋代名臣贺允中（1080—1169）有同题《石梁》诗："聊试茶花便

1980年代重建的天台山石梁中方广寺，昙华亭、五百罗汉铜佛殿为该寺两大特色

归去，杖头挑得晚风凉"。北宋官员、诗人杨蟠（1017—1106）《方广寺》则有"金毫五百几龙尊，隐隐香飘圣迹存"诗句，记载石梁方广寺罗汉供茶灵瑞图案的存在。

据宋代林表民在《天台续集》中记载，台州知州葛闳（1003—1072，治平三年［1066］八月—熙宁二年［1069］二月任台州知州）闻此灵异，曾带领众多地方官员到天台山石梁方广寺罗汉阁，为罗汉供茶，俄顷见"有茶花数百瓯，或六出，或五出，而金丝徘徊覆面。三尊尽干，皆有饮痕"。

葛闳为此赋诗《罗汉阁煎茶应供》记载其事：

> 山泉飞出白云寒，来献灵芽秉烛看。
> 俄顷有花过数百，三瓯如吸玉腴干。

从林表民和葛闳的记载来看，灵瑞茶花出现较快，数量多，达数百瓯，或六出，或五出，状如雪花。"秉烛看"说明罗汉阁内光线较暗。同行官员亦有相关内容唱和。

1072年到天台山巡礼、学佛并安葬于此的日本高僧成寻（1011—1081），在《参天台五台山记》书中记载了天台山罗汉供茶516杯，500多杯有灵瑞图案的奇迹。

成寻之后，日僧荣西、重源、觉心、道元等相继到天台山石梁寻访罗汉供茶奇迹，道元（1200—1253）还将罗汉供茶传入日本曹洞宗总本山永平寺，并再现奇迹，称之为"瑞华"。据日本《十六罗汉现瑞华记》记载，日本宝治三年（1249）正月初一，道元在永平寺以茶供养十六罗汉。午时，十六尊木像和绘像罗汉皆现瑞华。道元在《罗汉供养式文》记云："现瑞华之例仅大宋国台州天台山石梁而已，本山未尝听说。今日本山数现瑞华，实是大吉祥也。"

道元还记载荣西曾两次在天台山看到罗汉供茶的灵瑞事迹，一次在石梁，一次在万年寺。

　　南宋景定二年（1261），著名的天台籍奸相贾似道，闻此奇异，捐资五万银两，在中方广寺建造亭阁，落成之日按例供茶，奇迹再现，茶碗中出现昙花状乳花。该亭因此被命名为昙华亭。

被苏轼称为"天台乳花""仙葩"

　　关于天台罗汉供茶出现的灵瑞图案，见多识广的大文豪苏东坡，曾在两首诗中记载，分别称之为"仙葩"和"天台乳花"。

　　元丰八年（1085），当时在常州的苏东坡，在《赠杜介（并叙）》的五言诗中，首先称之为"仙葩"："仙葩发茗碗，鄝刻分葵蓼。"他在诗前小序中记载："元丰八年（1085）七月廿五日，杜几先自浙东还，与余相遇于金山，话天台之异，以诗赠之。"显然，"仙葩发茗碗"是小序中提到的"天台之异"之一。

　　在另一首《送南屏谦师（并引）》中，苏东坡称之为"天台乳花"，成为罗汉供茶灵瑞图案的又一别名和典故：

　　南屏谦师妙于茶事，自云得之于心，应之于手，非可以言传学到者。十月廿七日，闻轼游落星，远来设茶，作此诗赠之。

道人晓出南屏山，来试点茶三昧手。

忽惊午盏兔毫斑，打作春瓮鹅儿酒。

天台乳花世不见，玉川风腋今安有。

先生有意续茶经，会使老谦名不朽。

　　该诗和引文记述，苏东坡某年（约1089—1091）十月廿七日，游杭州落星寺，精于茶事的南屏寺谦师，特地到落星寺为他表演"得之于心，应之于手"的高超茶艺，当茶碗中出现灵瑞图案时，广览博闻的苏东坡油然想到，这正是与天台罗汉供茶灵瑞图案一样的"天台乳花"。

　　苏东坡笔下的"天台乳花"，可能与唐代刘禹锡笔下的"花乳"不无关系。

　　巧合的是，成寻记载的天台山灵瑞图案与南屏谦师表演"天台乳花"的时间，仅相差十多年，说明当时天台山与杭州寺院均有"天台乳花"出现。

"天台乳花"与"汤华""花乳""分茶""茶百戏"之区别

　　笔者对上述文献比较之后，提出以下观点：

——《茶经》中"汤华",刘禹锡笔下的"花乳",是煮、泡茶时自然出现的简单图案。

——陆游、李清照等人诗词中写到的"分茶",是茶之雅玩,大概是一边注汤,一边用茶筅搅匀,并甩出简单的自然图案。

——福全《汤幻茶》里的"水丹青",杨万里笔下的"注汤作字",属"茶百戏"。据记载,"茶百戏"能变幻出花鸟鱼虫等动物图案,当代武夷山茶人章志峰已经多次表演,并设有茶百戏会所,不是自然之功,而是人力所为。

——"天台乳花"则是一种层次更高的、难得的自然现象,不同于《茶经》中的"汤华",也不同于人力所为的"分茶"和"茶百戏"。试想,如果是人为"分茶",五百多盏茶,以每盏化时五六分钟计算,又需要多少茶僧和工夫?因此一定是按顺序流水式的点茶,是特殊的自然造化。2012年6月出版的《茶叶》杂志,发表了多幅在电子显微镜下,优质茯砖茶中有益菌群在茶汤中出现变幻莫测的美丽图案。"天台乳花"可能是茶饼中有益菌群在天台山等特定人文环境下的另一种演化。对天台山罗汉供茶特定的人文环境,笔者在下文专题记述。

据中国茶叶博物馆研究员周文棠教授介绍,他于2011年4月11日,在公刘子茶道工作室已经再现"天台乳花",并向笔者出示过照片,是一种不规则的优美图案,属于"汤华"还是"天台乳花",还有待观察。周先生称可以再作表演,笔者期待能亲自见证。

环境、水、茶人、茶盏、茶——"天台乳花"奇迹五要素

天台山多家寺院罗汉供茶大规模、长时间出现灵异奇迹,笔者以为并非偶然,一定有它的特殊性。众所周知,自唐代高僧怀海把诸多佛门茶事写入《百丈清规》以后,各地很多寺院每天早晨,尤其是举办重大佛事活动和节日期间,向佛像供茶是各寺院礼佛敬佛的必修课,为什么各地寺院少有记载,而天台山多家寺院能频现奇迹呢?这就是其中的特殊性。笔者以为,天台山独特的自然环境、水、茶人、茶盏、茶,是其中的五大要素:

——一是自然环境。天台山位于东海之滨,属海洋性高山,每年有海风、台风光顾,气候温暖细润,完全不同于中西部高山气候。天台山山水神秀,是历代道家、佛家、文人雅士向往的胜地,历代名人大家赞颂天台山的诗文不计其数。产茶历史悠久,品质优异,东汉时就有高道葛玄(164—244)在华顶山植茶,留有葛仙茶圃,是已知史籍记载的最早植茶人。唐代先后有高丽使大廉、日本高僧最澄,从天台山传去茶籽,在本国播种,为中国茶种输出海外之最早记载。华顶山云锦杜鹃更是一奇,据说此花如移栽他处,就不会开花,这就是天台山环境的

独特之处。据说贵州茅台天空里，滋生着很多有益于酿酒的微生物，因此造就了国酒茅台的辉煌。因此，笔者以为，天台山独特的自然环境，是出现大规模罗汉供茶灵异奇迹的首要条件。

——**二是水**。茶性必发于水，无水不予论茶。无论点茶还是泡茶，水的因素都至关重要。纯天然、无污染的天台山水肯定是好水，至于好在何处，是否利于出现茶碗中的灵异奇迹，须作科学分析。

——**三是茶人**。任何事物，人的因素最重要。一般寺院称奉茶的为茶头或施茶僧。上述天台山多家寺院的茶头，如多年为罗汉、佛像供茶，一定会练就一身手艺，出手不凡。

——**四是茶盏**。大碗小盏，确切地说，点茶、泡茶的都是小盏。盏的大小、深浅，与能否出现灵异奇迹直接有关。

——**五是茶**。茶的质量应该大有讲究。宋代点茶一般用饼茶，如上文说的优质茯砖茶，其有益菌群能在茶汤中出现变幻莫测的美丽图案。

结 语

由于明代以后流行散茶，点茶基本退出了中国历史舞台，宋代天台山寺院罗汉供茶大量出现被誉为"天台乳花"的灵瑞图案奇迹，以及唐代以后士大夫间流行的"分茶""茶百戏"，淹没在历史长河之中。但通过诸多文献记载，我们应该对这些奇迹与茶艺的存在深信不疑。

从五代僧福全，到宋代杨万里笔下的显上人、苏轼笔下的南屏谦师；从天台山多家寺院为罗汉供茶，到日本永平寺茶供十六罗汉，可见表演"分茶""茶百戏""天台乳花"的主体是僧人和寺院。

当代茶文化空前繁荣，笔者期望从事茶艺表演、有志于再现"天台乳花"的茶人，尤其是出典地天台山各寺院的僧人和当地民间茶人，多多探索，能揭开"仙葩"形成之谜。世上无难事，只怕有心人，一旦能再现"金毫五百几龙尊，隐隐香山圣迹存"之奇观，一定会轰动天下！

附带一笔，日本自宋代从中国传去点茶法之后，一直延续至今。但点茶出现灵瑞图案的，除了上文道元记载外，未见其他记载，说明日本点茶并非地道的中国宋代点茶。当代日本的浓茶点茶，状如糊精，称为茶糊更为合适，是出不了"天台乳花"的。

（原载《茶博览》2012年第9期）

虚堂智愚、南浦绍明师徒对日本茶道之影响

导语：祖籍象山的南宋高僧虚堂智愚，佛学、文学、书法造诣高深，具有三大文化亮点：一是他与日本弟子南浦绍明，对日本佛教、茶道产生了深远影响，尤其是对日本茶道，具有里程碑意义。日本藏有18种虚堂宝像和书法墨迹，其中两种墨迹被确定为日本国宝，11种为重要文化遗产。这些墨宝曾在日本多种茶会上作为茶挂展出，为日本茶人所熟知。二是其著有《虚堂智愚禅师语录》十卷，其中诗、赞、偈颂500多首，笔者2018年发现其为宁波本土史上第一高僧，已得到宁波佛教界认可。三是他是象山史上第一文化名人。

宋代杭州径山兴圣万寿寺（简称径山寺）盛行茶宴，被当时来中国学佛的日本高僧传入日本演变为日本茶道，径山寺因此被中、日茶界誉为"日本茶道之源"。将径山寺茶宴传入日本的，主要有两位日本高僧，一位是圆尔辨圆（1202—1280），宋端平二年（1235）从明州入宋，1241年回国，师从径山寺34代住持无准师范。另一位是南浦绍明，1259年入宋，1267年回国，先后9年师从临安府净慈寺、径山兴圣万寿寺住持——宁波象山籍高僧虚堂智愚禅师。

宁波本土著名高僧，象山第一文化名人

智愚（1185—1269），号虚堂，俗姓陈，四明（今宁波）象山人。16岁依近邑之普明寺僧师蕴出家。先后在奉化雪窦寺、镇江金山寺、嘉兴兴圣寺、报恩光孝寺、庆元府（宁波）显孝寺、婺州云黄山宝林寺、庆元府（宁波）阿育王山广利寺、临安府净慈寺等地修行、住持。度宗咸淳元年（1265）秋，奉御旨迁径山兴圣万寿寺，为该寺第40代住持。五年（1269）卒，年85岁。有《虚堂智愚禅师语录》十卷，收入《续藏经》，集录虚堂智愚的法语，其中诗、赞、偈颂500多首。咸淳十年（1274）十月十一日，庆元府清凉禅寺住持法云禅师撰有《虚堂智愚禅师行状》。

据《行状》记载，虚堂出世颇有传奇色彩。其家一里许有普明寺，一次，其祖请风水先生到附近山上卜择坟地，相者说，此地高则荫子孙富盛，低则当出异

僧。因祖父是佛教徒，表示愿意出一位僧人。祖父逝世数年后，其母郑氏梦见一老僧来家乞饭，后怀孕生下虚堂，16岁依普明寺僧师蕴出家。

就宁波本土高僧来说，知名度最高的是唐代奉化籍高僧、弥勒化身布袋和尚。而在海内外佛教界、茶道界影响最大的高僧，则首推虚堂智愚：一是《虚堂智愚禅师语录》为临济宗的重要语录，具有较高的佛学和文学造诣，所作赞、偈颂机智幽默，禅机哲理寓于其中；二是其书法造诣极高，为历代具有书法成就的高僧之一，其东传日本的18种宝像、墨迹，均被尊为日本国宝或重要文物，在日本僧俗举行的茶道会上，常被作为茶挂展示。

日本妙心寺、大德寺藏有两种虚堂自赞顶相，其中妙心寺所藏顶相，为虚堂弟子本立藏主，于宝祐六年（1258）请画师为老师画像并请题赞，时年虚堂74岁，住持明州（今宁波）阿育王寺。画中虚堂手握黑色警策，盘腿端坐在曲录椅子上，踏台

虚堂自赞顶相之一
（绢本着色，藏日本妙心寺）

上平放着僧靴一双。前额光秃，留有鬃发，大鼻和颔下留着胡须。其自赞云：

春山万叠，秋水一痕。凛然风采，何处求真。
大方出没兮全生全杀，丛林悱悱兮独角一麟。

本立藏主绘老僧陋质请赞。宝祐戊午（1258）三月，虚堂叟智愚书于育王明月堂。

此墨迹沉着凝练，表现出苏轼、黄庭坚两家之书法特征，是虚堂晚年墨迹代表作之一。

虚堂无疑也是象山史上首屈一指的文化名人。

异国忘年交师徒情深

南浦绍明（1235—1308），日本静冈人。幼时出家，师从中国四川籍东渡高僧兰溪道隆（1213—1278）。南宋开庆元年（1259），入宋求学，拜净慈寺虚堂智愚为师。咸淳元年（1265），虚堂转持径山兴圣万寿寺，绍明随至径山继续学佛，同时学习种茶、制茶及径山茶宴礼仪等，茶事经验极为丰富。他先后在净慈寺、

兴圣万寿寺 9 年，咸淳三年（1267）33 岁时回日本，致力弘扬径山宗风，开创日本禅宗二十四流中的大应派。谥号"圆通大应国师""大应国师"。著有《大应国师语录》三卷。

虚堂与绍明相差 50 岁，师徒情深，为难得之异国忘年交。

咸淳元年，绍明回国之前，恰逢虚堂 80 周岁，绍明请画师绘制了虚堂寿像，并请尊师题赞，虚堂为之赞云：

> 绍既明白，语不失宗。手头簸弄，全圈栗蓬。
>
> 大唐国里无人会，又却乘流过海东。
>
> 绍明知客相从滋久，忽起还乡之兴，绘老僧陋质请赞。
>
> 时咸淳改元夏六月，奉敕住持大宋净慈虚堂叟智愚书。

咸淳三年（1267）丁卯秋，南浦绍明辞别虚堂回归日本时，虚堂又作《赠南浦绍明》一偈：

> 门庭敲磕细揣摩，路头尽处再经过。
>
> 明明说与虚堂叟，东海儿孙日转多。

南浦绍明把诸多茶道具、茶书带到日本

如果说圆尔辨圆作为径山寺茶宴传入日本的始祖受到尊敬；那么绍明则带去了茶道具、茶文献而更被人关注，促进了日本茶道的兴起与发展。

南浦绍明像（日本狩野永岳画）

绍明回国时，不仅带去了径山寺的茶种和种茶、制茶技术，同时传去了以茶供佛、待客、茶会、茶宴等饮茶习俗和仪式，虚堂还送他茶台子、茶道具以及很多茶书。据日本《类聚名物考》记载："茶道之初，在正元（1259—1260）中，筑前崇福寺开山，南浦绍明由宋传入。"日本《本朝高僧传》记载："南浦绍明由宋归国，把茶台子、茶道具一式带到崇福寺。"日本《虚堂智愚禅师考》也载："南浦绍明从径山把中国的茶台子、茶典七部传来日本。茶典中有《茶堂清规》三卷。"

2006 年 3 月 22 日，前来参加宁波海上茶路研讨会的日本茶道协会会长仓泽行洋，

曾专程前往径山寺，查找有关此事的历史记载或实物，可惜由于年代久远，既找不到历史记载，也没有茶台子实物。

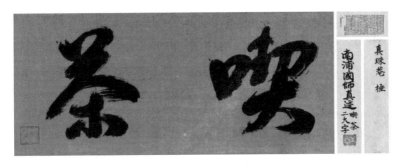

南浦绍明手书"吃茶"

虚堂于绍明乃至日本茶道的影响，是全方位的。除了完整的制茶工具和茶具、茶礼仪规、品饮方式，最重要的还是从茶与禅的角度，使其领会了茶禅之真谛。

虚堂墨迹国内尚未发现，幸有 18 种东传日本

虚堂善书，在历代高僧书法家中自成一体。书家认为其书法气韵清美，法度精严。既借鉴、融合历代包括当时书法大家苏轼、黄庭坚等多人书风，又自成一家，雄浑中蕴含秀妍之美和静穆之风。

虚堂在世时留有大量墨迹。据《径山志》记载，受高丽（今朝鲜半岛）邀请，虚堂曾前往传教 8 年，也会留下墨迹。遗憾的是，目前国内及虚堂曾经弘法 8 年的朝鲜半岛，尚未发现其墨迹。有幸当时日本来华各界人士，曾广泛搜罗虚堂墨迹，先后有 36 件东传日本，保存至今并确认的有 18 种，另有 1 种藏在福冈市美术馆五言诗尚待确认。这些墨迹，使今人得以欣赏虚堂精美的书法艺术。

18 种墨迹中，有 13 种被定为日本国宝或重要文化遗产。

被定为国宝级的 2 种：

《述怀偈语》（又名《破扎虚堂》《与无象静照偈》，藏东京国立博物馆）

《达摩忌拈香语》（藏京都大德寺）

定为重要文化遗产的 11 种：

《与悟翁禅师尺牍》（藏东京国立博物馆）

《与复道者偈》（藏东京国立博物馆）

《就明书怀偈》（藏东京静嘉堂文库美术馆）

《为李季三书普说偈》（又名《景酉至节偈》，藏东京静嘉堂文库美术馆）

《与殿元学士尺牍》（藏京都大德寺）

《与无象静照法语》(藏兵库市个人)

《与徐迪公偈》(藏大阪正木美术馆)

《与尊契禅师尺牍》(藏东京市个人)

《和韵无极法兄和尚偈颂二首》(藏东京五岛美术馆)

《与惟达送行偈》(藏名古屋德川美术馆)

《与阅禅者偈》(藏东京畠山博物馆)

另有两种《自赞顶相》以及《虎丘十咏》(藏静冈市 MOA 美术馆)、《"瑞岭""宝树"两幅大字》(藏大阪藤田美术馆)、《"凌霄"大字》(藏日本京都大德寺)为普通文物。

在日本茶道界，最为著名的虚堂墨迹为《述怀偈语》。该墨迹由虚堂书赠日本僧人无象静照 (1234—1306)，又名《与无象静照偈》。无象静照于南宋宝祐元年 (1253) 入宋，曾在明州 (今宁波) 阿育王寺随虚堂学法，咸淳元年 (1265) 归东。其归国之前请虚堂题词，虚堂以五言诗述怀题赠：

> 世路多峨险，无思不研穷。平生见诸老，今日自成翁。
> 认字眼犹绽，交谭耳尚聋。信天行直道，休问马牛风。
> 日本照禅者欲得数字，径以述怀赠之。虚堂叟智愚书。

文后有朱文三印，分别为小方印"智愚"，长方印"息耕叟"，粗框方印"虚堂"。

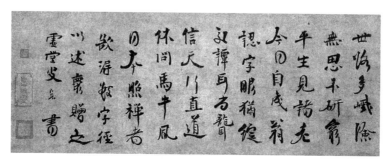

《述怀偈语》被尊为日本国宝 (藏日本东京国立博物馆)

文中"照禅者"指学习禅宗的和尚，即无象静照。

据日本相关记载，《述怀偈语》曾多次出现在日本重要茶会上，最初见于弘治三年 (1557) 四月藤五郎主办的茶会，载于大文字屋茶道书《松屋会记》；此后，又在藤五郎后代举办的重要茶会中多次出现，《松屋会记》还详细记述了该墨迹的内容及装裱等情况。

《述怀偈语》曾由堺市富商兼茶道家武野绍鸥珍藏，后为京都富商大文字屋所得。日本宽永十四年 (1637)，大文字屋家里一位叫八兵卫的用人，因对主人不满，躲藏到书库里，肆意破坏诸多藏品，包括《述怀偈语》也被他撕成两半，用人也因此畏罪自杀。这便是其又名《破扎虚堂》之由来。该墨迹后来流传到茶道家松江藩主云州松平手上，现藏日本东京国立博物馆。

另一幅有故事的虚堂墨迹是《为李季三书普说偈》，又名《景酉至节偈》。该墨迹作于景定二年辛酉（1261）冬至，时虚堂77岁，住持柏岩慧照寺。当时江北一位信徒李季三（字省元），请虚堂为亡母超度佛事升座说法，虚堂为之作偈云：

> 江北李季三省元，为母登山设冥，请普说。升座举佛在王舍城中，舍利弗入城见月上女出城公案，辄成一颂，以资冥福：

> 相逢摆手上高峰，四顾寥寥天宇空。
> 一曲渔歌人不会，芦花吹起渡头风。
> 景酉至节虚堂智愚书

该墨迹附有大德寺第156代住持江月宗玩（1573—1643）的附文，记述了室町时代后半期，大德寺76代住持大圣国师古岳宗亘（1465—1548），曾携弟子普通国师大林宗套（1480—1568）等，去访大阪堺市居士宗显时，在其家看到了此幅墨迹，于是与弟子们即时做了富有情趣之禅语问答：

> 老僧携诸衲过宗显居士，幽斋壁挂一轴，有吾虚堂先师述以彼笔之四句颂。其三四云：一曲渔歌人不会，芦花吹起渡头风。如何是不会底？
> 一僧云：芦花吹起渡头风。套
> 一僧云：月白风清。椿
> 一僧云：柳绿花红。圆
> 一僧云：和风搭在玉栏杆。锯
> 一禅人云：当头霜夜月，任运落前溪。显
> 一禅人云：桃花笑春风。薰
> 一僧云：问取白鸥。格
> 师曰：此中一僧有道得底。如何此道得底一句？僧不契。师曰：芦花吹起渡头风。僧云：毕竟如何会去？师曰：曲终人不见，江上数峰青。

经过古岳宗亘等僧人、居士解读演绎，该偈语由此成为一桩公案。

该墨迹原藏于堺市宗显居士家，后流转到仙台藩主伊达家，现藏东京静嘉堂文库美术馆。

一休宗纯尊崇虚堂留墨迹

虚堂得到了日本茶人、僧人的广泛敬仰。为中国人所熟悉的一休宗纯和尚自称是他的第7代法孙,并希望超越他,临终时他作过这样一首遗偈:

> 须弥南畔,谁会我禅。
> 虚堂来也,不值半钱。

其大意为:在须弥山这样广大的世界里,有谁能够领会我的禅意呢?即使是虚堂再世,也没有办法,在我面前也是一文不值。字里行间能读出其怀才不遇、自负轻狂之个性。

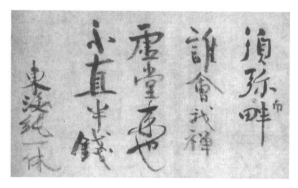

一休宗纯遗偈书法

茶禅相通《憨憨泉》 松根雪水烹新茶

虚堂爱茶,《虚堂智愚禅师语录》载有颇多佛门茶事,并有多首茶诗。其中《虎丘十咏·憨憨泉》,以虎丘憨泉之源头活水,借喻禅宗之源流,茶禅相通为饮茶之至高境界。并盛赞憨憨泉水至清至好,如果陆羽有知,断不会四处寻泉访水了:

> 憨泉一掬清无底,暗与曹源正脉通。
> 陆羽若教知此味,定应天下水无功。

《谢芝峰交承惠茶》则写到用松根雪水和松根烹煮新茶,为笔者未曾阅览到的风雅茶事:

> 拣芽芳字出山南,真味哪容取次参。
> 曾向松根烹瀑雪,至今齿颊尚余甘。

其大意为：一位名为芝峰交承的禅师，馈赠虚堂一些天目山之南的上好新茶，虚堂写了这首诗致谢。天目山茶久享盛名，禅师上山采来芳茶，又亲自制作，茶香中还浸润着浓浓的友情，其真味当然是无可置疑的。佳茗得须好水烹，去年曾存储积于松根之雪，今取出再以松根烹之，这样的茶水，神仙也要垂涎了。品尝虽然已过数天，依然齿颊留香，令人难忘。

另一首《茶寄楼司令》，则是智愚向一位楼姓司令送茶：

暖风雀舌闹芳丛，出焙封题献至公。
梅麓自来调鼎手，暂时勺水听松风。

《贺契师庵居》记载一位被虚堂尊为契师之庵居：

正席云山万象回，道人青眼为谁开。
呼童放竹浇花外，修整茶炉待客来。

白云青山，气象万千，煮茶待客，品茶品禅；庵中老衲，地上行仙。

2018 年 10 月 26 日，笔者在"径山——日本茶道之源"国际学术研讨会上发表论文。（杨韵华摄）

结语：虚堂智愚与异国徒弟对日本茶道影响深远

综上所述，虚堂智愚与南浦绍明这对中日高僧师徒，对日本佛教，尤其是日本茶道界，影响巨大。南浦绍明学成回国，不仅传经布道，还带去茶种和种茶、制茶技术等，同时传去了以茶供佛、待客、茶会、茶宴等饮茶习惯和仪式，以及茶禅一味之真谛。而传到日本的《虚堂自赞顶相》《述怀偈语》（《破扎虚堂》）等宝像墨迹，又为日本佛教和茶道界所器重。这些都对日本茶道的发展，产生了深远影响，尤其是南浦绍明，具有里程碑意义。

今日径山寺以及虚堂故乡象山已难找遗迹，当年虚堂出家的普明寺，现为一片废墟，建议当地不妨搞一些纪念设施，以吸引海内外，尤其是日本、韩国的僧人、茶人前来瞻仰。

（原载 2018 年 10 月《"径山——日本茶道之源"国际学术研讨会论文汇编》，《人民政协报》《虚堂智愚禅师与日本茶道》）

元净茶叙二太守

导语：本文专题介绍北宋於潜（今临安）高僧元净（辩才大师）与赵抃、苏轼两任太守的茶事交往。

在佛家茶事中，唐代高僧怀海、从谂、皎然、降魔大师等人，或汇集佛门茶事大全，或创立"吃茶去"公案，或留下茶道典故，或开一代饮茶风尚，极一时风流。

北宋杭州高僧元净，展示的则是另一种风雅：他不仅被宋帝御赐紫袈裟及"辩才大师"称号，还与多位名臣、名士交游，尤其是与杭州两任知州赵抃、苏轼交情深厚，品茗吟诗，留下佳话。

新落成的老龙井辩才亭

2011年12月22日冬至日落成的老龙井辩才塔，刻有苏辙长篇《龙井辩才法师塔碑》

元净（1011—1091），浙江杭州天竺山僧。字无象，俗姓徐，於潜（今浙江省杭州市临安区）人。曾担任上、下天竺寺的住持，门徒逾万人。因精通佛典经论，道行高洁，受到朝廷重视。与赵抃、苏轼、曾公亮、秦观、米芾等名臣名士交往唱和，颇负诗名。后退居西湖龙井圣寿院，81 岁无疾而终。

与赵抃"几度龙泓咏贡茶"

北宋元丰七年（1084）六月初一，曾两任杭州知州、晚年定居杭州的名臣赵抃（1008—1084），到圣寿院拜访高僧辩才大师释元净。辩才在龙泓亭烹小龙团茶款待赵抃，两人品茶吟诗，相谈甚欢。赵抃赋《重游龙井》诗并序记载其事：

余元丰年己未（1079）仲春甲寅，以守杭得归田，出游南山宿龙井佛祠。今岁甲子六月朔旦复来，六年于兹矣。老僧辩才登龙泓亭，烹小龙团以迓余。因作四句云：

湖山深处梵王家，半纪重来两鬓华。

珍重老师迎意厚，龙泓亭上点龙茶。

辩才和诗《次韵赵清献公》云：

南极星临释子家，杳然十里祝清华。

公年自尔增仙禄，几度龙泓咏贡茶。

赵抃在诗中尊称辩才为"老师"，指年老资深的学者；辩才则将时年 77 岁高龄的赵抃比喻为"南极星"，指老寿星南极仙翁。

需要说明的是，赵抃是当年逝世的，此诗可能是他的晚年绝唱。

一些茶文化专家、学者认为，当年辩才款待赵抃的小龙团即是寺院自制的贡茶，可称为龙井茶的前身。

其实不然。除蔡襄督造的福建贡茶小龙团茶外，笔者尚未看到其他地方也出小龙团茶，在封建社会严格的皇权等级制度下，皇家贡品不能随意仿制，史籍记载的杭州宋代贡茶亦无此茶。因此，赵抃诗中的小龙团、龙茶并非寺院所产，而是宋代享有盛誉的朝廷贡茶小龙团茶。辩才诗中的贡茶，则泛指多种贡茶。

从"几度龙泓咏贡茶"来看，辩才曾与赵抃多次在龙泓亭品茶吟诗，只是未曾留下散佚而已。这说明辩才得到的小龙团茶等贡茶还不少，"贡茶"并不单指小龙团茶，当时杭州宝云庵产宝云茶等（见下文）也一度作为贡茶，会稽（今绍兴）日铸茶也是有名的贡茶。

笔者另有专文《辩才款待赵抃的茶是福建贡茶小龙团茶》详细考述，这里不做赘述。

与苏轼煮茗论道依依惜别

元净与两度出仕杭州的大学士苏轼情深意厚。苏轼任杭州通判时，次子苏迨出生后体弱多病，4 岁还不能走路，虽经多方求医，却未曾见效。元净知道后，让苏迨"于观音前剃落，权寄缁褐"，亲为摩顶治病，结果立竿见影，苏迨行走如奔鹿，长大后被朝廷授予承务郎，一时传为美谈。为此，苏东坡作诗称谢云"我有长头儿，角颊峙犀玉。四岁不知行，抱负烦背腹。师来为摩顶，起走趁奔鹿。"苏东坡回京师后，还请元净订造地藏菩萨像一尊及侍者二人，迎取到京师寺中供养。

元净在苏轼的政敌吕惠卿当政时，曾遭杭州僧人文捷的排挤，一度被迫离开上天竺寺回於潜老家西菩寺，后来文捷倒台，请回上天竺寺，苏东坡都有诗文记载。

元净逝世前一年，宋元祐五年（1090）十二月的一天，55 岁的苏轼在调任杭州前，最后一次前去拜访 80 高龄的元净。相传两人品茗论道间，不觉天色已晚，于是苏轼夜宿圣寿院，次日才与元净依依惜别。元净也因情忘了自己所定送客不过溪的规定，送客过了归隐桥，二人还以诗相和。

辩才赋诗云：

> 政暇去旌旗，策杖访林丘。人惟尚求旧，况悲蒲柳秋。
> 云谷一临照，声光千载留。轩眉狮子峰，洗眼苍龙湫。
> 路穿乱石脚，亭蔽重岗头。湖山一目尽，万象掌中游。
> 煮茗款道论，尊爵致龙优。过溪虽犯戒，兹意亦风流。
> 自惟日老病，当期安养游。愿公归庙堂，用慰天下忧。

同月十九日，苏轼作《谨次辩才韵并序》唱和：

辩才老师，退居龙井，不复出入。轼往见之，常出至风篁岭。左右惊曰："远公复过虎溪矣。"辩才笑曰："杜子美不云乎：'与子成二老，来往亦风流。'"因作亭岭上，名之曰"过溪"，亦曰"二老"。谨次辩才韵赋诗一首。眉山苏轼上。

> 日月转双毂，古今同一丘。唯此鹤骨老，凛然不知秋。
> 去住两无碍，天人争挽留。去如龙出山，雷雨卷潭湫。
> 来如珠还浦，鱼鳖争骈头。此生暂寄寓，常恐名实浮。
> 我比陶令愧，师为远公优。送我还过溪，溪水当逆流。
> 聊使此人山，永记二老游。大千在掌握，宁有别离忧。

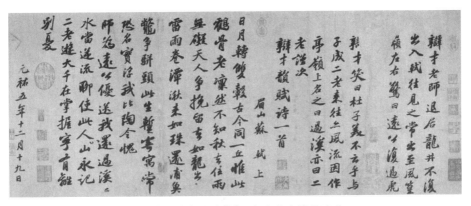

苏轼《次辩才韵诗帖》，台北故宫博物院藏

苏轼是否留宿圣寿院已无法考证，但两人诗中均写到了"过溪"是实。二位至友在诗中表达了"永记二老游"的难分难舍的情怀，元净则对苏轼寄予厚望："愿公归庙堂，用慰天下忧。"可惜苏轼到朝廷后因政见不合，少有宁日，未几开始了他"老来事业转荒唐"颠沛流离的晚年生活。

后人曾在老龙井旁建"过溪亭"，也称"二老亭"；并把辩才送苏东坡过溪经过的归隐桥，称之为"二老桥"，以示纪念。

"茶都"杭州难得的精神财富

辩才与赵抃、苏轼方外之交的感人故事，一直被后人传为佳话。南宋时，圣寿院曾设供奉三人的"三贤祠"，可惜在历史长河之中湮灭了。但辩才与两位太守的君子之交，他们留下的、极为难得的精美诗书，如同飘香的龙井，穿越时空，流芳百世，成为"茶都"杭州难得的精神财富！

笔者以为，他们与唐代湖州"茶道三君子"陆羽、皎然、颜真卿一样，是宋代杭州的"茶道三君子"，茶艺、茶道爱好者不妨下功夫演绎，一定会广受欢迎。

（原载《中国茶叶》2012年第9期，中国文史出版社2015年版《"天目"国际学术研讨会论文集》。）

辑五 茶史撷英

"一带一路"之茶文化代表人物及其影响

导语：本文梳理出在"一带一路"上，自汉代至当代16件茶史茶事中，18位与茶相关的古今中外代表人物及其影响。

"一带一路"是"丝绸之路经济带"和"21世纪海上丝绸之路"之简称，由习近平主席提出和倡导。人文即人类文化，在所有文化中，人物无疑是其中主角。各类文化、事物，皆因人而多彩多姿，尤其是主要代表人物，无不产生重要影响。本文梳理出在"一带一路"上，自汉代至当代16件茶史茶事中，18位与茶相关的古今中外代表人物及其影响。

一、习近平首提"一带一路"，七次出访八说茶文化

习近平主席是"一带一路"重大战略决策的倡导和践行者。这一倡导具有伟大的现实意义和深远的历史影响。

2017年5月14日，在北京举行的"一带一路"国际合作高峰论坛上，习近平主席在开幕式主旨演讲《携手推进"一带一路"建设》中说："2013年秋天，我在哈萨克斯坦和印度尼西亚提出共建丝绸之路经济带和21世纪海上丝绸之路，即'一带一路'倡议。"

他提出了"和平合作、开放包容、互学互鉴、互利共赢"、将"一带一路"建成和平之路、繁荣之路、开放之路、创新之路、文明之路等一系列新理念。

近4年来，"一带一路"之倡议，在海内外产生强烈反响，得到了世界各国的热烈响应，已有100多个国家和国际组织积极支持和参与"一带一路"建设，联合国大会、联合国安理会等重要决议也纳入"一带一路"建设内容。"一带一路"建设逐渐从理念转化为行动，从愿景转变为现实，建设成果丰硕。中国同"一带一路"沿线国家贸易总额超过3万亿美元。中国对"一带一路"沿线国家投资累计超过500亿美元。中国企业已经在20多个国家建设56个经贸合作区，为有关国家创造近11亿美元税收和18万个就业岗位。

2017 年 5 月 15 日，新华社发布《"一带一路"国际合作高峰论坛成果清单》称："清单主要涵盖政策沟通、设施联通、贸易畅通、资金融通、民心相通 5 大类，共 76 大项、270 多项具体成果。"

习近平主席是爱茶人。自 2013 年以来，他在两年多 7 次出访中，8 次说到茶文化，至 2023 年，已 14 次与外国元首茶叙，其中不乏经典茶语，在中外人士中留下了深刻印象。2014 年 4 月 1 日，他在比利时布鲁日欧洲学院发表演讲，在论述中国与欧洲的关系时，巧妙地以茶、酒借喻两地关系：

中国是东方文明的重要代表，欧洲则是西方文明的发祥地。正如中国人喜欢茶而比利时人喜爱啤酒一样，茶的含蓄内敛和酒的热烈奔放代表了品味生命、解读世界的两种不同方式。但是，茶和酒并不是不可兼容的，既可以酒逢知己千杯少，也可以品茶品味品人生。中国主张"和而不同"，而欧盟强调"多元一体"。中欧要共同努力，促进人类各种文明之花竞相绽放。

"品茶品味品人生"，蕴含了国人的三重意境：品茶是一种生活，柴米油盐酱醋茶，日常生活不可或缺；品味是一种享受，琴棋书画诗酒茶，从艺术层面欣赏茶；品人生是一种精神升华，从中可以得到诸多人生感悟。

习近平主席还语重心长地将喝茶与修身养性、党风廉政相提并论："即便有了一点空闲时间，陪伴家人、尽享亲情；清茶一杯、手捧一卷，操持雅好、神游物外，强身健体、锤炼意志，这样的安排才有品位。"

2017 年 1 月 12 日晚上，习近平总书记同应邀访华的越共中央总书记阮富，在人民大会堂澳门厅品茶时说，"'茶'字拆开，就是'人在草木间'。"他的妙解，道出了中华文化中"道法自然"的真谛。

习近平主席如此重视茶文化，尤其是将其精神内涵提到了前所未有的高度，这在古今中外领袖政要人物中，都是前所未有的，已经产生并将继续产生巨大影响。他的茶文化理念，涉及面广，不乏自然与人生哲理，内涵丰富，彰显茶文化无穷魅力，值得茶人和各界人士学习、思考、品味。

二、张骞开创丝绸之路

张骞（前 164—前 114），字子文，汉中郡城固（今陕西省城固县）人，汉代杰出的外交家、旅行家、探险家。其故里为城固县城南 2 公里处汉江之滨的博望村。

张骞富有开拓和冒险精神，先后于建元二年（前 139）、元狩四年（前 119），两次奉汉武帝之命，带领随从冒险出使西域各国。其中第一次曾被匈奴扣押，出发时 100 多人，历经磨难，13 年之后归汉时仅有他和堂邑父二人。第二次他带随

从 300 多人再次出使西域，打通了汉朝通往西域各地的道路，即赫赫有名的丝绸之路，此后，汉朝和西域各国经常互派使者，促进了中西经济文化交流和贸易发展。

虽然张骞两次出使西域没有茶事记载，但他开创的丝绸之路，茶叶是大宗商品之一。

2013 年 9 月 7 日，习近平主席在哈萨克斯坦纳扎尔巴耶夫大学发表演讲时，如此评价张骞出使西域："2100 多年前，中国汉代的张骞肩负和平友好使命，两次出使中亚，开启了中国同中亚各国友好交往的大门，开辟出一条横贯东西、连接欧亚的丝绸之路。"

三、文成公主带茶入藏，酥油茶渐成西藏习俗

敬献哈达，敬奉青稞酒、酥油茶是藏族人民的最高礼节。有专家认为，其中酥油茶即为初唐时由文成公主将茶叶带入西藏之后，才渐成习俗。

文成公主（625—680），唐宗室女。唐贞观十四年（640），唐太宗李世民封其为文成公主，翌年远嫁吐蕃，成为吐蕃赞普松赞干布的王后。唐蕃自此结为姻亲之好，两百年间，凡新赞普即位，必请唐天子"册命"。

西藏大昭寺内供奉的文成公主塑像

入藏时，文成公主带去了大批精美的工艺日用品和工匠，并有多种茶叶和酒等食品。据西藏相关文献记载："茶叶亦自文成公主入藏也。"酥油茶随之成为西藏习俗，这使以奶与肉食为主的边民得茶之大益，当地谚语云："宁可三日无粮，不可一日无茶。"

文成公主不仅带去了茶叶，还带去各类茶具。山南地区至今还流传着一首《公主带来龙凤茶杯》的民歌，以表达对她的怀念。歌词大意是这样的："龙凤茶杯啊，是公主带来西藏；看见杯子啊，就想起公主的慈祥模样。"

西藏的饮茶习俗，影响和带动了印度、尼泊尔等周边国家的饮茶习俗。

四、陆羽《茶经》传播世界各地

"自从陆羽生人间，人间相事学春茶。"宋代诗人梅尧臣的诗句，把"茶圣"陆羽对茶文化的贡献写得淋漓尽致。

陆羽（733—803）的茶学巨著《茶经》，分上、中、下三卷十章，系统地辑录了自上古神农氏到唐代中叶有关茶事的记录，全面、准确、深刻地概括、总结了茶科技、茶文化知识，其对唐代以前的茶事搜集，基本达到了断代水平。

《茶经》不仅在国内广受茶学、史学、文学界尊崇，历代先后出版了数十种版本，还被译成多国语言，传播到世界各地。其中早在唐宋时期已传入日本，20世纪初以英译本为始，陆续出现德、法、俄、捷克以及韩国等外文译本，是海外译本最多的中国国学经典之一，为茶文化和中国文化在海外传播发挥了巨大作用，提高了中国茶文化在世界上的地位。

2015年10月31日，由外文出版社出版的英、俄、西班牙、葡萄牙、阿拉伯五种语言译本《茶经》，在"茶圣"陆羽故里湖北天门首发，其中西班牙、葡萄牙、阿拉伯文《茶经》译本尚属首次，将为这些国家和地区认识中国茶文化，提供权威的书籍。

五、日僧最澄——海上茶路开创者

唐代日本高僧最澄是海上茶路的开创者。

最澄（767—822），俗姓三津首，幼名广野，法号睿山大师、根本大师、山家大师、澄上人等，追谥传教大师。近江国（今近江滋贺）人。据日本僧仁忠《睿山大师传》和田村晃祐《最澄传略》等文献记载，三津首家族属登万贵王系统，系中国东汉末帝汉献帝（180—234年，在位189—220年）的子孙，应神天皇时代（270—309年，中国三国、西晋时代）去日本，定居于近江国滋贺郡，赐姓三津首。

唐贞元廿一年（805），到浙东台州、明州（今宁波）、越州（今绍兴）学佛的最澄，携带天台山或明州等地的茶叶、茶籽，从明州回日本，这是中国茶种传播海外的最早记载。他带去的茶籽，播种在其住持的京都比睿山延历寺及比睿山麓的日吉神社，那里成为日本最古老的茶园。日本最早记载最澄植茶事迹的，是成书于1575—1577年的《日吉社神道秘密记》，其中写道：

（当地）有茶树，数量众多。有石像佛体，传教大师所建立。茶实（茶籽）乃大师从大唐求（得）持有，归朝植此处。此后广植于山城国（京都）、宇治郡、栂尾各所，云云。卯月祭礼，末日神幸大政所、二宫、八王子、十禅师、三宫（均为神殿名），调茶进之。社务当参之，役人祝之，以为净水。此茶园之后有大寺。

日本大正十年（1921），滋贺县在比睿山日吉神社旁建立"日吉茶园之碑"，记载最澄传茶事迹，碑文近200字，其中有"获天台茶子，将来种睿麓"之句。

边上另有"日吉神社御茶园"之碑，立碑年代不详。

最澄归国翌年806年，日本另一位高僧空海，也从中国带去茶籽，在日本奈良佛隆寺等地栽种。至今佛隆寺还保存着由空海带回的茶碾和茶园遗迹。

六、新罗使者金大廉，开创朝鲜半岛种茶之始

据朝鲜半岛史籍记载，当地三国时代新罗善德女王时代（632—646），即由中国传入喝茶习俗。但茶种进入朝鲜半岛时间与日本相近，代表人物是金大廉。

据朝鲜半岛《三国史记·新罗本纪·兴德王三年》载："冬十二月，遣使入唐朝贡，文宗召见于麟德殿，宴赐有差。入唐回使大廉持茶种子来，王使命植于地理山（今韩国智异山）。茶自善德王有之，至于此盛焉。前于新罗第二十七代善德女王时，已有茶。唯此时方得盛行。"

这一记载表明，新罗兴德王三年即唐大和二年（828），唐文宗赏赐茶籽给新罗使者金大廉，金大廉将带回的茶籽植于智异山麓双蹊寺周围等地，为当地种茶之始。

茶入朝鲜半岛尚有两点未明：一是不清楚当时金大廉走的是陆路还是水路。二是其茶籽源于何地难以确认，有认为茶籽采自天台山，但依据不足，因为没有文献准确记载，朝鲜国库茶籽很难说采自何处。1997—1999年，曾有韩国留学生与浙江大学茶学系教授将智异山茶叶与浙江天台山茶叶作对比研究，但未能确认。

云南普洱市世界茶文化
名人园内的金大廉雕像

七、日僧成寻《参天台五台山记》，
最早向海外介绍天台山石梁"罗汉供茶"出现祥瑞花纹

日本高僧成寻（1011—1081）撰写的《参天台五台山记》，是唯一保存完整的日僧入宋日记，内容丰富翔实，史料价值极高。该日记最早向日本等海外读者介绍天台山石梁"罗汉供茶"，记述了中国宋代非常普及的点茶饮茶法。

成寻，俗姓藤氏，为日本天台宗大云寺主持，素有入宋之志。1070年，他上

奏进行请巡礼天台、五台圣迹，获准时已年届六旬，家有老母。他排除干扰，于宋熙宁五年（1072）三月十五日，率徒众赖缘、快宗、圣秀、惟观、心贤、善人、长明7人，乘宋商孙忠之船入宋，同月二十六日抵明州。四月至杭州，五月十三日登上了向往已久的天台山。接着，他们又巡礼了五台山等地，历访诸方尊宿，宋神宗曾诏赐紫衣，授"善慧大师"称号。熙宁六年（1073），成寻弟子赖缘、快宗等五人归国，携回400多卷佛经典籍，包括《参天台五台山记》手稿。成寻留住中国9年，元丰四年（1081），圆寂于汴京（河南开封市）开宝寺，敕葬于天台山国清寺，建塔题称"日本善慧国师之塔"。著有《观心论注》《法华经注》《法华实相注》。

天台山石梁方广寺相传为五百罗汉应化之地，寺僧每日以茶供养罗汉，宋代多种文献记载该寺"罗汉供茶"出现祥瑞花纹，或为茶界所称"水丹青""茶百戏"，或为天台山茶、水之独特现象。

成寻在《参天台五台山记》熙宁五年（1072）五月十九日日记中记载：

五月十九日戊戌，辰时，参石桥。以茶供罗汉五百十六杯，以铃杵真言供养。知事僧惊来告："茶八叶莲花纹，五百余杯有花纹。"知事僧合掌礼拜，小僧（指成寻）实知，罗汉出现，受大师茶供，现灵瑞也者。即自见如知事告，随喜之泪，与合掌俱下。

成寻将亲眼所见方广寺茶供罗汉"五百余杯有花纹"，在日本产生很大影响，如日本道元禅师（1200—1253），1223年到天童寺跟随住持如净禅师学法3年，1125年还到天台山方广寺考察罗汉供茶，回国后在其主持的寺院为罗汉供茶，同样出现了祥瑞图案。

《参天台五台山记》大量记载了当时中国南北各地官府、寺院、民间非常普及的点茶饮茶法，一日数次饮茶比比皆是。如成寻在熙宁五年（1072）五月二十日日记中，记载了两次点茶："廿日己亥，巳时，寺主相共参向天台县官人许。于国清廨院点茶。……令见杭州公移，以通事陈咏通言语，太守点茶药。"

这些记载，对日本流行至今的点茶法，产生了重大影响。

八、日僧荣西著《吃茶养生记》，被尊为日本"茶祖"

尽管最澄、空海早年已将茶种引入日本，但茶叶量少，较长时间仅在寺院与皇室之间流行，并未融入社会。400多年后，被誉为日本"茶祖"的荣西，再次从中国引入茶种和茶文化，著作《吃茶养生记》，才使日本茶文化进入中兴时期。

荣西（1141—1215），镰仓时代前期僧人，俗姓贺阳，字明庵，号叶上房。于

南宋乾道四年（1168）、绍熙二年（1191），两次从明州（今宁波）入宋学佛。第二次在华4年多，其中2年多随师傅虚庵怀敞在明州天童寺修行。为日本佛教临济宗创始人。

除了佛教方面的高深造诣，荣西对陆羽《茶经》和中国茶文化也颇有研究。由荣西带回的茶籽，种植于筑前背振山、镰仓寿福寺、博多圣福寺、京都建仁寺等寺院。今建仁寺内设有《荣西禅师茶思碑》。他还将宋朝寺院的茶风引进日本，设立每日修行中吃茶的风习。

荣西还将茶籽送给京都附近栂尾山高山寺住持明惠上人等人。明惠上人种植成功后，又把茶苗带到更温暖的宇治地区，分给农民种植，即为著名的宇治茶园之始，渐渐地使茶更广泛种植。明惠上人高山寺种茶原址，现有"日本最古之茶园"石碑，这与同为京都比睿山麓日吉神社的"日吉茶园之碑"碑文"此为日本最早茶园"相矛盾。

日本建历元年（1211），荣西著《吃茶养生记》。这是日本第一本茶文化专著。建保二年（1215），荣西献茶治愈了源实朝将军的热病，茶风自此更为盛行，荣西因此被尊为日本"茶祖"。

九、凯瑟琳引领英国饮茶风尚，安娜·玛丽亚首倡下午茶

引领英国饮茶风尚的分别是两位女士。

一位是葡萄牙公主、英皇查理二世皇后凯瑟琳（1638—1705）。葡萄牙是欧洲引入中国茶叶最早的国家，16世纪初，即由海员从中国带去茶叶。凯瑟琳1662年嫁到英国，嫁妆中还包括一些她喜爱的中国红茶，成为英国历史上第一位饮茶皇后。传说在盛大婚礼上，不仅新娘的美貌让来宾倾倒，而让来宾好奇的还有她酒杯里散发着特殊甜香味的酒红色汁液。好奇的法国皇后很想品尝一口，无奈凯瑟琳已一饮而尽。法国皇后更为好奇，婚礼后特别让侍从到宫内打听，终于发现凯瑟琳饮的是中国红茶。1663年凯瑟琳25岁生日，英国诗人瓦利曾写《饮茶皇后诗》祝贺。有英、法两位皇后的推崇，中国红茶很快在欧洲上流社会兴起。

另一位代表人物，英国下午茶倡导者贝德福公爵夫人安娜·玛丽亚。她于1840年，在下午4点左右，一边吃点心，一边饮用红茶。当时生活不是很富足，原本这是午后小点，想不到因为有了红茶，这小点越吃越有滋味，这惬意的享受很快从朋友圈风靡开来。据说当时的维多利亚女皇就每天都喝下午茶，于是下午茶在英国得到进一步普及。

凯瑟琳皇后画像（1638—1705）　　　　　　安娜·玛丽亚画像

2015 年 10 月 21 日，习近平在伦敦金融城市长晚宴上，发表《共倡开放包容，共促和平发展》的重要演讲，其中说道："中国是茶的故乡，英国则将下午茶文化发挥到极致。"

习近平主席画龙点睛，赞美英国人创造了风靡世界、优雅的下午茶文化，点出了茶文化在英国人的生活中的重要地位。

十、王相卿——"万里茶道"创始者之一

王相卿（生卒年不详，约 1724 年前后创办大盛魁商号），山西太谷县人。清朝晋商中著名的旅蒙商号"大盛魁"创始人。出身贫苦，因生活所迫，早年曾为人当佣工。清康熙三十五年（1696），他在清军服杂当伙夫，兼做小生意。后来，他认识了做随军贸易的张杰和史大学，3 人志趣相投，结拜成异姓兄弟，并脱离兵役，合伙做生意，谋一番大事业。3 人于康熙末年或雍正初年（1724 年前后），创办"大盛魁"商号，经过数十年苦心经营，最终把"大盛魁"办成旅蒙晋商专做蒙俄贸易的著名大商号，主要商品为砖茶、丝绸、布匹、糖、烟、酒、铁器等。全盛时伙计达 6000 余人，商队骆驼近 20000 头，年贸易总额达上千万两银子，王相卿成了垄断蒙古市场的商界巨头。"大盛

王相卿画像

魁"在蒙古大草原上称雄 200 多年，至 1929 年关闭。

这条商道后来被称为"万里茶道"，又称"万里茶路""茶叶之路"，王相卿为创始者代表之一。

"万里茶道"是继丝绸之路之后在欧亚大陆兴起的又一条重要的国际商道。其起点为福建崇安（今武夷山市），经江西、湖南、湖北、河南、山西、河北、内蒙古、伊林（今二连浩特）、乌兰巴托（今蒙古），到达俄罗斯通商口岸恰克图。从恰克图经伊尔库茨克、新西伯利亚、莫斯科、彼得堡等十几个城市，又传入中亚和欧洲等国家，全长 1 万多公里，名副其实。

作家邓九刚在 2000 年出版的报告文学《茶叶之路——欧亚商道兴衰三百年》、美国学者艾梅霞（Marth Avery）的中译本《茶叶之路》，均将"万里茶道"的起始年份确定为中俄两国政府签订《尼布楚条约》的 1689 年，其时两国开始正式通商，50 多年后"大盛魁"商号创办。《茶叶之路》则将"大盛魁"关闭的 1929 年作为"万里茶道"的终结年份，足见"大盛魁"在"万里茶道"中的地位。2006 年，内蒙古呼和浩特市在玉泉区再建以"大盛魁"命名的国家文化产业示范基地——大盛魁文创园。

十一、葡萄牙摄政王若昂六世发展巴西茶业

2014 年 7 月 16 日，到巴西访问的习近平主席，在巴西国会做了《弘扬传统友好，共谱合作新篇》的演讲，其中开篇讲到 200 多年前中国茶农到巴西帮助种茶增进友谊的故事：

"海内存知己，天涯若比邻。"用这句中国古诗来形容中巴关系再贴切不过了。中国和巴西远隔重洋，但浩瀚的太平洋没能阻止两国人民友好交往的进程。200 年前，首批中国茶农就跨越千山万水来到巴西种茶授艺。在 1873 年维也纳世界博览会上，巴西出产的茶叶赢得了广泛赞誉。中巴人民在漫长岁月中结下的真挚情谊，恰似中国茶农的辛勤劳作一样，种下的是希望，收获的是喜悦，品味的是友情。

将中国茶引入巴西的葡萄牙摄政王若昂六世（1767—1826）。据记载，若昂六世 1799 年被立为摄政王。1807 年法国入侵葡萄牙，他率王室于 1808 年年初迁至殖民地巴西。次年对法宣战，占领法属圭亚那。1816 年，玛丽亚一世去世后，继承王位，为葡萄牙 - 巴西 - 阿尔加维王国国王，称若昂六世。1821 年应葡萄牙议会要求率王室返国，留其子佩德罗一世驻巴西为摄政王。1825 年承认巴西独立，并兼任巴西帝国名誉皇帝。

在驻巴西期间，若昂六世推行改革，加强中央集权，发展对外贸易。为解决

财政困难，他倡导在巴西发展茶业和咖啡，期望巴西能取代中国，直接向欧洲各国出口茶叶赚钱。为达此目的，他决定从中国的澳门聘请茶工引种茶树。1808 年前后引入的首批茶树，种在里约热内卢植物园、圣克鲁斯庄园和总督岛等地，其中里约热内卢植物园建于 1808 年 6 月 13 日，原植物园地域辽阔。葡萄牙王室多次从澳门招募中国茶农到巴西种茶，从 1809 年前后到 1890 年，至少有 300 多名茶工到巴西种茶。在中国茶工的努力下，当地茶叶品质不断提高，在 1873 年维也纳世界博览会上，巴西茶叶获得第二名，名次仅列中国茶叶之后，可见当时两国制茶技术一脉相承。

葡萄牙国王若昂六世画像（1767—1826）

茶传巴西并取得成功，为南美洲各国引种茶叶树立了榜样，提供了方便。

十二、英国"茶叶大盗"罗伯特·福琼将中国茶盗种到印度，改变了世界茶叶格局

英国植物学家罗伯特·福琼（Robert Fortune，1818—1880，或译罗伯特·福均，以下简称福琼），被称为"茶叶大盗"或"植物猎人"。他从中国盗走大量植物原种，其中包括茶叶，从而彻底改变了中国茶叶一统天下的垄断格局。

1842 年和 1849 年，福琼分别受英国皇家园艺会和英国东印度公司派遣，先后两次到中国，各逗留两年多时间，盗采大量植物，其中包括大量茶树和茶籽，带回英国和印度。

据福琼在《两访中国茶乡》一书中自述，茶树和茶籽分别盗采于浙江舟山、宁波、安徽休宁、福建武夷山四地，主要种植于印度大吉岭地区。并从中国带去制茶工人和工具，数年后大吉岭地区便成了著名红茶产区。英国东印度公司从此与中国茶叶竞争国际市场。因为气候关系，印度及此后发展的斯里兰卡红茶，至今仍为国际红茶中的翘楚。

为了压制中国茶叶，英国东印度公司等还刻意制造出印度阿萨姆同为茶树原产地，此说很长时间被海外一些孤陋寡闻、不负责任的专家、学者所引用。而据日本和中国专家考证研究，阿萨姆茶树源自云南大叶种茶树，是从云南西部传播

过去的。

十三、乔致庸丝茶发家票号扬名

王相卿之后，晋商中茶叶生意比较大的是乔致庸。随着电视剧《乔家大院》的播出，一时间乔致庸守信仗义的儒商风范家喻户晓。

乔致庸（1818—1907），字仲登，山西祁县乔家第三代人。他出身商贾世家，自幼父母双亡，由兄长抚育。本欲走入仕途，刚考中秀才，兄长故去，只得弃文从商。清代同治初年，他耗费重金扩建祖宅，修建了著名的乔家大院，被专家学者誉为"清代北方民居建筑的一颗明珠"。

乔致庸画像（1818—1907）

乔致庸早期以丝茶生意为主。"万里茶道"南方通道，因受太平天国战争影响，一度被中断。1860 年后，他重新开启南方通道。有一个茶界广为流传、体现乔致庸诚信经商的佳话：他到福建武夷山等地采购茶叶，对制茶商说，自己头一次和多家大茶商合伙做生意，希望将每块一斤重的砖茶，都做成一斤一两的，这样即使经过较长时间运输、储藏水分的蚀耗，也不至于缺斤少两。此举让制茶商和分销商都大为感动，一时声誉鹊起，砖茶生意蜚声海内外，祁县鲁村茶叶市场应运而生，成为山西规模较大的主要茶叶中转市场。后来他认识到票号是新兴产业，改为以票号汇兑为主，茶叶为辅。约光绪十年（1884），他把"大德兴"商号改为"大德通"，寓意厚德载物、汇通天下，同年专门成立了大德丰票号，专营汇兑。

十四、俄国皇家采办商波波夫与刘峻周，
将宁波茶成功移种格鲁吉亚

格鲁吉亚是苏联主要产茶地区，其茶种是清代由俄国皇家采办商波波夫和时任宁波茶厂副厂长的刘峻周，从宁波引去的。

刘峻周（1870—1941），祖籍湖南，客籍广东高要。他舅父是一位茶商，常到杭州、宁波等地采购茶叶，约光绪十年（1884），15 岁时随舅父到宁波茶厂当学徒。清光绪十四年（1888），经常往返于中国的俄国皇家采办商波波夫到宁波选购茶叶，结识了茶叶技工刘峻周。波波夫很快对这位青年人产生了好感。

除了采购茶叶，从中国引进茶苗、茶籽也是波波夫的重要使命。因此他很希望刘峻周能跟他去俄国发展茶叶生产。当时年仅19岁的刘峻周，担心自己太年轻，技术也非常有限，没有轻易答应。

此后数年，波波夫一直没有放弃，每次来宁波都与刘峻周友好相处，相互增进了解。5年之后的清光绪十九年（1893），当波波夫再度说服已经担任副厂长的刘峻周跟他去俄国时，技术较为熟练、羽毛初

刘峻周（1870—1941）在格鲁吉亚茶园留影

丰的刘峻周，同意冒险去海外闯一闯事业。波波夫在宁波采购了大量茶籽和茶苗，刘峻周带领11位技工一同前往，经海路到当时俄国的藩属国、地处欧亚交界黑海沿岸的格鲁吉亚巴统、高加索地区。当地属亚热带气候，适宜种茶。此前，俄国曾多次引进中国茶籽、茶苗到该地种植，但未能成功。后经刘峻周等人精心培育，获得成功，开格鲁吉亚植茶先河。1990年代中期鼎盛时期，曾拥有6.23万公顷茶园，年产量超过50万吨，占苏联地区产量的95%，除供应独联体国家外，还出口土耳其、德国等地。

人们至今习惯将当地的红茶称为"刘茶"，刘峻周被尊为格鲁吉亚的"茶叶之父""红茶大王"，沙皇及苏联政府分别对他进行表彰。

格鲁吉亚种茶成功，带动了独联体和其他欧、亚国家发展茶业。

十五、威廉·乌克斯《茶叶全书》并称世界三大茶书

陆羽《茶经》、日本荣西《吃茶养生记》和美国威廉·乌克斯《茶叶全书》，并称世界三大茶书经典。

威廉·乌克斯（1873—1945），20世纪初美国《茶叶与咖啡贸易》杂志主编，有《咖啡全书》等著作。他于1910年开始考察东方各产茶国，搜集有关茶叶方面的资料。在初步调查后，又相继在欧美各大图书馆与博物馆收集材料，历经25年，于1935年完成《茶叶全书》的写作。这是一部涉及面很广的世界性茶叶巨著。全书共分6大部分：历史方面、技术方面、科学方面、商业方面、社会方面、艺术方面。该书在1940年前后即由现代"茶圣"吴觉农组织十多位茶学专家、学者翻译、校订，1949年5月由上海开明书店出版中译本。

在 20 世纪之初，凭一人之功，写出 60 多万字（中译本图文版面字数为 86 万字）的世界性茶文化巨著，威廉·乌克斯不愧为大手笔。如果说，陆羽《茶经》是中国中唐之前的茶文化之总结；那么，《茶叶全书》堪称 20 世纪初叶，人类关于茶文化的全面总结。吴觉农对该书做了极高评价："凡茶叶的历史、栽培、制造、贸易以及社会、艺术各方面，都有丰富详尽的记述""茶叶著述中唯一具有世界性和综合性的伟构。"

《茶叶全书》当然也有一些错谬之处，最主要的是，采信英国学者之说，认为印度也是茶树原产地，误导了读者。

毫无疑问，《茶叶全书》在世界范围内宣传普及茶文化，引导各国人民认识、饮用茶叶，发挥了巨大作用。

十六、毛泽东倡导无偿援助五国发展茶业

1970 年前后，中国先后派出多批专家，无偿援助几内亚、马里、巴基斯坦、上沃而特（今布基纳法索）、摩洛哥种植茶叶，建立茶厂，如今这些国家都已成为茶叶生产国。如马里共和国，在多批中国专家帮助指导下，共种植了 100 公顷茶叶，年产干茶 100 吨左右。

按照经济贸易规律，可以授人以鱼，但不能授人以渔，因为送了茶叶，人家喝了会回头购买，而帮助他国发展茶叶，则是在培养商品竞争对手。如果说，早在唐代，中国茶种就通过民间和官方，无偿赠送给近邻日本和朝鲜半岛，是因为当时没有或尚无商品贸易观念；那么，到了现代在各国经常进行商品贸易之时，中国为何还无偿帮助上述五国发展茶叶生产呢？

毛泽东主席早在 1956 年就提出"中国应当对于人类有较大的贡献"，在此指导思想下，中国在自己非常困难的情况下，勒紧裤带，对阿尔巴尼亚等很多友好国家，提供资金、物资、技术合作等诸多援助，帮助上述五国发展茶叶生产，是技术合作援助的一种。

上述五国种茶成功，同时带动了周边更多国家发展茶叶生产。

1974 年，福建人民出版社出版的反映中国无偿援助几内亚、马里、巴基斯坦等多个国家种茶的连环画《友谊茶》

结语：中国茶惠及全世界

本文梳理了 18 位自汉代至当代，在"一带一路"上与茶相关的古今中外代表人物及其影响。比较而言，因为地域、文化等因素，未能发现丝绸之路上的茶文化代表人物。

中国作为茶树原产地，从唐代到现代，除了"茶叶大盗"罗伯特·福琼盗采大量茶籽、茶苗到印度栽种与中国抗衡外，大多为官方或民间无偿馈赠的，如唐宋时代，多次送给日本和朝鲜半岛的茶籽，尤其是 1970 年前后，还无偿帮助几内亚、马里、巴基斯坦、布基纳法索、摩洛哥种植茶叶，另有巴西、格鲁吉亚则从中国采购茶籽、茶苗，聘请技工帮助种茶，通过上述代表人物，各国成功引入茶叶并种植成功，而通过这些国家，又被引种到更多国家和地区，成为增进中外友谊的纽带和桥梁。

目前世界上共有 60 多个国家种植茶叶，其中肯尼亚、印度、斯里兰卡、越南已成为主要出口国。这些国家都是直接或间接从中国引入茶种的。目前世界上至少有 30 多亿人在饮茶和消费茶饮料，年均消费量达到 400 万吨以上，列为世界三大饮料之首，成为公认的最佳保健饮料。而著名的日本茶道、英国下午茶，已成为本国或更多国家文化的代表或象征，可以说，中国茶惠及全世界。

由于多种原因，目前中国出口的茶叶仍以低档绿茶类为主，而随着中国国家地位和影响力的提高，六大茶类中的诸多中、高档茶叶，包括博大精深的茶文化，必将为更多的世人所认识，更好地造福世人。

（原载施由明、倪根金、李炳球主编、广东人民出版社 2020 年版《中国茶史与当代中国茶业研究》。）

中国茶与文化传播世界之主要历史节点
——"国际茶日"开启新纪元

导语：本文简述自唐代至今，中国茶传播世界的主要历史节点，其中宁波是重要节点之一。

2020 年 5 月 21 日，是联合国确定的首个"国际茶日"。当天，国家主席习近平向"国际茶日"系列活动致信表示热烈祝贺。他在贺信中指出：

茶起源于中国，盛行于世界。联合国设立"国际茶日"，体现了国际社会对茶叶价值的认可与重视，对振兴茶产业、弘扬茶文化很有意义。作为茶叶生产和消费大国，中国愿同各方一道，推动全球茶产业持续健康发展，深化茶文化交融互鉴，让更多的人知茶、爱茶，共品茶香茶韵，共享美好生活。

自唐代至今，中国茶与文化，以海路为主，已经传播到 60 多个国家和地区，本文简述各年代之代表人物和重要事件。

唐代——茶叶、茶种、茶具已传播世界多地

早在唐代，中国茶已经传播到当代中国版图内的新疆、内蒙古、西藏以及相邻的中亚、西亚、南亚、阿拉伯等多个国家和地区，茶籽传入朝鲜半岛、日本。

1）**茶马互市、茶马古道始于唐代。**唐《封氏闻见记》、宋《新唐书·陆羽传》分别记载与回鹘、回纥茶马互市。"回鹘""回纥"主要分布于新疆，散居于内蒙古、甘肃、蒙古以及中亚一些地区。这是丝绸之路茶事之最早记载，通过这些边疆地区，再延伸到中亚、西亚及阿拉伯更多国家和地区。茶马互市一直沿用到清代中期。还有自唐代至民国的茶马古道，今川、滇、黔茶产区，通过马帮等将茶叶贩销到西藏等边疆，甚至更远海外地区。

2）**西藏出土 1800 年左右茶叶遗存，《唐国史补》记载西藏茶事。**2016 年 1 月，中国科学院研究人员，在对西藏阿里地区故如甲木寺遗址出土的疑似茶叶食物残

体进行鉴定和分析碳14测定，确认为距今约1800年的茶叶遗存，属南北朝时期。另据《唐国史补》记载，常鲁公出使吐蕃（今西藏）时，吐蕃已有寿州、舒州、顾渚、蕲门、昌明、瀼湖等多种名茶。古西藏与相邻多国有联姻和贸易关系，可以推测在唐朝时期茶叶已经传播南亚多国。

3）**新罗善德女王（632—647）时已有茶，金大廉带回茶籽，植于地理山**。据《三国史记》记载，新罗善德女王（632—647）时已有茶，但不知是何处赠予。到兴德王三年即唐大和二年（828），唐文宗赐茶籽给新罗使者金大廉，国王下令将茶籽植于地理山（今韩国智异山），至此茶叶开始盛行。

4）**日本高僧最澄等将茶籽带到日本播种**。据日本古籍记载，在五、六世纪时，日本寺院已有种茶、喝茶记载，但未知这些茶是何人带到日本的。唐贞元廿一年（805），日本高僧最澄（767—822）到浙东台州、明州（今宁波）、越州（今绍兴）学佛，带回茶叶、茶籽，播种在其住持的京都比睿山延历寺和日吉神社，为日本最古老之茶园。与最澄同船回国的高僧永忠、次年回国的高僧空海，均带去中国茶籽，在日本奈良佛隆寺等地栽种。这三位高僧，均与当时嵯峨天皇有茶事交往。

5）**茶具先于茶叶外销东南亚、西亚、阿拉伯、北非等地**。1998年，由德国一家打捞公司，在印度尼西亚勿里洞岛海域一大黑礁附近，出水一艘古代阿拉伯人常用双桅或三桅三角帆船，名为"黑石号"。该船满载中国货物，经由东南亚运往西亚、北非等地，仅瓷器就达到67000多件，主要为长沙窑、邢窑、越窑、巩县窑等精美瓷器，包括很多茶具，其中一长沙窑瓷碗上，刻有唐代宝历二年（826）铭文，其年代由此确定为晚唐时期。其中大量长沙窑彩绘茶盏或瓷碗图案优美生动，无一重复，人见人爱，体现了当时高超的制造水平。尤为难得的是，有一个绘有"荼盏子"字样和人物形象茶盏。

此外，1997年印尼打捞雅加达沉船，2003—2005年打捞井里汶沉船，分别出水7309件和30多万件唐、宋时代瓷器，其中有很多茶碗、茶盏、茶托等茶具。朝鲜半岛多个港口城镇，也多处出土了大量唐代越窑等茶具。这说明海路茶具外销早于茶叶外销，遭遇海难的沉船，仅为商船少数，由此推测，当时已有大量茶具随着瓷器远销海外。当时朝鲜半岛、日本上流社会已开始饮茶，也许东南亚、北非、阿拉伯等地外销茶具输出后未被作为茶具应用，但至少水手和商贩是知道用于饮茶的。

"黑石号"出水的长沙窑荼盏子

二、宋代——馈赠与贸易并行，文化与商品共辉

唐代，日本以引进中国茶叶、茶籽为主，宋代则引进中国茶文化，代表人物有荣西及弟子希玄道元、南浦绍明等。

1）日僧荣西到中国学佛传茶，著《吃茶养生记》。最澄等人传茶日本，但较长时间仅在寺院与皇室之间流行。400多年之后，被尊为日本"茶祖"的荣西（1141—1215），先后两次入宋学佛，在华4年多，其中在宁波天童寺两年多，1191年回日本时带回茶籽和茶文化，写成《吃茶养生记》，在日本和世界各地产生了深远影响。1991年，日本发行《日本茶800年纪念》邮票，即以1191年为日本茶之起点。其弟子希玄道元，还传去天台山寺院罗汉供茶仪式，在日本再现祥瑞花纹奇迹，称为"瑞华"。

2）日僧南浦绍明从杭州径山寺带去茶台子、茶典七部。日本高僧南浦绍明（1235—1308），于南宋开庆元年（1259）入宋，先后9年随净慈寺、径山兴圣万寿寺住持虚堂智愚学佛，回国时带去了径山茶文化及茶台子等，为日本茶道之始。

3）徐兢《宣和奉使高丽图经》记载茶叶"商贾亦通贩"。宋代，中国至朝鲜半岛、日本的官方及民间海上贸易更为频繁，明州、广州、泉州等地均设市舶司，专管海上贸易，明州还设有高丽使馆，保留至今。宣和五年（1123），徐兢率领两艘万斛神舟，从明州出使高丽，其《宣和奉使高丽图经》记载："土产茶，味苦涩不可入口，惟贵中国腊茶，并龙凤赐团。自锡赉之外，商贾亦通贩。"

宋代到日本、东南亚的民间商船更多，茶叶与茶具为主要商品。

三、明代——中国茶传入欧洲，英国下午茶风靡世界

明代初、中期，因长期实行海禁，海上茶叶贸易严重受阻，但朱元璋非常重视边疆茶马交易，严禁走私，大义灭亲，驸马欧阳伦因走私茶叶被处死。

16世纪初，茶叶由水手、商人带到意大利、葡萄牙、荷兰等地。1662年，葡萄牙公主凯瑟琳嫁到英国，为英皇查理二世皇后。她将红茶带到英国，很快在上流社会传播。次年皇后25岁生日，诗人瓦利曾写《饮茶皇后诗》祝贺，引领了其他茶诗文应运而生。

英国下午茶代表人物为贝德福公爵夫人安娜·玛丽亚。她于19世纪40年代，常在下午吃点心时饮用红茶。原本只是午后小点，因为有了红茶而越吃越有滋味，这惬意的享受很快传到朋友圈，连维多利亚女皇都喝下午茶，风靡英国。

2015年10月21日，习近平主席在出访英国时说："中国是茶的故乡，英国

则将下午茶文化发挥到极致。"

四、清代——两位英国人将中国茶盗种到印度，改写了世界茶叶格局

清代早、中期，中国茶叶依然独步天下，尤其是出口英国销量较大，英帝国以此为由，以鸦片出口中国，毒害中国人民，引发"鸦片战争"，此后又发生"八国联军"侵华战争，中国国运和茶产业由此一落千丈。

1）**英国人乔治·戈登、罗伯特·福琼将中国茶盗种到印度，改变了世界茶叶格局**。先是英国东印度公司茶叶委员会秘书乔治·戈登，于1834年潜入中国，次年1月从中国盗走8万株茶树到印度培育；此后"茶叶大盗"英国植物学家罗伯特·福琼（1818—1880），受英国皇家园艺会和东印度公司派遣，于1842年、1849年两次到中国，在浙江舟山、宁波、安徽休宁、福建武夷山盗采大量茶树和茶籽，种植于印度大吉岭等地，并从中国带去技工和工具，当地不久即成为著名红茶产区。英国从此与中国竞争国际茶叶市场。

2）**葡萄牙摄政王若昂六世发展巴西茶业**。葡萄牙摄政王若昂六世，1808年到殖民地巴西发展茶业。从中国澳门招募茶工，出产优质茶叶，在1873年维也纳世博会上获亚军，仅次于中国茶叶，带动了南美洲引种茶叶。

3）**俄国皇家采办商波波夫将中国茶移种格鲁吉亚**。光绪十九年（1893），俄国皇家采办商波波夫邀请宁波茶厂副厂长刘峻周和11位技工，采购大量茶籽和茶苗，去俄国藩属国格鲁吉亚种茶，开当地植茶先河，并带动了其他国家发展茶业。当地鼎盛时期有茶园6.23万公顷，年产50多万吨，满足本地外，还出口土耳其、德国等地。

4）**瑞典"哥德堡"号沉船出水大量茶叶**。乾隆十年（1745）9月12日，瑞典"哥德堡"号商船，满载中国茶叶、瓷器，经过8个月航行，在距离家门口900米的哥德堡港口触礁沉没。1986—1993年，当地陆续从沉船中打捞出大量茶叶、瓷器、丝绸等大批货物，令世人刮目相看。

5）**王相卿、乔致庸开创、传承"万里茶道"**。"万里茶道"是继丝绸之路之后兴起的又一重要的欧亚大陆国际商

中国茶叶博物馆收藏的"哥德堡"号沉船出水茶样

道，起点为福建崇安（今武夷山市），到达俄罗斯恰克图、莫斯科等多个城市，传入中亚和欧洲等国家，全长 1 万多公里。主要商品有砖茶、丝绸、布匹、糖、烟、酒等。晋商王相卿（生卒不详，约 1724 年前后创办大盛魁商号）和乔致庸（1818－1907），是"万里茶道"开创者和继承者，从清中期坚持到晚清，历时 170 多年。

五、现代——毛泽东倡导无偿援助五国发展茶叶

1970 年前后，根据毛泽东主席提出的"中国应当对于人类有较大的贡献"的指导思想，中国先后派出多批专家，无偿援助几内亚、马里、巴基斯坦、上沃而特（今布基纳法索）、摩洛哥种植茶叶，建立茶厂，如今这些国家都已成为茶叶生产国。如今几内亚、马里、摩洛哥等国，均已本国茶园出产茶叶，如马里共和国，在多批中国专家帮助指导下，共种植了 100 公顷茶叶，年产干茶 100 吨左右。上述五国种茶成功，同时带动了周边更多国家发展茶叶生产。

2002 年，周大风与《采茶舞曲》首唱、浙江歌舞团著名歌唱家叶彩华在杭州西湖梅家坞茶园合影

1958 年，著名音乐、戏剧家周大风创作成功《采茶舞曲》，风靡海内外。1983 年，该舞曲被联合国教科文组织评为亚太地区优秀民族歌舞，并被推荐为"亚太地区风格的优秀音乐教材"。这是中国历代茶歌茶舞得到的最高荣誉。

六、当代中国茶业兴旺，茶文化空前繁荣
习近平褒扬茶文化至崇高境界

当代中国茶产业兴旺，尤其是改革开放以后发展迅猛，据统计，1979 年全国茶园面积 1575.99 万亩，产量 27.72 万吨，出口 10.68 万吨；2019 年茶园面积 4597.87 万亩，产量 279.34 万吨，出口 38.09 万吨，分别增长 2 倍、9 倍和 2.7 倍，产量增长尤为显著。自 2000 年至 2019 年，茶叶出口持续递增，详见下表：

2000—2019 年中国茶叶出口数据

单位：万吨，亿美元

年度	出口量	出口额	年度	出口量	出口额	年度	出口量	出口额
2000	22.77	3.47	2001	24.96	3.42	2002	25.23	3.32
2003	26.00	3.67	2004	28.02	4.37	2005	28.66	4.85
2006	28.67	5.47	2007	28.95	6.08	2008	29.69	6.82
2009	30.29	70.50	2010	30.24	7.84	2011	32.26	9.65
2012	31.35	10.42	2013	32.58	12.47	2014	30.15	12.73
2015	32.50	13.80	2016	32.87	14.84	2017	35.52	16.10
2018	37.74	19.07	2019	38.09	21.74			

注：2000—2014 年数据引自《世界茶业蓝皮书·世界茶业发展报告 2017》，社会科学文献出版社 2017 年 5 月版；2015—2019 年数据引自《中国茶叶》杂志。

在 2010 年中国上海和 2015 年意大利米兰举办的世界博览会上，中国茶大放异彩。2017 年，每年一次的中国国际茶叶博览会落户举办的杭州，引来五大洲展销商、采购商。

当代茶文化繁荣昌盛，自 1990 年以来，中国国际茶文化研究会已经举办 15 届茶文化研讨会，其中两届在韩国首尔、马来西亚吉隆坡举办，国内各地也不定期举办各类茶文化节与研讨会，吸引了世界各地爱茶人士前来交流。

以《茶经述评》为代表的茶文化书籍层出不穷，目前每年出版数百种茶书，大量传播到海外。2015 年，外文出版社出版汉英、汉阿拉伯、汉西班牙、汉葡萄牙、汉俄罗斯五种中外文对照版《茶经》，传播到更多相关语言国家。以《农业考古·中国茶文化专号》《茶博览》为代表的期刊多达数十种，其中前者被很多发达国家图书馆订购。

七、结语：中国茶受惠全世界，"国际茶日"开启中国茶与文化走向世界新起点

综上所述，从唐代至今，中国茶及文化传播世界各地，目前世界上共有 60 多个国家种植茶叶，都是直接或间接源于中国。而著名的日本茶道、英国下午茶，已成为本国或更多国家文化的代表或象征，可以说，中国茶惠及全世界。其中有繁荣，有衰落；有荣耀，有屈辱。21 世纪初，世界卫生组织推荐绿茶为六大保健饮料之首，为中国绿茶增添了话语权。如今联合国确定每年 5 月 21 日为"国际茶日"，以赞美茶叶之经济、社会和文化价值。这是由我国主导推动的农业领域国际

性节日，目前全球茶叶、咖啡、可可三大饮料，仅有"国际茶日"，由此可见世人对茶叶之重视，具有里程碑意义。我们要以"国际茶日"为契机，开启中国茶与文化走向世界新起点，通过各种渠道和形式，把人类最佳保健饮料和优秀茶文化，传播到世界各地，造福世界人民。

（原载浙江人民出版社 2021 年版《茶惠天下——第十六届中国国际茶文化研讨会论文集萃》）

茶文化是最具中国元素的世界名片
——关于瑞士汉学家朱费瑞中国茶事随笔的几点感想

2012 年，法国《世界报·外交论衡月刊》推出当年 6/7 月号的"中国专刊"，以"Chine, état critique"为题，可译为"危机中的中国"或"关键时刻的中国"，共二十多篇分析文章，内容有南海、西藏、新疆、农民工、侦探小说、人权、和谐、孔夫子及茶文化等。其中有一篇为瑞士日内瓦大学汉学家朱费瑞（Nocoals Zufferey）2004 年曾发表过的关于茶文化的随笔——《不爱喝茶的中国人能算中国人吗？》（Celui qui ne boit pas de thé peut-il être chinois ？）。

2015 年 7 月，笔者从新浪网"翟华博客""伴夏茶网"读到此文。笔者将此文发给几位茶友，有的颇感惊讶，有的表示认同。笔者感到他作为一位外籍汉学家，对中国茶事有

法国《世界报·外交论衡月刊》
2012 年 6/7 月号"中国专刊"封面

所了解，传播了中国茶文化。这让我们了解到，海外学者是如何看待中国茶文化的，有些值得我们反思，但其关于茶树原产地的说法显然已经陈旧过时，一些关键词表述不准确。

一、关于印度阿萨姆茶树和茶树原产地问题仍是旧观念，国际茶叶委员会 2013 年已认定云南普洱为"世界茶源"

在朱费瑞心目中，还是当年英帝国为压制华茶而吹嘘的印度也是茶树原产地之说。他在文章开篇就举例认为英国人 1823 年在印度阿萨姆省发现野生茶树，认

为中国不是唯一的茶树原产地:

英国人罗伯特·布里斯1823年在印度阿萨姆省发现野茶树,而在之前,人们普遍认为茶叶产自中国。布里斯的发现使人们对茶叶的原产地做出了新的猜测,有人认为可能宽叶子的茶叶源自印度,细叶子的茶叶源自中国;有人认为茶叶源自东南亚多个国家;也有人认为茶叶可能来自一个包括中国、印度以及缅甸在内的国家地区。这些有关茶树源头的理论都不能使中国人满意。中国在各地两百多个地方都寻找到了野生的茶树,并且在中国的古书中寻找出了与这些茶树有关的字语。中国的专家们提醒说在茶叶被发现的时代,也就是一两亿年之前,印度的北部被海洋淹没,与亚洲其他地方完全相隔。此外,中国人还强调指出宽叶茶与细叶茶之间的区别微不足道并不能算是不同的种类。

早在1922年,"现代茶圣"吴觉农就写了《茶树原产地考》,力证中国是茶树原产地。历史上法国、英国、美国、俄罗斯等国主流学者,撰文认为中国是茶树原产地,但由于国力衰弱,英帝国吹嘘的印度也是茶树原产地一直流行于世界。后来日本也有人提出"日本茶树原生说",到20世纪80年代前后已被日本专家否定。

自2000年以来,中国云贵高原作为茶树原产地,已基本得到国际专家公认,朱费瑞的认知显然已经落后了。尤其是2013年,国际茶叶委员会经过认真考察,已经认定云南普洱为"世界茶源",当年5月25日,国际茶叶委员会主席诺曼·凯利(Norman Kelly)、国际茶叶委员会原主席麦克·奔斯顿(Mike Bunston),在云南普洱向时任普洱市委书记卫星、市长钱德伟颁授"世界茶源"牌匾。

国际茶叶委员会成立于1933年,总部设在伦敦,为国际茶叶权威机构。

从网上检索到,20世纪70年代至80年代,日本茶树原产地研究会学者志村桥、桥本实、大石贞男等人,全面系统地研究比较了自中国东南部的台湾、海南茶区到缅甸、泰国、印度的主要茶区的茶树,从茶树的形态学、遗传学等角度证实,茶树原产地在中国的云南一带。他们对中国种茶树和印度种茶树,通过对茶树细胞染色体的比较,指出染色体数目都是相同的,这表明在细胞遗传学上两者并无差异。同时,通过外形比对研究,发现印度茶和中国茶,以及缅甸茶,形态上全部相似,并不存在区别。

2005年3月,日本学者松下智在由中国国际茶文化研究会召开的"中日茶树起源研讨会"上,确认茶树原产地在中国云南南部,否认印度阿萨姆为茶树原产地。据介绍,他从20世纪60年代到2000年年初,曾先后5次到阿萨姆考察,最终认为阿萨姆茶树特性与云南大叶茶相同,是从云南西部传播过去的。

云南被确定茶树原产地,不仅因为有历史悠久、博大精深的茶文化,有大量上千的古茶树,还因为云南是山茶科植物山茶、油茶、茶梅等大家族的中心。因

经国际茶叶委员会考察，认定普洱市为"世界茶源"，2013年5月25日在云南普洱举行的2013国际茶业大会上，国际茶叶委员会主席诺曼·凯利（Norman Kelly，左二）、国际茶叶委员会原主席麦克·奔斯顿（Mike Bunston，左一），向普洱市委书记卫星（右二）、钱德伟市长（右一）颁授"世界茶源"牌匾。（图片引自《天赐普洱——回眸中国普洱茶节》，云南出版集团2015年5月版）

此，尽管一些中外专家认为与云南相邻的老挝、缅甸可能也有原生茶树，但尚未见相关报道，而即使发现也不影响云南作为茶树原产地的认定。

至此，作为茶人，我们可以自豪地说，目前世界各地60多个国家的茶树（包括观赏性茶树），都是直接或间接从中国传播出去的。

笔者认为，国际茶叶委员会单将云南普洱定为"世界茶源"还不妥当，如松下智所说，将云南南部包括西双版纳等地定为"世界茶源"更为恰当，而普洱仅为"世界茶源"之一。此事有待中外茶学家研讨。

二、质疑神农茶事不无道理但不至于令人厌烦，
陆羽树神农为茶祖，国人乐于接受

朱费瑞在该文写道："中国所有与茶叶有关的文章都令人厌烦地写着中国有五千年的饮茶历史，咱们来验证一下，这五千年的饮茶历史的说法到底出自何处。"

朱费瑞对神农茶事的质疑不无道理，笔者表示赞同。笔者2011年发表了论文《"神农得茶解毒"由来考述》，2015年7月又完成《陆羽〈茶经〉确立了神农的

茶祖地位——再论神农茶事之源流》，两文对神农茶事之源流做了详细考证，主要内容有以下四点：

一是所谓《神农本草经》上记载的"神农得茶解毒"之说子虚乌有，在清代陈元龙的著名类书《格致镜原》引录不明年代的《本草》引语之前，任何文献未见"神农得茶解毒"之说，而该《本草》引语与当代流行的又有细微差别，从"荼"字非"茶"字来看，年代不会早于宋代。而《淮南子》等多种文献仅有神农尝百草或鞭百草之说，与茶事无关。

二是关于神农茶事，除《茶经》外，唐代以前没有文字记载，也没有出土文物佐证。当代多位作者著述的所谓神农茶事，均为杜撰或演义，没有学术依据。

三是从神农到确切的茶事记载相隔 2000 年左右，至多到周代才见记载，断代时间较长。

四是陆羽《茶经》是确立神农茶祖地位的权威文献，其"茶之为饮，发乎神农"深入人心。

虽然神农茶事查无实据，但不至于如朱费瑞所说"令人厌烦"，尤其在中国。包括神农在内的三皇五帝都是传说人物，但神农是农耕文明的始祖，茶文化需要代表人物，尽管没有文字记载和出土文物可以佐证，陆羽将他作为茶事形象代言人，作为发现和利用茶的代表人物，顺理成章，国人非常乐于接受，而是否确有茶事并不重要。这是中国国情、民情。即使对海外人士来说，中国将 5000 年前的农耕文明始祖推为代表人物，应该也是可以接受的，不至于会"令人厌烦"。

三、《神农本草经》记载神农茶事系国人以讹传讹

朱费瑞在质疑神农茶事之后紧接着写道："中国传统往往还说神农将如何饮茶的方式记录在《神农本草经》上。"

此说是受国人以讹传讹的影响。当代影响较大的是由著名茶学家陈椽编著、中国农业出版社 1984 年出版的《茶业通史》，该书在开篇第一章《茶的起源》中这样写道："我国战国时代第一部药物专著《神农本草》就把口传的茶的起源记载下来。原文是这样说的：'神农尝百草，一日遇七十二毒，得荼而解之。'"显然作者并未查阅原著，他还把汉代《神农本草》的年代提前到了战国时代。

笔者上文已经写到，所谓《神农本草经》上记载的"神农得茶解毒"之说子虚乌有，在清代《格致镜原》引录宋代以后的《本草》引语之前，任何文献未见"神农得茶解毒"之说。

国内目前茶文化专家、学者圈子很少，以茶学、茶科技为多，少有文史专家介入，茶文化学术比较薄弱，如笔者专题考证的"神农得茶解毒""茶为万病之药"

等，以讹传讹、人云亦云非常普遍。更为严重的是，当代各地在行政部门的人为推动下，不顾史实，随意推前茶史，溢美甚至编造虚假茶史、虚构茶祖的现象屡见不鲜，典型的如南宋之后虚构的僧人吴理真，被指鹿为马篡改为种茶药农，尊为"西汉茶祖"。类似弥天大谎流传海外，今后必将被海外人士引用和质疑，真乃茶之祖国之大悲哀和耻辱！

所以，我们没有理由苛求朱费瑞等海外学者如何认真、严谨。

四、中国茶事的最早记载并非在西汉

朱费瑞在文中说："中国史书上有关茶叶的最早记载出现在公元前两百年前的西汉年代"，并举例公元前59年王褒《僮约》中记载有"烹茶尽具"和"武阳买茶"，其实并不准确。

《茶经》记载，周公主编的《尔雅》已出现茶的别名"槚"。一般认为，《尔雅》由汉初学者，缀辑周、汉旧文，递相增益而成。因此可认为茶事的文字记载始于周代。

《茶经》又引《晏子春秋》记载，说以俭朴著称的战国时代齐国名相晏子，饮食中以"茗、菜"为常食。

《茶经述评》等当代很多著述认为，《华阳国志》所载"以茶纳贡""园有香茗"两处茶事属于周代茶事，笔者考证后认为系误读，已撰专文《〈华阳国志〉所载两处茶事并非特指周代》。

结语：中国茶文化惠及世界文明

法国"中国专刊"在编者导语中写到"中国领导人寻找中外都认可的体现中国的民族身份的物品，茶叶是最理想的选择，因此，茶叶作为植物的发现历史以及作为国饮的历史在中国都成为举足轻重的国家大事。"

此文是2012年发表的，2013—2014年，习近平主席在18个月中6次出访时，分别说到茶文化，尤其是2014年3月27日，习近平主席在巴黎联合国教科文组织总部发表演讲中，说到著名的"茶酒论"，提出可以"品茶品味品人生"。他对茶文化十分重视，笔者已在《习近平巧说茶事增友谊》《习近平出访屡说茶事的重要意义》详述，如果朱费瑞看到这些信息，一定另有感慨。

陆羽《茶经》记载茶"为饮最宜"；民国伟人孙中山指出"茶为最合卫生、最优美之人类饮料"；世界卫生组织推荐绿茶为六大保健饮品之冠。这三位一体，说明古今中外对茶饮的公认。

习近平主席把茶文化作为世界名片，自 2013 年以来，七次出访八次说到茶文化，七次与外国元首茶叙，将茶文化推向了广阔的国际空间；第九、第十届全国人大常委会副委员长、中国文化院、北京师范大学人文宗教高等研究院院长许嘉璐，近年提出了中国文化对外"一体两翼"的新概念，"一体"就是中国文化的理念，包括伦理；"两翼"分别是中医、茶文化。中国中医文化享誉世界，2015 年宁波籍女医药家屠呦呦获得诺贝尔奖，她为主发明的青蒿素，挽救了数百万人的生命，引起世人瞩目。随着世界各地对茶文化的认可和重视，茶文化将会滋润更多热爱茶饮的世人，彰显其独特的人文魅力。

这些都说明茶文化是最具中国元素、可以走向世界的文化软实力。

有外国学者将茶文化列为中国第五大发明，此说不无道理。中国茶文化已经惠及世界文明，从中国传播出去或受中国影响形成的日本茶道、英国下午茶，如今都为世人津津乐道。

柴米油盐酱醋茶，琴棋书画诗酒茶。茶宜于饮用，融于人文，身心兼养，不管何种社会制度，不分国界、种族，作为人类最佳保健饮料，大家都可以愉快地喝茶。

诚如深受日本侵华战争之害、父亲死在中国的日本茶道女宗家丹下明月所说：要是没有战争，全世界人民和平饮茶，这世界该多美好！

由于笔者不懂法文，无法查阅原文，有些引文不排除翻译错误，特此说明。

湖州出土三国前青瓷"茶"字四系罍的重要意义

导语：本文通过对浙江省湖州市出土的东汉末至三国时期的青瓷"茶"字四系罍的分析研究，梳理出四点重要意义。

1990 年 4 月 19 日，浙江省湖州市博物馆在该市弁南乡罗家浜村窑墩头一处东汉末至三国时期的砖室墓，发掘出土一个青瓷"茶"字四系罍，同时出土的还有青瓷碗、青瓷盆和青瓷罐。这些精美青瓷的出土，说明当时我国青瓷烧制技术已日臻成熟，也说明当时湖州地区的制茶、饮茶和贮茶已经有相当规模，是中国茶文化发源地之一。

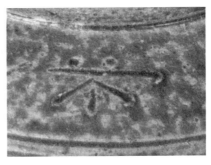

1990 年从湖州一座东汉至三国时期的墓葬中出土青瓷"茶"字四系罍，
右图为"茶"字局部，说明东汉时期已开始使用"茶"字（现藏湖州市博物馆）

该青瓷"茶"字四系罍口径 15.5 厘米，腹径 36.3 厘米，底径 15.5 厘米，高 33.7 厘米。圆唇直口，丰肩鼓腹，平底内凹。肩饰两道弦纹并横置对称四系，肩部刻画一隶书"茶"字，腹部饰印套菱纹和菱形填线纹的组合纹。施釉不及底，色呈黄褐，釉色光润，挂釉明显。胎质较粗松，呈酱褐色。此罍器形较大，造型古朴，纹饰秀美、工艺精湛，属东汉末至三国时期青瓷中的精品，更是青瓷中的绝品，因为它是我国目前最早发现有"茶"字铭文的贮茶瓮，为研究中国茶文化提供了有力的实物佐证，系国家级珍贵文物。

笔者以为，湖州青瓷"茶"字四系罍的出土，有以下几点重要意义：

意义之一：说明唐代之前，"茶"字已经在民间使用

东汉许慎的《说文解字》只有"荼"字而没有"茶"字，这说明，在公元110年前后东汉中期该书成书时，"茶"字尚未使用，至少没有被正式使用。一般以为，"茶"字在唐代中期，尤其是陆羽《茶经》问世之后，才被广泛使用。

实际上，著名书法家虞世南在隋代610年前后编著的著名类书《北堂书钞》中，已经单独列出"茶篇"，引录了"芳茶冠六清，溢味播九区"等12则茶事，与《茶经·七之事》所引部分茶事大同小异。这说明东汉中期至隋代，正是从"荼"到"茶"字的过渡时期和"茶"字的萌芽发展时期，而湖州青瓷"茶"字四系罍的出土，则提供了非常难得的实物证据。一般来说，瓷器用字都是当时的通用字，否则工匠们会感到生疏或费解。这说明，东汉末至三国时期，"茶"字已经在吴越等地民间使用。

意义之二：说明东汉末至三国时期吴越等地已有专用储茶瓷器

青瓷"茶"字四系罍的出土，可以说是目前发现历史最早的专用瓷类储茶器具之一。另见网上信息，1990年浙江上虞出土了一批东汉时期（公元25—220年）的碗、杯、壶、盏等器具，在一个青瓷储茶瓮底座上有"茶"字，笔者未见相关图片。

专家认为，青瓷"茶"字四系罍在同类瓷器中器形较大，造型古朴，纹饰秀美、工艺精湛，属东汉末至三国时期青瓷中的精品。瓷器在烧制过程中会膨胀、收缩，肚大口小的瓷器相对来说较难烧制。从生产成本和效率来说，除了特殊的贡品，瓷器一般会批量生产。而出土文物类似于化石，是诸多同类物品中难得遗存下来的珍品，不说"万一"，也是"千一"或"百一"，至少说明当时有一批爱茶的士大夫在使用相同或类似青瓷储茶器。

意义之三：这是目前发现的史上唯一茶器之罍和较早的青瓷罍器

说起罍器，人们就会想起陆羽的诗句："不羡黄金罍，不羡白玉杯"。罍为大型盛酒器和礼器，多用青铜或陶器制成，有方形和圆形两种，始于商代晚期，流行于春秋中期。《诗经》中经常提到罍，如《诗·周南·卷耳》中就有这样的记载："我姑酌彼金罍"，意为"我姑且斟满那酒罍"，金罍指的是青铜罍。

在青瓷"茶"字四系罍被发现之前，尚未发现茶器之罍，这说明"罍"不仅可用于酒器和礼器，也可用于茶器。这也是目前发现较早或最早的青瓷罍器。可惜当年陆羽在湖州未能发现这种青瓷"茶"字四系罍，否则他的《茶经·四之器》不仅记述瓯、碗等器，还会将罍类瓷器作为专题记述，内容更加丰富。

该"茶"字四系罍产自何地，目前尚未见相关报道，希望专家、学者能深入研究。

意义之四：与湖州唐代之前诸多茶事相辅相成

"行遍江南清丽地，人生只合住湖州"。湖州山温水软，人杰地灵，人文荟萃，茶文化历史悠久，底蕴丰厚，是中国唐代著名的"茶都"，可与当代茶都杭州媲美。而在唐代之前，湖州已有诸多著名茶事，如三国吴乌程侯孙皓"密赐茶荈以茶代酒"、晋代吴兴太守陆纳"以茶待客"以及南北朝武康小山寺释法瑶"饮茶长寿"的故事，都发生在湖州。

陆羽向朝廷推荐的紫笋茶是中国历史上进贡时间最长、产量最高的历史名茶，至今遐迩闻名。而在紫笋茶之前，南朝宋山谦之《吴兴记》有"乌程县西二十里，有温山，出御荈"的记载，温山御荈是中国历史上最早的名茶之一。这些都说明在唐代之前，湖州的士大夫、僧侣的饮茶习俗已经比较普遍。

三国前青瓷"茶"字四系罍的出土，与上述这些茶事相辅相成，进一步证明湖州茶事已经达到一定的文明程度。

这也是陆羽选择在湖州定居著述不朽巨著《茶经》的主要缘由。

期待专家对窑口或产地做出鉴定

目前尚未见到该青瓷"茶"字四系罍出自何处窑口的相关报道，非常期待相关专家，尤其是各地青瓷收藏家，能够多加关注、研究，对其产地做出鉴定。如果仅此一款孤品，鉴定相对较难，好在同时还出土了青瓷碗、青瓷盆和青瓷罐等系列产品，如果其他博物馆或收藏家有同类产品可作比对，产地问题则迎刃而解。确认窑口或产地，对当时当地的青瓷烧制水平、茶文化发展水平等，都具有重要意义。

（原载《中国茶叶》2015 年第 8 期）

唐代湖州"茶道三君子"因缘契合树高标

2013 年 12 月 1 日、2020 年 11 月 26 日，湖州分别被中国国际茶文化研究会授予"茶经故里""茶道之源"。2019 年，笔者曾发表《历代三地"茶都"之形成与兴衰》，提出东晋、南北朝之建康（今南京）、唐代之湖州、宋代至当代之杭州，为不同时代之三处"茶都"，其中尤以湖州最为厚重，这是因为唐代湖州出了"茶道三君子"，前无古人，尚无来者。其中颜真卿为地方最高长官、著名书法家、文史家，是中国士大夫贫贱不移、富贵不淫、威武不屈之代表人物；高僧皎然兼为诗僧与茶僧，为中国茶道首倡者；陆羽精通文史与茶事，在湖州完成巨著《茶经》，是举世公认之"茶圣"。他们在湖州因缘契合，皎然、颜真卿堪称陆羽人生中的贵人，编撰《韵海镜源》使他有了博览群书之良机，为撰写、修订《茶经》，提供了有利条件；助建青塘别业，使其得以安居乐业，致力于茶事茶文。

这三位名僧、名臣、名士，堪称"茶道三君子"，他们为历史文化名城湖州留下了浓墨重彩，湖州文史因为有他们更加绚丽多彩；他们为湖州、为中国茶文化留下了无价之宝，具有无与伦比之巨大贡献。

一、陆羽择居湖州，受到高僧皎然、刺史颜真卿器重、厚爱与鞭策，使其《茶经》更为完善，人生更为圆满

上元元年（760），陆羽因"安史之乱"离开故乡竟陵，游历长江中下游和淮河流域之后，选择在湖州定居。其之所以择居湖州，一是其在《茶经·六之饮》

中以陆纳为远祖，或许其先祖在湖州，家人是从湖州迁徙竟陵的，其《自传》写到的著作目录《江表四姓谱》八卷或有本家陆姓，可惜已散佚，因年代久远，现已无从查考；二是相邻的阳羡（今宜兴）、湖州一带山温水软，当时丘陵多茶叶，已有贡茶阳羡茶，后又经其推荐，以湖州紫笋茶上贡，成为贡茶史上历时最长、数量最多之贡茶。

陆羽到湖州，先是受到高僧皎然之器重与厚爱，与之结为缁素忘年交，据不完全统计，皎然有茶诗 28 首，其中与陆羽交往的达 12 首，为同类诗之最，其著名的《寻陆鸿渐不遇》入选《唐诗三百首》，广为传颂。

皎然与陆羽僧俗情深，厚爱中还不忘鞭策陆羽。皎然在《饮茶歌送郑容》中留下了一句比较费解的诗："云山童子调金铛，楚人茶经虚得名。"该诗大概写于《茶经》初稿之时，或许皎然作为长者，认为其文字还不到位，尚可修改推敲，因此提出更稿要求，希望他不图虚名，激励他修改《茶经》，使之更为完善。

颜真卿治湖州 5 年，大历七年至十二年（772—777），从三件事中，体现出对陆羽之器重与厚爱：一是召陆羽为《韵海镜源》主修人员之一，为其创造了博览群书之良机，使其《茶经》得以不断完善，尤其是《七之事》部分，陆羽凭一人之力，将中唐之前茶事部分，基本收入书中，难能可贵；二是助建青塘别业，使其得以安居乐业，致力于研究茶事，撰写茶诗文；三是命其在杼山主持建造三癸亭，颜真卿《湖州乌程县杼山妙喜寺碑铭》有云："真卿遂立亭于东南（作者注：指杼山），陆处士以癸丑岁冬十月癸卯朔二十一日癸亥建，因名之曰三癸亭。"另有《题杼山癸亭得暮字（亭，陆鸿渐所创）》云："欻构三癸亭，实为陆生故。高贤能创物，疏凿皆有趣。不越方丈间，居然云霄遇。巍峨倚修岫，旷望临古渡。"除了该诗，颜真卿另有五言诗《谢陆处士杼山折青桂花见寄之什》，可惜未见陆羽唱和。

颜真卿之后，湖州也到过多任著名刺史，如袁高，兴元元年（784）到任，作有《茶山诗》，但未见他们题赠、访问陆羽之诗文，尤其少见晚年交游行迹，以致未知其终老之确切时间，笼统标为"贞元末"，近年才从《隆兴佛教编年通论》等两种佛教典籍，得知其卒于贞元十九年（803）。这就是因缘契合之重要性。

陆羽一生有诸多师友，除了收养他的智积禅师，在其事业与人生方面，没有人超越皎然与颜真卿的器重、厚爱与鞭策，因为他们，其《茶经》才更为完善，脍炙人口；其人生才丰富多彩，更为圆满。

二、陆羽专攻茶事，一定程度上影响、促成了
皎然之茶诗雅好和茶道理念，"谢陆之交"胜管鲍

　　陆羽心无旁骛，专致力于茶事，可以说在一定程度上，影响和促成了皎然之茶诗雅好和茶道理念。他们两人平时只要在湖州，便会经常茶叙，切磋诗文。上文写到，皎然咏陆羽的诗作达 12 首之多，其中在诗题中写出陆羽姓名的就有 11 首：《访陆处士羽》《寻陆鸿渐不遇》《往丹阳寻陆处士不遇》《九日与陆处士羽饮茶》《春日集陆处士居玩月》《赋得夜雨滴空阶，送陆羽归龙山》《同李司直题武丘寺兼留诸公与陆羽之无锡》《同李侍御萼、李判官集陆处士羽新宅》《奉和颜使君真卿与陆处士羽登妙喜寺三癸亭》《喜义兴权明府自君山至，集陆处士羽青塘别业》《赠韦早、陆羽》，足见其对陆羽一往情深。诗人多唱和，相信陆羽收到这些诗作，一般均有回响，或主动为皎然赋诗，可惜陆羽他书多不传，《全唐诗》仅收其两首诗，否则当能读到更多描写两人深挚友谊之诗文，也便于了解其更多生平事迹。

　　皎然在《饮茶歌诮崔石使君》中写道："……三饮便得道，何须苦心破烦恼。……孰知茶道全尔真，唯有丹丘得如此。"这是"茶道"两字出典处，提升了茶文化之境界。皎然还写过《茶诀》，可惜已散佚。这些都与陆羽《茶经》之影响不无关系。

　　春秋时期，管仲和鲍叔牙是好友。两人合伙做生意，管仲少出资而多分利，鲍叔牙认为管仲是为了奉养老母，而不是贪心；鲍叔牙听取管仲谋策，遭到失败，鲍叔牙认为是时机不对，而不是管仲无能；管仲临阵逃脱，鲍叔牙认为是管仲挂念老母，而不是怕死；管仲三次被罢官，鲍叔牙认为是君主不明，而不是管仲无才。齐桓公即位后，鲍叔牙又力荐管仲为相，而甘愿位居管仲之下。鲍叔牙死后，管仲在其墓前悲叹说："生我者父母，知我者鲍叔。"后世常以"管鲍之交"表示朋友间不以物移、坚贞真挚的情谊。

　　相比皎然、陆羽的"缁素忘年之交"，太多功利色彩的"管鲍之交"未免逊色。这是因为"谢陆之交"毫无功利色彩，有的只是谈诗论文的纯真友情，尤其令人感动的是，两人死后都归葬杼山，皎然塔与陆羽墓至今遥相守望，仿佛两位老友在长叙友情。"杼山传塔禅，竟陵广宵翁"，唐代诗人孟郊《送陆畅归湖州，因凭吊故人皎然塔、陆羽坟》五言诗中诗句，是两人真挚友谊、死相守望之美好写照。

　　可能是文史专家、学者不大了解皎然、陆羽的"缁素忘年之交"，因此没有"谢陆之交"一说。笔者抛砖引玉，期盼能引起重视。

三、结语：湖州"茶道三君子"——中国茶文化之独特风景和瑰宝

湖州之文人集团，以颜真卿编纂《韵海镜源》为标志，当时征召有姓名的士大夫达 50 多人。其中"茶道三君子"，则是文人集团，尤其是茶文化之领军人物。他们是中国茶文化界一道独特之风景，堪称中国茶文化之瑰宝。古往今来，只要说起陆羽《茶经》，海内外茶人便自然联想到其生命中的贵人皎然和颜真卿，联想到皎然首创茶道之出处，联想到《韵海镜源》、青塘别业、三癸亭、皎然塔、陆羽墓这些关键词，从而吸引诸多海内外茶人前来朝圣和参观考察。可以说，是湖州之一方宝地和因缘契合，成就了"茶道三君子"他们在茶文化中的特殊成就；他们则成就了湖州茶文化圣地，成为代表人物。

皎然、颜真卿和陆羽，以各自的人文素养、精神境界和人格魅力，分别代表着一个时代的高峰，树立起崇高形象。他们对茶文化之巨大贡献无与伦比，尤其作为集团领军人物，至今无人超越。

笔者草成《赞唐代湖州"茶道三君子"二首》：

其一

茶经故里宜朝圣，茶道之源意蕴深。

颜氏刺湖多善德，三公伟绩耀方今。

其二

青塘别业传佳话，缁素之交胜管鲍。

韵海镜源三癸亭，因缘契合千秋佼。

（原载《中华茶道 千古永传——纪念皎然诞辰 1300 周年文集》，湖州陆羽茶文化研究会 2020 年 11 月编印）

刺史清廉遗高风　台州茶会香古今

——由日僧最澄学佛传茶生发的中唐台州府清廉、文明雅事

导语：本文记述中唐时期台州刺史陆淳，谢绝日本高僧最澄奉献黄金等重礼之清廉佳话，以及台州府为最澄举办饯别茶会之文明雅事。

唐代日本高僧最澄到中国学佛传茶，是中日佛教文化、茶文化交流的一件大事，由此还生发出中唐时期台州府清廉、文明的两桩雅事。本文记述当年台州府善待最澄，刺史陆淳婉拒黄金等厚礼，社会名流举办茶会饯别最澄之雅事。

陆淳谢绝最澄进献黄金，转购文房四宝抄写经文

唐贞元廿年、日本延历二十三年（804）八月底，日本高僧最澄乘船从明州（今宁波）登陆中国，休息半月后，于九月十五日去台州，9天后携弟子到临海台州府，拜见台州刺史陆淳。

最澄拜会陆淳时，除了献上明州府开具的《明州牒》，还献上一批厚礼，计有黄金十五两、筑紫斐纸二百张、筑紫笔二管、筑紫墨四挺、刀子一、加斑组二、火铁二、加火石八、兰木九、水精珠一贯。他希望在台州学佛期间，能得到陆淳关照。陆淳热情接待了越海而来的异国高僧，但谢绝了最澄的厚礼，他让最澄用黄金等礼物，换购买文房四宝，用于抄写经文，一时传为佳话。

陆淳（？—806），806年因避唐宪宗名讳而改名质，字伯冲，号文通，唐吴郡（郡治在今江苏吴县）人。儒家学者，经学家，与啖助、赵匡并称"唐代三贤"。曾任左拾遗，转太常博士，迁左司郎中，后又改为国子博士，历任信、台两州刺史，征为给事中、皇太子侍读。与柳宗元、吕温等人友善，同属于唐宪宗永贞（805—806）年间一批有心进行政治改革的人士。柳宗元以执弟子礼于陆淳为荣，"恒愿扫于陆先生之门，及先生为给事中，与宗元入尚书同日，居又与先生同巷，始得执弟子礼"。（《柳河东集》卷三十一《答元饶州论〈春秋〉书》）且极称其学曰："有吴郡人陆先生质（淳），与其师友天水啖助泊赵匡，能知圣人之旨，故《春秋》

之言及是光明，使庸人、小童，皆可积学以入圣人之道。传圣人之教，是其德岂不侈大矣哉！"

其简历说明，作为"唐代三贤"之一，陆淳谢绝最澄所赠黄金等厚礼，并非一时一事，而是他一贯高尚人品的体现。

在《明州牒》上，可看到在首行"明州牒"三字下方，有台州刺史陆淳审验签字的"廿六日，淳"字样。此外，在中间骑缝处又签了"淳"字，并盖"台州之印"：落款则在"台州刺史陆淳印"的"印"字上加盖"台州之印"。

陆淳画像

《台州牒》的颁发日期则为三月一日最澄准备离开时。

被日本睿山国宝馆收藏的《明州牒》，由《明州牒》《台州牒》两牒组成，共有三种书体，前两种分别是明州府和台州府文书书写的中楷公文，陆淳在额首、骑缝、落款的签字则为行草，潇洒流畅，富有美感。

作为著名儒家学者和经学家，陆淳精于书法，但他的诸多手迹，早已湮灭在历史长河之中，尤为难得的是，最澄将《明州牒》带回日本并精心收藏，使我们得以看到陆淳潇洒秀美的墨迹。

陆淳对最澄较为器重，最澄回国时，还为他写了"文证"：

最澄阇梨，形虽异域，性实同源，特禀生知。触类悬解，远求天台妙旨，又遇龙象邃公。总万行于一心，了殊途于三观。亲承秘密，理绝名言。犹虑他方学徒不能信受，处请当州印记，安可不任为凭。

大唐贞元二十一年二月二十日

朝议持节台州诸军事守台州刺史上柱国淳给书

陆淳还为最澄写了送别诗《送最澄阇黎还日本》，见下文。

据记载，陆淳于最澄回国翌年元和元年（806）在京城任上去世，2016年为其逝世1210周年。岁月流逝一千余年，但陆淳当年谢绝黄金厚礼、厚待异国高僧的清廉高风，已经载入中日两国青史，流芳百世，成为台州和中国历史上不可多得的廉政佳话，为后人所称道。

《尚书》云："明德惟馨。"意为唯有美好的品德能流芳百世。这正是陆淳高风亮节的写照。

首次中外友人参与的风雅茶会

最澄到中国学佛生发的第二件雅事，是他在台州学佛半年之后将要离开台州前往明州候船时。贞元廿一年三月初三日，台州府为其举行饯别茶会。这是有史记载的首次有中外友人参加的茶会。与会者除了当地社会名流，还有最澄和弟子义真，翻译丹福成3位日本友人。

从《全唐诗》中可以看到，唐代士大夫、寺院经常举办茶会，其中以同时代"茶都"湖州最多，如颜真卿、陆羽等官员和社会名流，经常举办茶会并吟诗，留下了很多联句。著名诗人钱起作有《过长孙宅与郎上人茶会》《与赵莒茶宴》等。这次台州茶会上，主宾品茗、赋诗、联谊，台州司马吴顗、临海县令毛涣、天台座主行满等9人当场赋诗赠别。诗题均为《送最澄上人还日本国》，这些诗作已经收入中华书局1992年出版的《全唐诗补编》，其中吴顗等多人《全唐诗》中未见其名，丰富了唐诗诗库。

台州刺史陆淳亦为茶会助兴，送来《送最澄阇黎还日本》：

> 海东国主尊台教，遣僧来听妙法华。
> 归来香风满衣祴，讲堂日出映朝霞。

除了陆淳为七言诗，吴顗等九人所赋均为五言诗，且诗题均为《送最澄上人还日本国》。吴顗诗曰：

> 重译越沧溟，来求观行经。问乡朝指日，寻路夜看星。
> 得法心念喜，乘杯体自宁。扶桑一念到，风水岂劳形？

孟光时任台州录事参军，诗曰：

> 往岁来求请，新年受法归。众香随贝叶，一雨润禅衣。
> 素舸轻翻浪，征帆背落晖。遥知到本国，相见道流稀。

毛涣时任台州临海县令，诗曰：

> 万里求文教，王春怆别离。未（来）传不住相，归集祖行诗。
> 举笔论蕃意，焚香问汉仪。莫言沧海阔，杯度自应知。

崔谟为乡贡进士，诗曰：

> 一叶来自东，路在沧溟中。远思日边国，却逐波上风。

问法言语异，传经文字同。何当至本处，定作玄门宗。

全济时为广文馆进士，诗曰：

家与扶桑近，烟波望不穷。来求贝叶偈，远过海龙宫。
流水随归处，征帆远向东。相思渺无畔，应使梦魂通。

行满时任天台座主，最澄拜其为师，两人交谊甚笃，诗曰：

异域乡音别，观心法性同。来时求半偈，去罢悟真空。
贝叶翻经疏，归程大海东。何当到本国，继踵大师风。

许兰自称"天台归真弟子"，诗曰：

道高心转实，德重意唯坚。不惧洪波远，中华访法缘。
精勤同忍可，广学等弥天。归到扶桑国，迎人拥海壖（一作"烟"）。

幻梦为天台僧人，诗曰：

却返扶桑路，还乘旧叶船。上潮看浸日，翻浪欲陷（一作"滔"）天。
求宿宁逾日（一作"月"），云行讵来年？远将干竺法，归去化生缘。

林晕为国子明经，诗曰：

求获真乘妙，言归倍有情。玄关心地得，乡思日边生。
作梵慈云布，浮杯涨海清。看看达彼岸，长老散华迎。

这些诗主要有两层意思，一是非常敬佩最澄不畏艰险乘风破浪到中国学佛；二是祝愿他平安回国，并期望能在日本弘扬佛教天台宗，成为一代宗师。

上述诗句均未写到茶元素，吴颢在《送最澄上人还日本国诗序》中才写到"酌新茗以饯行，劝春风以送远"：

过去诸佛，为求法故，或碎身如尘，或捐躯强虎。尝闻其说，今睹其人。日本沙门最澄，宿植善根，早知幻影，处世界而不著，等虚空而不凝，于有为而证无为，在烦恼而得解脱。闻中国故大师智𫖮，传如来心印于天台山，遂赍黄金，涉巨海，不惮滔天之骇浪，不怖映日之惊鳌，外其身而身存，思其法而法得。大哉其求法也！

以贞元二十年九月二十六日，臻于临海郡，谒太守陆公，献金十五两、筑紫斐纸二百张、筑紫笔二管、筑紫墨四挺、刀子一、加斑组二、火铁二、加火石八、

兰木九、水精珠一贯。

陆公精孔门之奥旨，蕴经国之宏才，清比冰囊，明逾霜月，以纸等九物，达于庶使，返金于师。师译言请货金贸纸，用以书《天台止观》。陆公从之，乃命大师门人之裔哲曰道邃，集工写之，逾月而华，邃公亦开宗指审焉。最澄忻然瞻仰，作礼而去。

三月初吉，遐方景浓，酌新茗以饯行，劝春风以送远，上人还国调奏，知我唐圣君之御宇也。

贞元二十年三月巳日，台州司马吴顗序

该序文主要有四层内容，首先高度评价最澄不畏滔天骇浪到天台山求法。其次为拜会陆淳的黄金等礼物清单，再则赞美陆淳学识渊博，人品高尚。最澄货金贸纸，并得到道邃帮助，顺利完成抄金任务。最后点明茶会时间。

天台山地处浙江中东部，靠近浙南，气温相对较高，新茶上市相对较早，三月初三之前新茗，无疑采摘于清明之前的明前茶，鲜爽清香。这说明，1200多年前的天台山，气候变化不大，采茶时间与今天基本相同。最澄秋天到台州，品茗学佛，尤其是他老师行满，曾为兼管寺院茶事的"茶头"，对寺院茶事的耳濡目染，早已爱上了茶叶，并与茶结下不解之缘，这次在浓浓的友情之中，再品新茗，一定会留下更深印象。

茶话会俭朴清雅，因为诗的元素，更为高雅。如果说，晋代的兰亭雅集曲水流觞，酒香诗韵，更因王羲之的《兰亭集序》而永留书坛、文坛；那么，唐代的台州雅集春茗送远，茶香诗韵，亦因吴顗诗序香溢古今，远播东瀛。

（原载中国国际茶文化研究会、台州市茶文化促进会 2016 年编印《葛玄茶文化研究文集》；《农业考古·中国茶文化专号》2017 年第 5 期，标题为《台州与日僧最澄学佛传茶》）

嵯峨天皇"弘仁茶风"传风雅

日本第 52 代天皇嵯峨天皇（786—842），生于延历五年（786），卒于承和九年（842）。名神野。桓武天皇的第二子，母亲是皇后藤原乙牟漏，与平城天皇为同母兄，淳和天皇为异母弟，皇后为橘嘉智子（檀林皇后）。他迷恋汉学，诗赋、书法、音律都有相当的造诣，大力推行"唐化"，从礼仪、服饰、殿堂建筑到生活方式都模仿得惟妙惟肖。嵯峨天皇不恋权位，寄情琴棋书画，徜徉山水之间，信奉无为而治。宫廷内宴会不断，饮酒赋诗，听歌观剧，助长了奢靡浪费的腐化作风。

嵯峨天皇爱茶，在宫廷内东北角辟有茶园，设立造茶所，供宫廷和贵族饮用。他 810 年至 824 年在位，年号为弘仁，这一时期是日本早期茶文化的黄金年代，学术界称为"弘仁茶风"。

嵯峨天皇画像，临摹于 17 世纪，
日本京都大觉寺收藏

此后，日本茶文化沉寂了 300 多年，直至镰仓时代高僧荣西（1141—1215）写出《吃茶养生记》，才得以复兴。

高僧献茶有唱和

嵯峨天皇与到中国学佛的日本高僧最澄、空海、永忠等人友善，他们回国后都向嵯峨天皇献茶献物，其中与最澄、空海留有涉茶诗句，如写给最澄的《答澄公奉献诗》（又称《和澄上人韵》）：

> 远传南岳教，夏久老天台。杖锡凌溟海，蹑虚历蓬莱。
> 朝家无英俊，法侣隐贤才。形体风尘隔，威仪律节开。

> 袒肩临江上，洗足踏岩隈。梵语翻经阅，钟声听香台。
> 经行人事少，宴坐岁华催。羽客亲讲席，山精供茶杯。
> 深房春不暖，花雨自然来。赖有护持力，定知绝轮回。

诗歌赞颂最澄不畏艰险、漂洋过海到中国天台山等地学佛传教，为日本佛教事业做出了卓越贡献。向往最澄等高僧、羽客、隐士、仙人们世外桃源般的神仙生活。

弘仁十三年（822）六月四日，最澄圆寂于比睿山中道院，嵯峨天皇非常悲痛，作五言《哭澄上人》12 句哀悼之。

空海与最澄 804 年同船从明州（今宁波）入唐，比最澄晚一年 806 年回国。据《空海奉献表》记载，弘仁四年（813），空海将梵学悉云字母和其释义文章十卷，呈献给了嵯峨天皇，并在附表里写下了自己的日常生活："观练余暇，时学印度之文；茶汤坐来，乍阅振旦之书。"他还在谢嵯峨天皇寄茶的书简中写道："思渴之饮，忽惠珍茗，香味俱美，每啜除疾。"

空海要回到云烟缭绕的高野山时，嵯峨天皇为之设宴饯别，宴毕共酌香茗，并赋《与海公饮茶送归山》：

> 道俗相分经数年，今秋晤语亦良缘。
> 番茶酌罢云日暮，稽道伤离望云烟。

诗中写到两人分别数年，很高兴在秋天晤面。宴毕品茗已是黄昏，再次别离又留伤感，只能遥望高野山云烟，聊慰思念之情，字里行间流露出深厚情谊。

据《日本书纪》记载，曾在中国生活 30 年、805 年回国的高僧永忠，于弘仁六年（815）四月嵯峨天皇游幸路过崇福寺时，亲手煎茶敬献天皇，给天皇留下了深刻印象。两个月后，他下令在日本关西地区种茶，以备每年进贡。

多首茶诗载史籍

弘仁五年（814）四月廿八，嵯峨天皇访问左大将军藤原冬嗣的闲居院，举办了一次隆重的茶会，皇弟淳和天皇及多位大臣赋诗唱和，日本三大汉语诗集之一的《经国集》，记载了两位天皇和该书主编滋野贞主的 3 首涉茶诗。其中嵯峨天皇写的是《夏日左大将军藤原冬嗣闲居院》：

> 避暑时来闲院里，池亭一把钓鱼竿。
> 回塘柳翠夕阳暗，曲岸松声炎节寒。

吟诗不厌捣香茗，乘兴偏宜听雅弹。

　　暂对清泉涤烦虑，况乎寂寞日成欢。

淳和天皇作和诗《夏日左大将军藤原朝臣闲院纳凉探得闲字应制》：

　　此院由来人事少，况乎水竹每成烟。

　　送春蔷棘珊瑚色，迎夏岩苔玳瑁斑。

　　避景追风长松下，提琴捣茗老梧间。

　　知贪鸾驾忘罢处，日落西山不解还。

滋野贞主的和诗为《夏日陪幸左大将藤原冬嗣闲居院应制》：

　　寂然闲院当驰道，只候仙舆洒一路。

　　酌茗药室经行入，横琴玳席倚岩居。

　　松阴绝冷午时后，花气犹熏风罢余。

　　水上青苹莫赴浪，君王少选爱游鱼。

　　池亭垂钓，回塘翠柳，曲岸松声，品茗听琴……3首诗歌记述的，均为当时君臣游乐宴饮的闲适生活。

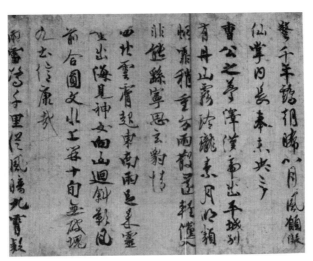

嵯峨天皇书法：李峤残卷

　　嵯峨天皇还留有一首五言诗——《秋日皇太弟池亭赋天字》，内容与上述诗歌大同小异：

　　玄圃秋云肃，池亭望爽天。远声惊旅雁，寒引听林蝉。

岸柳堆初□，潭荷叶欲穿。萧然幽兴处，院里满茶烟。

宫中女官赋茶诗

　　受嵯峨天皇"弘仁茶风"的影响，当时很多士大夫都用汉语写作茶诗，连他身边一位名叫惟良氏的女官，也用汉语写了一首《和出云太守茶歌》，描写了当时采茶、制茶、饮茶的场景。诗句及大意前文已做介绍，这里不做赘述。

文创出经典　工夫在壶外
——清代陈曼生、梅调鼎紫砂文人壶享誉古今之启示

导语：宜兴是紫砂壶原产地、发祥地，是闻名中外的紫砂壶之都。但古今最负盛名的紫砂文人壶曼生壶、玉成窑之领军人物陈曼生、梅调鼎，却分别是浙江杭州和慈溪人。本文探索两位文化名人的几大共同特点，提出蕴含深厚文化内涵之文人壶，重在文化创意与内涵，工夫在壶外。

"千年紫砂，绵延至今；雅俗共赏，文化先行；前有陈曼生，后有梅调鼎。"

这是当代紫砂界对文人壶的评价。

紫砂文人壶是指文人名人参与设计、创作、制作或刻绘的紫砂壶，蕴含深厚的文化内涵。中国传统文人重名节，淡泊名利，超然物外。以紫砂壶寄托情怀，慰藉心灵，是文人特有的方式。文人壶适合掌上或案头把玩，耐人寻味，喜闻乐见。这是其魅力所在。

宜兴是紫砂壶原产地、发祥地，是闻名中外的紫砂壶之都。一般认为宜兴紫砂壶始于明代，明中叶宜兴进士吴颐山家童供春（约 1506—1566），是第一位制作紫砂壶之名人。令人惊讶的是，古今最负盛名的曼生壶、玉成窑紫砂文人壶之领军人物陈曼生、梅调鼎，却分别是浙江杭州和慈溪人，其奥秘何在？初步探索，有以下几大共同特点：

一、书画大家，尤爱紫砂

陈曼生、梅调鼎分别是清代书画大家、文化名人，国学造诣高深，且深爱紫砂壶。

陈曼生即陈鸿寿（1768—1822），钱塘（今浙江杭州）人，书画家、篆刻家。字子恭，号曼生、曼龚、曼公、恭寿、翼盦、种榆仙吏、种榆仙客、夹谷亭长、老曼等。工诗文、书画，书法长于行、草、篆、隶诸体。行书峭拔隽雅、分书开张纵横，独步有清一代。篆刻师法秦汉玺印，旁涉丁敬、黄易等人，印文笔画方

折，用刀大胆，自然随意，锋棱显露，古拙恣肆，苍茫浑厚。为"西泠八家"之一。曾任赣榆代知县、溧阳知县、江南海防同知。善制紫砂壶，人称其壶为"曼生壶"，享誉紫砂界。著有《种榆仙馆摹印》《种榆仙馆印谱》等。

陈曼生在《茗壶菊花图》题款："余又爱壶，并亦有制壶之癖。"其爱壶、制壶，得益于其担任过宜兴邻县溧阳知县，两地相距仅 45 公里。

梅调鼎（1839—1906），字廷宽，号友竹、赧翁等。浙东书风开创者。慈溪慈城（今浙江宁波江北区慈城人）。应试时因书法不合"馆阁体"而被拒，从此放弃科举，发愤练习书法，初学颜体，再学王羲之，中年学欧阳询，晚年潜力魏碑，旁及诸家，兼收并蓄，博众所长，融会贯通，刚柔相济，独树一帜。其书风高逸，是清代书法家中成就最高的一位。当代宁波籍书法大师称其书法："不但当时没有人和他抗衡，怕清代二百六十年也没有这样高逸的作品呢！"据说日本称其为"清代王羲之"。有《注韩室诗存》《梅赧翁山谷梅花诗真迹》《赧翁集锦》存世，《梅调鼎书法集》2013 年由西泠印社出版社出版。

梅调鼎称同好为壶痴、骚人，在一款瓦当造型的《瓦当壶》题诗中，流露出他对紫砂壶的痴爱和创办玉成窑之初衷：

> 半瓦神泥也逐鹿，延年本是人生福。
>
> 壶痴骚人会浙宁，一片冰心在此壶。

中国传统书画家讲究诗、书、画、印，陈曼生四美兼具，梅调鼎未见其画。他们深厚的国学底蕴，为其他紫砂名家难以比肩，可以说前无古人，后少来者。

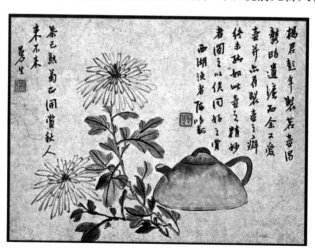

陈曼生《茗壶菊花图》题识两款："茶已熟，菊正开；赏秋人，来不来？""杨君彭年制茗壶，得龚时遗法，而余又爱壶，并亦有制壶之癖，终未能如此壶之精妙者，图之以俟同好之赏。"（藏上海博物馆）

二、名家领军，团队合作

曼生壶、玉成窑紫砂壶的第二个特点是名家领衔，团队合作。

陈曼生多年为官，交游甚广，周围有不少趣味相投的文人好友，宁愿悭吝自己，绝不会亏待朋友。由叶衍兰、叶恭绰编著之《清代学者像传合集》，称其"先生家故贫（空），而豪宕自喜……所居室庐狭隘。四方贤隽莫不踵门纳交，酒宴琴歌，座上恒满。好施与缓急叩门至典质借贷以应。迨登仕版，名流益往归之署舍，至不能容，各满其意以去。性复廉洁，不妄取一钱。自奉节啬而宾客酬酢备极丰瞻"。公余之暇"与同人觞咏流连，无闻寒暑"。

与陈曼生往来之文人壶友，主要有改琦、汪鸿、郭麐（字祥伯，号频迦）、江听香、高爽泉、查梅史等。陈曼生尤为器重郭频迦，紫砂壶之设计制作，部分款识由其本人所为，不少则由郭频迦主刻。今藏上海博物馆、南京博物院等处的曼生壶，有不少"频迦""祥伯"落款。与其合作的制壶名家为杨彭年、杨凤年兄妹，另有邵二泉、吴月亭、蒋万泉等。现存壶把、壶底有"彭年""阿曼陀室"（陈曼生为杨氏兄妹所辟工作室名）落款的，均由陈曼生设计题款、杨彭年制作。

梅调鼎嗜茶爱壶，大约在清同治至光绪年间（1862—1908），依靠爱好紫砂壶的当地和上海同乡的资助，在慈城林家院内（今为待改造闲置厂房），创办浙宁玉成窑。

"玉成"系敬辞，意为成全，用作紫砂窑名，寓意紫砂壶身价不凡，可与美玉媲美。

参与玉成窑的书画、金石名家有任伯年、胡公寿、虚谷、徐三庚、周存伯、黄山寿、陈山农等，制壶艺人绍兴人何心舟和王东石等人，多由梅调鼎负责设计题铭。

"浙宁玉成窑"窑铭

玉成窑泥料从宜兴采购，多是本山绿泥，烧成白中泛黄，脂如玉色，宛如珠绯。产品以紫砂壶为主，另有笔筒、水盂、笔洗、笔架等文房四宝和其他杂件，多数有"玉成窑""林园""调鼎"等落款。玉成窑烧制窑数有限，数量不多，但品位甚高，均为精品。

三、造型独特别致，铭文独具匠心

曼生壶、玉成窑紫砂壶的第三个特点是造型别致，铭文独具匠心，是融造型、

文学、书法、篆刻于一壶，曼生壶另有山水花鸟画。

"曼生十八式"是曼生壶主要款式，分别为石铫、汲直、却月、横云、百纳、合欢、春胜、古春、饮虹、瓜形、合斗、圆珠、乳鼎、天鸡、葫芦、镜瓦、棋奁、方壶。其实传世曼生壶远不止十八式，"十八式"只是形容其多吧。

曼生壶多有原创铭文。如《仿古井栏壶》，壶身一侧刻了一首五言诗并落款：

> 此是南山石，将来作井栏。留传千万代，名结佛家缘。
> 尽意修功德，应无朽坏年。同沾胜福者，超于弥勒前。
>
> 曼生抚零陵寺唐井文字为寄沤清玩

另一侧铭文曰："维唐元和六年，岁次辛卯，五月甲午朔，十五日戊申，沙门澄观为零陵寺造常住古井栏并石盆，永充供养。大匠储卿郭通。"

说明该壶乃仿唐代零陵寺井栏为式。壶底篆书阳文"阿曼陀室"方印，把下有篆书阳文"彭年"小方印。

仿古井栏壶

梅调鼎参与设计制作的博浪锥壶、秦权壶、汉铎壶、笠翁壶、瓜蒌壶等均造型独特，尤其是将历史事件与名人、人生哲理与生活情趣等融入小小紫砂壶，铭文独具匠心，清新可诵，妙趣横生，比曼生壶更胜一筹。

最有意义的当数博浪椎壶，其铭文为：

> 博浪椎，铁为之，沙抟之。彼一时，此一时。

该壶的创意造型源于历史事件张良刺秦王。博浪椎原为一种特制铁器，张良遣力士在博浪沙刺杀秦始皇，可惜未击中。铭文之意为当年铁制博浪椎用于刺杀秦始皇，如今紫砂博浪椎壶则用来鉴赏品茗，可谓彼一时此一时也。此铭还有更深的含义：该壶制于清末，时外敌入侵，清王朝对外软弱，割地赔款丧权辱国，对内腐败民不聊生，处于风雨飘摇之中。作者托物寄情，体现了既忧国忧民又无力救国的无奈情怀。酌文撰句到这个份儿上，足见他的独特匠心与深厚功底。

博浪椎壶原为唐云所藏，现藏于上海博物馆。

汉铎壶铭文云：

> 以汉之铎，为今之壶；土既代金，茶当呼荼。

第一句是说壶型来源汉铎。第二句"土既代金"点
出了紫砂壶虽是陶土制作，但价比黄金，清人汪文柏赠
紫砂壶名家陈鸣远的《陶器行》诗曰："人间珠玉安足取，

博浪椎壶　藏上海博物馆

岂如阳羡溪头一丸土。""茶当呼荼"说的是唐代之前两
字同用的典故。

"月晕而风，础润而雨"，是一句关于气象的谚语。旧时老房子屋柱下面均有
石质柱础，如柱础湿润冒汗，说明天气将会由晴转雨。玉成窑柱础壶铭文点出了
这一自然现象：

> 久晴何日雨，问我我不语。请君一杯茶，柱础看君家。

用注茶壶润比喻础润而雨堪称巧妙。

瓜蒌壶之铭文富有浓浓的生活气息：

> 生于棚，可以羹。制为壶，饮者卢。

瓜蒌系一种葫芦科圆形瓜类，除瓜可供食用外，瓜子及根可药用，有宽胸润
肺、化痰清热的作用。"卢"即写出《七碗茶歌》、誉为"亚圣"之卢仝，寓意饮
者都可成为卢仝那样的茶仙。

这些壶铭机智幽默，充满生活情趣，思维活跃，心态恬然自适，这与梅调鼎
呆板、近乎迂腐的处世态度大相径庭。

唐云收藏的玉成窑瓜蒌壶

结语：创新难在造型、铭文以及淡泊利欲之心态

综上所述，上述特定因素使得曼生壶、玉成窑紫砂壶成为文人壶之标杆，壶随字贵，尤其是近年拍卖的玉成窑紫砂壶每把均以数百万元计价，价超金玉，真个是"人间珠玉安足取，岂如阳羡溪头一丸土"，轰动紫砂界。

当代制壶高手云集，书画名家繁多，虽不乏名家题字铭文，但多是类似"茶可清心""发乎神农氏"等只言片语，离文人壶之雅称尚有距离。

当代何以无法超越曼生壶、玉成窑文人壶？笔者以为主要有三难：

一是造型。历代紫砂壶款式无数，万变难离其宗。

二是独具匠心之铭文。如梅调鼎那样将历史事件、名人事迹、人生哲理等融于壶中，原创贯通茗、壶与国学之优美文辞，谈何容易。

三是淡泊利欲之心态。乡贤国画大师潘天寿有云："美情与利欲相背而不相容。去利欲愈远，离美情愈近；名利权欲愈炽，则去美情愈远矣。惟纯真坦荡之人，方能入美之至境。"当代重利欲，这也是一大障碍。

著名画家、壶痴唐云（1910—1993）收藏过八把曼生壶，多把玉成窑紫砂壶，品格高尚，大气坦荡，本可以成为新时代文人壶之领军人物，可惜生不逢时，当1990年代紫砂壶兴起之时，已经年迈，未几仙逝。

宁波玉成窑紫砂研究所所长、宁波茶文化博物院院长张生，是海内外玉成窑紫砂收藏、研究、传承第一人，紫砂壶产业风生水起，受到天福、八马等著名茶企业青睐。张生又善交游，与多位海内外书画家、艺术家友善，经常聘请到宁波指导研讨。期待优秀文人壶在宁波传承、创新。

一管之见，请方家见教。

（原载《中国茶叶》2019年第2期）

中外日记、游记类文献茶事记载

——以五种唐至明代中外日记、游记类文献为例

导语：日记、游记是记载作者所见、所闻、所思的重要历史文献。本文梳理了五种唐代至明代，五种中外名人日记、游记类文献，记载中国各地丰富多彩的日常茶饮、茶事。

日记、游记是记载当时人文社会、风土人情的重要文献。本文梳理唐代至明代之五种中外日记、游记类文献，就其中茶事记载作一简介。

一、日僧圆仁《入唐求法巡礼行记》，记载晚唐中国茶事盛

在五种与茶事相关的中外名人日记、游记中，最早的是晚唐来华的日本高僧圆仁，其以汉文写作的《入唐求法巡礼行记》有茶事记载40多处，见证当时中国南北僧俗茶风大盛。该书与玄奘《大唐西域记》《马可·波罗游记》，并称"古代东方三大游记"，具有极高的文献价值。

圆仁（794—864），俗姓壬生氏，生于下野国都贺郡（今栃木县）人，幼丧父，礼大慈寺广智为师，后为最澄弟子。谥号慈觉大师。另著有《金刚顶经疏》《显扬大戒论》《入唐求法目录》《在唐送进录》等，在日本遣唐使众多入唐学问僧里，与最为著名的最澄、空海、常晓、圆行、惠运、圆珍、宗叡八人并称"入唐八大家"。

《入唐求法巡礼行记》始于唐文宗开成三年六月十三日（838年7月2日），圆仁从日本博多湾出发，至唐宣宗大中元年十二月十四日（848年1月23日）回到博多，一般数天一记，有事多记，按日程分列，共四卷596篇八万余字。其在华近十年，穿越7省20余州60余县，足迹遍及今江苏、安徽、山东、河北、山西、陕西、河南诸省，并留居长安近5年广泛寻师求法。该书记述涉及王朝宗室、宦官和士大夫之间的政治矛盾，如与李德裕、仇士良的会见，社会生活各方面如节日、祭祀、饮食、禁忌等习俗，所到之地人口、出产、物价，水陆交通路线和驿馆，新罗商人在沿海的活动以及聚居情况，尤其对当时南北佛教寺院中的各种仪式等，均有

详细记载，留下了生动、难得的第一手资料，为研究唐史之珍贵资料。

据不完全统计，该书共有 40 多处写到茶事，如诸多僧俗吃茶、赠茶、顺路看到茶店、茶铺、茶馆等，还有茶叙"茶语"等记载，主要包括以茶会友、以茶为礼、以茶敬佛等方面。

如开成五年（840）六月六日，圆仁记载了唐文宗遣使五台山，按常例敕送衣钵、茶等御礼：

六月六日，敕使来，寺中众僧尽出迎候。常例每年敕送衣钵香花等。使送到山，表施十二大寺：细帔五百领，绵五百屯，袈裟布一千端（青色染之），香一千两，茶一千斤，手巾一千条，兼敕供巡十二大寺设斋。

其中茶叶一千斤，分赐十二家寺院。仅此一项，说明当时五台山寺院用茶之多，说明朝廷备茶之巨，皇室贡茶已成为茶区沉重之负担。

开成六年（841），圆仁记载"从二月八日至十五日，荐福寺开佛牙供养。蓝田县从八日至十五日，设无碍茶饭，十方僧俗尽来吃"。连续向僧俗开放七天茶饭，说明当时寺院备茶之多。

上述五台山在山西，蓝田县在陕西，均为北方非茶产地。北方如此，南方茶产区则更为普及。仅此二例，足见当时全国茶风之盛。

本书另有《唐代新罗、日本五位来华高僧茶禅事略》，详记圆仁笔下之茶事，本篇不做赘述。

[阿拉伯]苏莱曼著，刘半农、刘小蕙译《苏莱曼东游记》，华文出版社 2016 年版书封

二、晚唐阿拉伯商人苏莱曼《苏莱曼东游记》记载茶，是东亚以外关于茶的最早记载

晚唐宣宗大中五年（851），阿拉伯商人苏莱曼等人来华商旅，回去后写了所见所闻，同年开始撰写《苏莱曼东游记》，880 年续成。该书早于《马可·波罗游记》400 多年，是阿拉伯及西方关于中国和远东的一部重要著作。该书 1937 年由刘半农、刘小蕙父女最早翻译在中国出版。

在该书《关于印度、中国及其国王的消息》一章中，写到茶叶：

在中国所出产的多量的货物之中，国王所专利的，是盐，是干草，可以用热水〔泡了〕喝的。无论哪一个城里，都有人出卖这一种草的干叶，而且数量极多。这种草的名目叫作茶（Sah），它的叶子比苜蓿多些，也〔比苜蓿〕略略香一点，不过味道是苦的。〔做茶的方法〕是〔先〕把水煮开了，〔然后〕浇在这草上。要是有什么小小的不舒服，吃了这种冲泡剂就可以治好。（注：其中〔〕内文字为译者所加。）

这是当时作者眼中的中国茶叶，是除了东亚日本、朝鲜半岛以外对茶叶的最早记载。

三、日僧成寻《参天台五台山记》记载杭州街头茶汤每碗一文钱最早向海外介绍天台山石梁"罗汉供茶"出现祥瑞花纹

日本高僧成寻（1011—1081），俗姓藤氏，为日本天台宗大云寺主，素有入宋之志。1070年，他上奏巡礼天台山、五台山圣迹，获准时已年届六旬，家有老母。他排除干扰，于熙宁五年（1072）三月十五日，率徒众赖缘、快宗、圣秀、惟观、心贤、善人、长明七人，乘宋商孙忠之船入宋，同月二十六日抵明州（宁波）。四月至杭州，五月十三日到达天台山。随后，又巡礼了五台山等地，历访诸方尊宿。宋神宗曾诏赐紫衣，授"善慧大师"称号。熙宁六年（1073），成寻弟子赖缘、快宗等五人归国，携回400多卷佛经典籍，包括《参天台五台山记》（以下简称《两山记》）手稿。

成寻留住中国9年，于元丰四年（1081）圆寂于汴京（河南开封市）开宝寺，敕葬于天台山国清寺，建塔题称"日本善慧国师之塔"。著有《观心论注》《法华经注》《法华实相注》。

成寻撰写的《参天台五台山记》，是唯一保存完整的日僧入宋日记，内容丰富翔实，史料价值极高。该日记记述了中国宋代寺院、官府以及民间非常普及的点茶饮茶法，最早向日本等海外读者介绍天台山石梁"罗汉供茶"。

据《两山记》记载，当时杭州街市非常繁华，多茶摊，每碗一文钱。如熙宁五年（1072）四月廿二日记载：

廿二日辛未……每见物人与茶汤，令出钱一文。市东西卅余町，每一町有大路小路，百千买卖，不可言尽。见物之人，满路头并舍内。以银茶器，每人饮茶，出钱一文。……

这一记载说明当时杭州街头茶风之盛，商贩颇为富足，用的是银茶器。

成寻自南至北，记载吃茶、点茶之处多不胜数，尤其在浙江境内，少有间断。日记中一日二饮、三饮比比皆是，甚至有一日四饮。同年五月十三日记载当天在

天台境内，在民间和国清寺内一天四次吃茶：

　　十三日壬辰，天晴。……至陈七叔家，休息，诸人吃茶。虽与钱，家主不取。……未刻，至清家。……家主有道心，令吃茶了。未一点，至国清寺，……大众数十人来迎，即共入大门，坐椅子吃茶。次诸共入宿房。殷勤数刻，宛如知己。又次吃茶。……壬辰，吉日者，即参堂，烧香。先入敕罗汉院。十六罗汉等身木像，五百罗汉三尺像，每前有茶器。……

　　一天之内吃茶四次，足见民间与寺院茶风之盛。当时成寻一行包括随从、翻译共十三人，其中写到在陈七叔家吃茶后，主人谢绝茶水钱，可见好客之淳朴民风。

　　该日记已经写到国清寺十六罗汉、五百罗汉像前均有茶器，说明寺院有"罗汉供茶"之佛礼。相传天台山石梁方广寺为五百罗汉应化之地，寺僧每日以茶供养罗汉，宋代多种文献记载该寺"罗汉供茶"出现祥瑞花纹，并非始于晚唐、至今各地仍在表演之人工茶百戏，而是在天台山山、水、茶等特定条件下，难得出现的自然花纹。

　　同月十九日，成寻记载了该寺"罗汉供茶"出现祥瑞花纹之难得奇迹：

　　五月十九日戊戌，辰时，参石桥。以茶供罗汉五百十六杯，以铃杵真言供养。知事僧惊来告："茶八叶莲花纹，五百余杯有花纹。"知事僧合掌礼拜，小僧（指成寻）实知，罗汉出现，受大师茶供，现灵瑞也者。即自见如知事告，随喜之泪，与合掌俱下。

　　成寻将亲眼所见方广寺茶供罗汉"五百余杯有花纹"记于日记，此事在日本产生很大影响，如日本道元禅师（1200—1253），1223年到宁波天童寺跟随住持如净禅师学法3年，期间还到天台山方广寺考察罗汉供茶，回国后在其住持的寺院为罗汉供茶，同样出现了祥瑞花纹。

　　成寻还在日记中多次记到"点茶药"或"点药茶"，不知为何茶，如同年五月二十日记载点茶："廿日己亥，巳时，寺主相共参向天台县官人许。于国清廨院点茶。……令见杭州公移，以通事陈咏通言语，太守点茶药。"

　　南方如此，北方亦多有茶事记载。如熙宁六年（1073）三月一日在五台山某寺院记载："六年三月一日甲辰，天晴。……（与中外诸僧）点茶两度，银花盘并置银口茶器，茶壶银也。"

　　同月十二日，成寻还在日记中记到向店家买茶："十二日乙卯，天晴。……从御前廿襟子，茶二斤入银八角笥盛鍮石襟子将来，出东华门，到店家取领茶叶，与百文了。"

这些丰富的茶事记载，不仅为后人保留了宋代茶文化历史，对日本流行至今的点茶法，产生了重大影响。

四、朝鲜崔溥《漂海录》多处记载浙东沿路民间、官府馈赠茶叶、果品

明弘治元年（1488），朝鲜一位中层官员崔溥（1454—1504），号锦南，全罗道罗州（今韩国务安郡）人。朝鲜成宗八年（中国明成化十三年，1477年）殿试进士第三名，29岁中文科乙科第一，成化二十四年（1487）33岁时任弘文馆校理，是一位掌管朝鲜古代文献的"中国通"。次年闰正月初三，在渡海回乡为父奔丧途中，遭遇风暴袭击，偕同船42人，漂流至中国浙江台州临海县地。最初疑为倭寇，经审查而释疑，受到官府和民间之善待。遂自台州经宁波陆路至杭州，从杭州走水路，沿京杭大运河经扬州、济宁、临清、天津至京师（今北京），再由陆路至鸭绿江返回朝鲜。崔溥精通汉语，熟悉中国历史、地理，但不会说汉语。朝鲜国王令他将136天的海陆经历撰呈朝廷。得益于回国时一路观察，一路记录，崔溥回国7天后，即交出了用汉语写成的5万余字日记体《漂海录》。国王看后备受感动，遂遣使赴京师北京致谢。

《漂海录》为日记体文献，作者详细描述了其在中国境内8800里行程所见所闻，以一个外国人之视野，展现了中国明代早期运河沿岸城市的山川形势、市容市貌、名胜风物，其中不仅有衙署、钞纸局、榷关、税课局、工部厂、漕运府等难得的资料，包括市井建筑、居民服饰、器用、物产等也无不涉笔，资料之翔实、识见之卓越，堪与地方志相比肩。内容涉及明朝弘治初年政治、军事、经济、文化、交通以及市井风情等方面的内容，对于研究我国明代海防、政制、司法、运河、城市、地志以及两国关系等，实为一部十分具有参考价值的典籍。

该书最初是作为"秘密报告"供朝鲜国王参阅的。半个多世纪后，于1571年才解密公开出版。此后，1573年、1676年、1724年、1896年，《漂海录》在朝鲜半岛多次重版再印。

《漂海录》后来引起了日本人的兴趣。1769年，日本学者将此书译成日文，改名为《唐土行程记》。1965年，美国学者又将《漂海录》译成英文出版，

《崔溥〈漂海录〉评注》书封
线装书局2002年10月版

书名为《锦南（崔溥）漂海录译注》。这部书在海外以各国文字译注了多少年之后，1979年，崔溥后裔崔基泓又将汉文《漂海录》译成本国文字。

1992年8月24日，中韩正式建立外交关系。崔溥立即成了中韩历史友谊的媒介人物，《漂海录》引进中国。经北京大学葛振家教授比勘点注，1992年崔溥《漂海录》点评本由中国社会科学文献出版社出版。崔溥之传奇经历，500年后这才"漂回"中国，成为海上丝绸之路东线难得的文献。

据《漂海录》记载，崔溥一行42人，在海上漂流14天，饥寒交迫，自正月初三出发至第八日初十，所带食品已全部吃完，以干米、尿液聊解饥渴："间或嚼干米，掬其溲尿以饮。未几溲尿又竭，胸膈干燥，不出声气，几至死域。"

崔溥一行漂流14日之后，终于在台州临海县地登陆。当排除其并非倭寇，便受到民间和官府之礼遇。登陆第一天，即以茶、酒、饭款待，因为久饿之人，第一顿饭还特别熬煮米浆疗饥，防止久饥后暴食伤身。其正月十七日日记记载：

十七日，是日雨。舍舟登陆……至其里，有二人……即叫家童将米浆、茶、酒以馈，遍及军人任其所饮。指里前佛堂曰：'你可住此堂安息。'臣指佛堂，解湿衣以风。未几，其二人又做饭来馈，果皆忠厚人也，而忘其职、姓名。

据崔溥记载，当时朝鲜风俗为亲人守丧，三年不饮酒、食肉、茹荤及甘旨之味。国人尊重其风俗，吃饭时，特别为他提供茶饮，随行人员则饮酒，如其十八日日记记载：

十八日，遇千户许清（海门卫千户，正五品官）于路上。是日大雨……遇有自称隐儒，姓王名乙源者，遂馈臣以茶，馈从者以酒。

此后，一路上在台州、宁波、绍兴府各地，日记中多次记载沿路官府馈以"茶果、酒肉"，其中"茶果"指茶水或茶叶、果品：

二十一日，在桃渚所。有大官人……则乃把总松门等处备倭指挥刘泽也……把总官问毕……即馈以茶果。

……

二十四日，至健跳所（时属台州、今宁波宁海县，1940年划归三门县）。是日晴。……城临海岸，所千户李昂躯干壮大，容仪丰美，具甲胄兵戎，导臣等入城门。门皆重城，城中人物……第宅视桃渚所尤丰盛……昂馈臣茶果，又馈臣之从者以酒肉，颇示忠款之意。……

……

二十六日，过宁海县。是日雨。巡检司对岸有越溪铺。自铺前舍舟乘陆，从溪岸而步。溪之通海口甚广阔，不知其源之所从来。行过西洋岭、许家山，至市吞铺，铺中人馈茶数碗。……

……

二月初一日，过慈溪县。是日雨。又过茶亭、景安铺……

……

初四日，到绍兴府。是日晴。……总督备倭署都指挥佥事黄宗、巡视海道副使吴文元、布政司分守右参议陈潭……总兵官三使相即馈臣以茶果，仍书单字以赐。……

初五日，至西兴驿。是日晴。总兵官等三使相并轿，晓到蓬莱驿……又馈臣等以茶果。……

初六日到杭州。此后到六月初四渡鸭绿江，各地均有酒肉饭菜招待，但未发现茶事记载。这说明，当时台州、宁波、绍兴民间及官府，茶风兴盛，以茶待客、以茶会友乃家常便饭。

五、《徐霞客游记》记载云南悉檀寺"三道茶"
——"一清二咸三蜜茶"

明代著名地理学家、旅行家和文学家徐霞客（1587—1641），名弘祖，字振之，号霞客，南直隶江阴（今江苏江阴市）人。他一生志在四方，足迹遍及今21个省、自治区、直辖市，"达人所之未达，探人所之未知"。其所到之处，探幽寻秘，将观察到的各种现象、人文、地理、动植物等，记于日记之中，经30年旅行考察撰成的60万字名著《徐霞客游记》（以下简称《游记》）。其人、其事、其书被称为奇人、奇事、奇迹。

《游记》由笔者家乡浙江宁海开篇，2001年5月19日，宁海徐霞客旅游俱乐部向社会发出设立"中国旅游日"之倡议，建议以《游记》开篇之日（5月19日）定名为中国旅游日。2011年3月30日，国务院常务会议通过决议，自2011年起，每年5月19日为"中国旅游日"。

徐霞客爱茶，据不完全统计，《游记》全书涉及茶事记载有70多处。其中写到瀹茗、煮茶、供茶、待茶、饮茶、啜茶、进茶、点茶、献茶、留茶等；多处记载佛教、道教之寺、庵、庙、道观设茶、施茶；另有茶坞、茶园、茶榜、茶洞、茶亭、茶房等记载。这些丰富多彩的茶事记载，为研究明代各地茶文化历史提供了第一手资料。

除了在明万历四十一年（1613）《游天台山日记》开篇写到宁海，时隔19年之后的1632年农历三月十四日，徐霞客再次从宁海出发，在《游天台山日记（后）》

中记载其次日在宁海境内，独自于石上煮茶品饮：

> 壬申三月十四日，自宁海发骑，四十五里，宿岔路口。其东南十五里为桑洲驿，乃台郡道也。西南十里，松门岭，为入天台道。
> 壬申三月十五日，渡水母溪，登松门岭，过王爱山，共三十里，饭于筋竹岭庵，其地为宁海、天台界。陟山冈三十余里，寂无人烟，昔弥陀庵亦废。下一岭，丛山杳冥中，得村家，瀹茗饮石上。……

农历三月十五日，正是谷雨前后。"瀹茗饮石上"，在山村巨石上品饮谷雨新茶，别有情趣：春风吹拂，山花绽放，茶香、花香沁人心脾，该是何等惬意！而倚天借地，草木中人，一期一饮，此情难再。作者因此记上这难忘一笔。

这段话一般解释为：在幽深的群山中找到一户人家，煮了茶让我们坐在石上饮了。也有学者解读为徐霞客好兴致，自带简易煮茶器具，一人在石上煮茶品饮。而从下文云南僧人送他薄铜鼎、古磁杯来看，当时已有这种简易茶具。

不管何种解读，于宁海来说，都是难得之名人茶事。2009年前后，宁波市政府已先后设立"海上茶路启航地"纪事碑、宁海宋代名茶基地"茶山茶事碑"等4种茶事碑，笔者已建议在当地设立《徐霞客品茶处》茶事碑。

徐霞客笔下云南茶事多。据《滇游日记六》记载，崇祯十二年（1639）正月，他作为贵宾，参加鸡足山悉檀寺元宵节灯会，与长老们一起品茶观灯：

> 十五日……弘辨诸长老邀过西楼观灯。灯乃闽中纱围者。佐以柑皮小灯，或挂树间，或浮水面，皆有荧荧明星意，惟走马纸灯，则暗而不章也。楼下采青松毛，铺藉为茵席，去桌跌坐，前各设盒果注茶为玩，初清茶，中盐茶，次蜜茶，本堂诸静侣，环坐满室，而外客与十方诸僧不与焉。余因忆昔年三里龙灯，一静一闹。粤西、滇南，方之异也。

悉檀寺元宵灯节茶会"一清二咸三蜜茶"之记载，与今天白族"三道茶"——"一苦二甜三回味"略有差别，不知今日当地寺院是否还流行。这也许是寺院与民间的差别之处。

据《游记》记载，同年二月初八日，徐霞客在解脱林法云阁，主僧纯一以磁杯、铜鼎相赠："纯一馈以古磁杯、薄铜鼎、并芽茶为烹瀹之具。"这一记载说明当时已有轻便易带的茶杯、铜鼎等茶具，便于野外煮茶品饮。因此上文在宁海境内解读为徐霞客自带烹茶用具，在石上品饮也是可能的。

六、结语：唐以后祖国南北大地茶事丰富多彩

本文梳理晚唐日僧圆仁《入唐求法巡礼行记》、阿拉伯商人苏莱曼《苏莱曼东游记》，宋代日僧成寻《参天台五台山记》，明代朝鲜官员崔溥《漂海录》，以及明代地理学家、大旅行家徐霞客《徐霞客游记》中的茶事记载，一是说明早在晚唐时期，茶饮已普及于城乡僧俗，南方尤盛；二是通过这些名人名家的描述，可以见证祖国南北大地茶事丰富多彩。

印度大吉岭茶种源自舟山、宁波、休宁、武夷山四地

——英国"茶叶大盗"罗伯特·福琼《两访中国茶乡》自述

印度阿萨姆、大吉岭两大地区所产著名红茶，其茶种均源于中国。

据日本、中国等专家考证研究，印度阿萨姆茶树源自云南大叶种茶树，是从云南西部传播过去的。英国罗伯特·布里斯 1823 年在印度阿萨姆发现茶树，英帝国为压制华茶，吹嘘印度也是茶树原产地，此说至今仍被海内外一些孤陋寡闻、不负责任的专家、学者所引用。

印度大吉岭地区的茶树又源自何处呢？中央电视台 2013 年推出的电视纪录片《茶，一片树叶的故事》第四集说："大吉岭红茶种植的历史还不到两百年，其茶技、茶种均来自中国武夷山茶区。"其实不然。笔者从被称为"茶叶大盗"的英国植物学家罗伯特·福琼（Robert Fortune，1818—1880，或译罗伯特·福均，以下简称福琼）自述中译本《两访中国茶乡》中获悉，大吉岭地区茶种分别引自浙江舟山、宁波、安徽休宁、福建武夷山。该书 35 万字，2015 年 7 月由江苏人民出版社翻译出版，译者为南京大学海外教育学院副教授敖雪岗。

1842 年和 1849 年，福琼分别受英国皇家园艺会和英国东印度公司派遣，先后两次到中国，各逗留两年多时间，盗采大量植物，包括茶树和茶籽，带回英国和印度，其中茶树和茶籽主要种植于印度大吉岭地区。

上述福琼盗采茶树和茶籽的四地中，当时舟山允许外国人访问，隔海相邻的宁波则为"五口通商"口岸，宁波和福州均驻有英国领事，但宁波和舟山距离上海较近，他两次到中国，曾无数次往来于宁波和舟山。

《两访中国茶乡》中文版书封

以下笔者按时间次序做一梳理。

舟山岛"到处栽种着绿色的茶树"
在金塘岛"采集到很多茶树种子"

1843 年 7 月 6 日，福琼离开英国 4 个月后，在香港登陆来到中国内地。

据福琼自述，他当年"11 月以后的两年多时间里，一年四季，我经常访问舟山，因此详细地了解了舟山岛的土地、物产、植被等情况"。

接下来他写道："舟山的山谷里长着很多乌桕树……到处栽种着绿色的茶树，每年所产的茶叶，除了一小部分出售到大陆上去——宁波以及邻近的几个乡镇，绝大部分都是当地人自己消费掉了。每户小农或佃农的房前屋后，都有一些房主精心种植的茶树，但看起来他们并不想大规模种茶。实际上，真要大规模种茶，还应该再考虑考虑，因为这儿的土质并不是那么肥沃。尽管茶树长得还不错，但和陆地上那些茶叶产区的茶树相比，在繁茂程度上还是远远不如的。"

遗憾的是，以上记载没有说明具体为什么岛。舟山的政府驻地在定海，单说舟山，一般即指定海。

福琼第二次来中国到舟山，是 1848 年冬天，这次是从宁波去舟山的。他写到了另一个金塘岛："外国人获准访问舟山群岛，比如，舟山和金塘，这两个岛上都种了很多茶叶。"

他接着记载："金塘岛又叫银岛。……岛内广泛栽种绿茶茶树，我来这儿的目的就是希望采集到一些茶树种子。因为这个原因，我把两个仆人都带在身边，一路上看各个茶园。……第二天早晨，我租到了一匹小马，和两个偷奸耍滑的家伙一起出发前往位于小岛中部的茶园。……路上一共花了三四小时。我们从山坡上的茶园里采集到很多茶树种子。……每天我们都这样工作，直到我们把几乎所有的茶园都拜访了一遍，采集到大批茶树种子。"

"银岛上种植的茶叶比舟山群岛任何别的一座岛屿上的都要多。除去本地人喝掉的，大部分茶叶都销往宁波和乍浦，供那儿的人消费，或是出口到马六甲。尽管都是些好茶叶，可它们并不是按照英、美市场的口味来加工的。"

宁波附近各茶叶产区出产优质茶叶
"天童寺庙周边也大规模地种着茶叶"

1843 年秋天，福琼是第一次从舟山到宁波的。与舟山一样，他也多次往来于宁波，对宁波的风土人情多有记载。

他两次来中国均记到天童寺及其茶叶。

1844 年 5 月，他有如是记载："大概在 5 月初，我与英国领事罗伯聃先生，以及另外两位先生一道，开始一次短途旅行，访问宁波周边的绿茶产地。我们得知，这片绿茶产地的中心，有一座很大很有名的寺庙——天童寺，离宁波大概有 20 英里的距离，旅行期间，我们可以在这个寺庙落脚歇息。"

"天童寺坐落在群山之间，下临山谷。山谷中土地肥沃，在山中清泉的滋养下，出产品质上佳的稻米。两侧山地更为肥沃，在山坡的低地上，散布着很多深绿叶子的茶林。"

据他记载，他当时参观了天童寺的茶园以及茶叶的制作过程。

福琼很喜爱天童寺，包括他数年后第二次到中国，多次到天童寺并留宿。

1848 年秋天，福琼第二次到中国，在记述他将去徽州（辖今安徽黄山、黟县、休宁、绩溪、祁门及江西婺源）采集茶籽时，认为宁波茶叶的品质非常好："宁波附近的各个茶叶产区，出产适合中国人饮用的优质茶叶，但这些茶叶却不是很适合外国市场。也许宁波的茶树品种与最优质茶叶的茶树并无二致，其差异不过是气候、土壤的不同所导致的，或者，更可能是因为加工方式的不同而导致。但谁又说得准呢。就我所知，还没有外国人访问过徽州的茶叶产区，也没有从那儿的茶山上带来过茶树。在这样的情况下，如果我只是从宁波的茶叶产区采集一些茶树和种子，然后假定宁波的茶树品种与徽州的完全一致，那我此行将留下一个很大的遗憾。"

"要是从宁波附近的茶区采集茶树与种子，那就太容易了。……也可以到名刹天童寺去，天童寺离海边大概 20 英里，寺庙周边也大规模地种植茶叶。"

遗憾的是，关于宁波周边茶区，福琼书中除了天童寺地名外，没有出现其他茶区地名。今日天童寺茶园并不多，附近 20 世纪 70 年代前后开发的福泉山茶园，面积 3600 亩，前临东海，后有东钱湖，风光绝佳，被誉为"世界最美茶园"。

罗伯特·福琼与家人合影

视徽州为茶叶圣地，在休宁松萝山住了一周，
采集到大批茶树种子和幼苗

上文已写到福琼很向往徽州茶区，他紧接上文，将徽州视为茶叶圣地："但是徽州茶区却在内陆之中，离北方港口无论是上海还是宁波都有 200 英里之遥。对欧洲人来说，那儿就是一个与世隔绝的地带，除了几个耶稣会传教士，没人踏进过徽州这一茶叶圣地。"

"我决定好了，如果有可能，就从这一著名的茶乡采集茶树和种子。有两种途径可以实现这一目的：其一是雇佣中国人前往这一地区，采集茶树和种子，然后把它们带回来；其二就是我亲自前往。"

考虑到雇人可能会作弊，福琼决定亲自前往："于是我放弃了第一种途径，决定亲自前往徽州做一番刺探。这样我不仅可以采集到真正出产最好品质的绿茶的茶树，而且也可以获得一些关于徽州茶区的土壤特性以及栽种方法等信息。"

1848 年 10 月，福琼找了两位徽州籍仆人，从上海由水路经嘉兴、杭州、严州（今杭州桐庐县、淳安县和建德市一带）等地，于 11 月初到达他极为向往的徽州休宁县松萝山。

松萝茶始创于明代，明清时较为著名。不知从何处得到的错误信息，福琼在书中两次写到松萝山为绿茶发源地，这大概是他视徽州为茶叶圣地的由来："我们在天刚擦黑的时候到了目的地，并第一次看到大名鼎鼎的松萝山，据说绿茶最早就在这座山上被发现的。"

在紧接上文的章节中，福琼简介了松萝山的地理位置，并重复了上面的话："在中国，松萝山很有名，因为绿茶最早就是在这儿被发现，也是最早在这儿被炒制出来的。"

"我们到达松萝乡下后，我住在仆人王的父亲家里。"

"正常的天气情况下……我这时每天都待在外面，从早上一直到晚上，忙着采集各种种子，调查山上的植物，收集绿茶种植与加工的各种信息。就这样，我采集到一大批茶树种子和幼苗，都属于茶叶贸易中最上乘的品种，我也收集到很多有用的信息。"

福琼在松萝山住了一周，带回了大量茶树种子、幼苗以及其他植物。

在福州府附近茶山发现红茶与绿茶源于同一种茶树
在武夷山九曲溪畔道观附近采集到 400 株茶苗

原来英国等地消费者以为红茶与绿茶产自不同的茶树品种，作为植物学家，福琼第一次到中国后的 1845 年 5 月，为考察红茶产区，已经到过福州附近的茶山，发现红茶与绿茶其实源自同一种茶树：

"在这些海拔 2000 英尺至 3000 英尺高的山上，我找到了自己迫切寻找的红茶产区，而我那些亲爱的官员却矢口否认它们的存在。因为我也到过北方的几个绿茶产区，我很想弄清楚，这两个地方的茶树是属于同一品种呢，还是像普遍认为的那样属于不同品种？这一次我很幸运，不仅找到了一大片茶园，而且正好碰到当地茶农正在采摘和加工茶叶。我不仅采集到了一些新的植物标本来丰富我的收藏，而且还得到了一株活的茶树。我后来把这棵茶树带到北方的绿茶产区，在经过细致的对比后，我发现它与绿茶茶树完全相同。也就是说，通常运到英国去的，来自中国北方的那些红茶和绿茶，实际上产自同一茶树树种，它们在颜色、味道等方面的不同，仅仅是因为加工方法的不同而已。"

为了进一步考察著名的红茶产区，1849 年 5 月 5 日，福琼从宁波出发，由水路经今浙江兰溪、常山，江西玉山、河口、铅山，福建崇安等地，到达武夷山。

在武夷山，福琼借宿在九曲溪畔一家小道观中，在附近山上采集到茶苗："我参观了很多茶田，成功采集到大约 400 株幼苗，这些幼苗后来完好地运到了上海，现在大多数都在喜马拉雅的帝国茶园里苗壮成长呢。"

因为英国不适宜种茶叶，福琼第一次带回英国的仅是作为园林观赏的茶树或茶籽，第二次受英国东印度公司派遣，才盗采了数以万计的茶树或茶籽，分批从海上运到喜马拉雅山大吉岭地区，并带去制茶工人和工具，数年后大吉岭地区便成了著名的红茶产区，从而彻底改变了中国茶叶一统天下的垄断格局。

（原载《中国茶叶》2016 年第 8 期）

辑六　宁波茶史采华

宁波成为海上茶路启航地与
茶禅东传门户的三大要素

导语：宁波之所以成为海上茶路启航地与茶禅东传门户，不仅拥有代表中华文明主要发祥地之一的余姚7000年前的河姆渡遗址和6000多年前的田螺山遗址，自古以来经济文化较为发达以外，还因为有三大地域和人文因素：一是拥有天然深水良港，唐代即成为我国对外交往的重要门户；二是地处东南佛国福地，多古刹名寺；三是中国绿茶和越窑青瓷的主要产区。

中国茶输出海外的最早记载，在唐贞元二十一年（805）九月，由到浙江天台山等地学佛的日本高僧最澄（767—822），经明州回国时，在带去大量经文的同时，还带去了浙东茶树和茶籽。作为日本佛教天台宗创始人的传教大师最澄，因此成为海上茶路与禅茶东传的开创者。

2006年4月24日，在第三届宁波国际茶文化节期间，举办了首届海上茶路国际论坛，与会的海内外茶文化专家、学者一致确认宁波为中国海上茶路启航地。2008年4月、2009年5月，宁波东亚茶文化研究中心又连续两次举行海上茶路启航地研讨会，并于2009年5月21日，在古明州码头遗址，今宁波市中心三江口江厦公园隆重举行海上茶路启航地纪事碑揭碑仪式。

2010年4月下旬，宁波第五届国际茶文化节暨第五届世界禅茶文化交流大会在宁波举办。禅茶大会的主题是：禅茶东传宁波缘。日本、韩国等海内外多位禅茶文化专家、学者、僧人会聚宁波，纪念禅茶东传的历史意义，探讨新时代禅茶文化。并在宁波七塔寺举办了两场"海上禅·茶·乐"高雅茶会。

世间事物，多有缘由。笔者以为，宁波之所以成为海上茶路启航地与禅茶东传门户，不仅拥有代表中华文明主要发祥地之一的余姚7000年前的河姆渡遗址和6000多年前的田螺山遗址，自古以来经济文化较为发达以外，还因为有三大地域和人文因素。

一、天然深水良港，唐代即成为我国对外交往的重要门户

宁波拥有得天独厚的天然深水良港，是著名的海上丝绸之路的始发港之一，始于汉代，东达日本、朝鲜半岛，西经东南亚、印度洋地区，远至西亚和东北非，以陶瓷、茶、丝绸为代表的文化遗产极为丰富，在中国对外交通、贸易、文化交流中占有重要地位。以宁波和福建泉州为代表的海上丝绸之路，作为中国丝绸之路申请世界文化遗产项目的组成部分，2006 年 12 月列入《中国世界文化遗产预备名单》。

宁波在唐代已经成为与日本、朝鲜半岛等东南亚国家和世界各地交往的主要港口。与日本、朝鲜半岛不仅地域接近，还因为有独特的海风和洋流，每年春夏间的洋流和季候风，有利船只航行，为其他港口无法比拟。尤其是在靠风力和人力为主的古代，这一点非常重要。如朝鲜时代弘文馆副理崔溥（1454—1504），1488 年（朝鲜成宗十九年，明弘治元年）因父丧自济州岛回家奔丧，不幸遇风暴漂流到台州宁海（今宁波）沿海，受到礼遇送还朝鲜。前几年，韩国和中国民间曾用无动力竹筏，依靠人力和洋流、季候风，从舟山漂流至韩国釜山。

海上茶路是海上丝绸之路的重要组成部分，如果说海上丝绸之路是宁波与泉州共同申报的申请世界文化遗产项目；那么，作为海上茶路启航地与禅茶东传门户，则是独特的宁波元素，其内涵极为丰富。首先，海上茶路与禅茶东传，是一条友谊之路。中国茶传播到世界各地，主要通过三种形式：一是早期朝鲜半岛、日本僧侣在中国学佛的同时，传去了茶叶、茶文化；二是朝廷、官府作为高级礼品赏赐或馈赠给来访的外国使节、嘉宾；三是通过贸易，输往世界各地。如早期到中国学佛的日本、朝鲜半岛僧侣及历代遣唐使、遣宋使、遣明使，带去的茶叶、茶文化；都是寺院、朝廷、官府或民间作为高级礼品馈赠或赏赐的，清香之茶凝结中外交流的深情厚谊，留下了很多动人佳话，如两次在宁波受到礼遇的荣西，回日本后以感恩之心送来 100 多棵珍贵木材，助建天童寺千佛阁。

宁波港也是中国茶叶、茶具出口的主要港埠，浙江、江苏、安徽、江西诸省皆为腹地，包括茶具在内的越窑青瓷及各地茶具是各国喜爱的珍品。宋代以后官方和民间贸易较为活跃。明清时期，尤其是绿茶，更有出口半壁江山之称，其中 1895 年达 11491 吨。当代宁波港仍为茶叶出口重埠，其中 2009 年为 12.6 万吨。

2009 年 5 月 21 日，海上茶路启航地纪事碑主题景观在古明州码头遗址（今三江口江厦公园内）落成。碑文由宁波市人民政府落款，全文如下：

位于宁波市中心三江口的"海上茶路"启航地主题景观

茶为国饮，发乎神农；甬上茶事，源远流长。《神异记》载，晋余姚人虞洪入四明山瀑布岭，遇丹丘子获大茗。唐陆羽《茶经》称瀑布仙茗为上品，赞越窑茶碗类玉类冰。

明州（宁波）自唐宋遂成中外贸易商埠，苏、浙、皖、赣诸省尽为腹地。茶输海外，绵绵不绝；起碇江厦，史论凿凿。唐有日僧最澄之移种；宋有荣西之习茶承道，著《吃茶养生记》，奉为日本"茶祖"。高丽僧义通、义天于五代、宋代学佛事茶于明州等地。茶之苗种道习，此后源源输于东海。并茶而行者，有越窑青瓷茶具。故海上茶路，具茶并行，道习双传，其文化蔚然而为大观者也。逮至有清，有粤籍刘峻周者，将甬茶移种于格鲁吉亚，开苏联种茶之先，尊为"茶叶之父"。今宁波港仍为茶叶出口之重埠。

茶之为体，色香味形；茶之蕴涵，德道习法。佐思辨，开禅趣，为中华文化之一绝，东方生活之美篇，世界三大饮法之冠。欧美共仪，万国同赏。以此观江厦古码头，盖为海上茶路启航地，于世界茶事重矣，于海上丝路重矣，于宁波历史重矣。

特立是碑，以启后人。

海上茶路启航地主题景观占地面积6000多平方米，由一个主碑、4个副碑、茶叶形船体和船栓群组成。茶叶形船体寓意一叶扁舟；船栓群寓意宁波城市从诞生到繁荣的历史进程，象征沧海桑田的历史变迁和往昔樯桅林立的繁华景象。主题景观已经成为中外游客，尤其是茶文化与历史爱好者喜爱的特色风景。

二、地处东南佛国福地，古刹名寺众多

宁波及相近州、府一带著名寺院多，自古就有东南佛国之称，唐代之前即有很多著名寺院。在佛教"五山十刹"中，宁波阿育王寺、鄞州天童寺，被列为禅院五山；奉化雪窦寺被列为禅院十刹。周边列为"五山十刹"的则有余杭径山寺、杭州南屏山净慈寺、杭州灵隐寺，杭州中天竺永祚寺、天台国清寺等。

此外，还有舟山普陀山观音道场、天台万年寺等，都是日本、朝鲜半岛僧人向往的学佛之地，吸引着一批批僧人前来朝圣学佛。茶是僧人修行打坐的必需品，海外僧人回国时，大多会带回茶叶或茶籽。

作为禅茶东传的门户，除最澄为日本佛教天台宗创始人之外，最澄之后，更有多位日本、高丽僧人经宁波门户禅茶东传，著名的有以下几位：

空海（774—835），日本高僧。804 年与最澄同船从明州入唐，后到长安青龙寺随密宗惠果（746—805）学佛。806 年学成从明州回国时，除带去大量佛经外，还带回茶籽献给嵯峨天皇，今奈良宇陀郡佛隆寺，仍保留着由空海带回的碾茶用的石碾。

义通（927—988），高丽（朝鲜）王族高僧。后晋天福（936—947）年间游学中国，留学天台山，北宋乾德五年（967），从明州归国时得到州官员挽留，住持城内宝云寺，成为中国天台宗第十六祖师，并弘扬天台宗禅茶文化 20 年。圆寂后葬于明州阿育王寺。

义天（1055—1101），高丽（朝鲜）王族高僧。元丰八年（1085）自明州入宋，上表哲宗皇帝，求华严教法、天台教法，受到哲宗接见。在华大量搜集经书，深受茶禅一味的影响。从明州归国时，挂锡延庆寺，祭扫义通塔，参拜雪窦寺。回国后创立高丽天台宗，寺院建筑仿效国清寺建造，成为高丽佛教天台宗与禅茶祖师。

明庵荣西（1141—1215），日本高僧。于宋乾道四年（1168）四月搭商船到明州，先后在阿育王寺、天台山万年寺学佛，不久回国。淳熙十四年（1178）第二次入宋，绍熙二年（1191）七月回国，在宋 4 年多，到天台山万年寺拜临济宗黄龙派八世法孙虚庵怀敞为师，后随师到天童寺服侍两年多回国，是日本临济宗创始人。在天童寺时，他把日本周防国的大批木材运到明州，助建天童寺千佛阁，今遗址尚存。他回国时带去了中国的饮茶文化，著有《吃茶养生记》，尊为日本茶祖。

希玄道元（1200—1253），荣西再传弟子，日本曹洞宗祖师。宋嘉定十六年（1233）三月入宋，四月到明州，参礼天童寺如净禅师三年，期间不仅学佛，也学

习寺院茶礼。回国后在永平寺按中国唐代《百丈清规》和宋代的《禅院清规》，制定出《永平清规》，使饮茶成为僧人的日常行为，对日本佛教和茶道产生了深远的影响。2003 年，日本友人在昔明州码头（今宁波江厦公园内）设"日本道元禅师入宋碑"。

圆尔辨圆（1202—1280），日本高僧。宋端平二年（1235）从明州入宋，1241年回国，师从径山寺高僧无准师范。经过师范的千锤百炼，辨圆深究参悟，学业有成。不仅学到了佛教真义，还学会了中国的茶叶种植、加工、烹煮、品茶问禅，甚至包括纺织、制药、打麦面、做豆腐等中国文化。他从南宋带去千余卷典籍，其中包括《禅苑清规》，并以此为蓝本，制定《东福寺清规》，与上文介绍的希玄道元制定的《永平清规》一样，是日本较早的佛门规范，其中包括茶事规范。

南浦绍明（1235—1308），日本高僧。俗姓藤原氏，日本静冈县骏河安培郡人。1259 年入宋，1267 年回国，师从径山兴圣万寿寺住持、明州象山籍虚堂智愚禅师。如果说圆尔辨圆作为径山寺茶宴传入日本的始祖受到尊敬，那么南浦绍明则带了茶书、茶道具而更被人关注。他回国时不仅带去了径山寺的茶种和种茶、制茶技术，同时传去了供佛、待客、茶会、茶宴等饮茶习惯和仪式，虚堂智愚还送他很多茶书、茶台子。因此日本史籍中记载更多的是南浦绍明，据日本《类聚名物考》记载："茶道之初，在正元中筑前崇福寺开山，南浦绍明由宋传入。"日本《本朝高僧传》记载："南浦绍明由宋归国，把茶台子、茶道具一式带到崇福寺。"日本《虚堂智愚禅师考》也载："南浦绍明从径山把中国的茶台子、茶典七部传来日本。茶典中有《茶堂清规》三卷。"

日本茶道与韩国茶礼，均是在吸收中国茶禅文化的基础上，传承发展而来，是禅茶东传结出的丰硕之果。

三、是中国绿茶和越窑青瓷的主要产区

宁波境内山脉主要为四明山脉和天台山余脉，多丘陵山地，现有山地面积2400 多平方千米，最高峰近千米，平均海拔四五百米，植被良好，山地肥沃。四季分明，气候宜人，雨量充沛，目前年平均气温为 16.2℃，年降水量 1300 至 1400毫米，具有较好的宜茶环境，各地多有野生茶资源，是浙江也是中国绿茶的主要产地。

陆羽在《茶经》四之器、七之事及《顾渚山记·获神茗》中，先后三次转引《神异记》故事："余姚人虞洪，入山采茗，遇一道士，牵三青牛，引洪至瀑布山，曰：'予，丹丘子也。闻子善具饮，常思见惠。山中有大茗，可以相给，祈子他日有瓯牺之余，乞相遗也。'因立奠祀。后常令家人入山，获大茗焉。"

《茶经·八之出》将余姚大茗美名为"仙茗"："浙东，以越州上（余姚县生瀑布泉岭曰仙茗，大者殊异，小者与襄州同）。""仙茗"之茶名是陆羽命名的，也是《茶经》中唯一留下茶名的历史名茶。2008 年春天，瀑布泉岭发现了大批长势优良的灌木型古茶树，最大的胸围 10 厘米多，高 3 米以上。2009 年 5 月，宁波市人民政府在当地建立了瀑布泉岭古茶碑。

2004 年，距河姆渡遗址约 7 公里的余姚三七市镇，发现了 6000 多年前的田螺山人类文明遗址。这里出土的一批古树根，由应邀参与"田螺山遗址自然遗存综合研究课题组"的日本东北大学教授、著名古树木鉴定专家铃木三男负责鉴定。2008 年 11 月，铃木教授从众多树根取样检测中，鉴定其中的 6 个根须样品均为山茶属，非常类似人工栽培的茶树。

尽管专家正在进一步鉴定，但这一发现已经举世皆惊！因为在茶树原产地的中国，一般认为是 5000 年前的农耕文明始祖炎帝神农氏，是先民发现与利用茶的代表人物，茶文化因此仅有 5000 多年历史，如果田螺山遗址的栽培茶树得到确认，将全面改写中国茶文化的历史。

《茶经·八之出》还记载了明州鄮县榆荚村茶叶："明州、婺州次（明州鄮县生榆荚村（今鄞州甲村一带）……"

千载儒释道，万古山水茶。宋台州《赤城志》记载了宁海（宁海旧属台州）茶山茶有道家种茶、释家送茶、儒家赞茶的独特历史："宝严院在县北九十二里，旧名茶山，宝元（1038—1040）中建。相传开山初，有一白衣道者，植茶本于山中，故今所产特盛。治平（1064—1067）中，僧宗辩携之入都，献蔡端明襄，蔡谓其品在日铸上。"

日铸茶系宋代越州贡茶，大文豪欧阳修《归田录》曾有"两浙之品，日铸第一"的赞语。而著名的书法大师蔡襄不仅位居端明殿学士，更是一位不可多得的茶学大师，他在福建任官时，曾督造贡小龙团茶贡献皇上。名不见经传的茶山茶，能得到蔡襄的厚爱和好评，认为比贡茶日铸更好，非常难得。

茶山现有 1300 多亩有机茶茶园。为首届浙江十大名茶望海茶最大生产基地，2008 年 4 月 18 日，宁波市人民政府在茶山建立茶事碑，记载了宋代茶山茶今日望海茶的千年茶史。

2009 年春天，茶山发现 10 棵特大野生灌木型茶树王，树桩、主干周长 60 至 21 厘米不等，树龄至少数百年。因气候关系，我国茶树自南向北分为乔木、半乔木、灌木，浙江地区为灌木型茶区，一般树干胸围多在 10 厘米以下。茶树王的发现佐证了茶山的宜茶环境和悠久历史。

宁波还有 300 余年的贡茶历史，产地车厩岙原属慈溪县（今余姚市）。《浙江通志》《宁波府志》《慈溪县志》均有记载，以车厩岙南宋丞相史嵩之墓园为中心

的开寿寺、三女山、冈山一带盛产贡茶，尤以"资国寺傍冈山所产称绝品"。从元初（1290 年前后）到明万历二十三年（1595）为止，历时三百余年，年贡 260 斤。每年清明至谷雨，县令到车厩喦制茶局监制贡茶。明慈溪县令顾言曾在县署设立《贡茶碑记》，记述贡茶盛衰。

2007 年 4 月，宁波市评出八大名茶，分别是：宁海望海茶、宁波印雪白茶、奉化曲毫、北仑三山玉叶、余姚瀑布仙茗、宁海望府茶、余姚四明龙尖、象山天池翠。

宁波丰富、优质的茶树资源，是中国茶输出海外的良好基础。唐代日僧最澄、空海带到日本的茶树、茶籽，即包括四明山在内的浙东茶树、茶籽；清代刘峻周受俄国皇家采购商波波夫邀请，带领宁波茶厂的 11 位同事，将宁波茶树、茶籽带到格鲁吉亚，开苏联地区种茶之先，被尊为"茶叶之父""红茶大王"。

与宁波相邻的历史名茶，则有天台山云雾名茶、杭州径山茶、龙井茶、越州日铸茶，皆名重一时。

宁波的余姚、慈溪、鄞州，还是历史上越窑青瓷的主要产地。1987 年，陕西法门寺唐塔地宫出土了 13 件首次发现的奇特瓷器，其形状规整，造型精美，晶莹凝润。釉色有湖绿、青绿、青灰、青黄和淡黄，其中两件为银棱金银平脱鸟纹瓷碗。另有碗 5 件，盘 4 件，碟 2 件。据同时出土的地宫《物帐碑》记载："真身到内后，相次赐到物一百二十件。……瓷秘色碗七口，内二口银棱。瓷秘色盘子、叠子共六格……"

1975 年宁波市和义路码头遗址出土的越窑青瓷荷叶带托茶盏

经专家考证，这就是千百年来人们梦寐以求的浙东上林湖越窑秘色瓷，是迄今所见唯一能与实物相互印证的有关"秘色"瓷器的记载。清楚说明这批瓷器的来源、件数以及唐人对其称谓。可知秘色瓷至迟在咸通十五年（874）地宫封闭以前已烧制成功。

除了陆羽《茶经》越窑青瓷的赞美，唐代诗人陆龟蒙在《秘色越器》吟诵道："九秋风露越窑开，夺得千峰翠色来。好向中宵盛沆瀣，共嵇中散斗遗杯。"五代诗人徐夤，也有《贡余秘色茶盏》赞美之："捩碧融青瑞色新，陶成先得贡吾君。巧剜明月染春水，轻施薄冰盛绿云。"

据专家考证，位于原余姚今慈溪鸣鹤镇西栲栳山麓上林湖一带的越窑遗址，为越窑青瓷主要产区之一。因古代地属越州，故名越窑。越窑烧制始于东汉，盛于唐、五代，延至宋。如今如贝壳般大量堆积在湖中的瓷片，是当年越窑青瓷繁荣兴盛的象征。

上林湖一带蕴藏着丰富的原生高岭土和瓷石矿藏，是烧制青瓷的理想原料。从 1957 年始，省文物管理委员会、北京故宫博物院多次调查，先后发现上林湖、古上岙湖、白羊湖、杜湖（里杜湖）及古银锭湖（今彭东）四周古窑址 120 余处。其中以上林湖最集中，沿湖木杓湾、鳌裙山、荑白湾、黄鳝山、燕子坤、荷花心、狗头颈山、大埠头、陈子山、吴家溪、周家岙等，窑场密布。

由于种种原因，宋代以后，名重一时的越窑青瓷工艺逐渐消亡，人们只能在海内外收藏家、博物馆中看到更多越窑青瓷，包括在通往世界各地的海上茶路航道上，也沉睡着不少因沉船或落水的珍宝。作为越窑青瓷的故乡，家乡人民热切期望越窑青瓷这一绝世工艺，能够涅槃新生，重放异彩。

（原载《农业考古·中国茶文化专号》2011 年第 5 期）

"海上茶路"宁波启航　"甬为茶港"名副其实

　　宁波是"一带一路""长江经济带"的重要节点城市，是海内外公认的海上茶路启航地。"海上茶路"在"海上丝路"中具有独特的重要地位，如果说中国茶文化是连接世界各地人民友谊的枢纽和桥梁，是影响世界的文化软实力；那么，"海上茶路"对世界之影响最为重要。这一切，为宁波的茶文化探索提供了壮阔的时代背景。

　　一缕茶香述古今。

习近平主席主旨演讲《携手推进"一带一路"建设》两提宁波元素

　　2017年5月14日，习近平主席在"一带一路"国际合作高峰论坛开幕式上做了主旨演讲《携手推进"一带一路"建设》。很多人都注意到，习近平主席在论述古代丝绸之路时说到宁波元素："宁波、泉州、广州、北海、科伦坡、吉达、亚历山大等地的古港，就是记载这段历史的'活化石'。"

　　其实，习近平主席还在同一讲话中另一段说到了宁波元素："在印度尼西亚发现的千年沉船'黑石号'等，见证了这段历史。"

　　"黑石号"是唐朝时期，在印尼勿里洞岛海域一块黑色大礁岩附近沉没的一艘古代阿拉伯人常用双桅或三桅三角帆船名称。1998年由德国一家打捞公司打捞出水。该船肯定由中国出发，何处港口尚无定论，装载着经由东南亚运往西亚、北非的中国货物，仅瓷器就达到67000多件，主要为长沙窑、邢窑、巩县窑瓷器，长沙窑瓷碗上带有唐代宝历二年（826）铭文。其中有古越州（绍兴）今宁波上林湖一带所产越窑青瓷精品250余件。还出水了一批金银器和铜镜，宝藏内涵丰富，数量庞大，保存完整。美国《国家地理》杂志评论认为，这是一次千年前"中国制造"的集中展示。其中部分越窑青瓷精品如下：

　　2002年，国内文物界获悉了"黑石号"简况，立即引起高度关注，扬州博物馆、上海博物馆、湖南博物馆等文博单位提出了购买意向，终因印尼方要求整体出让价格昂贵未能如愿。2005年，新加坡圣淘沙休闲集团，筹资3000余万美元购入落户狮城。

"黑石号"沉船发现的 250 余件越窑青瓷精品,仅为世界各地海底发现的越窑青瓷之九牛一毛。唐、宋时代,以核心产地上林湖为代表的诸多越窑青瓷,由于各种海难事故,犹如珍珠般散落在宁波等通往世界各地的航道上,其中尤以印尼爪哇井里汶最具代表性。据相关报道,仅 2003—2005 年,当地共打捞出水文物 49 万件,其中,瓷器绝大多数是越窑青瓷,其数量巨大在 30 万件以上。(《故宫博物院院刊》《井里汶沉船出水文物笔谈》,2007 年 6 期第 77 页。)足可见沉船宝藏之丰富。

印尼爪哇井里汶海域沉船打捞出水的越窑青瓷茶碗

"海上茶路"是"海上丝路"的重要组成部分
宁波是公认的"海上茶路"启航地

2013 年以来,党中央、国务院多次提出建设"丝绸之路经济带"和"21 世纪海上丝绸之路",即"一带一路",并做出了具体战略规划。2014 年 9 月 12 日,国务院又颁布了《关于依托黄金水道推动长江经济带发展的指导意见》,并提出了 2014—2020 年《长江经济带综合立体交通走廊规划》。

宁波是"一带一路""长江经济带"的重要节点城市。

茶叶、瓷器(包括茶具)是"海上丝路"的主要商品,因此,"海上茶路"是"海上丝路"的重要组成部分。

宁波、泉州、漳州、蓬莱、扬州、福州、广州、南京、北海 9 个沿海、沿江城市,正在联合将"海上丝绸之路"申请为世界文化遗产,宁波是其中的重点城市之一。在 9 个城市中,谁是"海上丝路"始发港或启航地较难认定。

与"海上丝路"一样,"海上茶路"同样是由多个沿海、沿江城市组成,非常难得的是,宁波作为"海上茶路"启航地,早在 2007 年就得到了海内外茶文化专家、学者的确认。

据统计,目前世界上共有 65 个国家和地区种有茶叶(包括投产茶园或观赏茶树),都是直接或间接从中国传播出去的,其中宁波茶种通过民间馈赠、间谍窃取、商业贸易三种途径,直接输出到日本、印度、格鲁吉亚三个国家,间接输出到更多国家和地区。

中国茶种传播海外的最早记载发生在宁波。唐贞元廿一年(805),到浙东学佛的日本高僧最澄,携带天台山、四明山的茶叶、茶籽,从明州(宁波)回日本,这是中国茶种传播海外的最早记载。最澄将带去的浙东茶籽种于京都比睿山日吉茶园等地,成为日本最古老的茶园。

唐、宋时代,明州是中国对外交往的主要港口,茶叶、茶具、丝绸等物产源源不断输出世界各地。北宋元丰元年(1078),宁波已造出两艘当时世界吨位最大的 600 吨级"神舟",主要用于官方海外贸易。宋代明州设高丽使馆,专事与高丽(今朝鲜半岛)官方往来及海上丝、茶等贸易事务,今遗址尚存。

宋代以后,明州与日本、高丽等世界各地海上贸易大增,官方和民间贸易极为活跃。

当代宁波港仍为全国茶叶出口主要港口,尤其是近年每年出口 12 万吨左右,占全国茶叶出口总量三成以上。

宁波还有举世闻名的上林湖越窑青瓷遗址和清代玉成窑遗址。茶具也是"海上茶路"的主要商品。

2009 年,在市区三江口古明州码头遗址,建成了"海上茶路启航地"纪事碑主题景观。景观占地面积 6000 多平方米,由一个主碑、四个副碑、茶叶形船体和船栓群组成。主碑上的"海上茶路启航地"系宁波籍书法大师沙孟海先生之集字,刻有中、英文碑文。该景观使无形文化遗产成为有形实物,成为"海上茶路"包括"海上丝路"难得的建筑景观之一。

2007—2013 年,宁波茶文化促进会、宁波东亚茶文化研究中心先后四次召开"海上茶路·甬为茶港"国际研讨会。海内外专家、学者,一致公认宁波为"海上茶路"启航地,并于 2013 年通过了《"海上茶路·甬为茶港"研讨会共识》:

茶为国饮,发乎神农;甬上茶事,源远流长。《茶经》载晋余姚人虞洪入瀑布山采茶,遇丹丘子指点获大茗;赞越窑茶碗类玉类冰。唐永贞元年(805),日僧最澄携天台山、四明山茶叶、茶籽,从明州(宁波)回日本,是为中国茶种传播海外的最早记载。随后,日僧永忠、空海从明州回国又带去茶叶、茶籽。宋代明州设高丽使馆，专事与高丽（今朝鲜半岛）官方往来及海上丝、茶等贸易事务，今遗址尚存。日僧荣西两次由明州入宋，习茶承道，著《吃茶养生记》，奉为日本"茶祖"。清有刘峻周者，将甬茶移种于格鲁吉亚，开苏联种茶之先，尊为"茶叶之父"。

唐、宋时，明州即为中外贸易重埠，苏、浙、皖、赣诸省尽为腹地，茶叶、越窑茶具等源源不绝输出海外，明、清亦然，全盛时有中国茶叶输出海外半壁江山之誉。当代宁波再创辉煌，2010 年前后，月均出口茶叶万吨左右，为全国出口总量四成上下。

近年宁波先后三次举办"海上茶路"国际研讨会，与会的海内外专家公认宁波为"海上茶路"启航地。2009 年，宁波市政府在古明州码头今市中心三江口，设立"海上茶路"启航地主题景观。

宁波茶叶、茶具出口年代之早，时间之长，数量之多，影响之大，均为中国之最，"海上茶路"由此启航，"甬为茶港"名副其实。

与会专家、学者认为，"海上茶路·甬为茶港"是宁波具有国际性的独特城市文化元素，做好这篇大文章，不仅是对宁波和浙江，对全国乃至世界的茶文化，都具有重要意义。

2013 年 4 月 24 日

2014 年 4 月，《"海上茶路·甬为茶港"研究文集》由中国农业出版社结集出版。该书汇集海内外专家、学者的 60 余篇文章，近 43 万字，是首部关于"海上茶路"的正式出版物。中国国际茶文化研究会会长、浙江省政协原主席周国富为该书作序《"甬为茶港"与"杭为茶都"珠联璧合》。在沿海、沿江城市正在规划"海上丝绸之路"的宏伟蓝图之际，该书已成为专家、学者研究"海上茶路"和"海上丝路"难得之文献。

"甬为茶港"与"海上茶路"相辅相成
这是具有国际意义的一张金名片

2007 年，杭州市提出的"杭为茶都"文化工程，经过数年打造，已经取得了显著的社会和经济效益。

2011 年，根据"杭为茶都"的成功经验，我市茶文化专家提出了"甬为茶港"的新概念。

一些人也许会认为，宁波作为国际著名的"东方大港"，如果冠名"甬为茶港"突出宣传，是否会削弱或影响宁波港的地位？

笔者以为这一担心是多余的。港口与城市一样，一般都不是单一的定位，而

是全方位、多功能的，如宁波目前就有多种桂冠———我国东南沿海重要的港口城市和长三角南翼经济中心、我国进一步对外开放的副省级计划单列市、具有制定地方性法规权限的"较大的市"、国家历史文化名城、中国优秀旅游城市、公众首选宜居城市等，这些荣誉都是累积或递进式的，并不会因为某项荣誉而影响城市的其他定位。

城市如此，港口亦如此。宁波港是中国革命先行者孙中山先生理想中的"东方大港"，是我国古代"海上丝路"的主要港口。当代港口发展迅猛，目前集装箱吞吐量在国内港口中名列前茅，居世界同行前十位。将其冠名为"茶港"，或称"甬为茶港"，不妨看成是港口的一项功能，并不影响整体地位。如果将宁波港比作全能冠军，类似的"茶港"或其他"某某之港"，则可视为单项冠军，可谓锦上添花，多多益善。

宁波提出"甬为茶港"，受到了各级领导和专家的肯定，他们认为"甬为茶港"与"海上茶路"相辅相成，也是对"海上茶路"的补充与深化。

周国富在《"甬为茶港"与"杭为茶都"珠联璧合》中指出："'甬为茶港'与'杭为茶都'珠联璧合，互为优势，各有特色，打造当代'茶港'与'茶都'，是浙江茶人的重大担当，务必精致雕琢，提升完善，为'复兴中华茶文化，振兴中国茶产业'奋力而为。"

茶文化是最具中国元素的世界名片之一。从这些大背景来看"海上茶路·甬为茶港"，其中意义深远，大有文章可做。

（原载《宁波日报》2014 年 11 月 13 日）

晚明四位"宁波帮"茶书作者生平及成书年代考述

导语：在官方史料中，晚明宁波屠隆、屠本畯、闻龙、罗廪等四位茶书作者，除屠隆生平事迹比较详细外，另外三人的生平，包括生卒均未详。本文作者根据宁波天一阁博物馆馆藏家谱等文献，对另外三位作者的生平和茶书成书年代做了详细考证。

400 年前的 16 世纪末、17 世纪初晚明万历年间（1573—1619），宁波四位同时代的名人屠隆、屠本畯、闻龙、罗廪，分别刊出茶书《考槃余事·茶说》《茗笈》《茶笺》《茶解》，成为中国茶文化的一道独特风景。

四位"宁波帮"茶书作者有以下四大特点：

一是，四人均为历史名人。同时代区域性茶书作者较多的除宁波外，还有钱塘（今杭州）、松江（今上海），均为四至五人。但四位"宁波帮"茶书作者除了茶事，均有一定知名度，另有诗书传世。其中两人是官吏，两人为隐士，屠隆则为一代戏剧、文学、书法大家。屠本畯曾任辰州知府，著有《山林经济籍》等多种动、植物、经济类专著，是我国古代最早的海洋动物学、植物学家之一。除屠本畯外，其他三人为书法家。

二是，四种茶书在中国茶文化史，尤其是明代茶书中享有重要地位，多有亮点。其中罗廪的《茶解》被视为历代茶书中仅次于《茶经》的第二茶书，由著名茶学专家郑培凯、朱自振主编、香港商务出版社 2007 年出版的《中国历代茶书汇编校注本》作有如下评语："除陆羽及其《茶经》外，其人其书几无可与比者！"屠本畯的《茗笈》则以陆羽《茶经》为经文，然后辑录宋代蔡襄《茶录》等 18 种琳琅满目的茶书为传文，精选各家精辟观点，前经后文，前赞后评，体例独特，别具一格。开古代茶书之先河。

三是，屠隆与屠本畯为同一家族，两人系从祖孙关系，为历代茶书作者所仅有。

四是，四人住地相近，除罗廪住城郊慈城外，城内三人住地相距不过数里。

年龄相近，最大的屠隆与最小的罗廪相差仅 12 岁。相互间友好交往，有诗文交往。

在官方史料中，除屠隆生平事迹比较详细外，另外三人的生卒或生平均未详。笔者根据宁波天一阁博物馆馆藏家谱等文献，对另外三位作者的生平和茶书成书年代做了详细考证，简述如下。

一、屠隆生平与《茶说》成书年代

屠隆（1542—1605），明代戏曲家、文学家、官吏。字长卿，又字纬真，号赤水，别号由拳山人、一衲道人，蓬莱仙客，晚年又号鸿苞居士。鄞县（今宁波海曙区）人。据《甬上屠氏宗谱》记载，其生于明嘉靖二十二年（1543）六月二十五日申时，卒于万历三十三年（1605）八月二十五日辰时，享年 63 岁。万历五年（1577）进士，才华横溢，落笔数千言立就，与胡应麟等并称"明末五子"。曾任颍上知县，转为青浦令，后迁礼部主事、郎中。为官清正，关心民瘼。作《荒政考》，极写百姓灾伤困厄之苦。万历十二年（1584）蒙受诬陷罢官，路过青浦时，当地人曾捐田千亩请他安家，被谢绝。为人豪放好客，纵情诗酒，结交多为海内名士。博学多才，诗文、戏曲、书画造诣皆深，尤精戏曲，有多种剧本、著作传世。晚年以卖文为生，竟至乞邻度日，怅悴而卒。

《茶说》是屠隆的艺术随笔《考槃余事》中的一章，撰于 1590 年前后。清代著名史学家、考据学家钱大昕在《考槃余事序》中评价说："评书、论画、涤砚、修琴、相鹤、观鱼、焚香、试茗……靡不曲尽其妙。"后人将其中论茶部分单独辑为《茶说》，约 2800 字。

除了《茶说》，屠隆于明万历甲午年（1594）初秋创作的《龙井茶歌》，是历代赞美龙井茶最长的诗歌，2004 年，在杭州龙井寺旧址附近发掘出屠隆手书的《龙井茶歌》古碑，书风洒脱、结构严谨、用笔遒劲、点画精妙，茶香书香融为一体，成为探访龙井和龙井茶历史文脉不可多得的文物。

屠隆另有类似《围炉夜话》《小窗幽梦》文体的《娑罗馆清言》，被列为佛家文献。"娑罗"系梵文音译，有"坚固""高远"之意，是盛产于印度及东南亚的一种常绿乔木，树形高大美观，质地优良。相传释迦牟尼的寂灭之所即是在娑罗树间，因此佛教中有不少事物都与娑罗树有关。《娑罗馆清言》多佛语禅意，内有四条涉茶，其中两条为联语形式，一联堪称佳句，刻画了文人雅士的闲适情怀："茶熟香清，有客到门可喜；鸟啼花落无人，亦自悠然。"同时体现出作者乐于以茶会友、以文会友的情趣。另一茶句"呼童煮茶，门临好客"意义相近。一涉茶联语为："净几明窗，好香苦茗，有时与高衲谈禅；豆棚菜圃，暖日和风，无事听闲人说鬼。"反映了雅士与百姓的日常生活。

二、屠本畯生平与《茗笈》成书年代

屠本畯，生卒不详，字绍幽，又字田叔，号汉陂、桃花渔父，晚自号憨先生、幽叟。浙江鄞县（今宁波海曙区）人。出身甬上望族官宦之家。父大山，嘉靖癸未（1523）进士，累官兵部右侍郎兼都察院右佥都御史，总督湖广、川、贵军务，1555年告老还乡。本畯初以父荫任刑部检校、太常寺典薄、礼部郎中等职，后出任两淮运司同知，移福建任盐运司同知，升任湖广辰州知府，进阶中宪大夫致仕。著名同乡史学家全祖望在《甬上望族表》中列出屠氏"六望"，其中本畯父子与屠隆列为"三望"："兵部侍郎大山、礼部主事隆、辰州知府本畯"。他鄙视名利，廉洁自持，以读书、著述为乐，到老仍勤学不辍，留有著名的读书"四当论"。一次，一位朋友劝他说："你年事已高，就不要这么辛苦读书了。"屠本畯却回答说："吾于书饥以当食，渴以当饮，欠身以当枕席，愁及以当鼓吹，未尝苦也。"读书之乐，自在"四当"之中了。从此，他的读书"四当论"流行于世，鼓舞着历代读书人求知不倦。

据民国八年（1919）《甬上屠氏宗谱》记载，屠本畯生于明嘉靖二十一年（1542）九月初二寅时，卒于天启二年（1622）十月初一戌时，寿81岁。宗谱原有他的画像，可惜由于颜料褪色，已经毫无影像，明代同乡诗人、书法家、博士弟子沈明臣为他配有像赞。

屠本畯是位多才多艺的官员、学者，学识渊博，著述丰富。他热爱生活，热爱大自然，是我国古代最早的海洋动物学、植物学家之一，著有《海味索引》《闽中海错疏》《山林经济籍》《闽中荔枝谱》《野菜笺》《离骚草木疏补》和花艺专著《缾史月表》等书，内容涉及植物、动物、园艺等诸多领域。其诗文后人辑为《屠田叔集》。

《茗笈》系《山林经济籍》之一卷。书目文献出版社2000年出版的《北京图书馆古籍珍本》64卷刊列的屠本畯原著《山林经济籍》。据明代万历悖德堂刻本刊印的《山林经济籍》，共分24卷，《茗笈》列于13卷17章，作者在书稿总序《叙籍原起》中记载："煮茗焚香，高论未已，烹葵邀客，玄谈转清，岂惟滓秽外祛，抑亦灵根内涤，纪《茗笈》第十七、《菜咏》第十八。"文后落款为："万历戊申修禊日，屠本畯书于人伦堂。"万历戊申即万历三十六年（1608），修禊日即农历三月三日。而包括现代农史学家、中国农史学科主要创始人之一万国鼎（1897—1963）、日本茶文化专家布目潮渢（1919—2001）等海内外学者，原先考证的成书年代均晚于此。

《茗笈》选录了18位作者的茶文、茶诗。搞清《茗笈》的成书年代还有一个

重要意义是，佐证了同乡另外两种茶书——罗廪《茶解》、闻龙《茶笺》的大致成书年代，还有同时代张源的《茶录》、熊明遇的《罗岕茶记》，说明这些茶书成书都在 1608 年之前。

《茗笈》全文 8000 多字。分上下篇，共 16 章，上篇八章为溯源、得地、乘时、揆制、藏茗、品泉、候火、定汤；下篇八章为点瀹、辨器、申忌、防滥、戒淆、相宜、衡鉴、玄赏。章首均列"赞语"，以陆羽《茶经》为经文，然后辑录宋·蔡襄《茶录》等 18 种书中的相关内容，作为传文，最后加上评语。前赞后评，前经后文，体例独特，别具一格。开古代茶书之先河。

在《茗笈》序言中，屠本畯写到该书的由来，得益于同乡处士、同好闻龙丰富的茶文化藏书：

> 偶探好友，闻隐鳞架上，得诸家论茶书，有会于心，采其隽永者，着于篇名曰《茗笈》。

"隐鳞"系闻龙之字。

三、闻龙生平与《茶笺》成书年代

在各种茶书中，有关闻龙（1551—1631）的简介不过 300 来字，生卒、生平不详。据宁波天一阁博物馆收藏的民国十一年（1922）《鄞西石马塘闻氏家乘》记载，闻龙系鄞西闻氏天官房四房十一世后裔，谱名闻继龙，因闻氏十一世才开始起用排行，分别为继、世、守、成，家谱系闻龙身后编修，闻龙、闻继龙实际同属一人，其他事迹、著作也完全一致。生于明嘉靖三十年（1551）七月初五，卒于崇祯四年（1631）三月廿八，寿 81 岁。字隐鳞，一字仲连，晚号飞遁翁。处士。

闻氏系鄞县望族。明代闻可信、闻璋、闻元奎、闻泽、闻渊祖孙四代，皆有佳名。其中闻泽、闻渊为闻龙祖父辈，居鄞县西乡蜃蛟（今古林镇）石马塘。从祖闻泽，字美中，正德年间（1506—1521）进士，官至江西布政司参议。居家孝友，服官忠勤，皆谓其克勤世德。祖父闻渊（1480—1563），字静中，号石塘。生而颖异，性格端重，6 岁能诵读诗文，善书法。弘治十八年（1505）进士，初授礼部主事，累官礼部尚书，加太子太保，人称"闻太师"，是明朝历官 45 载之元老，历职达 27 任。七旬高龄时，辞官回乡，居于宁波城内月湖之畔、天一阁旁马衙街天官房。84 岁逝世，赠少保，谥庄简，葬鄞县栎社。

闻龙性至孝，闻名乡里，家谱载有《至孝隐鳞公传》。爱山水自然，自比为逃名世外的飞遁吉人、灭影贞士，仙风道骨，疏髯美眉目，人望之若神仙。晚明朝廷腐败，他洁身自好，避世隐名，崇祯时举贤良方正，举荐官吏后备人员，坚辞不就。与祖父一样，擅长诗书，诗作清和稳畅，卓然成家。书法笔法遒劲，楷、行尤佳，雅逸峭峻。与祖父并列入选 2005 年宁波出版社《四明书画家传》。著作除《茶笺》外，还有《幽贞庐诗草》《行药吟》《幽贞庐逸稿》等。

《茶笺》仅 1000 多字，是明代宁波四种茶书中最短的一篇。其实与其说是茶书，不如说是一篇茶文更为合适。顾名思义，作者本人也是把它定位为短篇的——仅为一笺而已。"笺"作为文体，专指短小精悍的书札、奏记一类。

关于《茶笺》的成书年代，各种茶书多根据现代农史学家、中国农史学科主要创始人之一万国鼎（1897—1963）先生之说，认为是在 1630 年前后，万先生此说显然有误。事实是屠本畯的《茗笈》已经选录《茶笺》章节，而《茗笈》成书在 1608 年之前，因此《茶笺》成书应在 1608 年之前。此时闻龙已年近六旬，古人长寿者不多，50 岁以上可以称老，因此与上文作者自咏"年老耽弥甚"并不矛盾。由郑培凯、朱自振主编、商务印书馆（香港）有限公司 2007 年出版的《中国历代茶书汇编校注本》，已将该书的成书年代定在 1610 年之前。

四、罗廪生平与《茶解》成书年代

自唐代"茶圣"陆羽写出第一部茶学巨著《茶经》以来，历代茶著不下数十种，谁能称为第二茶书呢？由著名茶学专家郑培凯、朱自振主编、香港商务出版社 2007 年出版的《中国历代茶书汇编校注本》给出了答案，该书在介绍明代宁波茶人罗廪及其茶书《茶解》时，有如下评语："除陆羽及其《茶经》外，其人其书几无可与比者！"

罗廪（1553—?），明宁波慈溪慈城（今宁波江北区）人。书法家、学者、隐士。万历（1573—1620）年间诸生，擅诗。工书，行书、草书得法于二王和怀素，纵横变化，几入妙品。工于临摹，与同乡书法家姜应凤齐名，临摹作品嫁名鲜于枢，书法家也难分真假。《宁波府志》《中国版画史图录》《四明书画家传》等均有记载。

官方史料中罗廪生平未详，据天一阁保存的民国十二年（1923）《慈溪罗氏宗谱》（共 38 卷）第 24 卷记载，罗廪系慈溪（今余姚市河姆渡镇）罗江罗氏 22 世后裔，又名国书，字君举，改字高君，号飧英，别号烟客。邑庠生。以善书名世。宗谱记载罗廪生卒俱失，但从第 22 卷罗廪为父亲所作《先考南康别驾双浦府君行实》一文，可以了解到罗廪父亲名瑞，字双浦，曾任南康（今江西）别驾。"别驾"系唐以前官名，在知府下掌管粮运、家田、水利和诉讼等事项，宋代以后改为通判。文中记载"先君生于弘治庚申四月二十有四日，距卒之岁，享年六十有七。先君之奄然即老，旅榇归也，孤方十有四岁"。由此推算罗廪生于万历七年（1553）。家居慈溪县治（今慈城镇）之学宫旁，家谱记载他为"学前支行"。筑有

别墅曰秋庄，有《秋庄晚归》《春莫秋庄忆》等诗作。生活优裕，卒年未详。

《茶解》全书共约 3000 字，前有序，后有跋，分总论、原、品、艺、采、制、藏、烹、水、禁、器等十目，凡茶叶栽培、采制、鉴评、烹藏及器皿等各方面均有记述，既符合科学，又富有哲理。该书多有独到之处，尤为突出的是，作者在"艺"之章节中，首次提到茶叶园艺概念。唐以前茶以野生为主，陆羽《茶经》称"野者上，园者次"，随着栽培、育种技术的提高，尤其是当代大量无性系良种的培育，大多栽培茶质量已超越野生茶。罗廪根据长期实践，对栽培、施肥、除草、采制、储藏等都有独特体会与见解，尤其是首次提出"茶园不宜杂以恶木，惟桂、梅、辛夷、玉兰、苍松翠竹之类，与之间植亦足以蔽覆霜雪、掩映秋阳。其下，可莳芳兰、幽菊及诸清芬之品"。这一说法符合科学原理，为当代专家所提倡，一是夏秋干旱高温季节茶树可以防止晒伤，而漫射光有利积累茶叶营养成分；二是适当套种桂、梅、兰、菊及桃、李、杏、梅、柿、橘、白果、石榴等花木、果木，尤其是与茶树同花期的花、果木，花粉、果香可以为茶树的花、叶吸收，增添独特的花果香。

据光绪《慈溪县志》卷四十七《艺文二》记载，其著作除《茶解》外，另有《胜情集》一卷（游都门暨山左、山右诗）、《青原集》一卷（游江西吉水诗）、《浮樽集》一卷（游浙江严滩及福建武夷诗）、《补陀游草》一卷（游舟山普陀诗）。县志认为他的诗作还有散佚。另选录明宁波洪武以后 80 家诗人的诗歌为《句雅》，已散佚。

2009 年 3 月 15 日，笔者在浙江图书馆查阅到虫蛀斑斑的明刻本《罗高君集》四卷一册。该集为《胜情集》（上、下集）、《青原集》《浮樽集》汇集本。从诗作来看，罗廪交游甚广，游过太行山、武夷山、庐山、汉水等名山大川，友人唱酬中多官吏、文士，如同代三位宁波茶人中，就有《闻杜鹃寄屠纬真、张成叔、季之文》《送屠田叔移南都水部郎》两首，纬真、田叔分别为屠隆、屠本畯之字。这充分说明明代宁波四位茶书作者均有友好交往，寄屠纬真诗中还有"况乃忆同盟"句，说明交情非同一般。笔者还集中查到涉茶诗两首，其中题为《炎热》的一首，记载了罗廪在一个炎热的秋日，在山庄享用堂房侄子煮的茗粥："茗粥从儿煮，云山向枕披。"

（原载《中国茶叶》2010 年第 2 期，中央文献出版社 2010 年 4 月版《第十一届国际茶文化研讨会论文集》。）

万斯同从祖万邦宁　采集茶书著《茗史》

关于晚明茶书《茗史》作者万邦宁之籍贯，由于《四库全书总目提要》张冠李戴，学界多认为其为四川奉节（今重庆）籍天启壬午二年（1622）同名进士，历任南宁、桂林推官，四川乡试同考官。今根据《浙江宁波濠梁万氏宗谱》《鄞县志》等文献，确认其为鄞县（今宁波海曙区）人，甬上望族万氏第 9 世，杰出史学家、《明史》主笔万斯同从祖，字惟咸，改名象，字象王，号须头陀。尚未见功名或官职，系布衣学者兼诗人，祖万表、兄邦孚均为抗倭名将。

《四库全书总目提要》等文献张冠李戴，误认其为奉节同名进士官员，实为宁波处士

鄞县万邦宁（1585—1646）被误为奉节同名者，主要源于《四库全书总目提要》张冠李戴，误称其为川籍，当代一些茶著亦从其说，如方健《中国茶书全集校证》（中州古籍出版社 2015 年版）、蔡定益《香茗流芳：明代茶书研究》（中国社会科学出版社 2017 年 7 月版）；郑培凯、朱自振主编的《中国历代茶书汇编校注》［商务印书馆（香港）有限公司 2007 版］，则同时注意到作者在书末《赘言》中自署"甬上万邦宁"（"甬"为宁波简称），提出"表明他又是鄞县（今浙江宁波人），故两地不知何是祖籍，何是其居住地，待考"。

2019 年 4 月，茶文化学者、中原大地传媒股份有限公司副总编、编审郭孟良，在《"茶庄园""茶旅游"与宁波茶史茶事研讨会文集》（宁波茶文化促进会、宁波东亚茶文化研究中心内部印刷）中，发表《晚明宁波茶人研究三题》，其中一节为"《茗史》作者万邦宁籍贯考辨"，对万邦宁宁波家族家世、4 位《茗史》书评宁波籍作者等相关史料做了梳理，以翔实史料考证其为甬上人士，并在当年 5 月召开的研讨会上做了发言，引起学界关注。而其早在 2011 年，在《浙江树人大学学报》发表的《晚明茶书的出版传播考察》一文中，已经提出万邦宁与屠隆、屠本畯、闻龙、罗廪并列为宁波茶人群体之中坚。

出身鄞县世袭武官家族　万邦宁系布衣学者兼诗人

据《浙江宁波濠梁万氏宗谱》记载，万邦宁出身武官世家。鄞县万氏祖籍安徽濠州定远，以定远籍显武将军万斌为一世祖。万斌原名万国珍，字文质，随朱元璋起兵。朱喜其有文武之才，改其名为"斌"。洪武元年（1368），其北伐攻克中原有功，三年（1370）诰赐世袭，五年（1372）随徐达出征蒙古战死，追赠明威将军、指挥金事。自万斌始，其后代九代各有一男儿世袭武官，妻子则被敕封为"夫人"或"恭人"。万斌子万钟承袭父爵，初授武毅将军，后领兵到宁波抗倭，任宁波卫指挥金事，定居宁波。此后九代均世袭武官。万邦宁为宁波万氏九世后裔，其兄邦孚武艺高强，世袭武官。

万氏定远二世祖原本尚文，自万斌开始转而尚武，但余暇仍不忘读书，多位武官著有诗集，至十一世万泰，武官世袭因朝政更迭而中止，重归文业并著称于世。万泰育八子，史称"万氏八龙"，尤其八子万斯同，为《明史》主纂，实际总裁。

万邦宁祖父、父亲、兄均有诗文集，其除了《茗史》二卷，另著有《象王诗文稿》等。康熙《鄞县志》记载："邦宁字惟咸，后改名象，字象王，邦孚之弟也。能诗文，好禅理，恒与雅士名僧游，亦矫然出尘之品。"

《浙江宁波万氏宗谱》书封

撮录诸书精华辑为《茗史》

《茗史》撰于天启元年（1621）闰二月，全书上下两卷，分85目，主要内容撮录《茶董》《茶董补》等书，文前有点茶僧圆后、董大晟、李德述、全天骏、蔡起白、李桐封6人评语。《四库全书总目提要》认为："是书不载焙造、煎试诸法，惟杂采古今茗事，多从类书撮录而成，未为博奥。"其实不然，有学者认为，该书仍有参考之处。笔者则认为该书作者"小引""赘言"（跋语）颇有特色，均为个性化文字，从中可看出作者之文学与茶学修养。如其"小引"云：

须头陀邦宁，谛观陆季疵《茶经》、蔡君谟《茶谱》，而采择收制之法，品泉嗜水之方咸备矣。后之高人韵士，相继而说茗者，更加详焉。苏子瞻云"从来

佳茗似佳人"，言其媚也；程宣子云"香衔雪尺，秀起雷车"，美其清也；苏廙著《十六汤》，造其玄也。然媚不如清，清不如玄，而茗之旨亦大矣哉。黄庭坚云"不惯腐儒汤饼肠"，则又不可与学究语也。

余癖嗜茗，尝叙舟接它泉，或抱瓮贮梅水，二三朋侪，羽客缁流，剥击竹户，聚话无生，余必躬治茗碗，以佐幽韵，固有"烟起茶铛我自炊"之句。

时辛酉春，积雨凝寒，偃然无事，偶读架上残编一二品，凡及茗事而有奇致者，辄采焉，题曰《茗史》，以纪异也。此亦一种闲情，固成一种闲书，若令世间忙人见之，必攒眉俯首，掷地而去矣。谁知清凉散，止点得热肠汉子；醍醐汁，止灌得有缘顶门，岂能尽怕河众而皆度耶？但愿蔡、陆两先生，千载有知，起而曰："此子能闲，此子知茗。"或授我以博士钱三十文，未可知也。复愿世间好心人，共证《茗史》并下三十棒喝，使须头陀无愧。

天启元年闰二月望日，万邦宁惟咸撰。

这些精练、幽默之记述，足见作者为嗜茶之人，备有多种茶书，并熟悉茶史，该书是其在"辛酉春，积雨凝寒，偃然无事，偶读架上残编一二品"采录而成。

小引写到其有"烟起茶铛我自炊"茶句，可惜尚未见其他茶事及茶诗，或在其《象王诗文稿》中有留存。

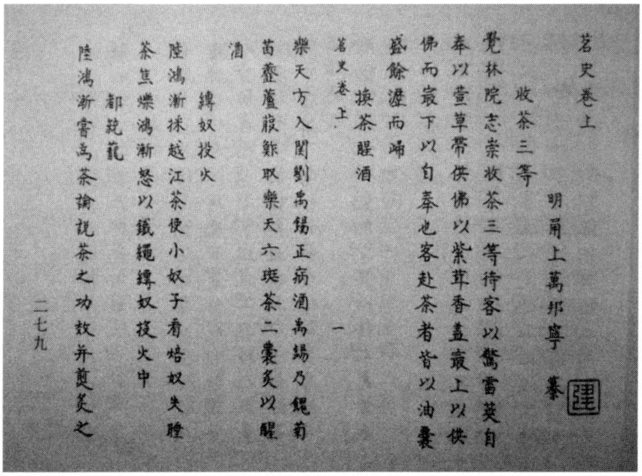

古本《茗史》书影，署名为"甬上万邦宁"

该书结尾附"赘言"九品，书列文士读书、爱书、传播、质辨、采录、精印等雅趣：

须头陀曰：展卷须明窗净几，心神怡旷，与史中名士宛然相对。勿生怠我慢心，则清趣自饶。（得趣）

代枕、挟刺、覆瓿、粘窗、指痕、汗迹、墨痕，最是恶趣。昔司马温公读书，独乐园中，翻阅来竟，虽有急务，必待卷束整齐，然后得起，其爱护如此。千函万轴，至老皆新，若未触手者。（爱护）

闻前人平生有三愿，以读尽世间好书为第二愿。然此固不敢以好书自居，而游艺之暇，亦可以当鼓吹。（静对）

朱紫阳云：汉吴恢欲杀青以写汉书，晁以道欲得《公穀传》，遍求无之。后获一本，方得写传。余窃慕之，不敢秘焉。（广传）

奇正幻癖，凡可省目者悉载。鲜韵致者，亦不尽录。（削蔓）

客有问于余曰，云何不入诗词？恐伤滥也。客又问云，何不纪点瀹？惧难尽也。客曰然。（客辩）

独坐竹窗，寒如剥肤。眠食之余，偶于架上残编寸楮，信手拈来，触目辄书，因记代无次。（随喜）

印必精攘，装必严丽。（精严）

文人韵士，泛赏登眺，必具清供，愿以是编共作药笼之备。（资游）

赘言凡九品，题于竹林书屋。

甬上万邦宁惟咸氏

此"赘言"重点论书，少有说茶，别具一格。

读了这些文字，万邦宁作为茶痴、书痴之形象，跃然纸上。撇开《茗史》正文，仅以其"小引""赘言"而论，足见其匠心别具，于读者不无裨益。

综上所述，关于《茗史》作者之疑，足以正本清源了，《四库全书总目提要》及相关茶书，所谓《茗史》作者系奉节同名进士之讹误，期待早日刷新更正。

儒、释、道共襄宁海望海茶

中华多茶山，此地最著名。上网搜索，大江南北以茶名山的不下数十处，但唯有宁海茶山拥有千年名茶历史，拥有千亩高山有机茶园，能集中体现儒、释、道与茶文化悠久历史渊源，并有丰富的旅游资源，不时发生雷暴雨"旋磨"奇特天象，已建浙江省最大风电场，适宜建造亚洲最大抽水蓄能电站。在各地诸多同名茶山中，堪称中华之最。

千年茶史载方志

镶嵌于东海象山港与三门湾之间的茶山，属天台山脉分支，系宁海东北部第一高山，绵亘于宁海、象山两县多个乡镇，主峰磨注峰海拔872米，山体广阔，仅茶山林场管辖的就有3.5万亩。

茶山原名盖苍山，起用今名是因为山上多茶，千年之前的北宋时代，已经"所产特盛"。宋代著名的地方志——台州《嘉定赤城志·寺观门三》（宁海古属台州）有如下记载：

宝严院，在县北九十二里，旧名茶山，宝元（1038—1040）中建。相传开山初，有一白衣道者，植茶本于山中，故今所产特盛。治平（1064—1067）中，僧宗辩携之入都，献蔡端明襄，蔡谓其品在日铸上。为乞今额。

南宋宁海进士储国秀在《宁海县赋》中，亦有"茶笋毓瑞于宝严"之句。

茶山原名盖苍山，起用今名是因为山上多茶，千年之前的北宋时代，已经"所产特盛"。日铸茶系宋代越州贡茶，大文豪欧阳修《归田录》曾有"两浙之品，日铸第一"的赞语。而著名的书法大师蔡襄，不仅位居端明殿大学士，更是一位不可多得的茶学大师，著有茶学专著《茶录》。他任福建转运使督造贡茶时，曾开创性地指导制作小龙团茶，一时风靡朝野。

当时名不见经传的茶山茶，能得到蔡襄如此厚爱和好评，认为比贡茶日铸更好，可见是何等荣耀！其荣誉不亚于今日望海茶被评为中国名茶和首届浙江十大

名茶，可惜古代地方官不重视品牌宣传和市场运作，茶山茶很长时间被淹没在历史的长河之中。

儒、释、道共襄古名茶

千载儒释道，万古山水茶。这一茶文化经典对联，道出了源远流长的中国茶文化与儒、释、道三教密不可分的关系。综观各地历史名茶，或多或少与儒、释、道相关。

《嘉定赤城志》有关茶山茶的记载，虽然只有数十字，其内涵和信息量却极为丰富，尤其是儒、释、道共襄一茶，为茶文化专家、学者所瞩目。

首先是无名氏白衣道者，因修道需要在山中种茶。释家宗辩无疑是一位爱茶、懂茶的有识之士，他不仅善于品茶，知道此茶品质优异，难能可贵的是，他还知晓蔡襄不仅书法了得，更有高深的茶学造诣。

宗辩千里迢迢到京师开封拜访蔡襄，主要目的是期望其为宝严院题写匾额"为乞今额"，可惜时代变迁，此额早已湮灭在历史长河，否则当为难得之宋代文物。至于所带茶叶，用今天的话来说，仅是一份伴手礼而已。有趣的是，因当代茶文化大行其道，歪打正着，当代人们引用这一史料时，多以为宗辩此行主要是送茶请蔡襄品尝，而少有人提及其主要任务乃是"为乞今额"。

值得赞美的是，高官、书法、诗文、茶学名家蔡襄不负宗辩所望，热情接待了素不相识之山僧，不仅题写了匾额，还认真品茶评点，并做出了极高评价，体现了他礼贤下士和爱茶惜茶的茶人本色。

道家种茶，释家送茶，儒家赞茶，宁海茶山茶因此成为中国茶文化著名的千古雅事。笔者为之撰联云：品茗读碑儒释道，登岳望海山水茶。

2020年4月，笔者在国内唯一的茶文化学术期刊《农业考古·中国茶文化专号》发表了论文——《宁波古今茶事人情之美》，"蔡襄礼贤茶山僧"为八例茶事之一。

宁海著名女书法家、浙江省女书法家协会原主席王蕊芳女士书法：千载儒释道，万古山水茶

老树新花望海茶

历史上的茶山茶只是僧人种于寺院旁的零星茶叶，1958年茶山建设国营林场，才开始在海拔六七百米的高山盆地大面积种茶。1963年以后，100多名宁波、宁海知识青年，陆续到茶山开荒种茶，曾建造过一批供知识青年住宿的平房，至2017年抽水蓄能电站建设之前，尚存10多间黑瓦石墙矮平房，据宁波市文保专家考察，曾是宁波保存最完好的"知青房"建筑，是纪念"知青"历史的难得文物，可惜因蓄能电站建设需要被拆除。

昔日茶山茶，今日望海茶。茶山茶真正焕发青春，还是在最近几年，得益于县政府实行望海茶品牌战略。

茶山茶原来没商标，1999年，宁海县实施望海茶品牌战略，被列为望海茶最大生产基地，统一使用望海茶商标，茶山茶老树新花，真正体现出历史名茶的价值。

县望海茶总公司严格把关，实行多项统一，茶山望海茶及宁海众多高山望海茶，均保持了香浓馥郁及色泽翠绿、汤色亮绿、叶底嫩绿的"三绿"特色，尤其是加工精细、品质稳定、超标准的干燥度、耐储藏等特点，广受专家好评。

市政府设立茶事碑

2007年春天，宁波茶文化促进会领导动议策划，为使无形的茶文化遗产变成有形资源，对全市为数不多的几处茶文化遗址，由市政府出面立碑纪念，茶山被列入首批名额。

茶山茶事碑碑文由笔者起草，经多位专家、学者反复论证敲定，言简意赅，记载了宋代茶山茶今日望海茶的千年茶史：

茶山为宁海东部之首，脉系天台，源连赤城，居高而提携港湾，瞻首以目接海宇。苍郁美如华盖，古名盖苍。南朝陶弘景游于此，有"真逸"刻石在焉。宋宝元中，有白衣道者植茶山中，自此所产特盛。治平中，僧宗辩携呈于蔡襄，襄谓其品在日铸上。茶山茶以茶色、汤色、叶底"三绿"称世。岁月湮圮，古台州四大名茶，唯茶山以望海一品独名。今山有茶园千余亩，辟茶文化旅游景区曰东海云顶。茶之为道，入之山水，植于口碑久矣。赞曰：

百代茶韵，绵延盖苍；

茶兴盛世，千亩绿装；

名茶名胜，相得益彰。

茶事碑由宁波市人民政府落款，配套建造的碑亭名曰望海亭。2008 年 4 月 18 日，宁海县人民政府在茶山隆重举行茶山茶事碑揭碑仪式。宁波曹厚德先生为望海亭撰联云：茶山胜地，到此皆仙客；云顶名园，登临无俗人。

笔者为之撰联云：

百仞高峰，擢港湾，吞云雾，海山缭绕；

千秋茶林，生国饮，溢芬芳，天地氤氲。

茶事碑与望海亭的建立，无疑是望海茶的一大亮点，为游客和茶人喜闻乐见，并铭记于史册。

2008 年 4 月 18 日，宁波市政府在宁海茶山设立的茶事碑，记载千年茶史

发现特大野生茶

除了千年茶史，茶山的大名 2009 年又一次得到了广为弘扬。是年春天，在茶山西北侧海拔 600 米左右的高山上，与原宝严寺遗址和当代茶场距离较远，发现了 10 多棵特大野生灌木型茶树，树桩、主干周长 60 至 21 厘米不等，树龄至少数百年。这些茶树与山中的多种灌木、乔木，混生在砾石或岩石缝中，枝干刚健，没有人工栽培痕迹，完全处于野生状态。

因气候关系，我国茶树自南向北分为乔木、半乔木、灌木，浙江地区为灌木型茶区，一般树干胸围多在 10 厘米以下。这些特大野生茶树的发现，佐证了茶山的宜茶环境和悠久历史。

全国及地方的报刊、网站纷纷对这一发现做了报道。

2010 年春天，当地又发现一棵树桩周长 100 多厘米的特大野生茶树。宁海林业部门正在规划建立茶山特大野生茶树保护区，并将立碑纪念。

茶山野生大茶树

"旋磨"天象称奇特

茶山旅游资源丰富，仙山碧海，气象万千。历史上，这里曾是古代道家向往之地，南朝著名道学家、医药家陶弘景，从道学家张少霞到此游览，在百丈岩刻石"真逸"。峰峦山谷、悬崖绝壁、山泉小溪、瀑布深潭遍布景区，主要景点有：桃花溪、仙人洞、黑龙潭、水帘洞、五鹰峰、崇岩峭壁以及喜鹊瀑、美女瀑、东滴水、西滴水、月边瀑等五级瀑布，高山杜鹃林和以华东楠木为主的景观林，雄伟壮观。2005年3月，林场内桃花溪景区被命名为省级森林公园。

采茶品茗、登山望海、山水体验是茶山海滨高山休闲的一大特色。林场常年平均温度为13.5摄氏度，最热的七八月，平均气温也仅为24.5摄氏度，仅比中国四大避暑胜地之一的莫干山高出0.4摄氏度，是非常理想的海滨高山避暑度假胜地。现已辟为东海云顶旅游观光休闲度假区。

茶山地处雷暴雨中心，雷雨季节，东海云团西移受到高山阻隔，冷热气流对撞造成雷暴雨。当地有一种奇特天气现象，光绪《宁海县志》记载："春夏间雷雨倾注，上仍白日，但闻足下如旋磨声。"这是说每年雷雨季节，山间暴雨倾注，谷底雷声隆隆作响如旋磨之声，山顶则艳阳高照。"旋磨声"即传统的石磨盘旋之声。可能是当地山谷回声较好，雷声能在山谷中久久回荡，茶山主峰磨注峰之名大概来源于此。

生于茶山西麓储家村的宁海籍著名钱币学家、杭州世界钱币博物馆馆长储建国，少年时曾经历过这一奇特天象。有一年初夏，他与弟弟一起到海拔四五百米的山间采摘野生黄花菜，忽然乌云密布，雷电交加，暴雨倾盆，山谷中隆隆之声不绝于耳，大白天对面难见人影，兄弟俩吓得大哭，好在时间短促，很快雨过天晴。据他介绍，附近也有村民经历过这种终生难忘的天象。

当代很多人生活富裕，喜好旅游探险，旅游部门不妨在雷暴雨多发的险峻之处，建造特色旅游山庄，吸引中外游客到此体验这种奇特的雷暴雨"旋磨声"天气现象，在设有避雷设施的山庄品茗听雷，听雨观瀑，一定会留下难忘印象。

已建大型山区风电场，抽水蓄能电站开工建设

茶山以独特的地理位置，成为大型山区风电场与抽水蓄能电站选址。

其中大型山区风电场已于2013年5月建成发电，总投资约5亿元，共有33台机组，装机容量4.95千瓦，年发电量超过1亿千瓦时，可满足4万户城市居民年用电需求。

　　近年来，属于环保绿色能源的抽水蓄能电站，渐渐进入人们的视野。抽水蓄能电站选址必须是落差较大的高山，建造上、下两个水库，白天上水库放水发电，由下水库蓄水；晚上电力充裕时，将下水库蓄水返到上水库，准备第二天发电，如此循环往复，既能增加绿色电能，又可消耗晚上部分多余的电能。

　　其中上水库，原为一个小山塘。据地质学家考察，这里其实是 200 多万年前留下的火山口。这真是沧海桑田、海山交替之见证。

位于茶山的宁海抽水蓄能电站效果图，上水库为茶场所在地

　　茶山的高山盆地和巨大落差，为国内抽水蓄能电站的难得选址之一。经相关专家多次考察、论证，宁海抽水蓄能电站，已于 2017 年 12 月 22 日开工建设，计划 2024 年完工。项目装机容量 140 万千瓦，安装 4 台 35 万千瓦可逆式水泵水轮发电机组，设计年发电量 14 亿千瓦时，以 500 千伏电压接入浙江电网，工程总投资 79.5 亿元，一旦竣工必将成为中外游客旅游目的地。

　　随着抽水蓄能电站的开发，千亩有机茶大多被水库淹没，仅留下 200 亩左右，相信林场会另选宜茶之地，继续开发有机茶，让千年名茶长盛不衰。

　　未来茶山必将成为观光旅游胜地，海内外游客将纷至沓来，登临东海云顶，品茗赏景，吟诗放歌，将是何等惬意！

　　（原载《农业考古·中国茶文化专号》2011 年第 5 期，标题为《宁海茶山秀中华》）

郑世璜
——中国茶业出国考察第一人

中国是茶树原产地，目前世界各地产茶国，茶树均由中国直接或间接输出。1833年，英国殖民者从中国购买大量茶籽，聘请中国种茶、制茶技工去印度指导传经，后又移种锡兰（今斯里兰卡）。70年后，印度、锡兰茶叶在英国殖民者扶持下，蒸蒸日上，大有压倒华茶之势。清光绪卅一年（1905），清政府南洋大臣、两江总督周馥，派江苏道员、宁波慈溪人郑世璜，赴印度、锡兰考察茶业，是为中国茶业出国考察第一人。

祖籍宁波慈城，生平不详

郑世璜（1859—?），目前官方史料中生平不详，经笔者多方搜寻，了解到他原籍慈溪县慈城镇半浦村（今宁波市江北区，宁波市十大历史文化名村之一），查考出他的生年及字、号。郑世璜字渭臣，号蕙晨，据《慈溪灌东郑氏宗谱》记载，系灌东郑氏26世后裔。己卯（1879）科举人，曾任江西宜黄县知县。

郑世璜照片

半浦村位于姚江边，出过诸多历史名人。明末清初有著名学者郑溱、郑梁父子，郑梁子郑性，曾将本家和祖父郑溱好友、著名余姚籍经学家、史学家、思想家黄宗羲两家著作、藏书汇于一处，取名"二老阁"，意为纪念黄宗羲与秦溱，成一时佳话。"二老阁"当时规模可与天一阁媲美，可惜后来毁于战乱与火灾。现代著名京剧表演艺术家、京剧麒派艺术创始人周信芳（1895—1975），著名银行家、慈善家孙衡甫（1875—1944），均为半浦人。该村已被列为宁波市十大文化古村之一。

据郑氏族人介绍，《慈溪灌东郑氏宗谱》现存北

京图书馆，而该馆家谱室正在维修，一时还无法复印，无法了解郑世璜更多生平。其生年可从清末满族总理衙门大臣那桐（1856—1925）的《那桐日记》得到佐证，《那桐日记》光绪三十二年（1906）8月15日记载：

> 十五日，早郑世璜来拜门。郑号蕙晨，浙江慈溪县，己卯（1879）科举人，二品衔，江苏补用道，年四十七，曾赴印度、锡兰考察茶政，人明干有为。

寥寥数笔，记载了他的简历，"明干有为"既为初步印象，又是较高评价。郑世璜从举人到二品大员，足见其在政界是有为之人。

1905年，印行的郑世璜《乙巳考察印锡茶土日记》，扉页附有他的官服肖像，顶戴花翎，戴眼镜，颇有风度。当时大概担任江苏督理商业，包括茶政盐务的道员。

除了考察日记，郑世璜回国后分别向周馥和清政府农工商部，呈递《考察锡兰、印度茶务并烟土税则清折》《改良内地茶业简易办法》等禀文，结集为《乙巳考察印锡茶土日记》，在清末、民国时期曾广为印发。1906年，当时影响较大的上海商务印书馆《东方杂志》，先后两次刊登《郑观察世璜上两江总督周条陈印、锡种茶、制茶暨烟土税则事宜》《郑观察世璜上署两江总督周筹议改良内地茶叶办法条陈》；《中国通史》则在第十一卷·近代前编记载："光绪三十一年（1905），清两江总督派郑世璜去印度、锡兰考察茶业，回来后，力主'设立机器制茶厂，以树表式'。"

遗憾的是，历史太容易遗忘，这样一位曾经风光一时、二品官衔的官员，百年后包括其家乡，竟很难找到他更多的生平资料，搜索到的都是他考察印、锡茶业的相关文献。

据郑世璜考察日记记载，其子孙较多，次子名德颐，除宁波外，安徽亦有亲戚，如六月十一日（1905年，农历，以下同）记载："是日，接宁波、安徽两处家书，系五月十七日发也。并悉次子德颐生女，为命名颂艳，余第八孙女也。"这一记载说明他至少有两个以上儿女，8个以上孙女、孙子。46岁即有如此多孙辈，可见是多子多孙之人。按推算，其孙辈小者，应该还健在。笔者最近已在《宁波晚报》两次载文，只有族人回应，未见其后人信息。也许是家族迁往海外，与家乡和祖国失去了联系。笔者在此抛砖引玉，希望其后人或知情者看到本文后，能提供其生平资料。

《乙巳考察印锡茶土日记》列为历代重要日记

郑世璜的《乙巳考察印锡茶土日记》，已被列为历代重要日记之一，2006年入选学苑出版社200册《历代日记丛钞》第156册。

该日记记述详细，文笔优美流畅。序文、首日都有"慈溪郑世璜"落款。

日记载明，郑世璜于光绪卅一年农历三月二十三日，"奉南洋大臣两江总督周制军檄，赴锡兰、印度考察茶土事宜，并谕抵印后，往谒议约全权大臣唐少川星使，顺道考察印度晒盐收税诸法"。四月初九乘法国客轮从上海出发，同行8人，分别为浙海关英人副税务司赖发洛；翻译沈鉴少刚，江苏青浦人；书记陆溁澄溪，江苏武进人；茶司吴又严，浙江嵊县人；茶工苏致孝、陈逢丙，安徽石埭县人；仆从二人。经香港、安南（越南西贡）、新加坡，于四月廿五日抵锡兰；六月十九日离开锡兰，六月二十七日抵印度。他在锡兰、印度考察近5个月，于当年八月廿七日回到上海，最后一日记载"往返川资费用，竭力撙节，核实开支库平银八千四百五十二两六钱七分八厘云"。

晚清中国茶业之所以落后于海外，除了国弱民穷、民不聊生等原因外，重要的还是印度、锡兰已经使用机器制茶，生产率大幅提高，而中国依然停留在手工制茶，一些有识之士曾提请政府重视此事，可惜无人采纳。如郑世璜四月二十六日的日记就记载在锡兰遇到广东香山籍茶商林北泉，是早期外向型较强的国际茶商，先在日本卖茶，曾建议中国政府采用机器制茶，未被重视，他遂与美商合资到锡兰办厂制茶，销往美国：

四月二十六日。晴。天气甚暖。偕翻译、书记等往访林君北泉，先至其商店，则商品陈列皆日本产也。以不值复至其第，则林夫人与女公子迎入，茗谈有顷，林君始回。君系香山人，年仅三十六，寄居日本二十年始为茶商，曾向中国当道上机器造茶之策，不果用，乃出其资，与美国人在埠开厂制茶，运销美国四年于兹矣。厂中执事及东洋商店，半用粤人，并另作房舍，以作中日过客寄宿之，所每人每日纳房饭金只卢比二元五角。余忻甚，同事诸君亦多愿移居者。

从日记来看，郑世璜对国计民生颇为关切，凡海外衣食住行、工农商业、华侨生存状态均有详细记载，当然他的主题是茶业，他实地考察了锡、印两国茶园种植、茶叶采摘、制茶工厂、红绿茶制造工艺、制茶机械和科伦坡茶机厂，对茶厂记载尤为详尽，如五月十三日日记：

距寓里许，有黑盾茶厂，偕同事往观厂。其七椭东南另一室，安置引擎一架，燃火油，烛两大枝，借蒸汽之力用皮带拽动全轴，轴直通。全厂距地约高二丈有数尺，在天空用橡皮包之，防氧气及雨水引锈也。厂有楼，凡两层，四面窗棂通风，置晾架上十二座，每座接连三架，每架十五格，用粗布作格，摊晾青叶；楼下悬麻布袋若干具，经三十六小时，叶已晾干，从楼板缺口倾入袋内，再倾入碾机碾压。其上层地位较窄，置晾架六座，每座二架，每架十四格，视茶叶向鲜，以只晾二十四小时也。因遍观碾、筛、切、焙诸法，碾机大小各一具，大者高四尺，形

如磨下盘木地，铁框中凹，有小方木可以抽合，四围有齿，高八分，长约四寸许，宽一寸八分，上盘方式而小，下盘圆式而大，上下相距不及五分，上盘因轮力旋转，茶叶在磨齿上碾揉至三小时，叶已揉软，即从下盘中心抽去小方木，叶自倾下。（以上碾压）碾压后倾入青叶，筛机筛系于轴，自能运动，其粗者再入碾机（以上筛青叶）筛竟匀摊地上，或三合土砌成之石枯，略高于地面者尤佳，摊处厚二寸许，上用湿布盖之二三小时，色可变红。（以上变红）变红后移入烘机，烘炉安置地坑，炉门在坑下约深三尺，火候一百九十度，炉上之热虽炙手而不甚烈，上置烘盘，盘系铜丝为地，杉木为框，中尺见方，三尺木框，高二寸，烘枱如抽梯，纵四层，横四层，可纳烘盘十六，每盘匀摊茶叶，重四磅，因第一层至四层火力不同，约烘二十分钟，即从一层以次换至四层，适已焙就，故热度匀而茶味亦匀。（以上烘焙）烘后移入干叶筛机，机有三号，即三层置茶，于第一层将皮带系在滑车上，即自运动，以次第下，旁张以箱，自然每箱亦分作一二三号，不稍混淆。三号筛之下有板，以盛茶灰，复用棉类粘在口旁，筛动灰出，灰之外自能分出，茶毛、茶绒积之可作椅榻垫褥之用，轻软殊常，此亦废物利用之一端也。（以上筛干叶）筛后分头一二三号装箱，装箱有架，置空箱于架上，用轮旋紧，将皮带拽动滑车，箱即振动，因其振动力匀，倾入茶叶自能轻重一律不爽分毫。如一时不及装箱，有大柜可堆存，柜用木框，纵横尺寸与箱一律，内衬马口铁外用锁钥，以司启闭，防泄香味，兼杜工人偷漏。如木框纵六横四，则内容二十四箱，茶之多寡亦一见便知。（以上装箱装柜）凡筛机所不能筛下之茶，尚有新式切机两种，一为铜板，上凿人字形，下衬钢板，外有轮轴，用皮带拽动，四围有木框如斗形，粗叶倾入，经过铜板之孔，自能切细。一为凹凸齿形之竹管，用铁丝贯之如筐篮，可以手提置粗茶于竹筛，即以齿形竹管擦之，亦能切细，惟须人力。（以上切机）

　　厂中茶箱、竹筛均由日本运来，箱每具值卢比七角，各厂皆购用之，缘锡地树木缺乏，土人制箱成本较昂故也。竹筛旁有十四号勿芽张金利造字样，系用华文。日本振兴茶务以绿茶输美，以木箱、竹筛输英，虽不能夺印、锡红茶之利，而能分制茶器用之利，其商业之精进，于此可见一斑。厂中烘机尽数烘焙，每日可成一千磅干茶，适中则六百磅，厂内工人十二名，厂外采工二百余人，茶销科伦坡埠。

　　观察、记载如此细致、详尽，完全可以依样画葫芦了，日记中类似记载不胜枚举。

翁同龢书赠郑世璜联句

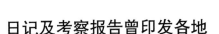

日记及考察报告曾印发各地

除了考察日记，郑世璜回国即向上司周馥和清政府农工商部呈递《考察锡兰、印度茶务并烟土税则清折》（郑培凯、朱自振主编、香港商务出版社 2007 年出版的《中国历代茶书汇编校注本》，将此文标题改为《印、锡种茶、制茶考察报告》）。该折开头叙述了英国扶植印、锡茶业制约华茶现状：

查英人种茶先于印度，后于锡兰，其初觅茶种于日本，日人拒之。继又至我国之湖南，始求得之，并重金雇我国之人，前往教导种植、制造诸法，迄今六十余年。英人锐意扩张，于化学中研究色泽、香味，于机器上改良碾、切、烘、筛，加以火车、轮舶之交通，公司财力之雄厚，政府奖励之切实故，转运便而商场日盛，成本轻而售价愈廉，骎骎乎有压倒华茶之势。

文中对印、锡的植茶历史、气候、茶厂情况、茶价、种茶、修剪、施肥、采摘、产量、茶机、晾青、碾压、筛青叶、变红、烘焙、筛干叶、扬切、装箱、茶机价格、运道、奖励、绿茶工艺以及制茶公司程章等，逐一做了具体介绍。可以说，此前我国对印、锡茶业的实际情况，仅知一鳞半爪甚至是误传；通过这次考察，不但得到了一个完整的真实印象，而且对我国茶业的改革和发展，不无借鉴作用。

在详细陈述印、锡茶业的基础上，郑世璜坦陈了印、锡茶业超越华茶的优势、担忧和对策，力陈我国茶业必须改革：

印、锡所产红茶虽不能敌上品之华茶，而视下等者则已觉较胜，故销路颇畅。且可望逐年加增，彼中茶商皆谓，中国红茶如不改良，将来决无出口之日，其故由印、锡之茶味厚，价廉，西人业经习惯，华茶虽香味较佳，有所不取焉。而印、锡茶业之所以胜于中国者，半由机制便捷，半由天时地利所致，且所出叶片较大，获利亦厚，而茶商又大半与制茶各厂均有股份，故不肯利源外溢。反观我国制造，则墨守旧法，厂号则奇零不整，商情则涣散如沙，运路则崎岖艰滞，合种种之原因，致有此一消一长效果。近来英人报章借口华茶秽杂有碍卫生，又复编入小学课本，使童稚即知华茶之劣，印、锡茶之良，以冀彼说深入国人之脑筋，嗜好尽移于印、锡之茶而后已为。我国若不亟筹整顿，以图抵制，恐十年之后，华茶声价扫地尽矣。为今之计，惟有改良上等之茶，假以官力鼓励商情，择茶事荟萃之区，如皖之屯溪、赣之宁州等处，设立机器制茶厂，以树表式，为开风气之先。

随后，郑世璜又呈递了另一篇禀文——《改良内地茶业简易办法》，提出择地

设厂、进口或制造茶机、收购青叶供茶厂加工、编印宣传资料、兴办专业茶校等建议。

当年十月，《农学报》将《考察锡兰、印度茶务并烟土税则清折》标题改为《陈（郑）道条陈印、锡种茶、制茶暨烟土税则事宜》，进行连载。1906 年，清政府农工商部将上述郑世璜两文及日记，以《乙巳考察印锡茶土日记》为题，印发各地，川东商务总局也翻印发给川东各县参考。民国以后，仍有单位校勘发行，以供社会需要。

《东方杂志》两次刊出郑世璜条陈

除了《农学报》连载外，当时影响较大的公众媒体——上海商务印书馆《东方杂志》，分别于 1906 年 3 月 19 日第 3 卷第 2 期、4 月 18 日第 3 卷第 3 期，先后两次刊出《郑观察世璜上两江总督周条陈印、锡种茶、制茶暨烟土税则事宜》和《郑观察世璜上署两江总督周筹议改良内地茶叶办法条陈》，足见媒体及公众对此事的高度重视程度。

"观察"系清代对道员的尊称，"条陈"指分条陈述意见的呈文或意见、建议书。

曾设立江南植茶公所

在上奏建言的同时，郑世璜积极行动，1907 年，由他管辖的江南商务局，在江苏南京紫金山麓的霹雷涧，设立江南植茶公所，在钟山南麓灵谷寺一带垦荒植茶，即今日雨花茶之前身。植茶公所是一个茶叶试验与生产相结合的国家经营机构，也是中国第一个专门的茶研究机构，被视为茶科技的发端。可惜该机构在辛亥革命后停业。

当时，国内很多茶农还不肯接受先进的制茶机器，如政府安排安徽祁门、江西浮梁、浙江建德使用茶机时，三地茶农竟以穷乡僻壤、土地贫瘠为由，拒绝使用。郑世璜一面向上司陈述利弊，一面向茶农大力宣传使用机械制茶和先进科技带来的巨大好处，解除茶农的疑虑。1909 年以后，湖北羊楼洞、江西宁州、四川灌县、安徽祁门等地先后设立茶业示范场、茶叶改良公司、讲习所等，推广先进产、制技术，培养专业技术人才，使近代茶业科技有了初步发展。

百年探索　奋起直追

尽管郑世璜做了最大努力，但在风雨飘摇、行将灭亡的晚清，注定是没有好结果的。

　　虽然当今中国茶业与晚清时期不能同日而语，国内名优茶产销两旺，茶文化空前红火，但茶叶出口仍面临出口单价偏低、国际品牌不多，出口市场较为单一、市场主体应对技术贸易壁垒能力弱等问题。国人唯有急起直追，内外并重，才能成为真正的茶叶强国和打造自己的著名品牌。当年郑世璜的很多见地和建议，因此仍有现实意义。

（原载《茶博览》2010 年第 2 期）

以工匠精神从事茶文化学术研究

——30 多年自学茶文化经历及体会

我的家乡浙江省宁海县，是《徐霞客游记》开篇地，隶属宁波市，是新兴的名茶之乡，2011 年 3 月被中国国际茶文化研究会授予"中国茶文化之乡"称号，望海茶被授予"中华文化名茶"称号。

笔者 1955 年生于山村，青少年时代在山村度过，对"三农"心怀感情。我毕业于宁波师范文科班，学的是中文，茶文化缘于热爱而自学。我们这代人经历了诸多时代变革，经历不可谓不丰富，真可谓三十年河东三十年河西矣。

本文简述个人 30 多年自学茶文化的经历及体会。

20 世纪 80 年代——跟踪报道家乡名茶

家乡宁海位于浙东沿海，依山傍海，风光秀丽。天台山余脉蜿蜒境内，青山秀水间镶嵌着四万余亩翡翠般的茶园，今为国家茶叶重点县。我的出生地兰田与遐迩闻名的天明山南溪温泉只隔几个山坳，产茶的香山海拔 850 米，与中国名茶望海茶原产地望海岗相去不远。山上既有野生茶又有栽培茶，品质优异，可惜仅有 30 亩，不足以形成商品规模。

1984 年病逝的父亲，生前为上海某研究所高级钳工，茶瘾大，杯子中总是泡着小半杯茶叶，浓浓的茶水非常苦涩，难以入口，小时非常费解父亲怎么爱喝这么苦的茶水。茶叶主要是母亲从香山采来的野生粗茶，每年要为他备上十多斤，每每收到寄去的茶叶，他总是大喜过望。他亦嗜好抽烟，每天近三包，说多亏浓茶解了部分烟害。他在 72 岁时因气管炎并发症辞世，无缘再喝家乡的众多名茶了。

1977 年 7 月我师范毕业，感恩老师培养推荐，我和两位同学直接进了党政机关，我被分配到共青团宁海县委工作。这时开始有喝茶的习惯。1982 年，我调离团县委之际，县领导让我选择，可担任县委领导秘书或从事新闻报道。我爱好写作，读书时很羡慕记者，能路见不平伸张正义，于是义无反顾选择后者，调到县委报道组，后更名县委新闻科，挂宁波日报宁海记者站牌子，从事专职新闻工作 12 年，其中近十年由一人主持工作。除了报道本县中心工作和经济大事，我曾多次为弱势群体伸张正义，至今为家乡父老传念。

其时，家乡望海茶刚获浙江名茶证书，望府茶则于 1987 年被评为全国名茶，全盛时本县被评为宁波市级以上的名茶有 7 只之多，以后逐步被整合以望海茶为主的名茶联合体。目前全县形成了三大特色茶产业，即绿茶龙头望海茶、望府茶，黑茶后起之秀赤岩峰，创新花茶白枇杷花茶。其中望海茶为首届浙江十大名茶之一，在宁波市十大主要茶品牌中声望最高。

从 1982 年至 1994 年，我作为专业新闻工作者，包括后来作为自由撰稿人和茶文化学者，一直跟踪宣传报道家乡诸多名茶，发表过《宁海成为新兴名茶之乡》《青山秀水育名茶》等大量关于家乡名茶的消息、通讯等新闻报道，见证了宁海成为新兴的名茶之乡，并从此爱上茶文化。

20 世纪 90 年代，笔者曾作《感恩家乡茶》赋写心意：

出世苦寒家，中年好岁华。
读书编著乐，感念故乡茶。

20 世纪 90 年代——新闻与文化并举，出版《名人茶事》

新闻报道讲究短平快，大多需要当天或隔天完成，在真实、准确的原则下，主要是说明五个"W"，即英语中时间、地点、人物、什么事、结果的首个字母。其中真实、准确与学术是一致的。

进入 20 世纪 90 年代，当代茶文化开始复苏。我不再满足于写作关于家乡名茶的新闻报道。当时，我正为香港《大公报》旗下的《新晚报》"人物志"专栏撰写一些传记小品，想到人物是茶文化的主体，就以"名人与茶"为主题，写成 30 篇介绍古今中外名人与茶轶事趣闻的系列稿。

我投石问路寄给《新晚报》，编辑收稿后非常欣赏，嘱我写上百篇，在该报"人物志"专栏天天连载。当时作为一名县级新闻工作者，每月能在《宁波日报》以上报刊，发表 10 多篇包括豆腐干大小的新闻报道已属高产，从未受到过专栏连载待遇，欣喜异常。无奈当时阅历浅薄，又忙于工作，只完成 80 篇。上海文化出版社编辑看到这组连载稿后，认为比较适合该社当时较为畅销的"五角丛书"，结

《名人茶事》，分别由上海文化出版社、台湾林郁文化事业有限公司出版

集为《名人茶事》，于 1992 年 10 月出版，初版 1.8 万册，很快又加印 5000 册。台湾林郁文化事业有限公司又买去版权，于 1994 年在台湾出版中文繁体版，以后又多次加印。《团结报》《宁波日报》《联谊报》《经济生活报》《法音》杂志还先后连载过该书有关章节。

拙作能有如此厚遇，是我始料不及的，是家乡名茶之芬芳，惠我以灵感和创意，引我进入茶文化大雅之堂。

该书的亮点是，笔者去信和走访了冰心、姚雪垠、秦牧、唐云以及庄晚芳、陈椽、王泽农等一批文化名人和茶学家，得到了一些第一手资料。更为难得的是，该书得到了已故上海同济大学教授、著名古园林建筑专家、散文家陈从周厚爱，除了赐我"茶语"墨宝，还欣然为该书作序，留下了"茶香万岁"等个性化茶语。

从现在来看，这本小册子内容非常单薄，30 年来，很多篇章已做了改写，还新写了一些，希望近年有机会再版。

2000 年——开始关注学术，出版《中华茶人诗描》等

感谢父母养育，成长路上更有诸多师长、领导的培养。惭愧的是，我 1982 年就是县里副局级干部，但胸无大志，不求仕途升迁，独立思考，向往自由，很少考虑提升和进城。1994 年年初，我辞职做了 10 年广告人。当年春节，中国国际茶文化研究会首任会长、德高望重的王家扬在宁海过年，他要我去该会工作，而我竟留恋小县城的安逸而谢绝了。当时王老夫人表示很不理解，至今想来愧对王

老。王老生于 1918 年，已于 2020 年仙逝，享年 103 岁。

　　做了 10 年广告人，感觉自己本质上还是文化人，2005 年定居宁波自由撰稿，稍后到宁波茶文化促进会工作。主要负责宁波东亚茶文化研究中心年度主题研讨会，主编十种"明州茶论"——主题研讨会系列丛书、《茶韵》季刊等。期间还主编了《浙江宁海储氏宗谱——兼中国储氏文化史》《余姚柿林沈氏宗谱》《宁海樟树高氏宗谱》三种宗谱。

　　2002 年，我与杭州余杭著名茶诗学者钱时霖合作，先后历时 7 年，搜集古今茶人资料，融诗歌、小传、图像于一体，于 2005 年出版传记小品《中华茶人诗描》，2011 年出版《中华茶人诗描续集》。两书收录古今茶人 910 人，为茶文化之最。

　　如果说写作《名人茶事》尚未树立学术意识，那么，著作《中华茶人诗描》时，我已经开始关注学术规范了。如 2003 年，浙江临安茶友发来资料，说汉代著名隐士梅福（约前 44—约 44），曾在临安九仙山隐居植茶，目前后裔在东天目山梅家村以植茶为生，其中一支从该村迁居杭州西湖梅家坞，在那里培育出了稀世珍品龙井茶，并说有当地方志为证。看似顺理成章，但我们从未看到过梅福植茶及其他茶事，这位茶友又拿不出文献出处，而所谓方志，只是当代新编的，为宣传当地茶文化而想象出来的传说而已，最终被我们否定。再如，2008 年著作续集时，四川茶友发来虚构人物吴理真，被我坚决拒绝入编。

　　专职从事专业茶文化宣传、研究，必须注重学术。2000 年后，笔者先后撰写了《丹丘子——仙家道人之通称》《〈茶经〉引文〈神异记〉的三处误读》《晚明四位"宁波帮"茶书作者生平及成书年代考述》《郑世璜——中国茶业出国考察第一

《中华茶人诗描》中国农业出版
社 2005 年 8 月出版

《中华茶人诗描续集》中国文化
出版社 2011 年 11 月出版

人》等多篇学术文章。

21 世纪 10 年代——注重原著和文献出处，言必有据

笔者真正重视茶文化学术，始于 2010 年代。笔者与专家、学者交流时，有专家、学者认为，从学术角度来说，一些学术问题，如重大茶史，都应有准确出处，要寻根究底，经得起推敲，而不是以讹传讹，人云亦云。有感于此，笔者通过查阅原著，通过溯源考证，厘清了一些耳熟能详、司空见惯的茶事茶史，包括当代杜撰的一些茶史之真伪。

——《神农本草经》并无"神农得荼解毒"之说。当代很多茶文化著述，都说成书于汉代的《神农本草经》，记有"神农尝百草，日遇七十二毒，得荼以解之"。遗憾的是，各种著述都没有相关书影，实际成了莫须有之说。

笔者据此溯源考证，查阅到清代顾观光编著、现存较早的《神农本草经》。在该书记载的 365 种中草药中，茶是作为"苦菜"记载的："苦菜：主五脏邪气，厌谷，胃痹。久服，安心益气，聪察少卧，轻身耐老。一名荼草，一名选。生川谷。味苦寒。名医曰：一名游冬，生益州山陵道旁，凌冬不死，三月三日采，阴干。"

笔者最近读到美国学者威廉·乌克斯 1935 年完成的《茶叶全书》，记载的也是这一条，包括《诗经》之"荼"不是茶，他都搞清楚了。作为一位早期的外国学者，这非常难得。

而"神农得荼解毒"的相关之说，目前能查到的最早出处为清代陈元龙编撰的著名类书《格致镜原》，该书《饮食类·茶》有如下引录：《本草》：神农尝百草，一日而遇七十毒，得茶以解之。今人服药不饮茶，恐解药也。"

笔者从三方面说明两者之间的区别：

一是此《本草》并非《神农本草经》。中国历代本草类著作繁多，据滕军转引日本冈西为人《本草概说》统计，中国隋代之前，已有《本草》类著作百种左右，唐代以后更多。如《茶经》引述《本草》，即为唐代《新修本草》，很多著述误称其为《神农本草经》。

二是该《本草》后句为"今人服药不饮茶，恐解药也"，"茶"字非"荼"字，说明是宋代或明代以后散佚版本，未见其他文献记载。

三是"七十毒"非"七十二毒"。这可能源于《淮南子·修务训》："神农尝百草之滋味，水泉之甘苦，令民知所避就，一日而遇七十毒。"而所谓"七十二毒"，则见于鲁迅《南腔北调集·经验》，但未带"茶"字："他曾经一天遇到过七十二毒，但都有解法，没有毒死"。

笔者考证"神农尝百草，日遇七十二毒，得荼而解之"之说，由《格致镜原》

记载演变而来，为近代或现代之说，尚未找到出处。笔者找到较早记载此说的，为著名茶学家庄晚芳等四人 1979 年编著的《中国名茶》一书。而影响较大的是由著名茶学家陈椽编著、中国农业出版社 1984 年出版的《茶业通史》，该书在开篇第一章写到此说。

——**"茶为万病之药"语出日本高僧荣西《吃茶养生记》，而非唐代宁波籍大医家陈藏器的《本草拾遗》**。《吃茶养生记》卷之下写道："《本草拾遗》云，上汤（为'止渴'之误）、除疫。贵哉茶乎，上通诸天境界，下资人伦。诸药各治一病，唯茶能治万病而已。"

可能是因为此语前句写到《本草拾遗》，当代很多茶文化著述，包括《茶经述评》都记为出自《本草拾遗》，造成错误。

——**厘清吴理真是南宋以后出现的虚构人物**。自 2011 年以来，笔者对所谓"西汉茶祖"吴理真做了溯源考证，没有发现南宋以前关于此人的任何信息，而南宋记载其人事迹的《宋甘露祖师像并行状》（以下简称《行状》），属无撰文、书法、刻字作者及立碑单位的"四无"碑刻，吴理真无籍贯、无家世、生死均为神话，《行状》行文多处自相矛盾，难以自圆其说，符合虚构特征。而退几步说，即使该《行状》行文无瑕疵，以断代 1200 多年的南宋文献，界定公元前的西汉茶事也不符合学术规范。

——**梅福、刘纲、樊云翘夫妇、许逊、叶法善茶事均为当代杜撰**。近年来，各地出现的诸如汉代隐士梅福、刘纲、樊云翘夫妇、晋代高道许逊、唐代高道叶法善茶事，未见任何史籍或方志记载，各种传说均为当代好事者杜撰，没有学术依据。

——**精准发掘习近平著述中的茶文化元素**。2013 年至 2015 年，习近平主席先后七次出访八次说到茶文化，包括他在其他讲话、著述中说到的茶文化，内涵非常丰富，如"品茶品味品人生"等已成为经典茶句，为海内外茶人和各界人士所喜爱，这在古今中外领袖人物中都是前所未有的。笔者先后发表了《习近平出访屡说茶事的重要意义》《品茶品味品人生　蕴涵人生三意境——浅析习近平主席茶文化理念》《西子湖畔习奥会　品茶心境细观照》等 8 篇系列文章，所引文献均有准确出处。

——**指出所谓 6000 年人工茶树根是当代标志性虚假茶事**。笔者先后发表了《六千年茶树根是自然野生还是人工栽培的？——仅凭所谓的"熟土"确认为人工栽培无异于臆断》《以"熟土"确认 6000 年人工栽培茶树根可信吗？——再论六千年茶树根是自然野生还是人工栽培的》《以讹传讹非学术　科学严谨学之本——简评几项茶史学术错误及其影响》，从多角度阐述这是当代标志性虚假茶事之一。

——**自我正误两题**。2004 年，笔者分别在《农业考古·中国茶文化专号》《中华合作时报·茶周刊》等，发表《嵊州唐碑墓志铭与陆羽卒年》，认为从该碑的落

《茶禅东传宁波缘》
中国农业出版社 2010 年 12 月出版

《科学饮茶益身心》
中国文化出版社 2011 年 10 月出版

款时间及署名"沙门鸿渐述",可以看成为陆羽手笔,其卒年至少在 806 年之后。2010 年,笔者发现上述考证有误,而依据宋代《隆兴佛教编年通论》、元代《佛祖历代通载》两种文献,记载陆羽卒年为 803 年,于是写了《陆羽卒年再认识》在上述报刊发表,自我正误。

2013 年,笔者在《上海茶叶》、台湾《宁波同乡》杂志分别发表《奉化曲毫——史籍记载最早的卷曲形名茶》。事后发现,所谓最早记载曲毫茶的奉化的《应梦名山记》,并无相关记载,而系当代人杜撰,于是及时写出《曲毫幽而独芳——宁波三例古人茶事系今人杜撰》,在《中国茶叶》《宁波同乡》等杂志发表,做出自我正误,以免以讹传讹。

此外,笔者还在多家报刊发表了《葛玄,史籍记载最早的植茶人——兼论葛玄即汉仙人丹丘子》《〈茶经·七之事〉依然具有权威性》《茶鼓溯源及其在禅茶活动中的特殊意义》《〈诗经〉七"荼"皆非茶——兼论"茶""荼"何以常作对比》《千古一"梅"玉成窑———解读梅调鼎与玉成窑紫砂器的文化密码》《各地四种茶文化"宣言""共识"中的茶史与学术错误》《〈茶经〉确立了神农的茶祖地位》《陆羽是孤儿还是弃婴?——兼论"远祖纳"为其同宗之说》《〈华阳国志〉记载两处茶事并非特指周代》《晋唐流韵说茗粥》《印度大吉岭茶种源自舟山、宁波、休宁、武夷山四地》《历代三地"茶都"之形成与兴衰》《试论茶禅文化三大发源地》《当代陆羽研究伪命题三例》《周代茶事尚无确证》等学术文章。

笔者的经验是,凡是所谓新发现的,尤其是唐以前超越《茶经》的茶史茶事,都需要溯源考证,且多是错误或杜撰的,可以说,《茶经》之前的茶史茶事,基本被陆羽搜罗断代了,这正是茶圣的伟大之处。

不论古今文献，作为严谨的专家、学者，都要以工匠之心认真推敲，言必有据。

转引普通文献是舍本求末，且多为错讹

据晋代著名道家、医药家葛洪《抱朴子外传》引汉刘向目录书《七略别录》《汉书·艺文志》记载，古籍有 13269 卷之数，而到晋代，文献已翻了一倍。以《茶经》三卷为例，古籍每卷 2500 字左右。

到了现代，文献可谓浩如烟海，尽管散佚古籍很多，依然很难统计，尤其是当代，每年、每月发表、出版的文献以数十万计。

如何引用文献大有讲究。文献以古为珍，以早为贵，如有多种版本的，要选择权威版本，当然不妨综合参考比较。凡是能直引的文献，尤其是一些普通文献，就不要转引，转引往往不太可靠，多有错讹。

这里举两个例子。

一是清乾隆安徽省四十一年（1776）《霍山县志》卷三《贡赋志》记载："霍山黄芽之名，已肇于西汉。《史记》云：'寿春之山，有黄芽焉，可煮而饮，久服得仙，则茶称瑞草魁，霍茶又为诸茗魁矣'。"光绪《霍山县志》又沿袭其说。

当代很多茶文化著述、包括一些权威专家、学者都引用该说，说明霍山黄芽历史悠久。其实《史记》里根本无此记载，不知该县志编者何以凭空编造出这类虚假文字。《史记》作为二十四史之首，除了"文革"等特殊年代，历代都作为普及读本。普通作者例外，作为专家、学者，像这类文献，应该先查阅《史记》有无此说，而不是图省事转引了事。笔者即是在 2013 年查阅《史记》之后，最先提出此说有假。

《茶产业品牌整合与品牌文化》
中国文化出版社 2012 年 4 月出版

《茶产业转型升级与科技兴茶》
中国文化出版社 2014 年 5 月出版

二是 2016 年 7 月，笔者因写作《白居易庐山、九江茶事可书可演》一文，广泛搜罗白居易与庐山茶的相关文献。在九江市宣传庐山云雾茶的彩页广告上，印有标注作者为白居易的五言诗："匡庐云雾窟，云蒸翠茶复。春来幽香似，岩泉蕊独浓。无它今把酒，无比此壶中。"该诗未标诗题，笔者查阅各种茶诗文献及《全唐诗》，均找不到该诗。网上搜索发现，该诗曾被多人包括一位知名专家引用，于是向其请教。该专家非常诚恳、认真地回复说："我查了网络，相信您也查了，没有诗题和出处。之后查了知网，重点排查硕、博士论文，也是一无所获。超星数字图书馆也是如此。数字资源查不到，我到学校图书馆查文字资料。图书馆里白居易的集子比较全，大体翻了一部分，借回了中华书局顾学颉校点的版本，应该是比较全，包括拾遗的佚文两卷。我花了两天时间从头翻阅了，没有这首诗。同时我找到《四库全书》和《四部丛刊》的电子版，未检索到这首诗。这首诗不仅白居易的文集中见不到，甚至民国时编录的《庐山志》里也没有。很惭愧，我当时引用这首诗也是人云亦云。"

非常感动该专家如此重视我的疑问，他以工匠精神查阅了海量文献，排除了该诗并非白诗，亦不知何人所写，请识者见教。

此例也说明直引而不要转引文献的重要性，如果相关作者不是转引，而是直接到白居易诗集中查找，就不会有类似差错。

再如，从《本草纲目》中转引《神农本草经》等。

除了稀缺文献，普通文献应该直引而不是转引，转引无异于舍本求末，且会造成错讹。

《"海上茶路·甬为茶港"研究文集》
中国农业出版社 2014 年出版

《越窑青瓷与玉成窑研究文集》
中国文化出版社 2015 年出版

学术强才是真正意义上的文化复兴
努力做到精准发掘、精准解读和表述

自1990年代以来，中国当代茶文化、茶科技蓬勃发展，各地活动应接不暇，出版的各类茶书刊数以千计，一派繁荣景象。

但细细想来，在这繁荣的光影之下，掩盖着一些浮躁与浮夸，其中有诸多短板。

中国是茶树原产地，是茶产业大国，茶之祖国，就茶科技而言，据知情者说，茶叶生化科技是国内目前最薄弱的环节，而这恰恰是茶科技中最难、最重要的。

各地的茶文化活动，追求场面效应的多，讲究实际效果的少。

各地的茶艺表演，大多为美女俊男泡茶表演，大同小异，美虽美矣，内涵不足。

诸多学术研讨会多为发布会，少有研讨环节。没有或少有学术批评。茶文化论文少有论述，多为随笔。笔者主编的多本研讨会文集，实事求是，均冠名为"文集"，而非"论文集"。

诸多茶书，内容大同小异，人云亦云、以讹传讹者多，少有原创和学术价值的。很多茶书、茶文编著者信手写来，信口说来，随意引用二三手资料，随意想象，很少或根本没有顾及学术规范，没有文献出处观念。

各地茶文化、茶科技杂志数以百计，但就茶文化而言，公开发行的茶文化学术期刊仅有一种，茶文化杂志三种，这与出版总数比例失调。

《"茶庄园""茶旅游"暨宁波茶史茶事研讨会文集》，中国文化出版社2019年出版

《茶与人类美好生活》
中国农业出版社2021年出版

目前茶文化杂志主要有两大类：

一是内部发行赠阅的。内容多以领导讲话、本地活动为主，文化为辅。文化方面不乏对本地的溢美之词，如标榜本地是茶文化发祥地、发现唐以前茶祖某某某等。这实际类似好事者，搞乱了地方茶史。个别也有全部或主要为上述内容的，类似工作简报。

二是自负盈亏公开发行的。这部分采编人员首先需要解决生计，多拉广告，其次才考虑杂志质量，能两者兼顾就非常不错了。为了生存和生计，这些人也着实不易。

曾有同好与笔者说起，杂志的价值是什么，我说肯定是文化含量啊，一期杂志如有一两篇耐读、值得收藏的好文章，就很不错了。

写好文章，办好杂志，首先需要对茶文化的热爱，其次是需要资深专家、学者。而最稀缺的还是独立的、有良知的茶文化专家和学者。

综上所述，说明当代看似繁荣的茶文化还是初级阶段，离学术繁荣还有较大差距。笔者以为，作为茶之祖国，至少有国家级独立的、有学术水准的茶文化报刊和网站，如浙江、福建、江西、广东、四川、湖南、河南、贵州、重庆、陕西、北京、上海等茶产业、茶文化大省（市），至少能有五六种茶文化学术期刊。这才是茶文化繁荣的象征，与我们茶之祖国的地位相吻合。

学术是任何学科的灵魂，学术不强，称不上真正的繁荣。学术强才是真正意义的文化复兴，就此来说，当下茶文化的繁荣仅为表象，与文化复兴还有较大差距。当然这与宏观学术环境是息息相关的。

进入2010年代，中国社会经济发展已经进入全新时代，诸多产业升级换代，甚至是跳跃式发展。茶文化亦如是，需要不断创新、发展，而不是老生常谈，尤其是一些错误的说法，需要正本清源，对古今茶文化，都要努力做到精准发掘，精准解读和表述，无愧于伟大的时代。

"路漫漫其修远兮，吾将上下而求索"，"为人性僻耽佳句，语不惊人死不休"！诗文重质不重量，学术宜严不宜宽。茶文化学术

2016年5月6日，参加宁波第三届两岸四地茶文化高峰论坛的全国人大常委会原副委员长、中国文化院院长许嘉璐，与笔者热情握手（陈刚俊摄）

任重道远，让我们以屈原、杜甫等先贤为榜样，以工匠精神，千锤百炼，做好茶文化学术。笔者引用旧诗《诗文感赋》与各位同好共勉：

> 文似看山平不喜，新声一字值千金。
> 诗词唐宋千千万，名句片言传到今。

个人愚见，不当之处，敬请读者批评指正。

期待茶文化学术风清气正

新时期茶文化，始于 20 世纪 80 年代末。当下已进入全面复兴时期，每年出版的茶书均在三位数，基本每天有新著出版；除了疫情期间，每年各地举办的茶文化活动、论坛不计其数。

茶文化空前繁荣，各类冠名国际、中国、省级的茶文化机构名目繁多，以浙江为例，除了中国国际文化研究会驻地杭州，另有浙江省、各地级市以及绝大部分县（市）区，均设立了茶文化研究会或促进会。遗憾的是，由于没有学术规范，没有机构提出学风建设，而各地多以本位为主，好大喜功，各色人等参与其中，泥沙俱下，各类虚假茶史茶事、奇谈怪论层出不穷，而所有虚假茶史茶事都得到了号称茶文化"权威"、大家、名家认可，对地方上所说不作评估考证，随意怎么说都给予通过，或以官方名义通过所谓"共识""宣言"，或以茶书作序、论坛演讲等形式给以加持，更有大家、专家带头造假，本书列举数例，实例还有更多。

最近，河南信阳茶友送我一册中国农业出版社 2022 年 8 月出版的十册丛书之一《中国十大茶叶区域公用品牌之一——信阳毛尖》，该书专家委员会达 16 人之多，多为茶学、茶文化著名专家、学者，另有主编、副主编、编委 36 人。让人非常惊讶的是，该书主编在序言开头竟说"信阳毛尖从东周开始"。据主编文中介绍，此结论是通过四种推论得出的。据笔者了解，除了陆羽《茶经》写到古光州今信阳茶事，尚未发现其他唐之前文献记载，书中写到"唐代李肇《国史补》中把义阳茶列为当时的名茶"，笔者未找到出处，请教该书冠名为专家委员和副主编的两位当地专家，亦不清楚。其实，全国周代尚无确证茶事，何况信阳一地？时至今日，大量文献均可在书中或网上检索，而该书唐代茶事尚未厘清，竟然随意"推理"到周代，而这么多大家、专家冠名该书专家委员会、编委会，读者焉能不信以为真而引用？进而人云亦云，以讹传讹，虚假茶史就是如此得以传播到海内外的。笔者将此信息转告给较为友善的二位著名专家和该书责任编辑，提醒他们冠名专家委员顾问事小，误导读者事大，希望凡冠名之茶书所提及之重要茶史，务必要求作者提供准确出处，杜绝随意杜撰，无出处的坚决否定之。

当代出现的虚假茶史茶事已远超历代之总和，翻开茶书，打开网络，各种人为错讹举不胜举，包括被列为联合国"非遗"之某地茶事，都掺入了当代杜撰的虚假茶史。初学者无所适从，莫衷一是。茶史自有后人评，未知后人如何评价当代虚假茶史茶事。

十多年来，笔者尊重原著，实事求是，溯源考据，言必有据，对各地重大虚假茶史、茶事作了梳理研讨，正本清源，触动了个别地方和当个别当事人之名利，在你好我好大家好、阿谀之风盛行之当下，被视为不合时宜之另类。

"路漫漫其修远兮，吾将上下而求索。"笔者年近七旬，有生之年将继续为厘清茶文化史实、正本清源而努力，求真相，说真话，坚守良知，期待茶文化学术风清气正。

著书作文多是渐进式的，大多会留下遗憾。以本书为例，如书中《"荼"字有四种读音含义丰富——读音分别为"屠""荼""舒""蛇"》，想到改为《多音多义说"荼"字》更简洁、通俗化；《最早明确记载的贡茶——东晋温峤上贡茶、茗产自江州》篇，原来引用北宋《本草衍义》引文，最近又发现更早的源头文献——南朝齐著名史学家臧荣绪《晋书补遗》，作了全面修改。考虑本书已过三校，换稿会给责任编辑增加工作量，延迟出版，决定将修改稿收入后续新著《茶竹居说茶——竺济法茶文选集》中。

感谢陈启元先生、童衍方先生、陈永昊先生、林邦德先生为本书题签、题辞；感谢施由民先生、张西廷先生、黄飞先生为本书作序，为拙著增光添彩。

感谢宁波如意股份有限公司创始董事长储吉旺先生资助本书出版。

笔者才疏学浅，错漏和不足在所难免，敬请读者批评指正。

2023 年 7 月 23 日大暑记于甬上银杏四季公寓

参考文献

一、古籍类

［西周］姬旦等：《周礼·仪礼·礼记》，长沙：岳麓书社，2001年。

［汉］许慎编纂：《说文解字》，北京：中华书局，1963年。

［汉］刘安等编，陈广忠译注：《淮南子》，北京：中华书局，2021年。

［晋］常璩著，任乃强校注：《华阳国志校补图注》，上海：上海古籍出版社，1987年。

［晋］干宝：《搜神记》，沈阳：辽宁教育出版社，1997年。

［唐］苏敬等编：《新修本草辑复本》，合肥：安徽科学技术出版社，1981年。

［唐］虞世南编：《北堂书钞》，清光绪十四年（1888）影宋本校订影印本，北京：学苑出版社，1998年。

［宋］陈耆卿主编：《嘉定赤城志》，北京：中国文史出版社，2004年。

［宋］李枡等编：《太平广记》，上海：上海古籍出版社，1990年。

［宋］楼机著，李曾伯补：《班马字类》（附补遗），北京：中华书局，1985年。

［宋］徐兢：《宣和奉使高丽图经》，北京：中华书局，1985年。

［宋］赞宁：《宋高僧传》，卷二十一《唐杭州灵隐寺宝达传》，北京：中华书局，1987年。

［宋］洪适：《隶释隶续》，北京：中华书局，1986年。

［宋］苏轼：《苏轼集》，哈尔滨：黑龙江人民出版社，2005年。

［宋］陈耆卿主编，《嘉定赤城志》，中国文史出版社，2004年。

［宋］李昉等：《太平御览·卷八百六十七·饮食部二十五·茗》，北京：中华书局，1986年。

［宋］寇宗奭编：《本草衍义》，北京：中华书局，1985年。

［宋］成寻（日）著，王丽萍校点：《新校参天台五台山记》，上海：上海古籍出版社，2009年。

［宋］左圭辑：《百川学海·茶经》，北京：中华书局，1960年。

［宋］潜说友：《咸淳临安志》影印版，北京：北京图书馆出版社，2006年。

［宋］释祖琇：《隆兴佛教编年通论·卷十九·释皎然》，上海：商务印书馆，1923年。

［元］德辉编纂：《敕修百丈清规》，郑州：中州古籍出版社，2011年。

［明］瞿汝稷编撰：《指月录》，成都：四川出版集团·巴蜀书社，2005年。

［明］喻政辑：《茶书》，成都：四川大学出版社，2005年。

［清］顾炎武：《日知录·卷七·茶》，上海：上海古籍出版社，2012 年。

［清］陈元龙：《格致镜原》，上海：上海古籍出版社，1992 年。

［清］《钦定四库全书本·子部·茶经》，上海：商务印书馆，2018 年。

［清］顾观光等编：《神农本草经》，哈尔滨：哈尔滨出版社 2007 年版。

二、专著类

庄晚芳等编著：《中国名茶》，杭州：浙江人民出版社，1980 年。

庄晚芳著：《中国茶史散论》，北京：科学出版社，1988 年。

罗竹风主编：《汉语大词典》，北京：汉语大词典出版社，1986 年。

陈尚君编：《全唐诗补编》，北京：中华书局，1992 年。

陈彬藩等编：《中国茶文化经典》，北京：光明日报出版社，1999 年。

无著道忠：《禅林象器笺》，台北：佛光文化事业有限公司，2000 年。

童正祥、周世平编著：《新编陆羽与〈茶经〉》，香港：香港天马图书有限公司，2003 年。

慈怡主编：《佛光大辞典》，北京：北京图书馆出版社，2004 年。

杨天炯主编：《蒙山茶事通览》，四川：四川美术出版社，2004 年。

吴觉农主编：《茶经述评》，北京：中国农业出版社，2005 年。

郑培凯，朱自振主编：《中国历代茶书汇编校注本》，香港：商务印书馆（香港）有限公司，2007 年。

蔡镇楚等著：《茶祖神农》，长沙：中南大学出版社，2007 年。

陈椽：《茶业通史》，北京：中国农业出版社，2008 年。

钟鸣、张西廷：《湖州茶史》，杭州：浙江古籍出版社，2008 年。

程启坤主编，董存荣编著：《蒙顶茶》，上海：上海文化出版社，2008 年。

夏俊伟、韩其楼：《中国紫砂茗壶珍赏》，上海：上海科学技术出版社，2010 年。

中国茶叶博物馆编：《话说中国茶文化》，北京：中国农业出版社，2011 年。

胡建明：《宋代高僧墨迹研究》，杭州：西泠印社，2011 年。

颜力主编：《北仑奉茶》，宁波：宁波出版社，2015 年。

萧孔斌主编：《竟陵历代茶诗茶文选》，北京：现代出版社，2015 年。

萨拉·罗斯著，孟驰译：《茶叶大盗》，北京：社会科学文献出版社，2015 年。

钱时霖、姚国坤、高菊儿编：《历代茶诗集成唐代卷》，上海：上海文化出版社，2017 年。

金银勇编：《平水日注茶》，北京：中国农业科学技术出版社，2018 年。

三、期刊论文、汇编资料

周文棠：《蒙顶植茶人物演变与社会文化背景》，《茶叶》2009 年第 4 期。

程启坤：《对田螺山遗址中发现六千年前人为种植的茶树根的认识》，《中国茶叶》2016 年

第2期。

沈冬梅：《田螺山茶树根遗存综合研究》，《海上茶路》2017年6月第2期。

张西廷：《陆羽著〈茶经〉"余杭说"的致命破绽》，杭州：《茶博览》2019年第9期。

童正祥：《有关"陆羽终老竟陵"的文献综述》，《农业考古·中国茶文化专号》2018年5期。

竹潜民：《茶元素在河姆渡文化中——简评余姚茶事五个节点》，《海上茶路》2017年6月第2期。

沈冬梅：《田螺山茶树根的历史意义》，中国茶文化之乡授牌仪式暨瀑布仙茗河姆渡论坛文集，2010年1月；《第十一届中国国际茶文化研讨会论文集》，北京：中央文献出版社，2010年。

孙国平、郑云飞、中村慎一（日）、铃木三男（日）：《田螺山遗址山茶属植物遗存——六千年前中国已开始人工种茶的重要证据》，田螺山遗址山茶属植物遗存研究报告汇编，2015年3月。

四、电子文献及参考网站、馆藏文物等

习近平在韩国国立首尔大学的演讲（全文）http：//www.xinhuanet.com/world/2014-07/04/c_1111468087.htm 最后访问日期：2014年7月5日。

习近平讲述"上合故事"https：/baijiahao.baidu.com/s?id=1602393868529735145&wfr=spider&for=pc 最后访问日期：2018年6月6日。

外交习语丨在首个"国际茶日"，感受习近平如何以茶会友 https://baijiahao.baidu.com/s?id=1667310728697140088&wfr=spider&for=pc 最后访问日期：2020年5月7日。

习近平：《共倡开放包容 共促和平发展——在伦敦金融城市长晚宴上的演讲》http://epaper.gmw.cn/gmrb/html/2015-10/23/nw.D110000gmrb_20151023_1-02.htm 最后访问日期：2015年10月28日。

习近平出席"一带一路"国际合作高峰论坛开幕式并发表主旨演讲 http://www.xinhuanet.com/world/2017-05/14/c_129604296.htm 最后访问日期：2017年5月17日。

［清］释书玉：《大忏悔文略解》https://www.zhonghuadiancang.com/foxuebaodian/14659/ 最后访问日期：2021年3月4日。

天门市陆羽纪念馆藏：桑苎庐藏版《陆子茶经》

宁波天一阁博物馆馆藏：

民国八年（1919）《甬上屠氏宗谱》

民国十一年（1922）《鄞西石马塘闻氏家乘》

民国十二年（1923）《慈溪罗氏宗谱》

参考网站：

佛学大辞典（在线）、古诗文网